Die Druckvorlage für dieses Buch wurde, mit Ausnahme der Halbtonbilder, komplett in *PostScript* erstellt — ohne manuelle Montage. Der Text wurde mit *Microsoft Word* auf einem *Macintosh II* Rechner editiert, der *PostScript* Code der mit *Cricket Draw* erstellten Zeichnungen direkt in die Dokumenten-Files eingebunden.

Adolf J. Schwab

Elektromagnetische Verträglichkeit

Zweite, überarbeitete und erweiterte Auflage
mit 242 Abbildungen

Springer-Verlag
Berlin Heidelberg New York
London Paris Tokyo
Hong Kong Barcelona Budapest

Prof. Dr.-Ing. Adolf J. Schwab
Institut für Elektroenergiesysteme
und Hochspannungstechnik
Universität Karlsruhe
Kaiserstraße 12
7500 Karlsruhe 1

ISBN 3-540-54011-3 Springer-Verlag Berlin Heidelberg NewYork

Dieses Werk ist urheberrechtlich geschützt. Die dadurch begründeten Rechte, insbesondere die der Übersetzung, des Nachdrucks, des Vortrags, der Entnahme von Abbildungen und Tabellen, der Funksendung, der Mikroverfilmung oder der Vervielfältigung auf anderen Wegen und der Speicherung in Datenverarbeitungsanlagen, bleiben, auch bei nur auszugsweiser Verwertung, vorbehalten. Eine Vervielfältigung dieses Werkes oder von Teilen dieses Werkes ist auch im Einzelfall nur in den Grenzen der gesetzlichen Bestimmungen des Urheberrechtsgesetzes der Bundesrepublik Deutschland vom 9. September 1965 in der jeweils geltenden Fassung zulässig. Sie ist grundsätzlich vergütungspflichtig. Zuwiderhandlungen unterliegen den Strafbestimmungen des Urheberrechtsgesetzes.

© Springer-Verlag Berlin Heidelberg 1991
Printed in Germany

Die Wiedergabe von Gebrauchsnamen, Handelsnamen, Warenbezeichnungen usw. in diesem Werk berechtigt auch ohne besondere Kennzeichnung nicht zu der Annahme, daß solche Namen im Sinne der Warenzeichen- und Markenschutz-Gesetzgebung als frei zu betrachten wären und daher von jedermann benutzt werden dürften.

Sollte in diesem Werk direkt oder indirekt auf Gesetze, Vorschriften oder Richtlinien (z.B. DIN, VDI, VDE) Bezug genommen oder aus ihnen zitiert worden sein, so kann der Verlag keine Gewähr für Richtigkeit, Vollständigkeit oder Aktualität übernehmen. Es empfiehlt sich, gegebenenfalls für die eigenen Arbeiten die vollständigen Vorschriften oder Richtlinien in der jeweils gültigen Fassung hinzuzuziehen.

Druck: Mercedes-Druck, Berlin; Bindearbeiten: Lüderitz & Bauer, Berlin
60/3020-543210 – Gedruckt auf säurefreiem Papier

Vorwort

Elektromagnetische Verträglichkeit EMV ist der moderne Oberbegriff für eine seit den Anfängen der Elektrotechnik bestehende, seither ständig gewachsene Problematik. Unter dem Namen EMV versammeln sich bekannte Schlagworte wie *Funkstörungen, Netzrückwirkungen, Überspannungen, Netzflicker, elektromagnetische Beeinflussungen, Einstreuungen, 50Hz-Brumm, Erdschleifen* usw. Gerade in jüngster Zeit haben EMV-Fragen durch den Einsatz der Mikroelektronik in Automatisierungssystemen, Stromrichtern und Kraftfahrzeugen sowie durch die allgemein gestiegene elektromagnetische Umweltbelastung besondere Bedeutung erlangt. Die Aktualität der Thematik hat den Verfasser veranlaßt, einen Teil seiner seit 1965 auf dem EMV-Gebiet gesammelten Erfahrungen, die auch Gegenstand seiner an der Universität Karlsruhe gehaltenen Vorlesung "Elektromagnetische Verträglichkeit" sind, in einem Buch niederzuschreiben. Hierbei wurde besonderer Wert auf die verständliche Darstellung physikalischer Zusammenhänge gelegt, die wegen ihrer Allgemeingültigkeit Antwort auf viele Fragen geben können. So dient das Buch nicht nur als verständliche Einführung für Studierende, sondern auch als Übersichtswerk für Entwickler, Hersteller und Ingenieure aller Disziplinen, die in engerem oder weiterem Sinn mit Fragen der elektromagnetischen Verträglichkeit befaßt sind und einen problemlosen Einstieg in die umfangreiche Spezialliteratur suchen.

Nach kurzer Einführung in die allgemeine EMV-Problematik und der Vorstellung wichtiger Begriffe folgt zunächst ein Streifzug durch die vielfältige Natur elektromagnetischer Beeinflussungen und ihrer Übertragungswege. Ihm schließen sich systemtheoretische Formalismen zur Beschreibung elektromagnetischer Beeinflussungen im Frequenzbereich durch *Linien-* und *Amplitudendichtespektren* sowie eine Klassifizierung der verschiedenen Störquellen an.

Das nächste Kapitel behandelt die verschiedenen Kopplungsmechanismen und verfolgt die Absicht, die Sinne des Lesers für die meist nicht auf Anhieb erkennbaren parasitären Kopplungspfade zu schärfen und die Identifikation von Störspannungsquellen zu erleichtern. Einen Schwerpunkt bildet die komplexe Materie der Berechnung elektromagnetischer Schirme, die dem Leser die Grundlagen für ein intimes Verständnis der elektromagnetischen Schirmung vermittelt. Wer auf schnelle Hilfe aus ist, kann diesen Teil zunächst überschlagen und sich unmittelbar mit Entstörmitteln und -maßnahmen sowie mit praktischen Problemlösungen vertraut machen. Eigene Kapitel über die Messung von *Störemissionen, Störfestigkeiten, Entstörmittelmessungen* und *Normen*, die *Wirkung elektromagnetischer Felder auf Bioorganismen* sowie ein repräsentatives Schriftenverzeichnis für jedes Sachgebiet runden die Darstellung ab.

Neben seinem "text book"-Charakter versteht sich das Buch als Brückenschlag zwischen der *klassischen* elektromagnetischen Verträglichkeit, deren Hauptanliegen die Kontrolle von Funkstörungen war, und der *modernen Interpretation* elektromagnetischer Verträglichkeit, die sich zusätzlich auch die einwandfreie Funktion nicht Kommunikationszwecken dienender Empfängersysteme, z.B. Kraftfahrzeugelektronik, Automatisierungssysteme der Kraftwerks-, Netz-, Prozeß-, Fertigungs-, Hausleittechnik etc., angelegen sein läßt. Die Darstellung beschränkt sich auf EMV-Probleme im zivilen Bereich, die Vielfalt der EMV von Verteidigungsgeräten bleibt der Spezialliteratur vorbehalten.

Meinen wissenschaftlichen Mitarbeitern, Dipl.-Ing. Thomas Benz, Dipl.-Ing. Carsten Binder, Dipl.-Ing. Siegbert Kunz und Dipl.-Ing. Christof Winkens, danke ich für das Einbringen zahlreicher Verbesserungsvorschläge beim Korrekturlesen. Besonderer Dank gilt Herrn Dr.-Ing. Friedrich Imo für äußerste Sorgfalt beim Korrekturlesen und Verbessern der vorliegenden zweiten Auflage. Für das Schreiben des kamerafertigen Manuskripts danke ich Frau *Charlotte König*, für die künstlerische Gestaltung der Abbildungen und für das Layout Frau *Gerdi Ottmar*. Dem Springer-Verlag danke ich für die rasche Fertigstellung und die ansprechende Ausstattung.

Karlsruhe, Januar 1991   Adolf Schwab

Inhaltsverzeichnis

1 Einführung in die Elektromagnetische Verträglichkeit 1

1.1 Elektromagnetische Verträglichkeit, Elektromagnetische Beeinflussung 1
1.2 Störpegel - Störabstand - Grenzstörpegel - Stördämpfung 7
    1.2.1 Logarithmierte bezogene Systemgrößen - Pegel 8
    1.2.2 Störpegel und Störabstand 10
    1.2.3 Grenzstörpegel für Funkstörungen - Funkstörgrade 13
    1.2.4 Stördämpfung 17
1.3 Natur elektromagnetischer Beeinflussungen und ihrer Übertragungswege 18
1.4 Gegentakt- und Gleichtaktstörungen 25
1.5 Erde und Masse 32
    1.5.1 Erde 34
    1.5.2 Masse 36
1.6 Beschreibung elektromagnetischer Beeinflussungen im Zeit- und Frequenzbereich 39
    1.6.1 Darstellung periodischer Zeitbereichsfunktionen im Frequenzbereich durch eine *Fourier-Reihe* 40
    1.6.2 Darstellung *nicht* periodischer Zeitbereichsfunktionen im Frequenzbereich — *Fourier-Integral* 47
    1.6.3 EMV - Tafel 52
        1.6.3.1 Übergang vom Zeitbereich in den Frequenzbereich 52
        1.6.3.2 Rückkehr vom Frequenzbereich in den Zeitbereich 56
        1.6.3.3 Berücksichtigung des Übertragungswegs 60

2 Störquellen ... 62

- 2.1 Klassifizierung von Störquellen ... 64
- 2.2 Schmalbandige Störquellen ... 66
  - 2.2.1 Kommunikationssender ... 66
  - 2.2.2 HF-Generatoren für Industrie, Forschung, Medizin und Haushalt ... 69
  - 2.2.3 Funkempfänger - Bildschirmgeräte Rechnersysteme - Schaltnetzteile ... 71
  - 2.2.4 Netzrückwirkungen ... 72
  - 2.2.5 Beeinflussungen durch Starkstromleitungen ... 73
- 2.3 Intermittierende Breitbandstörquellen ... 74
  - 2.3.1 Grundstörpegel in Städten ... 74
  - 2.3.2 KFZ-Zündanlagen ... 75
  - 2.3.3 Gasentladungslampen ... 76
  - 2.3.4 Kommutatormotoren ... 78
  - 2.3.5 Hochspannungsfreileitungen ... 79
- 2.4 Transiente Breitbandstörquellen ... 79
  - 2.4.1 Elektrostatische Entladungen ... 79
  - 2.4.2 Geschaltete Induktivitäten ... 84
  - 2.4.3 Transienten in Niederspannungsnetzen ... 86
  - 2.4.4 Transienten in Hochspannungsnetzen ... 87
  - 2.4.5 Transienten in der Hochspannungsprüftechnik und Plasmaphysik ... 91
  - 2.4.6 Blitze - LEMP ... 91
  - 2.4.7 Nuklearer elektromagnetischer Puls - NEMP ... 93
- 2.5 Umgebungsklassen ... 94
  - 2.5.1 Leitungsgebundene Störungen ... 95
  - 2.5.2 Störstrahlung ... 96

3 Koppelmechanismen und Gegenmaßnahmen ... 98

- 3.1 Galvanische Kopplung ... 98
  - 3.1.1 Galvanische Kopplung von Betriebsstromkreisen ... 99
  - 3.1.2 Erdschleifen ... 104
  - 3.1.3 Kopplungsimpedanz von Meß- und Signalleitungen ... 120
  - 3.1.4 Rückwärtiger Überschlag ... 126
- 3.2 Kapazitive Kopplung ... 127
- 3.3 Magnetische Kopplung ... 131

3.4	Strahlungskopplung			136
3.5	Erdung von Kabelschirmen			142
3.6	Identifikation von Kopplungsmechanismen			145

4 Passive Entstörkomponenten 148

4.1	Filter			148
	4.1.1	Wirkungsprinzip - Filterdämpfung		148
	4.1.2	Filter für Gleich- und Gegentaktstörungen		152
	4.1.3	Filterresonanzen		155
	4.1.4	Dissipative Dielektrika und Magnetika		156
	4.1.5	Filterbauformen		160
		4.1.5.1	Kondensatoren	160
		4.1.5.2	Drosseln	162
		4.1.5.3	LC - Filter	165
4.2	Überspannungsableiter			169
	4.2.1	Varistoren		170
	4.2.2	Silizium - Lawinendioden		175
	4.2.3	Funkenstrecken		176
	4.2.4	Hybrid - Ableiterschaltungen		178
4.3	Optokoppler und Lichtleiterstrecken			181
4.4	Trenntransformatoren			183

5 Elektromagnetische Schirme 188

5.1	Natur der Schirmwirkung — Fernfeld, Nahfeld		188
5.2	Schirmung statischer Felder		197
	5.2.1	Elektrostatische Felder	197
	5.2.2	Magnetostatische Felder	199
5.3	Quasistatische Felder		200
	5.3.1	Elektrische Wechselfelder	200
	5.3.2	Magnetische Wechselfelder	202
5.4	Elektromagnetische Wellen		204
5.5	Schirmmaterialien		205
5.6	Schirmzubehör		208
	5.6.1	Dichtungen für Schirmfugen	208
	5.6.2	Kamindurchführungen, Wabenkaminfenster, Lochbleche	209

		5.6.3	Netzfilter und Erdung 212
		5.6.4	Geschirmte Räume 213
		5.6.5	Reflexionsarme Schirmräume - Absorberräume 214

6 Theorie elektromagnetischer Schirme 218

    6.1   Analytische Schirmberechnung 219
            6.1.1   Theoretische Grundlagen 219
            6.1.2   Zylinderschirm im longitudinalen Feld 222
            6.1.3   Zylinderschirm im transversalen Feld 230
            6.1.4   Zylinderschirm im elektromagnetischen Wellenfeld 238
            6.1.5   Kugelschirm im elektromagnetischen Wellenfeld 249
    6.2   Impedanzkonzept 252
            6.2.1   Reflexionsdämpfung 254
            6.2.2   Absorptionsdämpfung 259
            6.2.3   Dämpfungskorrektur für multiple Reflexionen 260

7 EMV - Emissionsmeßtechnik 262

    7.1   Messung von Störspannungen und -strömen 263
    7.2   Messung von Störfeldstärken 270
            7.2.1   Antennen 270
            7.2.2   Meßgelände und Meßplätze 282
    7.3   Messung von Störleistungen 288
    7.4   EMB - Meßgeräte 289
            7.4.1   Störmeßempfänger 289
            7.4.2   Spektrumanalysatoren 300

8 EMV - Suszeptibilitätsmeßtechnik 302

    8.1   Simulation leitungsgebundener Störgrößen 303
            8.1.1   Simulation von Niederfrequenzstörungen in Niederspannungsnetzen (ms-Impulse) 306
            8.1.2   Simulation breitbandiger energiearmer Schaltspannungsstörungen (Burst) 308
            8.1.3   Simulation breitbandiger energiereicher Überspannungen (Hybridgenerator) 312

		8.1.4	Simulatoren für elektrostatische Entladungen (ESD) 318
		8.1.5	Simulation schmalbandiger Störungen 324
		8.1.6	Kommerzielle Geräte 324
	8.2	\multicolumn{2}{l}{Simulation quasistatischer Felder und elektromagnetischer Wellen .... 328}
		8.2.1	Simulation schmalbandiger Störfelder 328
		8.2.1.1	Spezialantennen, offene und geschlossene Wellenleiter 330
		8.2.1.2	Verstärker 336
		8.2.2	Simulation breitbandiger elektromagnetischer Wellenfelder 337
		8.2.3	Simulation quasistatischer Felder und elektromagnetischer Wellen durch Strominjektion 340

9 EMV - Entstörmittelmessungen 341

	9.1	Schirmdämpfung von Kabelschirmen 341
		9.1.1 Schirmdämpfung für quasistatische Magnetfelder (*Kopplungsimpedanz*) 341
		9.1.2 Schirmdämpfung für quasistatische elektrische Felder (*Transfer-Admittanz*) 343
		9.1.3 Schirmdämpfung für elektromagnetische Wellen (*Schirmungsmaß*) 344
	9.2	Schirmdämpfung von Gerätegehäusen und Schirmräumen 345
	9.3	Intrinsic - Schirmdämpfung von Schirmmaterialien 349
	9.4	Schirmdämpfung von Dichtungen 355
	9.5	Reflexionsdämpfung von Absorberwänden 356
	9.6	Filterdämpfung 360

10 Repräsentative EMV - Probleme 363

	10.1	Entstörung von Magnetspulen 363
	10.2	Funkentstörung von Universalmotoren 366
	10.3	Elektrostatische Entladungen 370
	10.4	Netzrückwirkungen 371
	10.5	Innerer Blitzschutz 374
	10.6	Pulse Power Technik — Hochspannungslaboratorien 376
	10.7	Messungen mit Differenzverstärkern 385
	10.8	Wirkung elektromagnetischer Felder auf Bioorganismen 388

11 EMV - Normung **396**

  11.1 Einführung in das EMV - Vorschriftenwesen 396
  11.2 EMV - Normungsgremien 397
  11.3 Rechtliche Grundlagen der EMV - Normung 400
  11.4 Betriebsgenehmigungen - Zertifizierung - Funkschutzzeichen 401
  11.5 EMV - Normen 404
         11.5.1 EMV - Normen nach Problemkreisen geordnet 405
         11.5.2 EMV - Normen nach Produktfamilien geordnet 411
  11.6 Wichtige Anschriften 414

Schrifttum **416**

Index **442**

1 Einführung in die Elektromagnetische Verträglichkeit

1.1 Elektromagnetische Verträglichkeit, Elektromagnetische Beeinflussung

Unter *Elektromagnetischer Verträglichkeit*, EMV (engl.: EMC, *Electro-Magnetic Compatibility*), versteht man die friedliche Koexistenz von Sendern und Empfängern elektromagnetischer Energie. Mit anderen Worten, Sender erreichen nur die gewünschten Empfänger, Empfänger reagieren nur auf die Signale von Sendern ihrer Wahl, es findet keine ungewollte gegenseitige Beeinflussung statt.

Die Begriffe *Sender* und *Empfänger* sind hier nicht auf Kommunikationsmittel beschränkt, sondern gelten in weiterem Sinne. So zählen zu Sendern elektromagnetischer Energie neben Fernseh- und Tonrundfunksendern auch Stromkreise und Systeme, die unbeabsichtigt umweltbeeinflussende elektromagnetische Energie aussenden (sog. *Störer*), wie

— KFZ-Zündanlagen,
— Leuchtstofflampen,
— Universalmotoren,
— Leistungselektronik,
— Schaltkontakte,
— Atmosphärische Entladungen etc.

Beispiele für Empfänger elektromagnetischer Energie sind neben Rundfunk- und Fernsehempfängern auch

— Automatisierungssysteme,
— KFZ-Mikroelektronik,
— Meß-, Steuer- und Regelgeräte,
— Datenverarbeitungsanlagen,

— Herzschrittmacher,
— Bioorganismen etc.

Der moderne EMV-Begriff geht damit weit über die klassische *Funkentstörung* hinaus, beinhaltet sie jedoch nach wie vor oberbegrifflich.

Elektromagnetische Verträglichkeit ist keineswegs selbstverständlich, da das elektromagnetische Spektrum ähnlich anderen Ressourcen zunehmender Verschmutzung unterliegt (engl.: *spectrum pollution*) und ihre Wahrung immer größere Anstrengungen erfordert. Im gegenseitigen Interesse aller Nutzer sind daher umfassendes Wissen um die Wirkungen elektromagnetischer Felder und Wellen auf elektromagnetische Systeme und Bioorganismen sowie eine disziplinierte Nutzung des elektromagnetischen Spektrums höchstes Gebot.

Elektrische Einrichtungen können gleichzeitig als Empfänger und Sender wirken, z.B. Zwischenfrequenz von Superheterodyn-Empfängern, Zeilenfrequenz von Fernsehempfängern und Computerbildschirmen, Clock-Frequenz von Rechnern, usw. Man spricht deshalb auch von der elektromagnetischen Verträglichkeit einzelner Geräte. So definiert VDE 0870 [1.1] Elektromagnetische Verträglichkeit als

> *"Fähigkeit einer elektrischen Einrichtung, in ihrer elektromagnetischen Umgebung zufriedenstellend zu funktionieren, ohne diese Umgebung, zu der auch andere Einrichtungen gehören, unzulässig zu beeinflussen".*

Eine elektrische Einrichtung gilt demnach als verträglich, wenn sie in ihrer Eigenschaft als Sender tolerierbare *Emissionen*, in ihrer Eigenschaft als Empfänger tolerierbare Empfänglichkeit für *Immissionen*, d.h. ausreichende *Störfestigkeit* bzw. *Immunität* aufweist.

Das Problem der EMV taucht meist zuerst beim Empfänger auf, wenn der einwandfreie Empfang eines Nutzsignals beeinträchtigt ist, beispielsweise die Funktion eines Automatisierungssystems durch vagabundierende elektromagnetische Energie gestört oder gar unmöglich gemacht wird. Man spricht dann vom Vorliegen *Elektromagnetischer Beeinflussungen*, EMB (engl.: EMI, *Electromagnetic Interference*). Gelegentlich wird auch die Störgröße selbst als EMB bezeichnet, wenngleich hierfür, zumindest am Empfänger, der Begriff *Immision* treffender ist. VDE 0870 [1.1] definiert elektromagnetische Beeinflussung als

"Einwirkung elektromagnetischer Größen auf Stromkreise, Geräte, Systeme oder Lebewesen".

Elektromagnetische Beeinflussungen können sich in *reversiblen* oder *irreversiblen Störungen* manifestieren. Beispiele für reversible Störungen sind zeitweise mangelnde Verständigung beim Telefonieren, Knackstörungen bei Schaltvorgängen in Haushaltgeräten (engl.: click); Beispiele irreversibler Störungen sind die *Zerstörung* elektronischer Komponenten auf Leiterplatten durch elektrostatische Aufladungen (EGB: elektrostatisch gefährdete Bauelemente, engl.: ESD, *Electrostatic Discharge*) oder Überspannungen bei Blitzeinwirkung (engl.: LEMP, *Lightning Electromagnetic Pulse*), die unbeabsichtigte Zündung elektrisch initiierter Komponenten in der Raumfahrttechnik usw.

In der Praxis unterscheidet man *reversible* Beeinflussungen nach ihrer Stärke in

— Beeinflussungen, die gerade noch tolerierbare *Funktionsminderungen* bzw. *Beeinträchtigungen* bewirken und

— Beeinflussungen, die zu nichttolerierbaren *Fehlfunktionen* bzw. *unzumutbarer Belästigung* führen.

Wegen der Vielfalt der in Frage kommenden elektrischen Einrichtungen, und um den Störeffekt explizit zum Ausdruck zu bringen, hat man für Sender und Empfänger die Oberbegriffe *Störquelle* und *Störsenke* geschaffen. Hiermit erhält man ein *Beeinflussungsmodell* gemäß Bild 1.1.

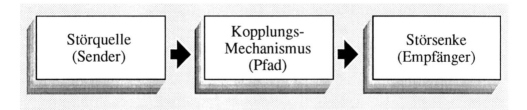

Bild 1.1: Beeinflussungsmodell mit Störquelle, Koppelmechanismus und Störsenke.

Dieses grobe Modell ist noch wenig aussagekräftig, es wird daher in den folgenden Kapiteln weiter verfeinert werden.

Im Gegensatz zu den Beeinflussungen zwischen verschiedenen Systemen, die man als *Intersystem-Beeinflussungen* bezeichnet, können Sender und Empfänger auch Teile ein und desselben Systems sein, man spricht dann von *Intrasystem-Beeinflussungen*, Bild 1.2.

Bild 1.2: *Intersystem*-Beeinflussung (links) und *Intrasystem*-Beeinflussung (rechts).

Typische Beispiele für Intrasystembeeinflussungen sind parasitäre Rückkopplungserscheinungen in mehrstufigen Verstärkern, Signalwechsel auf benachbarten Datenleitungen elektronischer Baugruppen, Stromänderungen in Stromversorgungsleitungen und die durch sie verursachten induktiven Spannungsabfälle, selbstinduzierte Spannungen beim Ausschalten von Relais- und Schützspulen sowie komplexe Systeme mit mehreren Sendern und Empfängern.

Wann Sender und Empfänger letztlich als elektromagnetisch verträglich bezeichnet werden, hängt wesentlich von der Art des Senders oder Empfängers ab.

— Rundfunk- und Fernsehsender gelten als verträglich, wenn sie nur auf der ihnen zugewiesenen Frequenz, d.h. ohne merkliche Oberschwingungen arbeiten, und wenn die von ihnen abgestrahlten elektromagnetischen Felder in größerer Entfernung so weit abgeklungen sind, daß ein dort befindlicher auf gleicher Frequenz arbeitender Sender regional ungestört empfangen werden kann.

— Sender, die *parasitär* elektromagnetische Energie an ihre Umwelt abgeben, gelten als verträglich, wenn die von ihnen erzeugten Feldstärken in einem bestimmten Abstand in Vorschriften festgelegte Grenzwerte (s. 1.2.3) nicht überschreiten, d.h. der einwandfreie Betrieb eines in diesem Abstand befindlichen Empfängers innerhalb seiner Spezifikationen möglich ist.

1.1 Elektromagnetische Verträglichkeit, Elektromagnetische Beeinflussung

— Empfänger gelten als verträglich, wenn sie in einer elektromagnetisch stark verseuchten Umwelt ihr Nutzsignal mit befriedigendem Störabstand zu empfangen in der Lage sind und selbst keine unverträglichen Störungen aussenden (z.B. Zwischenfrequenz beim Superhet-Empfänger).

Durch geeignete Maßnahmen beim

— *Sender* (Schirmung, Spektrumbegrenzung, Richtantennen, usw.)

— *Kopplungspfad* (Schirmung, Filterung, Leitungstopologie, Lichtleiter, usw.),

— *Empfänger* (Schirmung, Filterung, Schaltungskonzept, usw.),

läßt sich in praktisch allen Fällen eine ausreichende elektromagnetische Verträglichkeit erreichen. Aus wirtschaftlichen Gründen, und soweit technisch durchführbar, wird man jedoch zuerst eine möglichst hohe Verträglichkeit des Senders anstreben *(Primärmaßnahmen)* und die Härtung einer Vielzahl von Empfängern erst in zweiter Linie ins Auge fassen *(Sekundärmaßnahmen)*. Typische Beispiele für Primärmaßnahmen sind die Verringerung der Netzrückwirkungen von Stromrichtern durch lokale Einzelkompensation bzw. Filterung, die Schirmung von Mikrowellenherden oder die Beschaltung von Universalmotoren. Vielfach wird EMV erst durch konzertierte Maßnahmen bei allen drei Komponenten erreicht.

Bei *Intrasystem*-Beeinflussungen kann man die Wahrung der elektromagnetischen Verträglichkeit meist dem Hersteller bzw. dem jeweiligen Betreiber überlassen, die ja beide an einem funktionsfähigen System interessiert sind. Speziell in der Datenverarbeitung und Kommunikation liegt das Vermeiden von EMB im ureigenen Interesse des Betreibers, beispielsweise bei Banken die Vermeidung des "Abhörens" von Bildschirminformationen oder im militärischen Bereich die Vermeidung des Ab- bzw. Mithörens geheimer Informationen (engl.: TEMPEST–*Temporary Emanation and Spurious Transmission*) [1.2, 1.20].

Bei *Intersystem*-Beeinflussungen des Ton- und Fernsehrundfunkempfangs sowie der Funkdienste schreibt der Gesetzgeber [1.3] im Rahmen der Funkentstörung Grenzwerte tolerierbarer Emissionen vor (s. 1.2.3 u. Kapitel 11). Die zulässigen Emissionen stellen notwendigerweise einen Kompromiß dar, der sowohl die Natur der Sender als auch die technischen Bedürfnisse der im jeweiligen Frequenzbereich arbeitenden Empfänger berücksichtigen muß.

Komplexe Systeme verlangen bereits im Planungsstadium die umfassende Berücksichtigung von EMV-Aspekten sowie den Einsatz EMV-förderlicher Komponenten und Maßnahmen (EMV-Plan). Hoher präventiver Aufwand K_P läßt spätere EMB-Probleme mit nur geringer Wahrscheinlichkeit und auch nur geringe Nachbesserungskosten während der Inbetriebnahmephase erwarten. Umgekehrt führt geringer anfänglicher Aufwand mit großer Wahrscheinlichkeit zu hohen Nachbesserungskosten K_N. Über der *Wahrscheinlichkeit des Auftretens elektromagnetischer Beeinflussungen* W_{EMB} aufgetragen, zeigt die Kurve für den gesamten EMV-Aufwand ein Minimum, Bild 1.3.

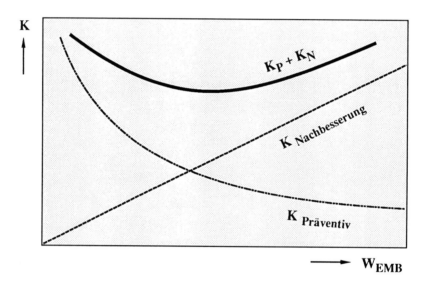

Bild 1.3: Kostenkurven K_P = f(W_{EMB}) für rechtzeitig geplante EMV-Maßnahmen und K_N = g(W_{EMB}) für nachträglichen Aufwand während der Inbetriebnahme. Gesamte EMV-Kosten K = K_P + K_N mit Kostenminimum.

Das Anstreben des EMV-Kosten Minimums setzt eine intime Kenntnis der Entstehung, Ausbreitung und Einkopplung elektromagnetischer Beeinflussungen voraus, die wenig augenfällige Beeinflussungspfade frühzeitig erkennen läßt und übertriebenen Entstöraufwand sowie Maßnahmen am falschen Platz vermeiden hilft. Wenngleich eine umfassende Planung eine Selbstverständlichkeit sein sollte, finden sich bezüglich EMV-Aspekten nicht wenige Projektverantwortliche mangels ausreichenden EMV-Bewußtseins und wegen der parasitären Natur vieler EMV Phänomene häufig überrascht am rechten Ende der Abszisse wieder.

1.2 Störpegel - Störabstand - Grenzstörpegel - Stördämpfung

Zur quantitativen Beurteilung der elektromagnetischen Verträglichkeit bedient man sich *logarithmischer Verhältnisse* der jeweils zur Diskussion stehenden Größen wie Spannungen, Ströme, Feldstärken, Leistungen etc. Die Verwendung logarithmischer Verhältnisse erlaubt die übersichtliche Darstellung von Größenverhältnissen, die sich über viele Zehnerpotenzen erstrecken und besitzt weiter den Vorzug, daß man multiplikativ verknüpfte Verhältnisse auf einfache Weise additiv verknüpfen und damit Begriffe wie *Störabstände* usw. einführen kann. Man unterscheidet zwei Arten logarithmischer Verhältnisse, *Pegel* und *Übertragungsmaße*.

— *Pegel* beziehen *Systemgrößen*, z.B. Spannungen, auf einen festen *Bezugswert*, z.B. $U_0 = 1\mu V$. Die bezogenen Systemgrößen bezeichnet man dann z. B. als *Spannungspegel*.

— *Übertragungsmaße* setzen *Ein-* und *Ausgangsgrößen* eines Systems ins Verhältnis und dienen der Kennzeichnung der Übertragungseigenschaften des Systems. Diese Verhältnisse stellen m.a.W. logarithmierte Kehrwerte von *Übertragungsfaktoren* dar. Typische Beispiele sind die *Leitungsdämpfung*, die *Schirmdämpfung*, die *Verstärkung*, die *Gleichtakt/Gegentakt-Dämpfung* etc.

Für beide Verhältnisse gilt:

Die ins Verhältnis gesetzten Größen müssen Frequenzbereichsgrößen sein, d.h. *komplexe Amplituden, Amplitudendichten* etc. Es werden jeweils nur die *Beträge* (Amplituden oder Effektivwerte) der Größen ins Verhältnis gesetzt.

1.2.1 Logarithmierte bezogene Systemgrößen - Pegel

Mit Hilfe des dekadischen Logarithmus $\log_{10} = \lg$ definiert man beispielsweise folgende Pegel in Dezibel (dB):

Spannungspegel:
$$u_{dB} = 20 \lg \frac{U_x}{U_0} \; dB\mu V \qquad (1\text{-}1)$$

Bezugsgröße $U_0 = 1\mu V$

Strompegel:
$$i_{dB} = 20 \lg \frac{I_x}{I_0} \; dB\mu A \qquad (1\text{-}2)$$

Bezugsgröße $I_0 = 1\mu A$

E-Feldstärkepegel:
$$E_{dB} = 20 \lg \frac{E_x}{E_0} \; dB\mu V/m \qquad (1\text{-}3)$$

Bezugsgröße $E_0 = 1\frac{\mu V}{m}$

H-Feldstärkepegel:
$$H_{dB} = 20 \lg \frac{H_x}{H_0} \; dB\mu A/m \qquad (1\text{-}4)$$

Bezugsgröße $H_0 = 1\frac{\mu A}{m}$

Eine Ausnahme bildet das Leistungsverhältnis, bei dem Zähler und Nenner jeweils dem Quadrat der betrachteten Amplituden proportional sind. Es tritt nur der Faktor 10 auf.

Leistungspegel:
$$p_{dB} = 10 \lg \frac{P_x}{P_0} \; dB pW \qquad (1\text{-}5)$$

Bezugsgröße $P_0 = 1 pW$

Unter der Voraussetzung eines einheitlichen Widerstands $R_x = R_0$ stimmen die dB-Werte der Leistungspegel mit den anderen Pegeln überein.

Ursprünglich wurde der Begriff dB nur für Leistungsverhältnisse verwendet,

1.2 Störpegel - Störabstand - Grenzstörpegel - Stördämpfung

$$p_{dB} = 10 \lg \frac{P_x}{P_0} \text{ dB} \quad \text{bzw.} \quad p_B = \lg \frac{P_x}{P_0} \text{ B,}$$

wobei B für Bel steht (in Erinnerung an den Erfinder des Telefons, *Alexander Graham Bell*). Da Leistungen dem Quadrat einer Spannung, eines Stromes etc. proportional sind, ergibt sich bei letzteren zusätzlich der Faktor 2 (vergl. (1-1) und (1-5)).

Bei *Spannungen*, *Strömen* und *Feldstärken* entsprechen nachstehende Pegelangaben folgenden Verhältnissen

$$3\text{dB} \triangleq \sqrt{2}, \quad 6\text{dB} \triangleq 2, \quad 20\text{dB} \triangleq 10, \quad 120\text{dB} \triangleq 10^6 .$$

Für *Leistungen* gilt dagegen $\quad 10\text{dB} \triangleq 10$.

Obige Pegel wurden unter Verwendung einer festen Bezugsgröße ermittelt und werden daher oberbegrifflich als *absolute Pegel* bezeichnet. Sie machen eine Aussage über den Wert der jeweils betrachteten Größen. Da der Logarithmus einer Zahl keine Dimension besitzt, stellen bezogene Systemgrößen ebenfalls reine Zahlen dar. Um dennoch die Natur des von ihnen repräsentierten Verhältnisses zum Ausdruck zu bringen, indiziert man einen Pegel in dB meist noch mit μV, μA etc., zum Beispiel dB$_{\mu V}$, dB$_{\mu A}$.

Ähnlich wie oben mit dem *dekadischen* Logarithmus Verhältnisse in dB gebildet wurden, lassen sich mit dem natürlichen (*Neperschen*) *Logarithmus* Verhältnisse in *Neper* (Np) bilden, z.B.:

$$\boxed{u_{Np} = \ln \frac{U_x}{U_0} \text{ Neper}} \quad \text{bzw.} \quad \boxed{p_{Np} = \frac{1}{2} \ln \frac{P_x}{P_0} \text{ Np}} . \quad (1\text{-}6)$$

1 Neper entspricht dem Verhältnis $U_x/U_0 = e$.

Neper und Dezibel lassen sich ineinander umrechnen,

$$\boxed{\ln \frac{U_x}{U_0} \text{ Np} = 20 \lg \frac{U_x}{U_0} \text{ dB}}$$

bzw.

$$\boxed{1\,\text{Np} = 8{,}686\,\text{dB}} \quad \text{oder} \quad \boxed{1\,\text{dB} = 0{,}115\,\text{Np}} \quad .(1\text{-}7)$$

So gilt für die Verhältnisse

$$\begin{array}{ll} 10 : 1 & 2{,}3\,\text{Np} = 20\,\text{dB} \\ 100 : 1 & 4{,}6\,\text{Np} = 40\,\text{dB} \\ 1000 : 1 & 6{,}9\,\text{Np} = 60\,\text{dB}\,. \end{array}$$

In beiden Darstellungen erhöht sich ein bestimmter Pegel um jeweils den gleichen Betrag für jede weitere Größenordnung. Die Attribute dB und Np weisen lediglich auf die Art der verwendeten Logarithmus-Funktion hin (ln bzw. lg). Sie sind keine Einheiten, werden aber häufig wie solche benutzt.

1.2.2 Störpegel und Störabstand

Logarithmische Verhältnisse tragen je nach ihrer physikalischen bzw. technischen Bedeutung besondere Namen. So unterscheidet man in der Elektromagnetischen Verträglichkeit bei Pegeln folgende *absoluten* und *relativen* Pegel.

ABSOLUTE PEGEL:

Störpegel	Bezogener Wert einer *Störgröße*. Die Obergrenze zulässiger Störpegel bilden die in DIN/VDE - Bestimmungen festgelegten Grenzwerte für Funkstörungen (s. 1.2.3 und Kapitel 11).
Störschwellenpegel	Bezogener kleinster Wert des Nutzsignals, dessen Überschreitung durch den Störpegel am Empfangsort als Störung empfunden wird.

1.2 Störpegel - Störabstand - Grenzstörpegel - Stördämpfung

Nutzpegel Bezogener 100% Wert des Nutzsignals.

RELATIVE PEGEL:

Störabstand Pegeldifferenz zwischen Nutzsignalpegel und Störschwellenpegel (auch berechenbar als logarithmisches Verhältnis von Nutzsignal und Störschwelle).

Störsicherheitsabstand Pegeldifferenz zwischen Störschwellenpegel und Störpegel (auch berechenbar als logarithmisches Verhältnis von Störschwelle und Störgröße).

Diese Begriffe sind in Bild 1.4 veranschaulicht.

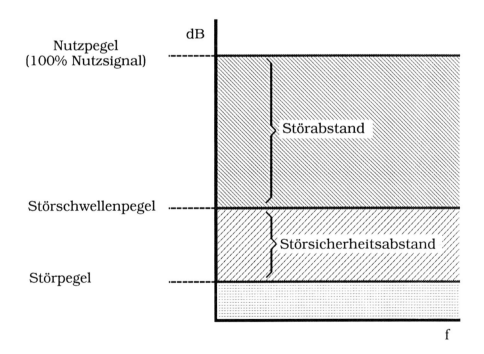

Bild 1.4: Beispiele logarithmischer Verhältnisse. Definition von Störabstand und Störsicherheitsabstand. (In der Regel sind die Pegel keine Parallelen zur Abszisse, sondern in problemspezifischer Weise von der Frequenz abhängige Spektren).

Im Gegensatz zu den auf eine bestimmte Bezugsgröße (z.B. 1μV) bezogenen *absoluten Pegeln* werden *relative Pegel* als *Pegeldifferenzen* ermittelt.

Bei Analogsignalen der Meßtechnik begnügt man sich häufig mit einem Störabstand ≥ 40dB (Meßfehler bleiben dann unter 1%), für Rundfunk und Fernsehen gelten Werte zwischen 30 und 60dB, für Telefon ca. 10dB als ausreichend. Genaue Zahlen sind im Einzelfall den jeweils geltenden Normen zu entnehmen.

Im Gegensatz zu Systemen mit analoger Signalverarbeitung, bei denen die Festlegung der Störschwelle je nach Qualitätsansprüchen (Störempfinden) offensichtlich verhandlungsfähig ist, zeichnen sich digitale Systeme dadurch aus, daß sie unterhalb einer von der Schaltkreisfamilie abhängigen Schwelle überhaupt nicht gestört bzw. oberhalb dieser Schwelle sicher gestört werden. Hierbei ist noch zwischen *statischer* und *dynamischer* Störsicherheit zu unterscheiden. Liegt die Einwirkdauer einer Störung unter der Schaltverzögerungszeit, sind höhere Störpegel tolerierbar als bei statischer Beanspruchung [B13].

Speziell bei der Netzrückwirkungsproblematik (s. 2.2.4) versucht man wegen der starken Kopplung der Störquellen sogenannte *Verträglichkeitspegel* festzulegen, die unter Berücksichtigung der Summenwirkung aller am Netz betriebenen potentiellen Störer ausreichende elektromagnetische Verträglichkeit im Elektroenergiesystem gewährleisten [1.17]. Diese Verträglichkeitspegel bilden die Grundlage sowohl für die Dimensionierung der statistisch verteilten *Störfestigkeit* von Geräten als auch für die Festlegung statistisch verteilter zulässiger *Störemissionen*. Da der Maximalwert von Netzstörungen nur mit Hilfe statistischer Schätzmethoden ermittelt werden kann und die Wahrung der EMV an Hand dieses maximalen Pegels wirtschaftlich nicht durchführbar wäre, wird der Verträglichkeitspegel in die Lücke zwischen den Maxima der Wahrscheinlichkeitsdichten gelegt. Genau genommen legt man den Verträglichkeitspegel so, daß er mit einer bestimmten Wahrscheinlichkeit, z.B. 95%, nicht überschritten wird und daß die Störfestigkeit der Geräte grundsätzlich oberhalb dieses Pegels liegt, Bild 1.5.

1.2 Störpegel - Störabstand - Grenzstörpegel - Stördämpfung

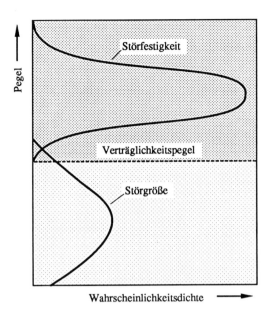

Bild 1.5.: Festlegung des Verträglichkeitspegels für eine bestimmte Störgröße, z.B. 5-te Oberschwingung.

Wie hoch der Störschwellenpegel eines Geräts über den Verträglichkeitspegel gelegt wird (Störsicherheitsabstand) ist eine Frage der Bedeutung des Geräts.

1.2.3 Grenzstörpegel für Funkstörungen - Funkstörgrade

Zur Gewährleistung eines einwandfreien Ton- und Fernsehrundfunkempfangs sowie ungestörter Funktion der Funkdienste dürfen die Emissionen von Störquellen bestimmte, von der Frequenz abhängige *Grenzstörpegel* nicht überschreiten. Diese Grenzstörpegel sind in DIN/VDE-Bestimmungen festgelegt, die ihrerseits wieder auf internationaler Zusammenarbeit in der IEC bzw. CISPR beruhen (s. Kapitel 11 und B23). Letztlich orientieren sich die Störpegel am unvermeidlichen Hintergrundpegel natürlicher Quellen (kosmisches Rauschen, Impulsstörungen entfernter Gewitter, engl.: *sferics* etc.). Sie werden m.a.W. so festgelegt, daß Emissionen in einem vom Verwendungszweck abhängigen bestimmten Abstand (z.B. 3m oder 30m) auf den Hintergrundpegel abgeklungen sind.

Man unterscheidet Grenzstörpegel für

— *Funkstörspannungen*
— *Funkstörleistungen*
— *Funkstörfeldstärken*.

Erstere bilden die Obergrenze für die Störspannungen zwischen einzelnen Adern und Erde der an einem Betriebsmittel angeschlossenen Leitungen (*unsymmetrische Funkstörspannung*). Bei den üblicherweise anzutreffenden Leitungslängen elektrischer Geräte in Büros, Haushalten etc. setzt ab ca. 30 MHz merkliche Abstrahlung ein, so daß die Funkstörspannung mit zunehmender Frequenz an Aussagekraft verliert. Ab 30 MHz schreibt man daher Grenzwerte für die *Funkstörleistung* vor, die mit speziellen Absorptionsmeßwandlerzangen gemessen wird (s. 7.3). Schließlich dürfen in definierten Abständen von den Störquellen die dort herrschenden *Funkstörfeldstärken* bestimmte Grenzstörpegel für elektrische und magnetische Felder nicht überschreiten.

Weiter wird zwischen *Grenzwertklassen* A, C und B unterschieden (s. 11.2). Für erstere ist wegen des höheren Grenzstörpegels bzw. geringeren Störabstands eine *Einzelgenehmigung* erforderlich, die bei Geräten der Klasse A aufgrund einer Typprüfung erteilt werden kann (z.B.: Arbeitsplatzrechner, Industrie HF-Generatoren), bei Geräten der Klasse C erst nach Einzelprüfung am Aufstellungsort (z.B. Großrechenanlagen, Hochfrequenzlinearbeschleuniger). Geräte der Grenzwertklasse B bedürfen keiner Einzelgenehmigung, sondern nur einer *Allgemeinen Genehmigung*, da sie wegen ihres geringeren Störpegels in der Regel einen ausreichend großen Störsicherheitsabstand gewährleisten (z.B. Ton- und Fernsehrundfunkgeräte, Personal Computer, Haushaltgeräte etc.).

Sinngemäß zählen daher zu A und C Geräte, die industriell oder gewerblich genutzt und überwiegend in Industriegebieten eingesetzt werden (Ausnahme Mikrowellenherde, elektromedizinische HF-Ge-

1.2 Störpegel - Störabstand - Grenzstörpegel - Stördämpfung

räte). Ihnen liegt bei der Funkstörmessung ein vergleichsweise großer Schutzabstand, z.B. 30 m, zugrunde. Zur Grenzwertklasse B zählen Geräte, die für Wohngebiete, d.h. für Heimbetrieb vorgesehen sind. Ihnen liegt ein kleinerer Schutzabstand, z.B. 10 m zugrunde. Selbstverständlich dürfen Geräte der Klasse B auch in Industriegebieten genutzt werden.

Ein Beispiel für die Angabe von Grenzstörpegeln zeigt Bild 1.6. Weitere Grenzstörpegel finden sich in den jeweils zutreffenden Vorschriften (s. Kapitel 11).

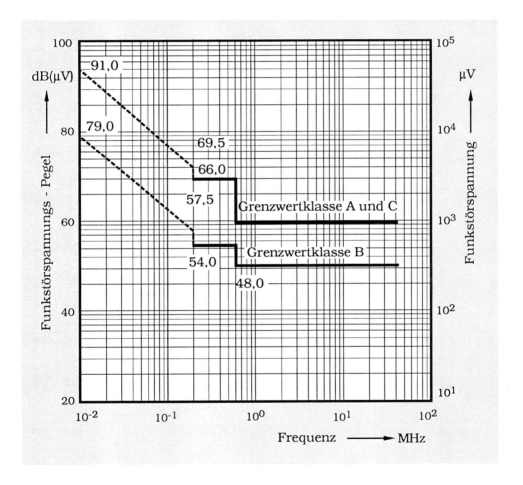

Bild 1.6.: Grenzstörpegel von Hochfrequenzgeräten für industrielle, wissenschaftliche, medizinische und ähnliche Zwecke (ISM-Geräte VDE 0871 [B26], s.a. 2.2.2).

Vor der Festlegung von Grenzwerten bzw. Grenzstörpegeln im Rahmen der europäischen Harmonisierungsbestrebungen war die Angabe von *Funkstörgraden* üblich. Neben ihrer Eigenschaft als frequenzabhängige Obergrenze für Funkstörungen (m.a.W. ebenfalls Grenzstörpegel) weisen Funkstörgrade noch einen *Kennbuchstaben* auf, der eine Aussage über den Verwendungszweck bzw. die relative Störwirkung beinhaltet.

— Funkstörgrad G: Grobentstörte Geräte mit vergleichsweise hohen Störemissionen, die nur in Industriegebieten, bzw. nicht Wohnzwecken dienenden Betriebsstätten und Gebäuden (Banken, Büros) eingesetzt werden.

— Funkstörgrad N: Normalentstörte Geräte, z.B. für die Verwendung in Wohngebieten.

— Funkstörgrad K: Feinentstörte Geräte mit kleinem (K) Störpegel, z.B. für den Einsatz in Empfangsfunkstellen.

— Funkstörgrad O: Geräte, die ihrer Natur nach keine Funkstörungen verursachen, z.B. Tauchsieder.

Funkstörgrade finden derzeit noch Verwendung in DIN/VDE 0875-Teil 3 (Entwurf), da die dort aufgeführten Geräte in den harmonisierten Bestimmungen nicht erfaßt sind (Hebezeuge, Aufzüge, Notstromaggregate etc.).

Da bei Funkstörungen vorrangig der akustische bzw. visuelle Störeindruck eine wesentliche Rolle spielt, erfahren die elektrischen Meßwerte eine entsprechende *Bewertung* (s. 7.4.1). *Bewertete Störgrößen* haben sich im Rahmen der Funkentstörung sehr bewährt, sind jedoch gänzlich ungeeignet, wenn es um die Behandlung nicht Kommunikationszwecken dienender elektronischer Systeme geht

(KFZ-Elektronik, Prozeßsteuerungen, DV-Anlagen etc.). Beispielsweise toleriert das menschliche Ohr bei gelegentlichen Knackstörungen (engl.: *click*) wesentlich größere Pegel als bei Dauerstörungen, während eine elektronische Steuerung bereits bei nur einer die Störschwelle überschreitenden Knackstörung mit Fehlfunktionen reagiert. In diesen Fällen kommen daher nur unbewertete Größen in Frage (z.B. im Zeitbereich Impulsscheitelwerte, im Frequenzbereich Amplitudendichten).

1.2.4 Stördämpfung

Die *Stördämpfung* ist ein typisches Beispiel für logarithmische Verhältnisse der zweiten Art (*Übertragungsmaße*, vergl. Einleitung v. 1.2). Die Stördämpfung dient oberbegrifflich zur Kennzeichnung der Entstörwirkung von Entstörmitteln. Sie wird meist in Abhängigkeit von der Frequenz angegeben. Als Stördämpfung bezeichnet man beispielsweise das logarithmische Verhältnis der Spannungen vor und nach einem Filter (*Filterdämpfung* a_F) oder der Feldstärken eines Raumpunkts vor und nach Anwendung eines Schirmes (*Schirmdämpfung* a_S),

$$a_F = 20 \lg \frac{U_1}{U_2} \quad \text{bzw.} \quad a_S = 20 \lg \frac{H_a}{H_i} \quad . \tag{1-8}$$

Die Filterdämpfung ist in der Regel positiv. Negative Filterdämpfungen ergeben sich bei Spannungsüberhöhungen am Ausgang durch Resonanzeffekte (negative Dämpfung $\hat{=}$ Verstärkung, s.a. 4.1.3).

Bei der Schirmdämpfung wird unter H_a die in Abwesenheit eines Schirms herrschende Feldstärke, unter H_i die innere, im geschirmten Raum anzutreffende Feldstärke verstanden (s.a. 5.1). Auch hier nimmt a_S in der Regel positive Zahlenwerte an.

Eine verwandte Größe ist die *Gleichtakt/Gegentakt-Dämpfung*, die aussagt, inwieweit eine Umwandlung von Gleichtaktsignalen in *Gegentaktsignale* geschwächt wird. Hierauf wird im Kapitel 1.4 ausführlich eingegangen.

1.3 Natur elektromagnetischer Beeinflussungen und ihrer Übertragungswege

Das grobe Beeinflussungsmodell gemäß Bild 1.1 ist zunächst nur von beschränktem Wert. Um die elektromagnetische Verträglichkeit eines Systems gezielt planen zu können, müssen bekannt sein

— die störende Umgebung (alle Sender), beispielsweise in Form von Spannungs- und Stromscheitelwerten, Feldstärken, Frequenzspektren, Flankensteilheiten,

— die Kopplungsmechanismen beispielsweise in Form von Filter- und Schirmdämpfungen oder komplexer Übertragungsfunktionen,

— die Empfänglichkeit bzw. Empfindlichkeit der Störsenke (engl.: *susceptibility*) beispielsweise in Form von Störschwellen im Frequenz- und Zeitbereich.

Während sich Störquellen und Störsenken vergleichsweise leicht durch Messung ihrer Emissionen bzw. Störschwellen charakterisieren lassen (s. Kapitel 7 u. 8), verlangt die Identifikation der zwischengeschalteten Kopplungsmechanismen ein intimes Verständnis der physikalischen Elektrotechnik und große Erfahrung in praktischer Schaltungstechnik. Schließlich handelt es sich häufig um parasitäre, vom Konstrukteur nicht vorgesehene Übertragungswege — z.B. in der Stückliste nicht auftretende *Streukapazitäten, Streuinduktivitäten* etc. — die sich oft erst durch die von ihnen verursachten elektromagnetischen Beeinflussungen offenbaren.

Je nach Ausbreitungsmedium und Entfernung zur Störquelle gelangen Störgrößen über unterschiedliche Wege und beliebige Kombinationen davon zum gestörten Empfängerstromkreis. Beispielsweise bezeichnet man elektromagnetische Beeinflussungen als *leitungsgebunden* übertragen, wenn sie über eine oder mehrere Leitungen oder auch über passive Bauelemente (Kondensatoren, Transformatoren etc.) in die Störsenke eindringen (Kabelmantelströme, Netzzuleitung etc., sog. *galvanische Kopplung*), Bild 1.7.

1.3 Natur elektromagnetischer Beeinflussungen und ihrer Übertragungswege

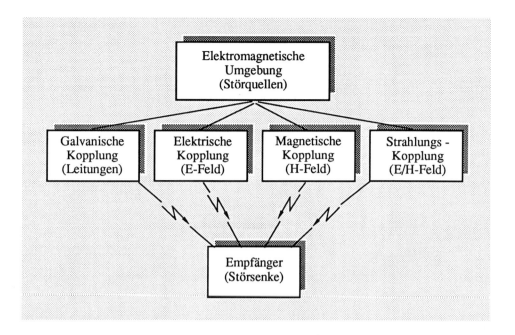

Bild 1.7: Kopplungsmechanismen elektromagnetischer Beeinflussungen.

Dies gilt auch dann, wenn irgendwo zwischen Störsender und Empfänger die Störenergie stellenweise durch Kopplung oder Strahlung übertragen wird. So kann eine elektromagnetische Beeinflussung durchaus *leitungsgebunden* entstehen, sich dann aber durch *Kopplung* oder *Strahlung* ausbreiten und schließlich in anderen Leitungen wieder als *leitungsgebundene* Störung auftreten (z.B. Bürstenfeuer eines Kollektormotors, dessen lange Zuleitungen als Antennen wirken). Gewöhnlich beziehen sich die Bezeichnungen leitungsgebunden oder abgestrahlt auf einen bestimmten Ort längs des Übertragungswegs zwischen störendem Sender und gestörtem Empfänger, häufig auf den Sender oder den Empfänger selbst.

Solange die Wellenlänge groß gegenüber den Abmessungen des Störers ist, breiten sich elektromagnetische Beeinflussungen vorwiegend leitungsgebunden oder durch elektrische bzw. magnetische Kopplung aus. Liegen Wellenlänge und Abmessungen in vergleichbarer Größenordnung, setzt die Abstrahlung ein. Die Grenze ist fließend, liegt jedoch für viele in der Praxis vorkommenden Fälle in der Größenordnung von 10 m, entsprechend einer Frequenz von 30 MHz. Mit anderen Worten, im Rundfunkfrequenzbereich von 0.1 bis 30 MHz herrschen *leitungsgebundene Störungen* vor, im UKW-Bereich und darüber *Störstrahlung*.

Nachstehend werden die verschiedenen Kopplungsmechanismen qualitativ kurz vorgestellt, ihre ausführliche Behandlung erfolgt im Kapitel 3.

Galvanische Kopplung

Galvanische bzw. *metallische Kopplung* (engl.: *conducted, metallic*) tritt immer dann auf, wenn zwei Stromkreise eine gemeinsame Impedanz Z besitzen, sei es ein einfaches Leitungsstück, eine *Kopplungsimpedanz* (s. 3.1.3.) oder einen sonst gearteten Zweipol, Bild 1.8.

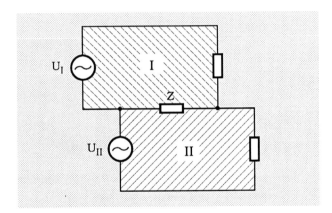

Bild 1.8: Galvanische Kopplung zweier Stromkreise über eine gemeinsame Impedanz Z.

Der Strom im Stromkreis I (Störer) erzeugt an der gemeinsamen Impedanz Z einen Spannungsabfall, der sich im Stromkreis II (gestörtes System) dem Nutzsignal überlagert. Auf dieses einfache Ersatzschaltbild lassen sich Verträglichkeitsprobleme wie leitungsgebundener *50 Hz-Brumm, Kabelmantel- und Gehäusestromprobleme,* Störungen, die über Netzzuleitungen am gleichen Netz betriebener Verbraucher zum Empfänger gelangen etc. zurückführen (s. 3.1.1). Selbstverständlich kann bei vergleichbaren Leistungsverhältnissen beider Kreise auch der Strom des Kreises II im Stromkreis I eine Störung verursachen.

Elektrische Kopplung

Elektrische oder kapazitive Kopplung tritt auf zwischen zwei Stromkreisen, deren Leiter sich auf verschiedenen Potentialen befinden, Bild 1.9.

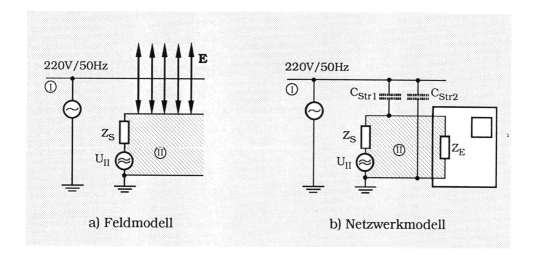

Bild 1.9: Beispiel für die elektrische Kopplung zweier Stromkreise I und II über das quasistatische elektrische Feld bzw. über Streukapazitäten.

Der störende Stromkreis I sei das 220V Lichtnetz, der gestörte Kreis II ein unbedarfter Meßaufbau, mit dem eine Spannung von wenigen Millivolt mittels eines Oszilloskops gemessen werden soll. Zwischen dem auf 220V Potential befindlichen Leiter und den quasi auf Erdpotential befindlichen Meßleitungen des Versuchsaufbaus besteht ein elektrisches Feld, Bild 1.9a, dessen beeinflussende Wirkung in einem Netzwerk-Ersatzschaltbild durch die Annahme von Streukapazitäten C_{Str1} und C_{Str2} nachgebildet werden kann, Bild 1.9b. Die Netzspannung treibt durch die Streukapazitäten Wechselströme (Verschiebungsströme), die über die gemeinsame Masseverbindung zum Neutralleiter des Netzes zurückfließen. Der Strom durch C_{Str2} erzeugt über den Innenwiderständen von Sender und Empfänger im Stromkreis II, Z_S und Z_E, einen Spannungsabfall, der sich dem Nutzsignal als Störspannung überlagert.

Da die Netzwerktheorie keine Felder, sondern nur Spannungs- und Stromquellen sowie passive Bauelemente kennt, geht die elektrische Kopplung im Netzwerkmodell in eine leitungsgebundene Kopplung mit Kondensatoren als Koppelimpedanzen über. Die wahre Natur der Kopplung darf jedoch nicht aus den Augen verloren werden.

Magnetische Kopplung

Magnetische oder *induktive Kopplung* tritt auf zwischen zwei oder mehreren stromdurchflossenen Leiterschleifen. Wir betrachten den gleichen Stromkreis wie in Bild 1.9, nehmen aber an, daß jetzt im Leiter des Lichtnetzes ein Strom von 20A fließe (die elektrische Kopplung lassen wir der Übersichtlichkeit wegen außer acht), Bild 1.10.

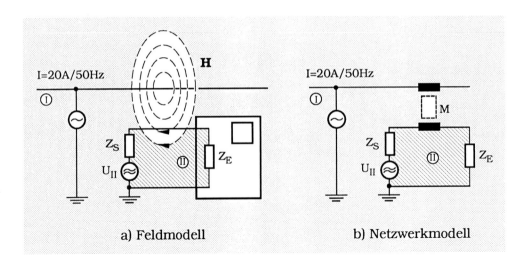

Bild 1.10: Beispiel für die magnetische Kopplung zweier Stromkreise I und II, a) über das quasistatische magnetische Feld, b) über eine Gegeninduktivität.

Der Strom ist mit einem veränderlichen Magnetfeld verknüpft, das im gestörten Stromkreis II eine Spannung induziert, die sich dem Nutzsignal überlagert, Bild 1.10. Die Wirkung des Magnetfeldes des Kreises I auf den Kreis II wird im Netzwerkersatzschaltbild durch eine Gegeninduktivität M oder eine induzierte Quellenspannung dargestellt.

1.3 Natur elektromagnetischer Beeinflussungen und ihrer Übertragungswege

Die in den Bildern 1.9 und 1.10 dargestellten Beeinflussungsmechanismen veranschaulichen sehr deutlich die gegenseitige Unabhängigkeit quasistatischer elektrischer und magnetischer Felder. Einerseits ist in Bild 1.9 die Beeinflussung durch das *elektrische* Feld nicht an die Anwesenheit eines *magnetischen* Felds gebunden, andererseits kann in Bild 1.10 unbeschadet einer etwa vorhandenen *elektrischen* Beeinflussung eine beliebig starke *magnetische* Beeinflussung vorliegen.

Strahlungskopplung

Versteht man unter *Strahlungskopplung* jede Kopplung im nichtleitenden Raum, so zählen die zuvor beschriebene elektrische und magnetische Kopplung auch zur Strahlungskopplung, und zwar beschreiben sie den quasistatischen Bereich, in dem das elektrische und das magnetische Feld voneinander unabhängig sind (*Nahfeld* s. 5.1). Wir wollen hier den Begriff Strahlungskopplung auf die Fälle beschränken, in denen sich das gestörte Empfangssystem im *Fernfeld* des vom Störer erzeugten Strahlungsfelds befindet, elektrisches und magnetisches Feld also gleichzeitig auftreten und über den Wellenwiderstand des freien Raumes

$$E/H = Z = \sqrt{\mu_0/\varepsilon_0} = 377\,\Omega$$

verknüpft sind, Bild 1.11.

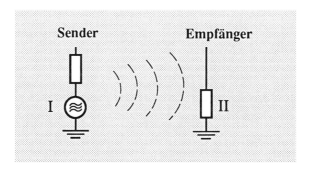

Bild 1.11: Strahlungskopplung.

Dabei muß das gestörte System nicht notwendigerweise eine Stabantenne aufweisen wie in Bild 1.11. Ebensogut kann die elektromagnetische Beeinflussung auch über eine Rahmenantenne bzw. direkt in eine elektronische Schaltung ohne beabsichtigte Antenneneigenschaften einwirken.

Wir werden an dieser Stelle die verschiedenen Kopplungsmechanismen nicht weiter vertiefen, ihre ausführliche Betrachtung erfolgt im Kapitel 3. Es sei jedoch erwähnt, daß in der Praxis meist mehrere Kopplungspfade gleichzeitig bzw. parallel wirksam sind und ein Pfad u.U. auch mehrere kaskadierte Kopplungsmechanismen beinhalten kann, was die zielstrebige Erklärung des Zustandekommens von Störungen beträchtlich erschwert. So können beispielsweise elektromagnetische Beeinflussungen auf fünf generischen Pfaden in eine speicherprogrammierbare Steuerung oder ein Automatisierungssystem eindringen, Bild 1.12.

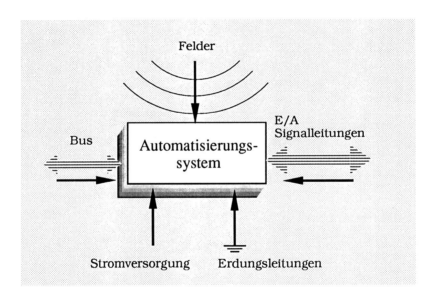

Bild 1.12: Generische Pfade für das Eindringen elektromagnetischer Beeinflussungen in ein Automatisierungssystem.

Je besser das physikalische Verständnis der verschiedenen Kopplungsmechanismen, desto eher lassen sich die relevanten Pfade lokalisieren bzw. hinsichtlich ihrer Übertragungsdämpfung quantifizieren, und desto kostengünstiger lassen sich wirksame Gegenmaßnahmen ergreifen.

1.4 Gegentakt- und Gleichtaktstörungen

Ein grundlegendes Konzept der EMV-Technik ist das Begriffspaar *Gegentakt-* und *Gleichtaktstörungen*.

Gegentaktstörungen:

Gegentaktstörungen $\underline{U}_{Gg}$ treten zwischen den *Hin- und Rückleitern* von Stromkreisen bzw. zwischen den Eingangsklemmen gestörter Systeme auf. Die Gegentaktströme $\underline{I}_{Gg}$ besitzen in Hin- und Rückleiter die gleiche Richtung wie die Nutzsignalströme. In *symmetrischen* Stromkreisen (*erdfrei* betriebene Schaltungen oder Schaltungen, deren Potentialmitte geerdet ist, Bild 1.13a) manifestieren sich Gegentaktstörungen als symmetrische Spannungen, in unsymmetrischen Stromkreisen (*einseitig* geerdete Stromkreise, Bild 1.13b) als *unsymmetrische Spannungen*.

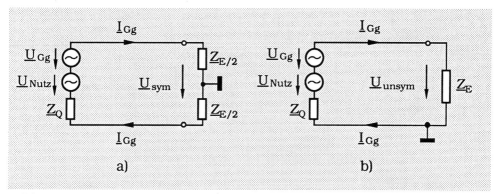

Bild 1.13: Zur Definition von Gegentaktstörungen
a) in symmmetrisch betriebenen Stromkreisen
b) in unsymmmetrisch betriebenen Stromkreisen

Gegentaktstörspannungen entstehen meist durch magnetische Kopplung (Induktion s. 1.3) oder *Gleichtakt/Gegentaktkonversion* (s.u.). Sie liegen in Reihe mit dem Nutzsignal und bewirken *Meßfehler, Fehlfunktionen* etc. So treibt eine Gegentaktstörspannung $\underline{U}_{Gg}$ durch die Stromkreise in Bild 1.13 einen Gegentaktstrom $\underline{I}_{Gg}$, der an den Sender- und Empfängerimpedanzen Spannungsabfälle verursacht.

Es gilt

$$\underline{U}_{Gg} = \underline{I}_{Gg}\, \underline{Z}_Q + \underline{I}_{Gg}\, \underline{Z}_E \; . \tag{1-9}$$

Die Störspannung am Empfänger berechnet sich aus der Spannungsteilergleichung,

$$\frac{\underline{U}_{Gg}}{\underline{U}_{Stör}} = \frac{\underline{Z}_Q + \underline{Z}_E}{\underline{Z}_E} \; . \tag{1-10}$$

Im häufig zutreffenden Fall $|\underline{Z}_Q| \ll |\underline{Z}_E|$ wirkt $\underline{U}_{Gg}(\omega)$ in voller Höhe als Störspannung am Empfänger (in Reihe mit dem Nutzsignal).

Gleichtaktstörungen:

Gleichtaktstörungen haben ihre Ursachen in Störspannungsquellen $\underline{U}_{Gl}$, die zwischen einzelnen Signaladern und *Bezugsmasse* auftreten, beispielsweise in Form einer transienten Erdpotentialanhebung, Bild 1.14 (s.a. 10.6b)

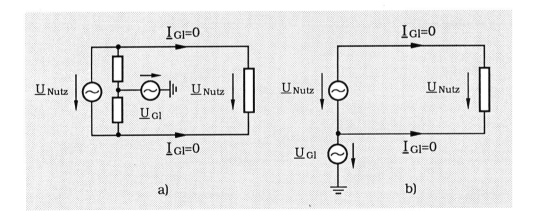

Bild 1.14: Zur Definition von *Gleichtaktspannungen*
           a) in symmetrisch betriebenen Stromkreisen,
           b) in unsymmetrisch betriebenen Stromkreisen.

In *symmetrisch* betriebenen Stromkreisen tritt die Gleichtaktspannung zwischen der *elektrischen Mitte* der Schaltung und *Bezugsmasse* auf und wird dann auch als *asymmetrische Spannung* bezeich-

1.4 Gegentakt- und Gleichtaktstörungen

net. Hin- und Rückleiter besitzen die gleiche Spannung gegenüber Erde (s.a. Bild 9.17).

In *unsymmetrischen* Stromkreisen treten Gleichtaktspannungen zwischen *einzelnen Adern* und *Bezugsmasse* auf. Sie werden dann als *unsymmetrische* Spannungen bezeichnet. Die unsymmetrischen Spannungen von Hin- und Rückleitern unterscheiden sich in ihrer Größe um die Nutzspannung (Gegentaktspannung).

Gleichtaktspannungen verursachen zunächst keine Störspannung in Reihe mit dem Nutzsignal, große Gleichtaktspannungen können jedoch zu Überschlägen zwischen den Signalleitungen und den Gerätegehäusen oder der Schaltungsmasse führen, was in der Regel irreversible zerstörende Wirkungen zur Folge hat (s.a. *rückwärtiger Überschlag* im Kapitel 3.1.4).

Die Stromkreise in Bild 1.14 sind Idealisierungen, die nur für Gleichstromkreise und Wechselstromkreise niedriger Frequenz in guter Näherung gelten. Mit zunehmender Frequenz machen sich Leitungsimpedanzen $\underline{Z}_L$ und insbesondere Streukapazitäten C_{Str} bemerkbar, Bild 1.15.

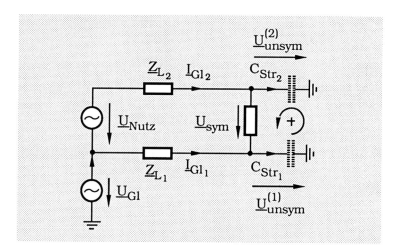

Bild 1.15: Ausbildung von *Gleichtaktströmen* bei hohen Frequenzen, Veranschaulichung der *Gleichtakt/Gegentakt-Konversion*

Die Gleichtaktspannung treibt durch die parallelen Hin- und Rückleiter gleichsinnige Ströme (*Gleichtaktströme*), die über die Streukapazitäten und Erde zur Quelle zurückfließen können. Bei *gleicher*

Impedanz von Hin- und Rückleitung (einschließlich der Innenwiderstände von Sender und Empfänger) und gleichen Streukapazitäten C_{Str_1} und C_{Str_2} sind die Gleichtaktströme nicht nur gleichsinnig, sondern auch gleich groß, so daß zwischen den Empfängerklemmen weiterhin keine Störspannung in Erscheinung tritt.

Im Fall *ungleicher* Impedanzen jedoch treibt die Gleichtaktspannung durch Hin- und Rückleiter unterschiedlich große Ströme, die an den Impedanzen unterschiedliche Spannungsabfälle hervorrufen. Hin- und Rückleiter nehmen unterschiedliche Spannungen gegenüber Erde an, es kommt zu einer *Gleichtakt/Gegentakt-Konversion*. Die ungleichen Impedanzen bewirken, daß die *Gleichtaktspannung* ganz oder teilweise in eine *Gegentaktspannung* umgewandelt wird, deren Höhe sich als Differenz der unterschiedlichen Spannungen von Hin- und Rückleiter gegenüber Erde ergibt.

Die Anwendung der Maschenregel auf die im Ersatzschaltbild eingezeichnete Schleife ergibt

$$\underline{U}_{sym} + \underline{U}_{unsym}^{(1)} - \underline{U}_{unsym}^{(2)} = 0$$

bzw.

$$\boxed{\underline{U}_{sym} = \underline{U}_{unsym}^{(2)} - \underline{U}_{unsym}^{(1)}} \qquad (1\text{-}11)$$

Ein Maß für den Umfang der Gleichtakt/Gegentakt-Konversion einer Schaltung ist der *Gleichtakt/Gegentakt-Konversions-Faktor* GGKF, der sich aus dem Verhältnis der resultierenden Gegentaktstörspannung $\underline{U}_{sym} = \underline{U}_{Gg} = \underline{U}_{St}$ zur Gleichtaktstörung $\underline{U}_{Gl}$ ergibt

$$\boxed{GGKF = \frac{|\underline{U}_{Gg}(\omega)|}{|\underline{U}_{Gl}(\omega)|}} \qquad (1\text{-}12)$$

Bei vollständiger Konversion nimmt er den Wert 1 an, in perfekt symmetrischen Systemen den Wert Null.

1.4 Gegentakt- und Gleichtaktstörungen

Der *Gleichtakt/Gegentakt-Konversionsfaktor* läßt sich leicht meßtechnisch quantifizieren, indem man die Nutzsignalquelle entfernt und eine Gleichtaktspannung in das eingangsseitig kurzgeschlossene System einspeist (s.a.3.6), Bild 1.16.

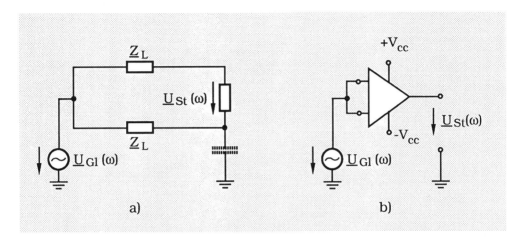

Bild 1.16: Messung der Gleichtakt/Gegentakt-Konversion
a) einer symmetrischen Doppelleitung, b) eines Differenzverstärkers.

Der *Gleichtakt/Gegentakt-Konversionsfaktor* entspricht der *Gleichtaktverstärkung* A_{Gl} bei Operationsverstärkern (s. 3.1.2).

Zweckmäßig erweist sich die Einführung einer *Gleichtakt/Gegentakt-Dämpfung*, die als logarithmisches Verhältnis des *Kehrwerts* des Betrags des Konversionsfaktors definiert ist (vergl. *Schirmfaktor* und *Schirmdämpfung* in Kapitel 5),

$$\text{GGD} = 20 \lg \frac{|\underline{U}_{Gl}(\omega)|}{|\underline{U}_{Gg}(\omega)|}$$
(1-13)

Die Gleichtakt/Gegentakt-Dämpfung ist nicht zu verwechseln mit der Definition der *Gleichtaktunterdrückung* (engl.: CMR, *Common Mode Rejection*) von Differenzverstärkern (s. 3.1.2). Erstere erlaubt eine

Aussage über den *Absolutwert einer Störspannung*, letztere eine Aussage über das *Stör-/Nutzsignalverhältnis*.

Gleichtaktstörungen begegnet man häufig in Verbindung mit Erdschleifen in der allgemeinen Meßtechnik oder der MSR-Technik (Meß-, Steuer- und Regelungstechnik von Prozeßleitsystemen). Beispielsweise sei eine Signalquelle über ein Koaxialkabel mit einem Oszilloskop verbunden, Bild 1.17.

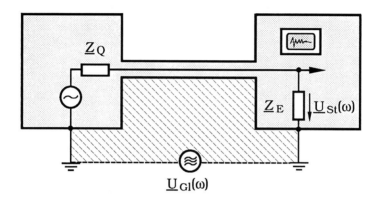

Bild 1.17: Gleichtakt/Gegentakt-Konversion bei Erdschleifen, (Impedanz des Meßkabelmantels nicht eingezeichnet).

Beide Gerätegehäuse seien aus Berührungsschutzgründen über ihren Schutzkontakt geerdet. Eine durch Induktion in der Erdschleife oder durch unterschiedliche Erdpotentiale verursachte Gleichtaktspannung $\underline{U}_{Gl}(\omega)$ treibt einen Strom sowohl durch den Innenleiter als auch durch den Mantel des Signalkabels, die beide aus Sicht der Gleichtakt-Spannungsquelle parallel geschaltet sind. Quell- und Empfängerimpedanz bilden für die Gleichtaktspannung $\underline{U}_{Gl}(\omega)$ einen Spannungsteiler, so daß an der Empfängerimpedanz $\underline{Z}_E$ die Gegentaktspannung $\underline{U}_{St}(\omega)$ abfällt. Der *Gleichtakt/Gegentakt-Konversions-Faktor* der Schaltung ergibt sich zu

$$\boxed{GGKF = \frac{|\underline{U}_{St}(\omega)|}{|\underline{U}_{Gl}(\omega)|} = \frac{|\underline{Z}_E|}{|\underline{Z}_Q + \underline{Z}_E|}}$$

. (1-14)

1.4 Gegentakt- und Gleichtaktstörungen

Hierbei ist impliziert, daß die Gleichtaktspannung $\underline{U}_{Gl}(\omega)$ eingeprägt ist und nicht durch die Impedanz des Kabelmantels kurzgeschlossen wird.

Für den meist anzutreffenden Fall $|\underline{Z}_E| \gg |\underline{Z}_Q|$ tritt die Gleichtaktstörung in voller Höhe als Gegentaktstörung am Empfänger auf, im angepaßten Fall z.B. $\underline{Z}_Q = \underline{Z}_E = 50\,\Omega$, zur Hälfte (Leitungsimpedanzen vernachlässigt). Bei hohen Frequenzen fließt auf Grund der Stromverdrängung nur noch im Kabelmantel ein Störstrom. Als Gegentaktstörung tritt dann der auf der Innenseite des Mantels abgreifbare Spannungsabfall auf, dessen Höhe sich aus der *Kopplungsimpedanz* (engl.: *mutual transfer impedance*) berechnet (s. 3.1.2).

Die Gleichtakt/Gegentakt-Konversion einer Erdschleife läßt sich verringern durch eine Erhöhung ihrer Impedanz, bis hin zur Auftrennung, durch Symmetrierung der Impedanzen der Signalhin- und -rückleitung und durch Schutzschirmtechnik. Auf diese Maßnahmen wird später noch ausführlich eingegangen (s. 3.1.2). Weitere Ausführungen über Gleichtaktstörungen finden sich in den Kapiteln 4.1.1 und 7.1 sowie im Schrifttum [3.1 bis 3.6].

Abschließend seien nochmals einige häufig anzutreffende synonyme Bezeichnungen für Gegen- und Gleichtaktsignale genannt:

Gegentaktsignale

— Querspannung
— Symmetrische Spannunng
— Differential mode
— Serial mode
— Odd mode
— Normal mode

Gleichtaktsignale

— Längsspannung
— Unsymmetrische Spannung
— Common mode
— Parallel mode
— Even mode
— Gleichlaufende Spannung

Leider ist die Nomenklatur im Schrifttum nicht immer einheitlich, beispielsweise findet man gelegentlich Gegentaktsignale als Längsspannungen bezeichnet usw.

1.5 Erde und Masse

Ein weiteres wichtiges Konzept der EMV ist das Begriffspaar *Erde* (engl.: *earth*) und *Masse* (engl.: *ground* oder *circuit common*). Mit dem Begriff Erdung verbinden Starkstromingenieure in der Regel Sicherheits- und Blitzschutzfragen, beispielsweise die Vermeidung unzulässig hoher Berührungsspannungen, Elektronikingenieure eher die elektromagnetische Verträglichkeit ihrer Schaltungen, beispielsweise die Vermeidung von Erdschleifen, 50Hz-Brumm, Behandlung von Kabelschirmen etc. Die unterschiedlichen Zielsetzungen verlangen nicht selten unterschiedliche Erdungsstrategien, so daß Fragen "richtiger" Erdung gelegentlich kontrovers diskutiert werden.

Grundsätzlich bedarf ein elektrischer Stromkreis zunächst überhaupt keiner *Erdung*, da der aus einer Spannungsquelle austretende Strom nach Durchfließen des Verbrauchers nur den einen Wunsch kennt, zur anderen Klemme der Quelle zurückzufließen, Bild 1.18.

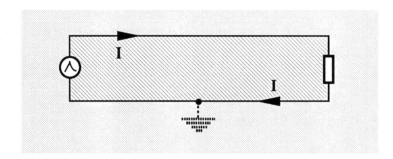

Bild 1.18: Einfaches Beispiel zur Veranschaulichung dessen, was eine Erdverbindung *nicht* bewirkt.

In obigem Ersatzschaltbild besteht für den Strom I überhaupt keine Veranlassung, über eine etwa vorhandene Erdverbindung (strichliert) nach Erde abzufließen, da keine Quellenspannung ersichtlich ist, die diesen Strom nach Erde treiben sollte. In Nichtbeachtung dieser elementaren Einsicht werden beim Auftreten von Störspannungsproblemen häufig ohne Not zusätzliche Erdleitungen verlegt, vorhandene Querschnitte vergrößert etc., in der trügerischen Hoffnung, Störspannungen quasi nach Erde "absaugen" zu können [1.26] (s.a. 10.6). Daß eine einwandfreie *Erdung* dennoch eine essentielle Komponente sicher und zuverlässig betriebener elektrischer Systeme ist, geht aus den nachstehenden Betrachtungen hervor. Es ist jedoch

1.5 Erde und Masse

streng zwischen zwei Philosophien zu unterscheiden, der sogenannten *Schutzerdung* (*Schutzleiter*) zum Schutz von Menschen, Tieren und Sachwerten und der sog. *Masse*, dem gemeinsamen *Bezugsleiter* elektrischer Stromkreise (dies gilt für Starkstrom - wie für Schwachstromkreise). Obwohl Erde und Masse in der Regel an *einer* Stelle miteinander galvanisch verbunden sind, gibt es doch einen großen Unterschied:

Erdleiter führen nur im Fehlerfall Strom, Bezugsleiter führen betriebsmäßig Strom und stellen häufig den gemeinsamen Rückleiter mehrerer Signalkreise zur Quelle dar.

Dieser Unterschied ist essentiell und es fehlt nicht an synonym verwendeten Begriffen, ihn semantisch zum Ausdruck zu bringen.

Erde	Masse
Schutzleiter	Neutralleiter
Erdung	Schaltungsmasse
Schutzerdung	Signalreferenz
Erdungsbezugsleiter (!)	Signalmasse
Gehäuseerde	Meßerde
Stationserde	0V
engl.: **Earth**	*engl.:* **Ground**
Earth Ground	Signal ground
Protective Earth	Signal reference
Fault Protection	Control common
Ground, Earth	Circuit common
Equipment Ground	Neutral
Safety Ground	0V-Bus

Im folgenden werden die unterschiedlichen Aspekte zwischen *Erde* (*Schutzerde*) und *Masse* (*Bezugsleiter*) herausgestellt. Die Überlegungen zielen ausschließlich auf das Verständnis der den beiden Philosophien zugrundeliegenden Motivationen und Zielsetzungen ab und sind nicht als Anleitung zur vorschriftengerechten Errichtung von Erdungsanlagen gedacht. Hierfür gilt VDE 0100 "*Bestimmungen über die Errichtung von Starkstromanlagen bis 1000V*" [B23]. Detaillierte Hinweise über Bemessungsfragen etc. findet der Leser vorrangig in [1.21] sowie in den hierzu erhältlichen Kommentaren [1.22 bis 1.25].

1.5.1 Erde

Die Erdung dient dem Schutz von Personen, Tieren und Sachwerten. Gemäß VDE 0100 müssen in den überlicherweise anzutreffenden TN-Niederspannungsnetzen die *Körper* elektrischer Betriebsmittel mit dem geerdeten Punkt des Netzes durch einen Schutzleiter (PE, engl.: *Protective Earth*) oder dem PEN-Leiter (als Schutzleiter mitbenutzter Neutralleiter) verbunden sein. Unter Körper versteht man hier *berührbare, leitfähige Teile von Betriebsmitteln, die nicht Teile des Betriebsstromkreises sind, jedoch im Fehlerfall unter Spannung stehen können* (z.B. Gerätegehäuse), Bild 1.19.

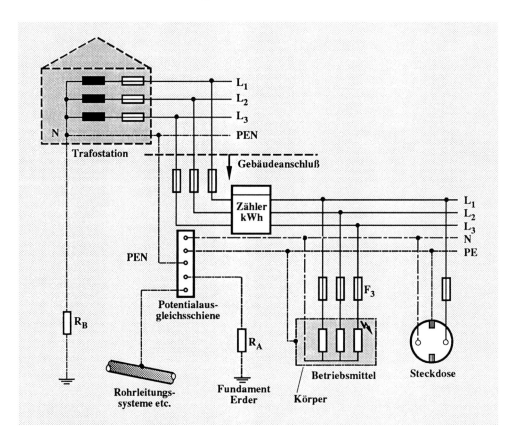

Bild 1.19: Erdung im TN-Niederspannungsnetz (TN-Netz: T $\triangleq$ direkte Erdung der Quelle; N $\triangleq$ direkte Verbindung der Körper mit der geerdeten Klemme der Quelle).

1.5 Erde und Masse

Im Falle eines Isolationsfehlers, z.B. eines Körperschlusses des Außenleiters L_3, fließt kurzzeitig ein hoher Kurzschlußstrom, der das vorgeschaltete Überstrom-Schutzorgan F_3 (Sicherung, Leitungsschutzschalter) zum Ansprechen bringt. Bei vorschriftsmäßiger Auslegung der Erdungsanlage gemäß VDE 0100 wird so ein zuverlässiger Berührungsschutz erreicht.

Im störungsfreien Betrieb führt der PE keinen Strom (vernachlässigt man die marginalen Ableitströme durch die gesunde Isolation sowie die in Abwesenheit von Netzfiltern geringen Wechselströme durch die parasitären Streukapazitäten).

Dagegen dient der Neutralleiter N als Rückleitung für die Betriebsströme aller zwischen den Außenleitern L_1, L_2, L_3 und N geschalteten einphasigen Verbraucher. Die an der *Potentialausgleichsschiene* ankommenden Ströme fließen unbeschadet des Vorhandenseins einer Verbindung mit dem *Fundamenterder* über den PEN zu der sie treibenden Spannungsquelle zurück (in der Transformatorwicklung induzierte Spannung).

Wenn dennoch ein Teil der einphasigen Betriebsströme über R_A zum Fundamenterder fließt, dann allein deshalb, weil auch dies eine Möglichkeit ist, durch das Erdreich über R_B wieder zum Transformator zurückzugelangen.

Obwohl der Neutralleiter wie der Schutzleiter an der *Potentialausgleichsschiene* auf Erdpotential (Fundamenterde) liegt, weicht sein Potential auf Grund der Spannungsabfälle der Betriebsströme mit zunehmender Entfernung deutlich vom Erdpotential ab, während der Schutzleiter durch seine Stromfreiheit auf seiner ganzen Länge Erdpotential besitzen sollte. Letzteres ist jedoch nur Wunschdenken, da einerseits, insbesonders in großen Forschungslaboratorien und Instituten, wenigstens ein Experimentator an seiner Laborschalttafel N und PE verbunden hat (weil sich dies möglicherweise bei seinem Experiment gerade als störspannungsmindernd erwiesen hat) und andererseits mit zunehmendem EMV-Bewußtsein auch zunehmend Netzentstörfilter eingesetzt werden, die in ihrer Summe nicht unbeträchtliche Ströme über PE fließen lassen.

Die von diesen Strömen hervorgerufenen Spannungsabfälle wirken häufig als Gleichtaktspannungen in Erdschleifen. Man spricht dann auch von "verseuchter Erde". Während eine verseuchte Erde in Meßsystemen gewöhnlich nur Störspannungen hervorruft, können bei komplexen klinischen Untersuchungen, die mehrere aus Steckdosen betriebene Geräte mit Netzschutzfiltern involvieren, u.U. auch lebensbedrohliche Situationen für Patienten entstehen.

Schließlich spielt die Erdung eine große Rolle im Rahmen des Blitzschutzes, nicht nur von Gebäuden, sondern auch von Antennenmasten, elektrischen Energieübertragungsleitungen, Hochspannungsfreiluftschaltanlagen etc. In all diesen Fällen gilt es, den Erdwiderstand so niederohmig wie möglich zu gestalten, um die vom Blitzstrom bewirkte Potentialanhebung zu begrenzen. Hierauf wird im Kapitel 3.1.4 noch ausführlich eingegangen.

1.5.2 Masse

Unter *Masse* versteht man in der elektronischen Schaltungstechnik die *gemeinsame Referenz*, gegen die die Knotenspannungen einer Schaltung gemessen werden (*Masseleitung, Bezugsleiter, Signalreferenz*; engl.: *ground* oder *circuit common*). In einem einfachen Signalkreis ist dies der Rückleiter schlechthin, in einer elektronischen Schaltung die gemeinsame Rückleitung für alle Stromkreise, Bild 1.20a, b.

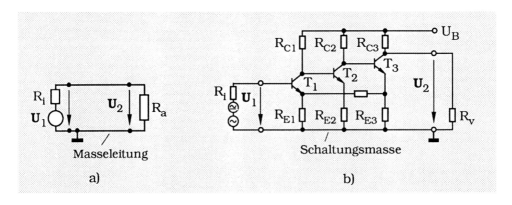

Bild 1.20:   Zum Begriff *Masse* in der Elektronik.

1.5 Erde und Masse

Die Masse kann, muß aber nicht Erdpotential besitzen. In der Regel wird sie jedoch an einer Stelle definiert mit dem Schutzleiter verbunden und damit geerdet. Die Masse der elektronischen Schaltungstechnik hat gleiche Funktion wie der Neutralleiter N der elektrischen Energietechnik. Man könnte ihn mit gutem Gewissen auch als Masse ansprechen. Er ist der Bezugsleiter für die Knotenspannungen, führt Betriebsströme und ist an einer Stelle geerdet.

Ob der Masseanschluß in Bild 1.20b auch noch geerdet wird oder nicht, hat auf die Funktion der Schaltung zunächst keinen Einfluß (s.a. Bild 1.18). Wird eine räumlich ausgedehnte Schaltungsmasse jedoch an mehreren Stellen geerdet, entsteht eine Erdschleife (s. Bild 1.17). Bei unterschiedlichen Erdpotentialen können dann Ausgleichsströme fließen und an den Impedanzen der Masseleitungen Spannungsabfälle entstehen, die sich den Umlaufspannungen der einzelnen Maschen einer Schaltung als Gegentaktstörspannung überlagern. Bei hohen Frequenzen bedarf es nicht einmal einer galvanischen Erdverbindung, da bei Flachbaugruppen mit flächenhafter Masseleitung Erdschleifen durch deren Erdstreukapazitäten gebildet werden.

Unabhängig von der Komplexität einer Schaltung — einzelne Flachbaugruppe, mehrere Flachbaugruppen in einem Baugruppenträger, verteilte Elektronikschränke — gibt es zwei topologisch unterschiedliche Realisierungen einer Schaltungsmasse:

— *Zentraler Massepunkt* mit oder ohne sternförmige Zuführung (engl.: *single point ground*),

— *Verteilte Masse* bzw. *Flächenmasse* (engl.: *multi point ground*).

Bild 1.21 (nächste Seite) zeigt zwei unterschiedliche Ausführungsformen mit zentralem Massepunkt.

Gelegentlich wird die Schutzerde ebenfalls sternförmig mitgeführt (strichliert), z. B. für die individuelle Schirmung von Funktionseinheiten, Bild 1.21 b.

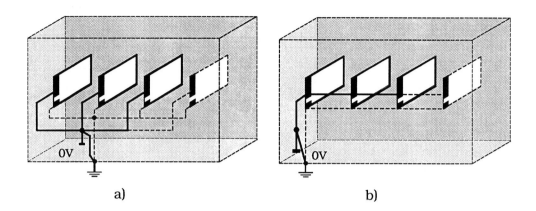

Bild 1.21: Beispiel für zentralen Massepunkt
a) zweckmäßige Ausführung mit sternförmiger Zuführung,
b) weniger zweckmäßige *Masse-Sammelschiene*.

Um nicht zu viele parallele Masseleitungen zum Sternpunkt führen zu müssen, faßt man häufig Verbraucher vergleichbaren Leistungsniveaus sowie analoge und digitale Funktionseinheiten in separaten Gruppen zusammen, Bild 1.22.

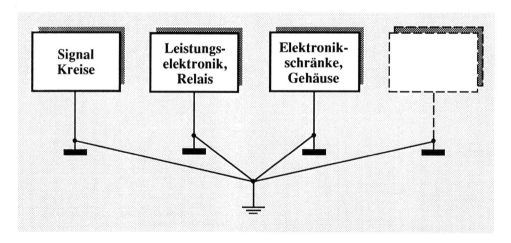

Bild 1.22: Zusammenfassung gleichartiger Funktionseinheiten in Gruppen.

Der zentrale Massepunkt empfiehlt sich für Masseleitungen mit $l_{Masse} \ll \lambda/4$. Kommt die Länge einer Masseleitung in die Größenordnung der Wellenlänge, strebt ihre Impedanz gegen unendlich. Das

1.5 Erde und Masse

Massepotential einer Flachbaugruppe wird dann nicht mehr vom zentralen Erdpunkt, sondern durch Streukapazitäten und Gegeninduktivitäten zu benachbarten Leitern bestimmt. Man geht dann zur verteilten Masse über, Bild 1.23.

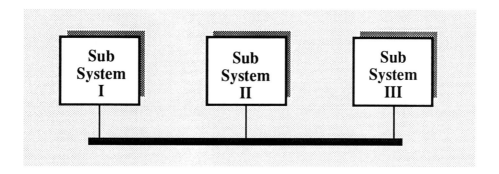

Bild 1.23: Verteilte Masse.

Auf diese Weise erhält man sehr kurze und damit niederinduktive Massezuleitungen zur verteilten Masse, die selbst so induktionsarm wie möglich auszuführen ist. Etwaige Spannungsabfälle längs der verteilten Masse hält man klein durch eine niederinduktive flächenhafte Realisierung, z.B. bei Leiterplatten durch Masseflächen bzw. bei Multilayer-Platten durch einen eigenen Massebelag (0V).

Verbleibende Spannungsabfälle längs der verteilten Masse können Ströme durch kapazitiv geschlossene Erdschleifen (Streukapazität zwischen Flachbaugruppe und Gehäuse) treiben. Hiergegen kann man einerseits einen *Bypass-Kondensator* zwischen die Masse- und die mitgeführte Erdleitung schalten (s. Bild 1.21) oder die Erdschleifen durch *Ferritperlen* hochohmig machen. Bezüglich der Problematik "Erdschleifen" wird auf Kapitel 3.1.3 verwiesen.

1.6 Beschreibung elektromagnetischer Beeinflussungen im Zeit- und Frequenzbereich

Je nachdem, ob sich elektromagnetische Beeinflussungen vorzugsweise in Form diskreter Frequenzen, als Rauschen oder als Impulse bzw. transiente Schaltvorgänge manifestieren, erscheint es zunächst selbstverständlich, sich mit ersteren im *Frequenzbereich*, mit letzteren im *Zeitbereich* auseinanderzusetzen [1.7 – 1.12]. Da sich jedoch die Übertragungseigenschaften von Kopplungspfaden und Entstörmitteln bequemer im Frequenzbereich darstellen lassen, zieht man auch bei Zeitbereich-Störgrößen meist die Darstellung im Frequenzbereich vor. Den Übergang vom Zeitbereich in den Frequenzbereich leistet für periodische Vorgänge die *Fourier-Reihe*, für einmalige transiente Vorgänge das *Fourier-Integral*.

1.6.1 Darstellung periodischer Zeitbereichsfunktionen im Frequenzbereich durch eine Fourier-Reihe

Sinus- bzw. *cosinusförmige* Störgrößen (harmonische Vorgänge) lassen sich sowohl im Zeitbereich als auch im Frequenzbereich unmittelbar darstellen, Bild 1.24.

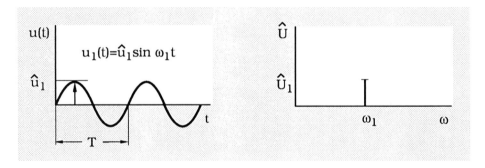

Bild 1.24: Darstellung einer sinusförmigen Störgröße im Zeit- und Frequenzbereich.

Im Frequenzbereich kann man die Störgröße sowohl über der Kreisfrequenz ω als auch über der technischen Frequenz $f = \omega/2\pi$ auftragen.

Nichtsinusförmige periodische Funktionen — z.B. eine Sägezahnschwingung, eine Rechteckspannung oder Ströme von Stromrichtern, die sich bereichsweise analytisch beschreiben lassen — können mittelbar im Frequenzbereich dargestellt werden, und zwar als *unendliche Summe* von Sinus- und Cosinusschwingungen *(Fourier-Reihe)*. Beispielsweise kann man sich eine unsymmetrische Rechteckspannung als Überlagerung einer Grundschwingung u_1 der Grundfrequenz $f_1 = 1/T$ sowie unendlich vieler Oberschwingungen u_ν mit Frequenzen $n_\nu f_1$ ($n_\nu = 3, 5, 7, \ldots$) entstanden denken. Trägt man die Amplituden der Teilschwingungen über der Frequenz auf, erhält man ein diskretes *Linienspektrum*, Bild 1.25.

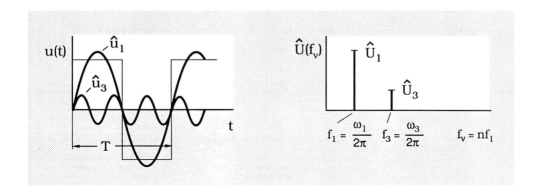

Bild 1.25: Darstellung einer periodischen, nichtsinusförmigen Funktion (z.B. Rechteckspannung) als Summe sinusförmiger Spannungen. Zugehöriges Linienspektrum der Amplituden der Teilschwingungen, aufgetragen über der diskreten Variablen f_v.

Die kleinste im Linienspektrum auftretende Frequenz ist die Grundfrequenz $f_1 = \omega_1/2\pi = 1/T$. Die Frequenzen der Oberschwingungen sind ganzzahlige Vielfache dieser Grundfrequenz, z.B. $f_3 = 3f_1$.

Ob jeweils nur Sinusfunktionen, Cosinusfunktionen oder beide (bzw. ungeradzahlige und geradzahlige Oberschwingungen) auftreten, hängt davon ab, ob es sich bei der Zeitbereichsfunktion um eine ungerade, gerade oder beliebige Funktion handelt.

Analytisch läßt sich die Fourier-Reihe einer beliebigen Zeitfunktion u(t) auf verschiedene Arten darstellen.

Normal-Form:

$$u(t) = U_o + \sum_{n=1}^{\infty} (A_n \cos n\omega_1 t + B_n \sin n\omega_1 t)$$

(1-15)

mit
$$A_n = \frac{2}{T} \int_0^T u(t) \cos(n\omega_1 t) dt , \qquad (1\text{-}16)$$

$$B_n = \frac{2}{T} \int_0^T u(t) \sin(n\omega_1 t) dt , \qquad (1\text{-}17)$$

$$U_o = \frac{1}{T} \int_0^T u(t) dt . \qquad (1\text{-}18)$$

Die Koeffizienten A_n und B_n sind die Amplituden der Teilschwingungen. Die Komponente U_o entspricht dem arithmetischen Mittelwert der Zeitfunktion (Gleichstromglied).

Da sich Sinusschwingungen durch eine entsprechende Phasenverschiebung auch als Cosinusschwingungen darstellen lassen — z.B. $\sin(90° \pm \alpha) = \cos\alpha$ — verwendet man an Stelle der Normalform häufig die *Betrags/Phasen-Form*.

Betrags/Phasen-Form:

$$\boxed{u(t) = U_o + \sum_{n=1}^{\infty} U_n \cos(n\omega_1 t + \varphi_n)}$$
$$(1\text{-}19)$$

mit $\quad U_n = \sqrt{A_n^2 + B_n^2} \quad$ u. $\quad \varphi_n = -\arctan \dfrac{B_n}{A_n} \qquad (1\text{-}20)$

1.6 Beschreibung elektromagn. Beeinflussungen im Zeit- u. Frequenzbereich 43

$U_n = f_n(n\omega_1)$ bezeichnet man als *Amplituden-Linienspektrum*. $U_n(n\omega_1)$ ist die Größe, die gewöhnlich mit einem Spektrum-Analysator gemessen wird (s.7.4). Die Funktion $\varphi_n = f_\varphi(n\omega_1)$ bezeichnet man als *Phasen-Linienspektrum*. Letzteres besitzt für die EMV-Technik nur in Ausnahmefällen Bedeutung (im Gegensatz zur Regelungstechnik, z. B. bei Stabilitätsbetrachtungen). Die Spektralamplituden U_n besitzen die Dimension Volt, bei Strömen I_n die Dimension Ampere, etc.

Komplexe Form:

Ergänzt man die obigen Gleichungen um einen Imaginärteil und ersetzt die trigonometrischen Funktionen mit Hilfe der Eulerschen Formel — $\cos x + j \sin x = e^{jx}$ — durch Exponentialfunktionen, erhält man die komplexe Darstellung,

$$\boxed{u(t) = \sum_{-\infty}^{+\infty} \underline{C}_n \, e^{jn\omega_1 t} = C_o + \sum_{n=1}^{\infty} (\underline{C}_{+n} e^{jn\omega_1 t} + \underline{C}_{-n} e^{-jn\omega_1 t})}$$

(1-21)

mit

$$\underline{C}_n(\pm n\omega_1) = \frac{1}{T} \int_0^T u(t) \, e^{-jn\omega_1 t} \, dt = |\underline{C}_n| \, e^{j\varphi_n} = C_n e^{j\varphi_n} \quad (1\text{-}22)$$

$$n = 0, \pm 1, \pm 2 \ldots$$

Da auf der linken Seite der Gleichung (1-21) eine reelle Funktion steht, müssen auf der rechten Seite negative Frequenzen berücksichtigt werden (damit sich die Imaginärteile aufheben). Die Berücksichtigung negativer Frequenzen führt zu einem zweiseitigen Spektrum, Bild 1.26.

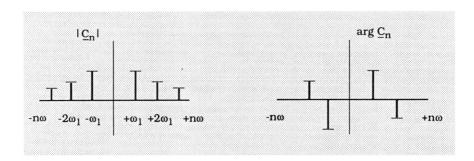

Bild 1.26: Amplituden- und Phasenspektrum der komplexen Fourier-Reihe.

Die identischen Realteile der beiden Terme hinter dem Summenzeichen (für positive und negative Frequenzen $\pm n\omega_1$) addieren sich zur physikalisch meßbaren Amplitude U_n. Ein Koeffizientenvergleich mit der Cosinus-Form ergibt

$$|\underline{C}_{+n}| + |\underline{C}_{-n}| = U_n \quad \text{u.} \quad C_o = U_o \;.$$

$\underline{C}_n$ ist nicht identisch mit der komplexen Amplitude einer Wechselspannung der jeweiligen Frequenz $n\omega_1$. Während bei letzterer eine reelle Spannung u(t) als Realteil eines komplexen Zeigers erhalten wird,

$$u(t) = \text{Re}\left\{\underline{U}e^{j\omega t}\right\} \;,$$

ergibt sich bei der komplexen Fourier-Reihe eine reelle Spannung u(t) jeweils als Überlagerung zweier gegensinnig umlaufender komplexer Zeiger, deren Realteile sich zur physikalischen Amplitude addieren und deren Imaginärteile sich laufend gegenseitig aufheben.

In der EMV-Technik verwendet man statt des zweiseitigen *mathematischen* Spektrums $\underline{C}_n = f(\pm n\omega)$ meist das einseitige *physikalische* Spektrum $2|C_{+n}| = f(+n\omega)$ für ausschließlich positive n, dessen Amplituden sich um den Faktor 2 von den Amplituden des zweiseitigen Spektrums unterscheiden. Die Amplituden des einseitigen Spektrums sind meßbar, sie stimmen mit den Koeffizienten der reellen Cosinus-Form überein bzw. entsprechen den Realteilen komplexer Wechselstromzeiger gleicher Frequenz.

Unter Berücksichtigung obiger Überlegungen ist die Fourier-Reihe mit der komplexen Wechselstromrechnung sowie mit physikalischen Messungen kompatibel.

Abschließend zeigt Bild 1.27 zwei periodische Rechteckspannungen gleicher Grundfrequenz jedoch unterschiedlichen Tastverhältnisses sowie die zugehörigen Linienspektren (ohne Gleichstromglied).

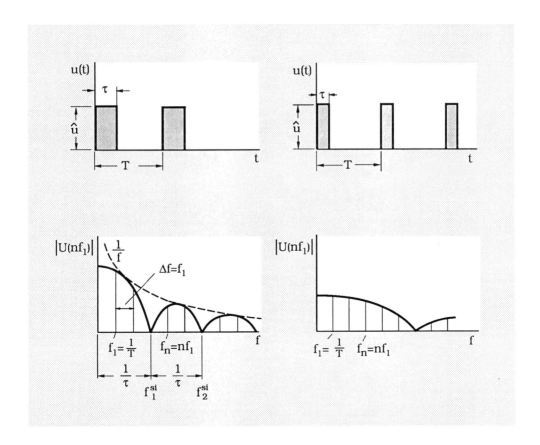

Bild 1.27: Linienspektren zweier periodischer Rechteckspannungen mit unterschiedlichem Tastverhältnis (1:2). Einhüllende der Spektralamplituden: si-Funktion, Einhüllende der si-Funktion: Funktion $1/f$.

Man stellt folgendes fest:

— Die kleinste auftretende Frequenz f_1 ist jeweils die Grundfrequenz. Sie entspricht dem Kehrwert der Periodendauer,

$$\boxed{f_1 = \frac{1}{T}} \tag{1-23}$$

— Die Amplituden der Oberschwingungen treten in konstantem Abstand $\Delta f = f_1 = 1/T$ auf, d.h. bei ganzzahligen Vielfachen der Grundfrequenz,

$$\boxed{f_n = nf_1} \tag{1-24}$$

— Aus der Fourierdarstellung einer Rechteckimpulsfolge (reelle Darstellung),

$$u(t) = \hat{u}\frac{\tau}{T}\left(1 + 2\sum_{n=1}^{\infty} \frac{\sin\frac{n\pi\tau}{T}}{\frac{n\pi\tau}{T}} \cos n\omega_1 t\right), \tag{1-25}$$

erhält man die Koeffizienten (Spektralamplituden) der Fourierreihe (ohne Gleichstromglied) zu

$$U_n = 2\hat{u}\frac{\tau}{T}\sum_{n=1}^{\infty} \frac{\sin\frac{n\pi\tau}{T}}{\frac{n\pi\tau}{T}} \cos n\omega_1 t \,. \tag{1-26}$$

Die Einhüllende der Spektralamplituden folgt demnach einer si-Funktion (sinx/x), wobei bei der grafischen Darstellung meist der Betrag der si-Funktion bzw. der Koeffizienten gezeichnet wird.

Die erste Nullstelle der si-Funktion liegt beim Kehrwert der Impulsdauer τ,

1.6 Beschreibung elektromagn. Beeinflussungen im Zeit- u. Frequenzbereich

$$\boxed{f_1^{si} = \frac{1}{\tau}} \qquad (1\text{-}27)$$

Die weiteren Nullstellen folgen im Abstand nf_1^{si}.

In *praxi* erscheinen die Nullstellen nicht so ausgeprägt wie in Bild 1.27, da durch unvermeidliche Unsymmetrien (z.B. exponentieller Anstieg und Abfall von Rechteckimpulsen) die Nullstellen verschliffen werden.

— Der konstante Faktor der si-Funktion

$$2\hat{u}\frac{\tau}{T} \; ,$$

ist bei gleicher Periode nicht der *Impulsamplitude* $\hat{u}$, sondern der *Impulsfläche* $\hat{u}\tau$, proportional. So kann ein hoher schmaler Impuls bei niedrigen Frequenzen das gleiche Spektrum aufweisen wie ein niedriger breiter Impuls. Im obigen Beispiel besitzen daher die Spektralamplituden wegen der um 50% kleineren Impulsfläche nur den halben Wert.

— Die Einhüllende der Amplituden der si-Funktion ist die Funktion $1/x$. Für einen Rechteckimpuls mit unendlich großer Periodendauer T rücken die Spektrallinien und die Maxima der si-Funktion unendlich dicht zusammen. Man erhält das bekannte Spektrum $1/f$ der Sprungfunktion.

Ähnliche Betrachtungen lassen sich auch für weitere Impulsformen mit anderen Einhüllenden anstellen, beispielsweise für Dreiecksimpulse, deren Einhüllende der si^2-Funktion folgt (s.a 1.6.3).

1.6.2 Darstellung *nicht* periodischer Zeitbereichsfunktionen im Frequenzbereich — *Fourier-Integral*

Die Fourier-*Reihe* erlaubt nur die Darstellung *periodischer* Zeitbereichsfunktionen im Frequenzbereich. Vielfach hat man es jedoch mit *nichtperiodischen* Funktionen zu tun, z.B. Schaltvorgängen, Blitzen oder elektrostatischen Entladungen (ESD, engl.: *Electro-Static Discharge*) etc. In diesen Fällen läßt man die Periode T gegen unendlich streben und betrachtet den Grenzwert der Fourier-Reihe.

Wir gehen aus von der komplexen Fourier-Reihe für periodische nichtkausale Funktionen (Integrationsgrenzen -T/2 und +T/2),

$$u(t)_{per.} = \sum_{-\infty}^{+\infty} \underline{C}_n \, e^{jn\omega_1 t} = \sum_{-\infty}^{+\infty} \left[\frac{1}{T} \int_{-T/2}^{+T/2} u(t) \, e^{-jn\omega_1 t} \, dt \right] e^{jn\omega_1 t} \quad .$$

(1-28)

Da im Linienspektrum der Fourierreihe der Abstand der Spektrallinien

$$\Delta f = \Delta\omega/2\pi = f_1 = \frac{1}{T}$$

entspricht, kann man auch schreiben

$$u(t)_{per.} = \frac{1}{2\pi} \sum_{-\infty}^{+\infty} \left[\Delta\omega \int_{-T/2}^{+T/2} u(t) \, e^{-jn\omega_1 t} \, dt \right] e^{jn\omega_1 t} \quad (1-29)$$

Gemäß der *Riemannschen* Integraldefinition,

$$\int_a^b f(\omega) d\omega = \lim_{\Delta\omega \to 0} \sum_{n_i}^{n_k} f(n\Delta\omega) \, \Delta\omega \quad , \quad (1-30)$$

gehen für $T \to \infty$, d.h. $\Delta f \to 0$

1.6 Beschreibung elektromagn. Beeinflussungen im Zeit- u. Frequenzbereich

— der inkrementale Spektrallinienabstand $\Delta\omega$ hinter dem Summenzeichen in den infinitesimalen Abstand $d\omega$,

— die diskrete Variable $n\Delta\omega$ in die stetige Variable ω und

— die Summe in ein Integral über.

Damit erhält man die Fourierdarstellung einer nichtperiodischen Funktion $u(t)_{nichtper.}$

$$u(t)_{nichtper.} = \lim_{\substack{T\to\infty \\ \Delta f\to 0}} u(t)_{per.} = \frac{1}{2\pi} \int_{-\infty}^{+\infty} \underbrace{\left(\int_{-\infty}^{+\infty} u(t)\, e^{-j\omega t}\, dt \right)}_{\underline{X}(\omega)} e^{j\omega t}\, d\omega \qquad (1\text{-}31)$$

Den Term

$$\boxed{\underline{X}(\omega) = \int_{-\infty}^{+\infty} u(t)\, e^{-j\omega t}\, dt} \qquad (1\text{-}32)$$

nennt man *Fourier-Transformierte, Spektralfunktion* oder auch *Spektraldichte* von u(t), und $|\underline{X}(\omega)|$ die *Amplitudendichte*.

Mit der Abkürzung $\underline{X}(\omega)$ ergibt sich die Fourierdarstellung einer nichtperiodischen Funktion u(t) zu

$$\boxed{u(t) = \frac{1}{2\pi} \int_{-\infty}^{+\infty} \underline{X}(\omega)\, e^{j\omega t}\, d\omega} \qquad (1\text{-}33)$$

Die Fourier-Transformierte und ihre Umkehrung sind also bis auf den Faktor $1/2\pi$ invers.

Der Name Spektraldichte rührt daher, daß die Spektralfunktion $\underline{X}(\omega)$ mit dem auf den Frequenzabstand bezogenen Linienspektrum $\underline{C}_n$ identisch ist. Mit $T = 1/\Delta f = 2\pi/\Delta\omega$ erhält man zunächst

$$\underline{C}_n = \Delta f \int_{-T/2}^{+T/2} u(t) e^{-jn\omega_1 t} \, dt \quad . \tag{1-34}$$

Bezieht man die Amplituden $\underline{C}_n$ auf Δf und bildet den Grenzwert für $T \to \infty$ (bzw. $\Delta f \to 0$) erhält man

$$\lim_{\substack{T \to \infty \\ \Delta f \to 0}} \frac{\underline{C}_n}{\Delta f} = \int_{-\infty}^{+\infty} u(t) e^{-j\omega t} \, dt = \underline{X}(\omega) \quad , \tag{1-35}$$

m.a.W. die Spektraldichte.

Besitzt $\underline{C}_n$ beispielsweise die Dimension Volt, so besitzt die Spektraldichte $\underline{X}(\omega)$ des vergleichbaren einmaligen Vorgangs die Dimension Volt/Hertz.

Offensichtlich lassen sich nichtperiodische Vorgänge ebenfalls als Überlagerung von Sinus- bzw. Cosinusschwingungen darstellen. Im Unterschied zu periodischen Vorgängen sind hier jedoch alle Frequenzen von $-\infty$ bis $+\infty$ mit den infinitesimalen Amplituden $\underline{X}(\omega)$ df beteiligt. Da sich bei einmaligen Vorgängen die in einem Impuls enthaltene endliche Energie auf unendlich viele Frequenzen verteilt, stößt man bei der Frage nach der Amplitude einer einzelnen Frequenzlinie sofort auf das Problem, daß diese wohl unendlich klein sein muß. Um dieser Schwierigkeit aus dem Weg zu gehen, bezieht man die Impulsenergie auf die Frequenz und gelangt so zur *Spektraldichte*, deren Grenzwert für $\Delta f \to 0$ endlich bleibt und gerade der Fourier - Transformierten entspricht. Umgekehrt besitzt dann die Fourier - Transformierte einer echt monochromatischen Sinusschwingung eine unendlich hohe Amplitudendichte, weil sich dann die Signalenergie auf eine einzige Frequenz mit der Linienbreite $\Delta f = 0$ verteilt (Dirac - Impuls). Analytisch drückt sich dies dadurch aus, daß das Fourierintegral einer Sinusfunktion nicht konvergiert. Physik und Mathematik verlaufen hier, wie auch sonst, in einträchtiger Harmonie. Die obigen Zusammenhänge erhellen die Tatsache, daß die Anzeige eines Störspannungs- oder Teilentladungsmeßgeräts von seiner ZF-Bandbreite Δf abhängt. Je größer die Bandbreite, desto größer der angezeigte Wert (s.a. 7.4).

Trägt man in Anlehnung an das Linienspektrum periodischer Funktionen den *Betrag der Spektraldichte* über der Frequenz auf, erhält man das *kontinuierliche Amplitudendichtespektrum* eines nichtperiodischen Vorgangs. Aus der Fourierdarstellung eines Rechteckimpulses der Dauer τ und Amplitude $\hat{u}$,

$$u(t) = \frac{1}{2\pi} \int_{-\infty}^{+\infty} \frac{\sin\omega\tau/2}{\omega\tau/2} e^{j\omega t} d\omega \quad , \qquad (1\text{-}36)$$

erhält man beispielsweise die "physikalische" Amplitudendichte (2 |X| = Meßwert, s. 1.6.1) zu

$$U(f) = 2\hat{u}\tau \frac{\sin\pi f\tau}{\pi f\tau} \quad . \qquad (1\text{-}37)$$

Rechteckimpuls und zugehörige Amplitudendichte zeigt Bild 1.28

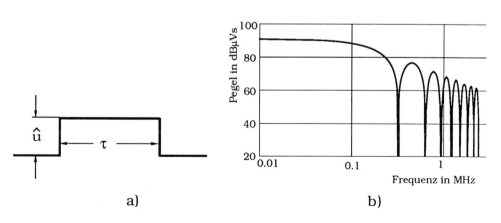

Bild 1.28: a) Einmaliger Rechteckimpuls
b) zugehörige physikalische Amplitudendichte.

Offensichtlich ist auch das kontinuierliche Spektrum eines einzelnen Rechteckimpulses eine si-Funktion (sinx/x). Die Nullstellen dieser Funktion sind wiederum identisch mit dem Kehrwert der Impulsdauer. Bei niedrigen Frequenzen stimmt die Sinusfunktion mit ihrem Argument überein, so daß der Anfangswert des Spektrums der doppelten Impulsfläche $2\hat{u}\tau$ proportional ist. Für die Frequenzachse wählt man häufig einen logarithmischen Maßstab, wodurch die Nullstellen der si-Funktion nicht mehr äquidistant verteilt sind, sondern mit wachsender Frequenz dichter zusammenrücken.

1.6.3 EMV - Tafel

Die Ausbreitung transienter Störungen, ihre Dämpfung längs des Ausbreitungswegs sowie ihre beeinflussende Wirkung an verschiedenen Stellen eines gestörten Systems lassen sich unmittelbar im Zeitbereich durch Differentialgleichungen beschreiben. In der Regel gestaltet sich jedoch die Behandlung im Frequenzbereich einfacher. Weil selbst im Frequenzbereich eine analytische Lösung noch vergleichsweise aufwendig ist, bedient man sich in der Praxis häufig der sogenannten EMV-Tafel, einer graphischen Realisierung der Fourier-Transformation [1.13 - 1.16].

Die EMV - Tafel leistet

— die graphische Bestimmung der *Einhüllenden* (worst case) der Amplitudendichte eines gegebenen Standardstörimpulses (Graphische Transformation "Zeitbereich→Frequenzbereich"),

— die Synthese einer störäquivalenten Impulsform aus einem gegebenen Störspektrum (Graphische Rücktransformation "Frequenzbereich→Zeitbereich"),

— die Berücksichtigung der frequenzabhängigen Übertragungseigenschaften von Kopplungspfaden, Entstörmitteln etc.

Im folgenden werden diese Aspekte näher betrachtet.

1.6.3.1 Übergang vom Zeitbereich in den Frequenzbereich

Mit Hilfe der Fourier-Transformation ergibt sich für einen Trapezimpuls gemäß Bild 1.29 die *physikalische* Amplitudendichte zu

1.6 Beschreibung elektromagn. Beeinflussungen im Zeit- u. Frequenzbereich

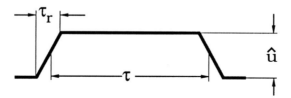

$$U(f) = 2\hat{u}\tau \, \frac{\sin \pi f \tau}{\pi f \tau} \, \frac{\sin \pi f \tau_r}{\pi f \tau_r}$$

(1-38)

Bild 1.29: Trapezimpuls.

Für $\tau_r = 0$ repräsentiert der Trapezimpuls einen Rechteckimpuls, für $\tau = \tau_r$ einen Dreieckimpuls. Der Trapezimpuls deckt somit generisch einen Großteil in der Praxis auftretender Störimpulse ab.

Unsere worst-case Betrachtung beruht auf einer Approximation der Einhüllenden der Amplitudendichte eines Trapezimpulses durch drei Geradenstücke, Bild 1.30.

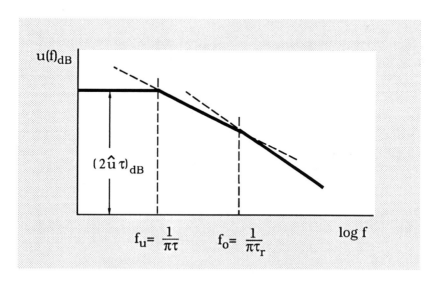

Bild 1.30: Einhüllende der physikalischen Amplitudendichte eines Trapezimpulses (Geradenapproximation), f_u untere, f_o obere Eckfrequenz.

a) Niedrige Frequenzen, $f \leq f_u$

Bei niedrigen Frequenzen ist die Sinusfunktion näherungsweise gleich ihrem Argument, so daß sich die Einhüllende als Parallele zur Abszisse erweist.

$$\boxed{U(f) = 2\hat{u}\tau = \text{const}_f}$$

(1-39)

Die Amplitudendichte hängt ausschließlich von der Impulsfläche, nicht von der Impulsform, Amplitude oder der jeweils betrachteten Frequenz ab.

In Pegelmaßen erhalten wir

$$u(f)_{dB} \approx 20 \lg \frac{2\hat{u}\tau}{1\mu Vs} dB \quad .$$

(1-40)

b) Mittelfrequenzbereich, $\frac{1}{\pi\tau} \leq f \leq \frac{1}{\pi\tau_r}$

Wir setzen den Zähler $\sin \pi f\tau = 1$ (worst case) sowie den Quotienten $\sin \pi f\tau_r / \pi f\tau_r$ wegen $\sin x \approx x$ ebenfalls gleich 1 und erhalten:

$$\boxed{U(f) \approx 2\hat{u}\tau \frac{1}{\pi f\tau} = 2\hat{u}/\pi f}$$

(1-41)

Die Amplitudendichte ist proportional $1/f$ und fällt daher geradlinig mit 20 dB/Dekade ab.

In Pegelmaßen erhalten wir

$$u(f)_{dB} \approx 20 \lg \frac{2\hat{u}/\pi f}{1\mu Vs} dB \quad .$$

(1-42)

c) Hohe Frequenzen, $f \geq f_o$

Wir setzen sowohl sin $\pi f \tau = 1$ als auch sin $\pi f \tau_r = 1$ (worst case) und erhalten

$$U(f) = 2\hat{u}\tau \frac{1}{\pi f \tau} \frac{1}{\pi f \tau_r} \quad , \qquad (1\text{-}43)$$

bzw.

$$\boxed{U(f) = \frac{2\hat{u}}{\pi^2 f^2 \tau_r}} \quad . \qquad (1\text{-}44)$$

Die Amplitudendichte ist proportional $1/f^2$ und fällt daher geradlinig mit 40 dB/Dekade ab.

In Pegelmaßen erhalten wir

$$u(f)_{dB} \approx 20 \lg \frac{2\hat{u}}{\pi^2 f^2 \tau_r \mu Vs} dB \quad . \qquad (1\text{-}45)$$

Für beliebige Trapez-, Rechteck- und Dreieckimpulse, gekennzeichnet durch $\hat{u}$, τ und τ_r, läßt sich mit obigen Gleichungen die Einhüllende ihrer Amplitudendichte in doppelt logarithmischem Maßstab darstellen, Bild 1.31.

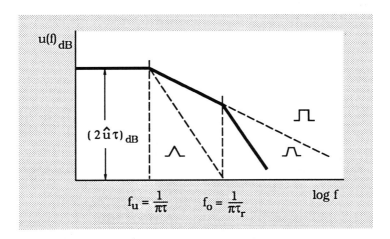

Bild 1.31: Amplitudendichten für Trapez-, Rechteck und Dreieckimpulse (schematisch). Für letztere gilt $f_u = f_o$.

Die Eckfrequenzen ergeben sich durch Gleichsetzen der Funktionswerte in den Schnittpunkten der Geradenstücke.

Die erste Eckfrequenz folgt aus

$$2\hat{u}\tau \stackrel{!}{=} \frac{2\hat{u}}{\pi f_u}$$

zu

$$\boxed{f_u = \frac{1}{\pi\tau}}$$

. (1-46)

Die zweite Eckfrequenz folgt aus

$$\frac{2\hat{u}}{\pi f_o} \stackrel{!}{=} \frac{2\hat{u}}{\pi^2 f_o^2 \tau_r}$$

zu

$$\boxed{f_o = \frac{1}{\pi\tau_r}}$$

. (1-47)

1.6.3.2 Rückkehr vom Frequenzbereich in den Zeitbereich

Ein gegebenes Spektrum wird durch drei geeignete Geradenstücke approximiert, wobei sich die Verwendung doppelt logarithmischen Papiers mit vorgezeichneten 20dB und 40dB Parallelenscharen als sehr zweckmäßig erweist, Bild 1.32.

1.6 Beschreibung elektromagn. Beeinflussungen im Zeit- u. Frequenzbereich

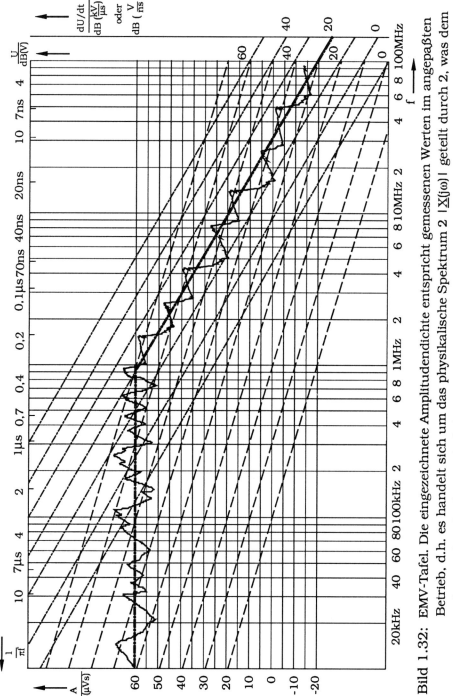

Bild 1.32: EMV-Tafel. Die eingezeichnete Amplitudendichte entspricht gemessenen Werten im angepaßten Betrieb, d.h. es handelt sich um das physikalische Spektrum $2 \cdot |\underline{X}(j\omega)|$ geteilt durch 2, was dem rechnerischen Spektrum $|\underline{X}(j\omega)|$ entspricht.

Die gesuchten Kenngrößen $\hat{u}\tau, \hat{u}, \hat{u}/\tau_r, \tau, \tau_r$ erhält man durch Bildung der Umkehrfunktion der in 1.6.3.1 ermittelten Geradengleichungen in Pegelmaßen.

Impulsfläche $\hat{u}\tau$:

Aus (1-40) folgt

$$\boxed{\hat{u}\tau = 10^{\frac{u(f)dB}{20}} \cdot \frac{\mu Vs}{2}}$$ (1-48)

Für $u(f)_{dB}$ ist der Abstand der parallelen Geraden zur Abszisse einzusetzen.

Impulsamplitude $\hat{u}$:

Aus (1-42) folgt

$$\boxed{\hat{u} = 10^{\frac{u(f_u)dB}{20}} \cdot \frac{\pi}{2} f_u \cdot 10^{-6} V}$$ (1-49)

Für $u(f_u)_{dB}$ ist der Pegel bei der unteren Eckfrequenz zu nehmen.

1.6 Beschreibung elektromagn. Beeinflussungen im Zeit- u. Frequenzbereich

Flankensteilheit $\hat{u}/\tau_r$:

Aus (1-45) folgt

$$\boxed{\frac{\hat{u}}{\tau_r} = 10^{\frac{u(f_o)dB}{20}} \frac{\pi^2 f_o^2}{2} 10^{-6} \text{ V/s}}$$

(1-50)

Für $u(f_o)_{dB}$ ist der Pegel der oberen Eckfrequenz zu nehmen. Für Rechteck- und Dreieckimpulse gilt $f_u = f_o$.

Impulsdauer τ und Anstiegszeit τ_r (0% auf 100%):

Beide Größen berechnet man aus den Eckfrequenzen,

$$\boxed{\tau = \frac{1}{\pi f_u}} \qquad \boxed{\tau_r = \frac{1}{\pi f_o}}$$

(1-51)

Für das in Bild 1.32 angenommene Spektrum eines Dreieckimpulses erhält man mit einem Taschenrechner folgende Kenngrößen:

Impulsfläche $\qquad \hat{u}\tau = 10^{\frac{60}{20}} \frac{\mu Vs}{2} = 500 \; \mu Vs$

Impulsamplitude $\qquad \hat{u} = 10^{\frac{60}{20}} \frac{\pi}{2} f_u \, 10^{-6} \text{ V} = 1570 \text{ V}$

Flankensteilheit $\quad\hat{u}/\tau_r = 10^{\frac{60}{20}} \frac{\pi^2}{2} f_o^2 \; 10^{-6}$ V/s $= 4{,}9$ V/ns

Impulsdauer $\quad\tau = 1/\pi f_u = 0{,}318\;\mu s$

Anstiegszeit $\quad\tau_r = 1/\pi f_o = 0{,}318\;\mu s$
(0 auf 100 %)

1.6.3.3 Berücksichtigung des Übertragungswegs

Die Systemtheorie lehrt, daß sich die Fourier-Transformierte der Ausgangsgröße eines Systems durch Multiplikation der Fourier-Transformierten der Eingangsgröße mit der Systemfunktion $\mathbf{A}(j\omega)$ erhalten läßt,

$$\boxed{\mathbf{F}_2(j\omega) = \mathbf{F}_1(j\omega)\,\mathbf{A}(j\omega)} \qquad (1\text{-}52)$$

Multipliziert man daher die Amplitudendichte $\mathbf{F}_Q(j\omega)$ einer Störquelle mit dem Frequenzgang $\mathbf{A}_K(j\omega)$ des Kopplungspfads und weiter mit dem Frequenzgang $\mathbf{A}_E(j\omega)$ des gestörten Empfängers, so erhält man die störende Amplitudendichte im Empfänger zu

$$\boxed{\mathbf{F}_E(j\omega) = \mathbf{F}_Q(j\omega) \cdot \mathbf{A}_K(j\omega) \cdot \mathbf{A}_E(j\omega)} \qquad (1\text{-}53)$$

Im logarithmischen Maßstab entspricht die Multiplikation einer Addition. Addiert man daher zur Amplitudendichte einer Eingangsstörgröße den Amplitudenfrequenzgang des Übertragungswegs, z.B. die Dämpfungskurve eines Entstörfilters, so erhält man die Amplitudendichte der Störgröße nach dem Filter, gegebenenfalls nach graphischer Rücktransformation gemäß 1.6.3.2 auch deren näherungswei-

1.6 Beschreibung elektromagn. Beeinflussungen im Zeit- u. Frequenzbereich

sen zeitlichen Verlauf. Auf diese Weise lassen sich anhand gemessener Störspektren die erforderlichen Entstörfilter, Schirme, Prüfimpulse zur Simulation etc. festlegen.

2 Störquellen

Quellen elektromagnetischer Beeinflussungen können natürlichen Ursprungs (Atmosphäre, Kosmos, Wärmerauschen etc.) oder "man made" sein. Erstere müssen wir als naturgegeben hinnehmen, letztere lassen sich durch disziplinierte Nutzung des elektromagnetischen Spektrums und lokale Eingrenzung unbeabsichtigt erzeugter elektromagnetischer Energie erträglich (verträglich) machen.

Die Quellen elektromagnetischer Beeinflussungen sind im gesamten Spektrum der elektromagnetischen Schwingungen anzutreffen. Beginnend mit der Frequenz 0 Hz, z.B. elektrostatische und magnetostatische Fremdfeldeinflüsse auf Zeigerinstrumente, Oszilloskopröhren und Meßbrücken, über 50 Hz-Brumm und die Beeinflussung durch Energieübertragungsnetze, ELF-Kommunikationssysteme (engl.: *Extra Low Frequency*), Rundfunk- und Fernsehsender, Elektromedizin und Funknavigation erstrecken sich die Störquellen bis hin zur Radartechnik, zu Mikrowellenherden und Kosmischen Quellen. Hinzu kommen die zahllosen Schaltvorgänge in elektrischen Stromkreisen aller Art, deren breitbandige HF-Emissionen weite Bereiche des Spektrums überstreichen. Abhängig davon, ob elektromagnetische Beeinflussungen inhärent im Rahmen der gezielten Erzeugung und Anwendung elektromagnetischer Wellen entstehen oder ob sie parasitärer Natur sind und mit der primären Funktion der Quelle wenig gemein haben, unterscheidet man zwischen *funktionalen* Quellen (engl.: *intentional* sources) und *nicht funktionalen* Quellen (engl.: *unintentional, incidental* sources).

— *Funktionale Quellen:* Zu dieser Gruppe zählen vorrangig Kommunikationssender, die bewußt elektromagnetische Wellen mit dem Ziel der Informationsverbreitung über Sendeantennen in die Umwelt abstrahlen. Weiter gehören hierher auch alle Sender, die elektromagnetische Wellen für nichtkommunikative

Zwecke erzeugen, z.B. HF-Generatoren für industrielle oder medizinische Anwendungen, Mikrowellenherde, Garagentoröffner etc.

— *Nichtfunktionale Quellen:* Hierzu gehören KFZ-Zündanlagen, Leuchtstofflampen, Schweißeinrichtungen, Relais- und Schützspulen, Elektrische Bahnen, Stromrichter, Koronaentladungen und Schalthandlungen in Hochspannungsnetzen, Schaltkontakte (auch kontaktlose Halbleiterschalter), Leiterbahnen u. Komponenten elektronischer Baugruppen, Nebensprechen, atmosphärische Entladungen, elektrostatische Entladungen, schnellveränderliche Spannungen und Ströme in Laboratorien der Hochspannungstechnik, Plasmaphysik und Pulse Power Technologie, usw.

Während sich die Wahrung der elektromagnetischen Verträglichkeit funktionaler Quellen vergleichsweise einfach gestaltet — weil ihre Natur als Sender meist offenkundig ist und ihr von Anfang an Rechnung getragen werden kann — erweisen sich die nichtfunktionalen Störer als sehr problematisch. Ihre Existenz offenbart sich meist erst als letzte Erklärung für das unerwartete Fehlverhalten eines Empfangssystems. Die Identifikation nichtfunktionaler Störquellen stellt daher einen Schwerpunkt bei der Lösung von EMV-Problemen dar. Sind die Störquellen und ihr Koppelmechanismus erst erkannt, erweist sich die Wahrung elektromagnetischer Verträglichkeit meist vergleichsweise einfach.

Die nachstehenden Unterkapitel verfolgen das Ziel, beispielhaft die Vielfalt an Störquellen aufzuzeigen und die Sinne für die Identifikation potentieller Störer zu schärfen. Daß die nachstehende Aufzählung nicht vollständig sein kann, versteht sich von selbst. Bei funktionalen Quellen wird auf die Angabe von Störintensitäten verzichtet, da diese in der Betriebserlaubnis über die Sendeleistung genau festgelegt sind. Bei nicht Übertragungszwecken dienenden Sendern müssen die Emissionen unterhalb bekannter Grenzwerte liegen, die durch einschlägige Vorschriften festgelegt sind (s. 1.2.3).

Zur vereinfachten standardisierten Beschreibung von Störumgebungen hat man für bestimmte Geräte und deren Einsatzort *Störumgebungsklassen* definiert, die den typischen Emissionspegeln der im folgenden behandelten Störquellen entsprechen (s. 2.5). Darüber hinaus wird auf das weiterführende Schrifttum am Ende dieses Kapitels verwiesen.

2.1 Klassifizierung von Störquellen

Quellen elektromagnetischer Energie klassifiziert man vorzugsweise nach ihrem Erscheinungsbild im Frequenzbereich, m.a.W. nach dem von ihnen emittierten hochfrequenten Spektrum. Man unterscheidet zwischen schmal- und breitbandigen Quellen. Ein Signal gilt als breitbandig, wenn sich sein Spektrum über eine größere Bandbreite als die eines bestimmten Empfangssystems erstreckt (s.a. 7.4.1). Es wird als schmalbandig bezeichnet, wenn sich sein Spektrum (*Spektrallinienbreite*) über eine geringere Bandbreite als die des Empfängers erstreckt, Bild 2.1.

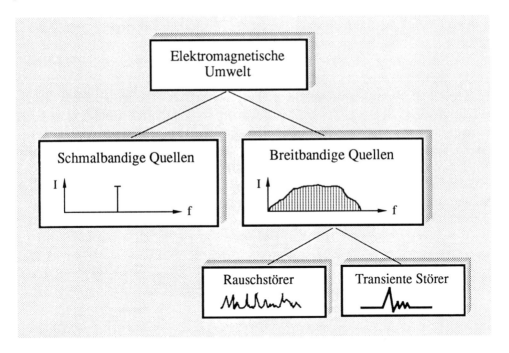

Bild 2.1. Einteilung von Sendern elektromagnetischer Energie in schmal- und breitbandige Quellen

Schmalbandige Störquellen sind "man made", beispielsweise Funksender, die auf der ihnen zugewiesenen Frequenz mehr Leistung ab-

2.1 Klassifizierung von Störquellen

strahlen als zulässig (z.B. CB-Funk Nachbrenner), weiter durch Nichtlinearitäten von Senderbauelementen erzeugte Oberschwingungen, Leckstrahlung medizinischer und industrieller HF-Generatoren oder schlicht das 50 Hz-Lichtnetz. Sie werden üblicherweise durch Angabe ihrer Amplitude oder ihres Effektivwerts bei der jeweiligen Frequenz charakterisiert (*Linienspektrum*).

Breitbandige Störquellen zeichnen sich durch ein Spektrum mit sehr dicht oder gar unendlich dicht beieinanderliegenden Spektrallinien aus (*kontinuierliches Spektrum*, sog. *Amplitudendichte*, s. 1.6.2). Typische Vertreter sind natürliche Störquellen (z.B. kosmisches Rauschen) sowie alle nichtperiodischen Schaltvorgänge.

Es erweist sich als zweckmäßig, breitbandige Störer nochmals in Rauschstörer und transiente Störer zu unterteilen. Rauschstörungen bestehen aus vielen dicht benachbarten bzw. sich überlappenden Impulsen unterschiedlicher Höhe, die sich nicht einzeln auflösen lassen. Transiente Störungen sind deutlich voneinander unterscheidbar und besitzen eine vergleichsweise kleine Wiederholrate, z.B. Schaltvorgänge bzw. Impulse. Die Störungen können statistisch verteilt sein, z.B. Korona auf Freileitungen, periodisch sein, z.B. Phasenanschnittschaltungen (Thyristorsteller) oder nichtperiodisch sein, z.B. Ausschalten einer Relaisspule. Bezüglich nichtperiodischer Störungen unterscheiden sich die *klassische* elektromagnetische Verträglichkeit, deren Hauptanliegen die Kontrolle von Funkstörungen war, und die *moderne* Interpretation elektromagnetischer Verträglichkeit beträchtlich. Während nämlich bei ersterer einzelne transiente Störimpulse, d.h. einmalige oder mit sehr geringer Wiederholrate sich wiederholende Knackstörungen (engl.: *click*) durchaus toleriert werden können (s. 7.1), vermag u.U. ein einziger Störimpuls in der Kraftwerkstechnik zu kostenintensiven Stillstandszeiten oder in der Luft- und Raumfahrt zu schwerwiegenden Folgen führen.

Periodische nichtsinusförmige Störquellen, z.B. Netzrückwirkungen von Stromrichtern mit ihrem Linienspektrum von Oberschwingungen, zählen je nach Empfängerbandbreite zu den schmal- oder breitbandigen Störern, je nachdem, ob eine oder mehrere Spektrallinien innerhalb der Empfängerbandbreite liegen.

Im Hinblick auf die Wirkung breitbandiger Signale auf einen Empfänger müssen diese noch nach ihrer Kohärenz unterschieden werden. Bei kohärenten Breitbandsignalen, deren Spektralanteile bezüglich Amplitude und Phase in einem festen Verhältnis zueinander stehen, ist die Reaktion des Empfängers proportional zu seiner Bandbreite für kohärente Signale. Bei inkohärenten Signalen, deren Spektralanteile sich willkürlich verhalten, nimmt die Reaktion des Empfängers mit der Wurzel seiner Bandbreite zu.

Bei schmalbandigen Signalen erübrigt sich obige Unterscheidung. Solange das Signalspektrum deutlich innerhalb der Empfängerbandbreite liegt, bleibt die Reaktion des Empfängers konstant.

Vielfach sind Breitbandstörungen zunächst nur als Zeitfunktion (z.B. als Oszillogramm) bekannt, die die Störwirkung im Frequenzbereich nicht unmittelbar erkennen läßt. Mit Hilfe einer Fourierzerlegung können die Zeitfunktionen jedoch in den Frequenzbereich überführt werden. In der Praxis bedient man sich hierzu meist der EMV-Tafel (s. 1.6.3.2).

Rauschstörer (Schnee auf einem TV-Bildschirm, kosmisches Rauschen etc.) lassen sich nicht deterministisch durch analytische Zeitbereichsfunktionen beschreiben. Sie manifestieren sich als Ergebnis sehr vieler nicht individuell erfaßbarer Einzelereignisse. In ihrer Gesamtheit folgen Rauschstörer bestimmten statistischen Gesetzmäßigkeiten, die in gewissem Umfang Aussagen über ihr statistisches Verhalten zulassen.

Schließlich sei erwähnt, daß die Einteilung von Störquellen in obiges Schema gelegentlich durchaus verhandlungsfähig ist. So sind die Zündfunken eines Kraftfahrzeugs *zeitweise periodische*, mit großer Häufigkeit aufeinanderfolgende *transiente* Vorgänge, die Gesamtheit aller KFZ-Zündfunken an einer stark befahrenen Kreuzung aber eher eine dem Rauschen ähnliche *intermittierende Störung* usw.

2.2 Schmalbandige Störquellen

2.2.1 Kommunikationssender

Kommunikationssender erzeugen zum Zweck der Informationsübertragung oder -gewinnung bewußt elektromagnetische Energie und

2.2 Schmalbandige Störquellen

strahlen diese in kontrollierter Weise in die Umwelt ab (*funktionale Sender*). Sie lassen sich grob in fünf Gruppen einteilen, Bild 2.2.

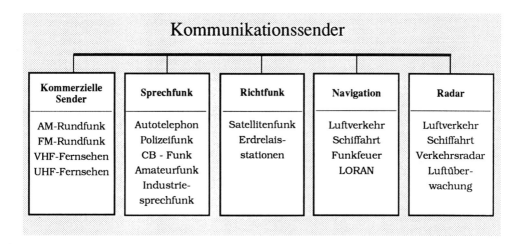

Bild 2.2: Einteilung von Kommunikationssendern. Oft faßt man die zweite und dritte Gruppe zu den *Punkt-zu-Punkt* Verbindungen (stationär oder mobil), die vierte und fünfte Gruppe in der *Hochfrequenzmeßtechnik* zusammen.

Die erlaubten Sendeleistungen bei den jeweiligen Sendefrequenzen sind je nach regionaler Lage, Sendezeiten und gerichteter Abstrahlung einvernehmlich mit der "International Telecommunication Union (ITU)" bzw. den sich ihr freiwillig unterordnenden nationalen Gremien für das Spektrum-Management festgelegt (s. 11.1).

Bei auf gleicher Frequenz arbeitenden Kommunikationssendern beruht die elektromagnetische Verträglichkeit auf ihrer räumlichen Trennung bzw. ihrer begrenzten Reichweite. Zur Aufrechterhaltung der im internationalen Einvernehmen zustandegekommenen verträglichen Nutzung des Spektrums bedarf die Inbetriebnahme eines neuen Senders einer behördlichen Genehmigung, die erst nach Überprüfung bzw. Nachweis seiner Verträglichkeit erteilt werden kann [1.3]. Funküberwachungssysteme der Post überwachen die Einhaltung der technischen Spezifikationen der Sender, decken Schwarzsender und Funkstörungen auf etc.

Das Vorliegen einer behördlichen Betriebserlaubnis hindert Kommunikationssender nicht, als massive Störer aufzutreten, wenn empfindliche Empfängersysteme in ihrer unmittelbaren Nachbarschaft betrieben werden sollen. Umgekehrt darf nicht verwundern, wenn Automatisierungssysteme fehlerhaft agieren, falls ihnen ein zugelassenes Sprechfunkgerät zu nahe kommt. Aus diesem Grund wird in unmittelbarer Nähe von Prozeßleit- und Energie-Management-Systemen häufig auf den Betrieb von Sprechfunkgeräten verzichtet.

Emissionen von Kommunikationssendern sind in der Regel schmalbandig und bestehen meist aus einer Trägerfrequenz, Seitenbändern sowie nicht beabsichtigten harmonischen und nichtharmonischen Oberschwingungen. Kommunikationssender sind im gesamten elektromagnetischen Spektrum anzutreffen, angefangen vom ELF-Bereich (engl.: *Extra-Low Frequency*) mit einigen 10 Hz für die U-Boot Kommunikation bis zu einigen hundert Gigahertz im Rahmen des Satellitenfunks. Erste Hinweise bei der Identifikation störender Kommunikationssender können nachstehende Frequenzen bzw. Frequenzbereiche bzw. die sich anschließende Abbildung 2.3 geben.

Tonrundfunksender:

Langwellenbereich (AM)	150	285 kHz
Mittelwellenbereich (AM)	535	1605 kHz
Kurzwellenbereich (AM)	3	26 MHz
Ultrakurzwellenbereich (FM)	87,5	108 MHz

Fernsehrundfunksender:

Band I	(VHF)	Kanäle 1 4	41	68 MHz
Band III	(VHF)	Kanäle 5 12	174	230 MHz
Band IV/V	(UHF)	Kanäle 21 60	470	789 MHz

Mobile Punkt-zu-Punktverbindungen
Stationäre Punkt-zu-Punktverbindungen
Navigation
Radar
} siehe Bild 2.3

2.2 Schmalbandige Störquellen

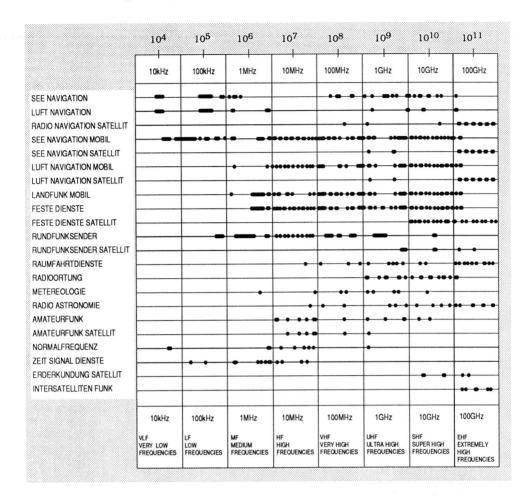

Bild 2.3: Belegung des elektromagnetischen Spektrums mit Funkdiensten, Region 1 (Afrika, Europa, UdSSR) [2.2-2.5], Zeitsignaldienste nur Deutschland [2.168, 2.169].

Die Angabe detaillierter quantitativer Information über die Emissionen von Kommunikationssendern geht weit über den Rahmen dieser Einführung hinaus und muß der speziellen Fachliteratur vorbehalten bleiben [2.1 - 2.5].

2.2.2 HF-Generatoren für Industrie, Forschung, Medizin und Haushalt

Die Mehrheit der nicht Kommunikationszwecken dienenden HF-Generatoren mittlerer und großer Leistungen findet man in der Industrie, Forschung und Medizin (engl.: ISM: *Industrial, Scientific, Medical*) sowie in Haushalten. Beispiele sind die in der Hochfrequenzerwärmung eingesetzten Sender für das Induktionshärten, -löten und -schmelzen, das dielektrische Leimtrocknen sowie für die Elektrotherapie und die heute weit verbreiteten Mikrowellenherde. Hinzu kommen Hochfrequenzgeneratoren für die Ionenimplantation, Kathodenzerstäubung, für Hochfrequenzlinearbeschleuniger, Hochfrequenzkreisbeschleuniger (Zyklotron, Synchrotron) usw. Alle genannten Geräte erzeugen bewußt Hochfrequenzenergie, um *lokal* elektrophysikalische Wirkungen hervorzurufen. Sie zählen daher zur Gruppe der funktionalen Sender.

— Mittels hochfrequenter magnetischer Wechselfelder können leitende Werkstücke durch induzierte Wirbelströme rasch erwärmt werden [2.29, 2.30]. Die Frequenz bestimmt über die Stromverdrängung die Eindringtiefe (50 Hz bis 1 MHz).

— Mittels hochfrequenter elektrischer Felder lassen sich verlustbehaftete Dielektrika durch die als Volumeneffekt freigesetzte Reibungswärme ihrer oszillierenden Dipole rasch erwärmen. Die Frequenzen liegen in der Regel deutlich oberhalb der Frequenzen für Induktionserwärmung (1 MHz - 100 MHz).

— Elektrische, magnetische oder elektromagnetische Felder werden in der Medizin zur Wärmebehandlung von Gelenken und inneren Organen herangezogen (27 MHz - 2450 MHz). Weiter finden HF-Generatoren zur Ultraschallerzeugung für Therapiezwecke (ca. 1 MHz) und Diagnose (1...5 MHz) Verwendung [2.7 - 2.9].

— Elektromagnetische Felder erwärmen in den Hohlraumresonatoren von Mikrowellenherden Speisen. Für diese Anwendung kommen höchste Frequenzen, z.B. 2450 MHz zum Einsatz [2.31].

— Hochfrequenzbeschleuniger beschleunigen Elementarteilchen bis zu Energien von 20 GeV für die Grundlagenforschung, Werkstoffprüfung, Strahlentherapie, Litographie usw. (10 MHz - 200 MHz).

Die meisten dieser Geräte arbeiten auf den Frequenzen

$$13{,}56 \text{ MHz}$$
$$27{,}12 \text{ MHz}$$

2.2 Schmalbandige Störquellen

      40,68 MHz
    433,92 MHz
  2450   MHz
  5800   MHz
24125   MHz ,

die ausdrücklich für die oben erwähnten und ähnliche Anwendungen vorgesehen sind (s.a. 2.5). Bei ausreichender Abschirmung der Anlage dürfen andere Frequenzen zur Anwendung kommen. Beim Betrieb auf den vorgesehenen Frequenzen ist durch Messung nachzuweisen, daß die Oberschwingungen der Anlagen die Grenzwerte für Funkstörer nicht überschreiten (s. 9). Darüber hinaus ist bei der Leckstrahlung die Kompatibilität mit der *Species Mensch* zu wahren (s. 10.7).

2.2.3 Funkempfänger - Bildschirmgeräte Rechnersysteme - Schaltnetzteile

Obwohl die in diesem Abschnitt behandelten Geräte überwiegend Opfer elektromagnetischer Beeinflussungen sind, geben sie nicht selten selbst Anlaß zu Störungen. Alle genannten Geräte benötigen zur Ausübung ihrer Funktion *lokale Oszillatoren*, die über die Ein- und Ausgangsleitungen sowie über Gerätechassis und -gehäuse elektromagnetische Energie an die Umwelt abgeben.

Superheterodynempfänger mischen die Frequenz der an ihrem Eingang liegenden HF-Spannung mit der lokalen Oszillatorfrequenz zur sogenannten Zwischenfrequenz ihrer ZF-Verstärker (s. 7.4.1) und strahlen sowohl die jeweils eingestellte Oszillatorfrequenz als auch die konstante Zwischenfrequenz samt Oberschwingungen ab [2.6]. Die Tonrundfunkzwischenfrequenz liegt für AM bei 455 kHz für FM bei 10,7 MHz. Bei Fernsehrundfunkempfängern liegt die Ton-ZF bei 5,5 MHz (BRD), 6,5 MHz (Ostblock) bzw. 4,5 MHz (USA), die Bildzwischenfrequenz bei 38,9 MHz, ihre Mittenfrequenz bei 36,5 MHz.

Bildschirmgeräte (TV-Empfänger, Rechnerterminals und Oszilloskope) stören durch ihre Ablenkgeneratoren für den Bildaufbau. Die Zeilenfrequenz (Grundschwingung der horizontalen Sägezahnspannung) beträgt 15,75 kHz bei einfachen und ca. 35 kHz oder gar 65 kHz bei professionellen Monitoren. Bei schnellen Oszilloskopen kann die Ablenkfrequenz gar 1 MHz betragen.

Rechnersysteme können durch die Clockfrequenz ihrer CPU sowie durch Peripheriegeräte (Terminals, Drucker etc.) und die zugehörigen Verbindungsleitungen als Störer auftreten. Schaltnetzteile machen meist oberhalb 16 kHz durch die Grundschwingung ihrer Schaltfrequenz und ihre zugehörigen Harmonischen von sich reden. Die Emissionen der in diesem Abschnitt genannten Geräte müssen unter den in einschlägigen Vorschriften festgesetzten Funkstörpegeln bleiben. Man darf trotzdem nicht überrascht sein, wenn sich bei großer Packungsdichte von Rechnersystemeinheit, Bildschirm, Drucker, Plotter etc. Fehlfunktionen einstellen. In der Regel lassen sich diese Störungen durch Vergrößern des Abstands und andere räumliche Orientierung der Komponenten beheben.

2.2.4 Netzrückwirkungen

Unter Netzrückwirkungen versteht man die Erzeugung von *Spannungsoberschwingungen* und *Spannungsschwankungen* in Energieversorgungsnetzen durch elektrische Betriebsmittel mit nichtlinearer oder zeitvarianter Strom-Spannungskennlinie. So nehmen Transformatoren und Motoren mit hoher Induktion, leistungselektronisch geregelte Antriebe, Stromrichter für die Elektrolyse, Gasentladungslampen, Fernsehgeräte usw. auch bei zunächst sinusförmiger Netzspannung nichtsinusförmige Ströme auf, die längs ihres Pfades zu den Betriebsmitteln an den Netzimpedanzen nichtsinusförmige Spannungsabfälle verursachen. Die von den eingeprägten Verbraucherströmen verursachten Spannungsabfälle führen zu einer Verzerrung der Sinusform der 50 Hz-Netzspannung bzw. zu deren Oberschwingungsgehalt. Die von Lichtbogenöfen, Schweißmaschinen und Schwingungspaketsteuerungen verursachten Subharmonischen reichen herunter bis in den mHz-Bereich und führen zu periodischen und nichtperiodischen Spannungsschwankungen. Sowohl Oberschwingungen als auch Spannungsschwankungen führen zu Beeinträchtigungen technischer Einrichtungen und reichen von dielektrischen und thermischen Überbeanspruchungen von Kondensatoren und Motoren, über Fehlfunktionen von Meß-, Steuer- und Regeleinrichtungen sowie von Datenverarbeitungsanlagen, Lichtdimmern, Leittechniksystemen usw. bis zur Beeinflussung von Rundsteuerempfängern, Fernmeldeeinrichtungen etc. [2.22, 2.23, 2.32]. Bei den Spannungsschwankungen kommt zusätzlich die Species Mensch ins Spiel, wenn Helligkeitsschwankungen von Beleuchtungseinrichtungen (*Flicker*) über die Wirkungskette *Lampe, Auge, Gehirn*, u.U. nichttolerierbare physiologische Wirkungen hervorrufen ([2.109, 2.118] s.a. 10.4). Während Stromrichter in der Regel nur Harmonische der Grundfrequenz erzeugen, deren Ordnung sich für Gleichrichter beispielsweise gemäß

$$\nu = np \pm 1$$

berechnen lassen (p Pulszahl, n = 1,2,3....), erzeugen Frequenzumrichter und Schaltvorgänge auch beliebige Zwischenharmonische.

Schließlich zählen zu Netzrückwirkungen auch Unsymmetrien, hervorgerufen durch zwischen den Phasen betriebene einphasige Verbraucher, z.B. Schweißmaschinen und Lichtbogenöfen.

Netzrückwirkungen lassen sich bei Einzelanlagen teilweise rechnerisch bestimmen, in Netzen mit Hochfrequenzstromwandlern, Impulsstrommeßwiderständen und schnellen Spannungsteilern meßtechnisch erfassen [2.19, 2.21, 2.24 - 2.28, 2.35, B3, 2.56]. Spezielle Meßeinrichtungen ermöglichen auch die Messung des zeitvarianten, frequenzabhängigen Netzinnenwiderstands [2.88, 2.159] am Anschlußort eines nichtlinearen Verbrauchers (engl.: *driving-point impedance*). Die Bewertung von Netzflicker erfolgt mit speziellen Flickermeßverfahren [2.20, 2.35, 2.158]. Weitere Hinweise über Netzrückwirkungen finden sich im umfangreichen Schrifttum [2.10 bis 2.18] sowie im Kapitel 10.4.

2.2.5 Beeinflussungen durch Starkstromleitungen

In dicht besiedelten Gebieten verlaufen Hochspannungsfreileitungen mit 50 Hz u. 16-2/3 Hz, Fernmelde- und Fernwirkleitungen, Erdgas- oder Mineralölpipelines häufig über längere Strecken parallel. Aufgrund ohmscher, induktiver und kapazitiver Kopplung entstehen unerwünschte Beeinflussungen von Kommunikations- und Datenleitungen sowie des kathodischen Korrosionsschutzes von Rohrleitungen. Darüber hinaus können unzulässig hohe Berührungsspannungen auch zur Gefährdung von Personen führen. Man unterscheidet zwischen *Langzeit-, Kurzzeit-* und *Impulsbeeinflussungen*. Zu den Quellen der

Langzeitbeeinflussung zählen die Betriebsströme des Normalbetriebs, Erdschlußströme in erdschlußkompensierten Netzen sowie bei kapazitiv überkoppelten Beeinflussungen die Hochspannung führenden Leiterseile. Quellen der Kurzzeitbeeinflussungen sind Kurzschlußströme und Doppelerdschlußströme von wenigen Zehntel Sekunden Dauer. Impulsbeeinflussungen schließlich werden durch Überspannungen von Schalthandlungen im Netz bewirkt. Diese zählen nach der hier vorgenommenen Klassifikation zu den breitbandigen Quellen und werden im Kapitel 2.4.4 noch näher erläutert. Während anfänglich Beeinflussungsprobleme ausschließlich durch Maßnahmen auf der Energieübertragungsseite gelöst wurden, z.B. durch symmetrische Anordnung der Drehstromleitungen in gleichseitigem Dreieck (Summe aller Felder ≈ 0), Verdrillen nicht symmetrisch angeordneter Leitungen, Resonanzsternpunkterdung (kleine Erdfehlerströme) etc., wurde später (etwa 1950) auch die starre Sternpunkterdung der 220 kV- und der gerade aufkommenden 380 kV-Netze toleriert. Die Beeinflussung durch Starkstromleitungen ist ein Klassiker der Disziplin Elektromagnetische Verträglichkeit. Entsprechend umfangreich ist das seit vielen Jahrzehnten gewachsene Schrifttum, das eine gewisse Reife erkennen läßt [B21, 2.38 bis 2.53 u. 2.85 bis 2.87].

Wegen der Beeinflussung von Bioorganismen durch elektrische und magnetische Felder von Energieübertragungsleitungen wird auf Kapitel 10.8 verwiesen.

2.3 Intermittierende Breitbandstörquellen

2.3.1 Grundstörpegel in Städten

Aufgrund der hohen Bevölkerungs- und Verkehrsdichte herrscht in Städten ein beträchtlicher breitbandiger Grundstörpegel, der von KFZ-Zündanlagen, Nahverkehrsbahnen, Haushaltgeräten, Gasentladungslampen, Elektrowerkzeugen, lokalen Oszillatoren, Geräten der Digitaltechnik etc. herrührt, sog. "man - made noise". Die in der Vergangenheit für verschiedene Städte gemessenen Grundstörpegel zeigen einen sehr unterschiedlichen Verlauf, der stark von der Geographie und der Jahreszeit abhängt. Quantitativ können Unterschiede zwischen 20 bis 40 dB auftreten, je nach Art der öffentlichen Verkehrsmittel (U-Bahn, Straßenbahn mit Gleich- oder Wechselstrom betrieben) sowie der Höhe der allgemeinen Verkehrsdichte (incl. Flugverkehr), nationalen Standards etc. [2.78, 2.79, 2.83 u. 2.84]. Die Materie ist derart komplex, daß ihr eigene Bücher gewidmet werden [2.54, 2.55]. Einige typische Breitband-Störquellen werden wir im folgenden näher betrachten.

2.3.2 KFZ-Zündanlagen

Beim Unterbrechen des Primärstromes $i_1(t)$ in einer Zündspule entsteht eine Stromänderung $di_1(t)/dt$. Die mit dieser Stromänderung verknüpfte Änderung des magnetischen Flusses, $d\phi_1(t)/dt$, induziert in der Sekundärwicklung der Zündspule eine hohe Spannung $u_2(t)$, Bild 2.4.

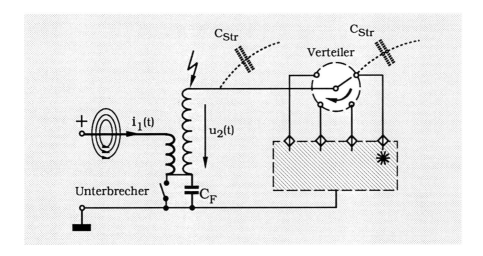

Bild 2.4: Hochspannungsimpulserzeugung in KFZ-Zündanlagen. C_F Funkenlöschkondensator zum Schutz der Unterbrecherkontakte, C_{Str} Streukapazitäten.

Parasitär werden auch in anderen Leiterschleifen des eigenen oder benachbarter Kraftfahrzeuge kleinere Spannungen induziert (magnetische Kopplung des Streufeldes und der Zuleitung). Der in der Hochspannungswicklung induzierte Spannungsimpuls bewirkt auf den Hochspannung führenden Zündleitungen eine große Spannungsänderung $du_2(t)/dt$, die über Streukapazitäten bzw. den durch sie fließenden Verschiebungsstrom $i_v = C_{Str}\, du_2(t)/dt$ in benachbarten Kreisen und Leitern ebenfalls Störungen bewirken kann (kapazitive Kopplung). Beim Spannungszusammenbruch der Zündkerzen und der zwischengeschalteten Verteilerschaltfunkenstrecke entstehen durch Entladen der Kapazität der Sekundärwicklung wiederum schnelle Spannungs- und Stromänderungen, die durch Induktion und Influenz Störungen verursachen. Je nachdem, ob benachbarte Systeme maschen- oder sternförmig aufgebaut, hoch- oder niederohmig sind, werden die Beeinflussungen kapazitiv oder induktiv übertragen. Typische Störpegel der elektrischen Feldstärke in Straßennähe liegen zwischen -20 und +20 dBµV/m/kHz (Amplitudendichte) und reichen bis in den GHz-Bereich [2.57 - 2.59].

2.3.3 Gasentladungslampen

Die in Haushalten, Büros, Kaufhäusern usw. häufig anzutreffenden Niederspannungsleuchtstofflampen können auf unterschiedliche Weise als Störquellen wirken, Bild 2.5.

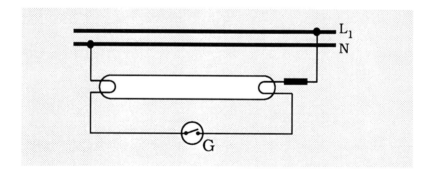

Bild 2.5: Niederspannungsleuchtstofflampe mit Strombegrenzungsdrossel und Glimmstarter G.

Beim Einschalten entsteht im Glimmstarter G (Glimmlampe mit Bimetallelektrode) eine Glimmentladung, durch deren Wärmeentwicklung sich eine Bimetallelektrode verformt und den Stromkreis durch die *Heizwendeln* der beiden Hauptelektroden in der Leuchtstofflampe schließt. Gleichzeitig läßt der geschlossene Kontakt die Glimmentladung im Starter erlöschen. Nach Abkühlen des Bimetalls öffnet der Schaltkontakt wieder, wobei der Stromabriß an der Induktivität des Vorschaltgeräts eine Selbstinduktionsspannung $L di(t)/dt$ von einigen kV entstehen läßt. Diese Stoßspannung zündet zwischen den *vorgeheizten* Hauptelektroden die Gasentladung. Beim nächsten Stromnulldurchgang verlöscht die Entladung zunächst, zündet aber von da ab periodisch bei jeder Halbschwingung der Netzspannung wieder, sofern Zünd- bzw. Brennspannung der Lampe inzwischen durch erhöhte Elektrodentemperaturen entsprechend abgesenkt worden sind (die Erwärmung bewirkt eine Verringerung des Anoden- und Kathodenfalls). Unzureichende Elektrodentemperaturen führen zu den bekannten mehrfachen Zündversuchen von Leuchtstofflampen. Im stationären Betrieb spricht der Glimmstarter nicht mehr an, da seine Zündspannung größer ist als die Brenn- und Wiederzündspannung der Leuchtstofflampe mit warmen Elektroden.

Niederspannungsleuchtstofflampen stören nicht nur beim Einschalten durch einen oder mehrere intermittierende Spannungsimpulse vergleichsweise großer Amplitude, sondern auch im Betrieb durch regelmäßiges Verlöschen und Neuzünden in bzw. nach jedem Stromnulldurchgang bei Spannungsamplituden von nur wenigen hundert Volt. Da die Großsignalstörungen nur beim Einschalten auftreten, sind sie aus Sicht der *Funkstörungen* nur Knackstörungen geringer Häufigkeit und besitzen daher kaum Relevanz (s. 2.1 und 7.1). Dagegen können sie bei anderer Gewichtung, d.h. in Nachbarschaft hochempfindlicher medizinischer und anderer Meßgeräte eine sehr große Rolle spielen, u.a. auch bei Herzschrittmachern. Die während des stationären Betriebs mit einer Grundfrequenz von 100 Hz ausgesandten elektromagnetischen Beeinflussungen stören bei kleinen Abständen und bei Fehlen von Entstörmaßnahmen auf jeden Fall den Rundfunkempfang im Mittel- und Langwellenbereich. Die Störungen pflanzen sich überwiegend leitungsgebunden längs der Netzzuleitungen der Lampen aus.

Leuchtstofflampen mit *elektronischen Vorschaltgeräten* (EVG) enthalten einen Hochfrequenzgenerator von ca. 30 bis 50 kHz, der die Lampe über ein LC-Glied (zur Strombegrenzung) speist. Typische Werte für den Oberschwingungsgehalt des Netzstroms sind 90% 3. Harmonische, 75% 5. Harmonische und 60% 7. Harmonische (von 50 Hz). Diese Oberschwingungen müssen je nach Vorschrift durch geeignete Filterung auf zulässige Werte verringert werden, was im wesentlichen ein Problem des Platzbedarfs und der Finanzierung ist. Schließlich kann neben der reinen Netzrückwirkung auch die NF-modulierte Infrarotstrahlung zu Beeinflussungen führen, beispielsweise bei IR-Fernbedienungen.

Leuchtstofflampen für höhere Spannungen, sog. Leuchtröhren (z.B. Leuchtreklame), benötigen keine Vorheizung, da ihre Speisespannung in jedem Einzelfall unschwer der jeweiligen Zünd- bzw. Brennspannung angepaßt werden kann.

Hochdruckgasentladungslampen können relevante Störamplituden bis in den VHF- und UHF-Bereich aufweisen (schnellere Durchschlagsentwicklung bei hohen Drücken und kleinen Elektrodenabständen). Hohe Elektroden- und Gastemperaturen ermöglichen eine Reduzierung der elektromagnetischen Beeinflussungen wegen der kleineren Stromabriß- und Wiederzündspannungswerte. Über Gasentladungslampen besteht ein umfangreiches Schrifttum, auf das hier exemplarisch verwiesen wird [2.80, 2.81].

2.3.4 Kommutatormotoren

Bei der Stromwendung in Gleichstrom- und Universalmotoren treten in den Wicklungen und Zuleitungen schnelle Stromänderungen auf. Ist der Strom bei der Trennung von Bürsten- und Lamellenkante nicht exakt Null, wird — wie bei allen sich öffnenden stromführenden Schaltkontakten (s. 2.4.2) — der Strom über einen Lichtbogen aufrechterhalten *(Bürstenfeuer)*. Beim Abriß des Bogens entsteht eine schnelle Stromänderung $di(t)/dt$. Letztere induziert in den im Strompfad liegenden Induktivitäten Selbstinduktionsspannungen $L di(t)/dt$ sowie in etwaigen benachbarten Leiterschleifen Quellenspannungen $M di(t)/dt$. Zur lokalen Begrenzung der Störungen schaltet man in Reihe mit der Zuleitung konzentrierte Induktivitäten und parallel zu den Bürsten eine Bypass-Kapazität (s. 8.1). Große Gleichstrommaschinen besitzen spezielle zusätzliche Wendepole und Kompensationswicklungen, die in den Ankerwindungen eine Gegenspannung induzieren und die Wicklung im Augenblick der Trennung Bürsten-/Lamellenkante stromlos machen [2.82].

2.3.5 Hochspannungsfreileitungen

An der Oberfläche der Leiterseile von Hoch- und Höchstspannungsfreileitungen überschreitet die elektrische Randfeldstärke partiell den Wert der Durchbruchsfeldstärke der Luft, so daß es zu winzigen lokalen Teildurchschlägen kommt. Wegen der Inhomogenität des Feldes bleiben diese Entladungen auf die unmittelbare Nachbarschaft der Seile beschränkt, sog. *Koronaentladungen*. Die Teildurchschläge bewirken in den Leiterseilen Stromimpulse mit Anstiegs- und Abfallzeiten im ns-Bereich, die sich als Wanderwellen längs der Leitungen ausbreiten. In ihrer Gesamtheit bilden die zahllosen sich überlagernden Entladungsimpulse eine Rauschstörquelle, die zu Beeinträchtigungen des Funkempfangs führt. Ihr Spektrum erstreckt sich bis in den UHF-Bereich [2.60 bis 2.77].

Eine weitere Störquelle, die insbesondere auch bei Mittelspannungsleitungen zu beobachten ist, stellen kleine *Funkenentladungen* zwischen lose verbundenen Metallteilen oder Metallteilen und statisch aufgeladenen Isolatoroberflächen dar (engl.: *micro sparks*). Das Spektrum dieser Funkenentladungen erstreckt sich bis zu sehr hohen Frequenzen und ist vorrangig verantwortlich für Störungen des Fernsehrundfunks [2.110 - 2.113].

Funkstörungen von Hochspannungsfreileitungen sind sehr stark vom Wetter (Luftdichte, Regen, Rauhreif etc.) und dem Mastkopfbild abhängig. Trotz dieser komplexen Abhängigkeiten existieren zahlreiche aus international durchgeführten Messungen herrührende Ansätze, die in gewissem Umfang eine Vorhersage von Funkstörungen erlauben [2.114].

2.4 Transiente Breitbandstörquellen

2.4.1 Elektrostatische Entladungen

Mit dem Aufkommen der Chemiefasern und der Halbleitertechnik haben elektrostatische Auflagungserscheinungen und die mit ihnen verbundenen technischen Probleme und Verfahren vermehrte Bedeutung erlangt. Besonders beim impulshaften *Entladen* statisch aufgeladener Körper über einen *Funken* entstehen transiente Spannungen und Ströme, verknüpft mit transienten elektrischen und magnetischen Feldern, die nicht nur Funktionsstörungen in Rechnern, Schreibmaschinen, Telefonapparaten oder anderen elektronischen Geräten hervorrufen, sondern auch bleibende Zerstörungen elektronischer Komponenten bewirken können (engl. ESD, *Electrostatic Discharge*). Während komplette Systeme, z.B. Rechner-Tastaturen, speicherprogrammierbare Steuerungen etc. vergleichsweise resistent sind, reichen bei direkter Berührung von Halbleiterbauelementen und elektronischen Baugruppen minimale elektrostatische Aufladungen, die die betreffende Person u.U. gar nicht wahrnimmt, für eine Zerstörung aus.

Elektrostatische Aufladungen entstehen bei der Trennung sich zuvor innig berührender Medien, von denen zumindest eines ein Isolator sein muß (andernfalls würde sofort ein Ladungsausgleich entstehen), in Form einer Anhäufung von Ladungsträgern jeweils einer Polarität. Elektrostatische Aufladungen entstehen zum Beispiel beim Gehen auf isolierenden Teppichen, Aufstehen von Stühlen, Handhabung von Kunststoffteilen, Ablaufen von Papier- und Kunststoffbahnen von Rollen, beim Fließen isolierender Flüssigkeiten durch Leitungen [2.88, 2.89], Aufwirbeln von Staub, Gasausstoß aus Raketen, Luftreibung an Flugkörpern usw. Je nach Materialpaarung können die Aufladungen positive oder negative Polarität gegenüber Erdpotential aufweisen.

Bezüglich der Häufigkeit des Auftretens von EMV-Problemen durch elektrostatische Entladungen besitzt die Entladung aufgeladener *Personen* und *Kleinmöbel* (Stühle, Rollstühle, Meßgerätewagen etc.) die größte Bedeutung. Daher werden im folgenden diese Quellen elektromagnetischer Beeinflussungen näher vorgestellt.

Je nach Schuhwerk, Bodenbelag und Luftfeuchte kann sich eine Person auf Spannungen bis ca. 30kV aufladen. Ab dieser Spannung setzen merkliche Teilentladungen ein, die ähnlich wie bei den *Entladern* von Flugzeugen weitere durch Aufladung zugeführte Ladungen augenblicklich über Drainageströme wieder abführen, so daß sich ein stationäres Gleichgewichtspotential einstellt. Gewöhnlich liegen die beim Gehen auf Teppichen entstehenden Potentiale bei 5 ... 15kV. In vergleichbarer Größenordnung (wegen meist größerer Kapazitäten, jedoch im Mittel leicht darunter) liegen die Potentiale elektrostatisch aufgeladener Kleinmöbel.

2.4 Transiente Breitbandstörquellen

Aufladungen unter 1500 Volt bis 2000 Volt werden von den betreffenden Personen meist nicht wahrgenommen, sind jedoch noch hervorragend geeignet, Halbleiterkomponenten zu zerstören.

Die gespeicherten Energien können je nach Kapazität des aufgeladenen Körpers (50 pF ... 1500 pF, C_{Mensch} typisch 150 pF) einige Zehntel Joule betragen.

Allein die *Existenz* elektrostatischer Aufladungen bereitet nur selten EMV-Probleme (statisch aufgeladene Skalenscheiben, Bildschirme etc.) Die eigentliche Problematik besteht in der raschen, impulshaften *Entladung* geladener Körper, während der Stromimpulse mit Anstiegszeiten im Nano- und Subnanosekundenbereich auftreten. Nicht die raschen Spannungsänderungen, sondern die impulsförmigen *Entladeströme* und die mit ihnen verknüpften zeitlich veränderlichen *magnetischen Felder* führen in der Regel zu unerwünschten elektromagnetischen Beeinflussungen (s.a. 10.3).

In vielen Fällen läßt sich das Phänomen elektrostatischer Entladungen mit guter Näherung durch ein vergleichsweise einfaches Ersatzschaltbild modellieren, Bild 2.6.

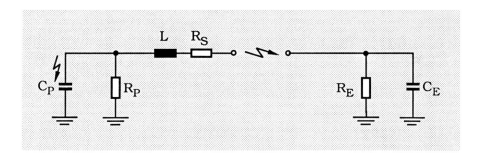

Bild 2.6: Netzwerkmodell der Entladung einer aufgeladenen Person bzw. eines aufgeladenen leitenden Gegenstands
    C_P, R_P Ersatzgrößen des statisch aufgeladenen Körpers
    C_E, R_E Erdkapazität und Ableitwiderstand des Objekts, auf das entladen oder umgeladen wird
    R_S Serienwiderstand.

Bei der Störquelle unterscheidet man im wesentlichen zwischen

    Personen: R_S ca.   1 kΩ und
    Kleinmöbeln: R_S ca.   10 Ω ... 50 Ω

Betrachten wir zunächst eine Entladung direkt nach Erde ($R_E \to 0$, $C_E \to \infty$) und nehmen wir die Induktivität des Entladekreises typisch mit 1 µH/m an, so gilt in ersterem Fall $R_S \gg \omega L_S$, d.h. die Entladung (Funkenstrom) erfolgt aperiodisch gedämpft mit der Zeitkonstanten $T = C_P R_S$. Im zweiten Fall gilt $R_S \ll \omega L_S$, d.h. die Entladung erfolgt oszillierend mit der Frequenz $f = 1/2\,\pi\sqrt{LC_P}$, Bild 2.7.

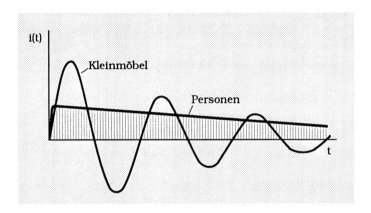

Bild 2.7: Typische Stromverläufe bei der Entladung von Personen und leitenden Gegenständen.

Die Anstiegszeit der Ströme läßt sich mit Hilfe der Zeitkonstanten L/R_S abschätzen. Typische Stromsteilheiten liegen in der Größenordnung einiger 10 Ampère/Nanosekunde, typische Stromscheitelwerte bei 2 bis 50 A. Gewöhnlich treten bei der Entladung von Personen die größeren Strom*steilheiten*, bei der Entladung von Gegenständen die größeren Strom*amplituden* auf. In beiden Fällen erklärt sich dies durch den unterschiedlichen Serienwiderstand R_S.

Stromparameter und beobachtete Stromverläufe schwanken in weiten Grenzen. Speziell bei Personen zeigen sich große Unterschiede, je nachdem, ob der Funke von einer *Fingerspitze*, großflächig vom *Körper* oder etwa einem in der Hand gehaltenen *leitenden Werkzeug* (Schraubenschlüssel) ausgeht usw. Darüber hinaus ist der Entladungsfunke ein stark nichtlineares Phänomen. Bei nur schwacher Aufladung — d.h. für Personen bei Potentialen unter ca. 8 kV, für leitende Gegenstände unter ca. 3 kV — reißt der Entladungsfunke u.U. wegen mangelnder Ladungsnachlieferung nach kurzer Zeit ab und zündet erneut, wenn das Potential der Entladungszone (z.B. Fingerspitze) durch Nachströmen von Ladungen wieder angestiegen ist.

2.4 Transiente Breitbandstörquellen

Die Stromkurvenformen besitzen dann einen komplexen Verlauf, speziell in der Impulsstirn (engl.: *pre-discharge, precursor*). Zur Beschreibung dieser Varianten werden die konzentrierten Komponenten des einfachen Ersatzschaltbilds gemäß Bild 2.6 durch verteilte Parameter ersetzt und die Ausgleichsvorgänge mit Hilfe der Theorie elektrisch langer Leitungen mathematisch beschrieben [2.94 bis 2.97].

Während bisher davon ausgegangen wurde, daß der aufgeladene Körper sich direkt nach Erde entlädt ($R_E \to 0$, $C_E \to \infty$) und damit nach kurzer Zeit Erdpotential annimmt, gibt es auch sehr häufig den Fall, daß während einer elektrostatischen Entladung nur ein Teil der Ladungen auf einen anderen isoliert aufgestellten Körper ($R_E \to \infty$) abfließt, z.B. die Potentialangleichung beim Berühren eines auf dem Arbeitstisch liegenden integrierten Schaltkreises oder beim Anfassen einer elektronischen Baugruppe. Der Entladungsfunke reißt dann ab, wenn beide Körper das gleiche Potential angenommen haben (abzüglich der Brennspannung des Funkens).

Befand sich vor dem Funken auf C_P die Ladung

$$Q = C_P U_P \quad,$$

so erhält man das neue Potential U_P^* beider Partner aus der Gleichung

$$Q = (C_P + C_E) U_P^* \quad.$$

Ausgehend von diesem Potential entladen sich dann die parallel geschalteten Kapazitäten mit der Zeitkonstante

$$T_E = (C_P + C_E) \frac{R_P R_E}{R_P + R_E} \quad,$$

wobei in der Regel $R_S \ll R_P$ u. R_E angenommen werden kann.

Wegen ausführlicher Zahlenangaben über die Höhe elektrostatischer Aufladungen bei verschiedenen Materialpaarungen und Luftfeuchten, über statistische Untersuchungen unter bestimmten Randbedingungen auftretender Entladeströme sowie ihrer zeitlichen Verläufe etc. wird auf das umfangreiche Schrifttum verwiesen [2.88 bis 2.97, B 17].

2.4.2 Geschaltete Induktivitäten

Geschaltete Induktivitäten sind die am häufigsten anzutreffenden transienten Störquellen in Industrieanlagen bzw. -steuerungen. Beispiele für Induktivitäten sind die zahllosen Relais- und Schützspulen an den Schnittstellen zwischen automatischen Steuerungen und den Aktoren eines Prozesses, die Spulen der Aktoren selbst (Magnetventilantriebe etc.) sowie sämtliche Maschinenwicklungen, d.h. Motor- und Transformatorwicklungen. Beim Abschalten entstehen hohe transiente Überspannungen, die zu Wiederzündungen der Schaltstrecke, zur dielektrischen Zerstörung der Spule und vor allem zu elektromagnetischen Beeinflussungen benachbarter Komponenten und Schaltkreise führen können. Der Mechanismus der Störungsentstehung ist immer der gleiche, wobei man zwischen dem Öffnen und Schließen induktiver Stromkreise unterscheiden muß.

Beim Öffnen eines induktiven Stromkreises versuchen die sich auseinanderbewegenden Kontakte eine Stromänderung $-di/dt$ herbeizuführen. Mit ihr verknüpft ist eine Flußänderung $-d\phi/dt$, die durch Selbstinduktion im Stromkreis eine Spannung induziert. Diese Spannung liegt (zum größten Teil) über den sich öffnenden Kontakten und hält den Schaltlichtbogen aufrecht. In Wechselstromkreisen erlischt der Lichtbogen kurz vor einem Nulldurchgang des Stromes und zündet auch nicht wieder, wenn die Durchschlagsfestigkeit der Kontaktstrecke schneller ansteigt als die wiederkehrende Spannung über den Kontakten. In Gleichstromkreisen reißt der Strom erst dann ab, wenn sich die Kontakte so weit voneinander entfernt haben, daß der zunehmende Brennspannungsbedarf des Lichtbogens die tatsächlich vorhandene Spannung übersteigt.

Die maßgebliche Beeinflussung entsteht im Augenblick des Stromabrisses, wenn das Verlöschen des Lichtbogens bzw. die schnelle Wiederverfestigung bei weit geöffneten Kontakten den Strom mit großer Steilheit $-di/dt$ gegen 0 zwingt.

Die hierdurch entstehenden Selbstinduktionsspannungen betragen, auch bei Niederspannungskontakten, mehrere kV. Eine beabsichtigte

2.4 Transiente Breitbandstörquellen

Anwendung dieses Phänomens findet man in den KFZ-Zündspulen mit Unterbrechern (s. 2.3.2), in den klassischen Funkeninduktoren sowie bei der induktiven Energiespeicherung mittels Öffnungsschaltern in der Pulse Power Technologie.

Beim Einschalten induktiver Kreise laufen ähnliche Vorgänge ab. Sobald sich die Kontakte bis auf eine bestimmte Entfernung nähergekommen sind, kann es (bei höheren Spannungen) zu Vorzündungen durch die Gasstrecken kommen, spätestens aber beim Kontaktprellen wiederholt sich mehrfach das beim Öffnen eines Kreises bereits oben beschriebene Phänomen, wenn auch mit kleineren Amplituden. Das mehrfache Rück- und Wiederzünden wird im Englischen treffend als "*burst*" bzw. "*showering arc*" bezeichnet.

Wesentlich ist die Erkenntnis, daß nicht der Funke als solcher stört, wie gelegentlich fälschlich interpretiert wird, sondern sein *Verschwinden* (Stromabriß) bzw. seine Entstehung (Dielektrischer Durchschlag bei Vor- bzw. Wiederzündungen). Die extrem kurzen Zeiten für die Durchschlagsentwicklung in einer Schaltstrecke, bzw. auch für deren Wiederverfestigung, erklären die hohen beobachteten Steilheiten. Bei Halbleiterschaltern der Leistungselektronik sind die Steilheiten in der Regel geringer, der Effekt der Selbstinduktion tritt jedoch qualitativ in gleicher Weise in Erscheinung.

Die Höhe der wirksamen Selbstinduktionsspannungen richtet sich nach der parasitären Spulenkapazität, Bild 2.8.

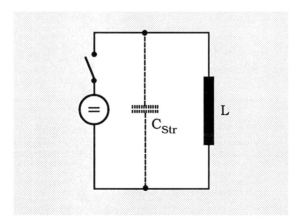

Bild 2.8: Zur näherungsweisen Ermittlung der maximalen selbstinduzierten Spannung unter Berücksichtigung der Spulenkapazität.

Die zu Beginn eines Abschaltvorgangs in einer Induktivität gespeicherte magnetische Energie berechnet sich aus dem herrschenden Momentanwert des Stromes zu

$$W_m = \frac{1}{2} LI^2 \quad .$$

Bei geöffnet angenommenem Schalter kann sich der Spulenstrom nur über der Wicklungskapazität C schließen, wobei die ursprünglich gespeicherte Energie zwischen den kapazitiven und induktiven Energiespeichern hin- und herpendelt. Betrachtet man einen Augenblick, in dem sich alle Energie gerade im kapazitiven Speicher befindet, erhält man unter Vernachlässigung der Verluste den maximal möglichen Spannungswert aus der Gleichung

$$W_e = \frac{1}{2} CU_{max}^2 \overset{!}{=} \frac{1}{2} LI^2 \quad .$$

Selbstverständlich handelt es ich hierbei nur um eine näherungsweise Abschätzung, mit der man jedoch auf der sicheren Seite liegt. In praxi hängt die maximal erreichbare Abschaltüberspannung wesentlich von den Löscheigenschaften des Öffnungsschalters ab (Schaltmedium Gas oder Vakuum, mehrere in Reihe geschaltete Kontakte etc.). Je größer die erforderliche Brennspannung, desto früher reißt der Strom ab und desto größer ist die Stromänderungsrate di/dt. Überspannungen geschalteter Induktivitäten sind die häufigste Störungsursache in elektronischen Steuerungen. Ihrer Begrenzung bzw. Verringerung ist daher bei der Behandlung praktischer Entstörungsmaßnahmen ein eigenes Kapitel gewidmet (s. 10.1).

2.4.3 Transienten in Niederspannungsnetzen

Transiente Überspannungen oder auch Spannungseinbrüche in Niederspannungsnetzen entstehen überwiegend beim betriebsmäßigen Schalten induktiver Verbraucher, worauf bereits im vorigen Abschnitt eingegangen wurde. Darüber hinaus entstehen Überspannungen aber auch beim Schalten kapazitiver Lasten, Ansprechen von Schutzschaltern und Sicherungen im Kurzschlußfall, Schalthandlungen in

2.4 Transiente Breitbandstörquellen

überlagerten Netzen sowie durch atmosphärische Überspannungen (Blitzeinwirkung, s. 2.4.6). Repetierende Transienten entstehen durch periodische Kommutierungsvorgänge in Stromrichtern. Entsprechend ihrer unterschiedlichen Genese und der sehr unterschiedlichen Netzinnenwiderstände schwanken Scheitelwert u_{max}, Steilheit du/dt, zeitlicher Verlauf und der Energieinhalt einer Störung in weiten Grenzen. Letzterer berechnet sich bei gegebenem Widerstand zu

$$W = \int \frac{u_{st}^2}{R} dt \quad .$$

Allgemeine Aussagen können daher nur statistischer Natur sein. So läßt sich feststellen, daß Überspannungen in Fabriken und Haushalten sich weniger nach ihrer Höhe als nach ihrer Häufigkeit unterscheiden und daß extreme Überspannungen (>3 kV) relativ selten sind (Blitzeinwirkung, Ansprechen von Sicherungen [2.100, 2.101]). Erfreulicherweise werden sehr steile Überspannungen längs ihrer Ausbreitung auf Niederspannungsleitungen bezüglich Amplitude und Steilheit sehr rasch gedämpft, so daß ihre gefährliche Wirkung auf die Nachbarschaft ihrer Entstehung begrenzt bleibt [2.37, 2.105]. Im Hinblick auf die Auslegung der Störfestigkeit elektronischer Geräte wurden in der Vergangenheit bereits zahlreiche Störspannungsmessungen in Orts- und Industrienetzen vorgenommen, deren detaillierte Ergebnisse im Schriftum zu finden sind [2.99 bis 2.106, 2.115, 2.166].

2.4.4 Transienten in Hochspannungsnetzen

In Hochspannungsschaltanlagen treten beim betriebsmäßigen Schließen und Öffnen von Trennschaltern zahlreiche Wiederzündungen auf, die in Sekundäreinrichtungen Überspannungen bis zu 20 kV hervorrufen können [10.7 bis 10.26]. Die Überspannungen können zu Fehlauslösungen des Netzschutzes oder gar zur Zerstörung von Sekundäreinrichtungen führen. Am Beispiel des Zuschaltens eines kurzen leerlaufenden Leitungsstücks an eine spannungsführende Sammelschiene läßt sich die Ursache des Entstehens von Überspannungen anschaulich erläutern, Bild 2.9. Unterschreitet die Durchschlagspannung der sich nähernden Schaltkontakte den Wechselspannungsscheitelwert, ereignet sich ein erster Durchschlag, während dessen das leerlaufende Leitungsstück auf gleiches Potential gebracht wird. Ist der Ladestrom auf vernachlässigbar kleine Werte abgeklungen, reißt der Lichtbogen ab. Da das nun isolierte Leitungstück sein Potential behält (engl.: *trapped charge*), kommt es zu einem zweiten Durchschlag, wenn sich der Momentanwert der Wechselspannung der Sammelschienen wieder um die Durchschlagspannung des inzwischen kleiner gewordenen Kontaktabstands vom Potential des leerlaufenden Leitungsstücks unterscheidet. Dieser Vorgang wiederholt sich mehrfach, bis die Trennerkontakte sich metallisch berühren, Bild 2.9.

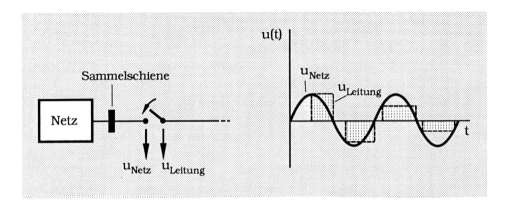

Bild 2.9: Entstehung von Überspannungen beim Zuschalten eines kurzen leerlaufenden Leitungsstücks (idealisierter Verlauf). Die Höhe der Potentialsprünge beim Wiederzünden und Umladen der leerlaufenden Leitung nimmt mit kleiner werdendem Kontaktabstand ab.

Die raschen positiven und negativen Potentialsprünge des leerlaufenden Leitungsstücks treiben über die Streukapazitäten zu benachbarten Leitungen Verschiebungsströme,

$$i = C_{Str} \frac{du}{dt} \quad ,$$

deren Scheitelwerte wegen der großen Spannungssteilheiten beträchtliche Werte annehmen können. Weiter induzieren die mit dem Ladestrom der Leitung und den Verschiebungsströmen verknüpften Magnetfelder in benachbarten Schleifen störende Quellenspannungen.

2.4 Transiente Breitbandstörquellen

Der in Bild 2.9 gezeichnete Spannungsverlauf gilt nur für "elektrisch kurze" leerlaufende Leitungsstücke, deren Laufzeit klein ist gegen die Anstiegszeit der Durchschlagsvorgänge (einige zehn bis hundert ns je nach Kontaktabstand). Selbst in diesem Fall verläuft das Auf- und Umladen nicht so glatt wie in Bild 2.9 gezeichnet, sondern in Form eines schwingenden Ausgleichsvorgangs [2.137, 2.138, 2.156, 2.163 - 2.165], auf den hier jedoch nicht weiter eingegangen werden soll. Weiter können Drainageströme zu einer Dachschräge der in Bild 2.9 horizontal verlaufenden Partien der Leitungsspannung führen.

Ist die Laufzeit des leerlaufenden Leitungsstücks größer als die Anstiegszeit der Wiederzündungen, laufen bei jedem Durchschlag eine Spannungs- und eine Stromwanderwelle in die Leitung ein, die am leerlaufenden Ende reflektiert werden und den in Bild 2.9 gezeichneten Spannungsverlauf noch komplexer werden lassen. Die längs der leerlaufenden Leitung sich ausbreitenden Wanderwellen koppeln in parallel laufende Leitungen wie oben Störspannungen und Störströme ein.

Beim Öffnen von Trennern laufen sehr ähnliche Vorgänge ab, wobei sich hierbei jedoch die Spannungsamplituden der Potentialänderungen bzw. der Wanderwellen nach Beginn des Öffnungsvorgangs mit zunehmendem Kontaktabstand vergrößern und sogar den doppelten Scheitelwert annehmen können, unbeschadet etwaiger zusätzlicher Spannungsüberhöhungen durch Einschwingvorgänge bzw. Reflexionen. Besonders problematisch sind die beschriebenen Vorgänge in druckgasisolierten Hochspannungsschaltanlagen (GIS), bei denen die Anstiegszeiten der Zünd- bzw. Wiederzündvorgänge im Nanosekundenbereich liegen (engl.: *Fast Transients*). Die Schaltvorgänge breiten sich in diesem Fall im Innern der Kapselung als Wanderwellen aus, die an Diskontinuitäten des Wellenwiderstands (Isolierte Flanschverbindungen, Abzweige, Durchführungen etc.) teilweise reflektiert, teilweise weitergeleitet werden oder auch in den Raum außerhalb der Kapselung austreten können [8.25, 8.26].

Beispielsweise teilt sich eine an einer Freileitungsdurchführung austretende Wanderwelle in eine Wanderwelle längs der Freileitung und eine Wanderwelle zwischen Kapselung und Erde auf, wobei sich die Spannungsamplituden entsprechend den jeweiligen Wellenwiderständen einstellen, Bild 2.10.

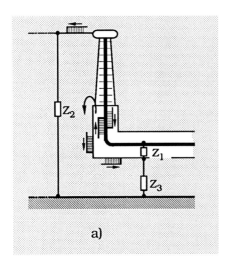 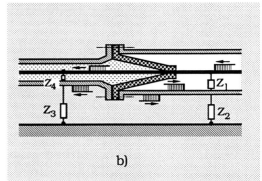

Bild 2.10: Wanderwellenverzweigung beim Austritt aus einer gekapselten Schaltanlge.
a) Freileitungsdurchführung, b) Kabelabgang (schematisch).

Im Falle eines Kabelabgangs tritt noch eine weitere Wanderwelle zwischen dem Kabelmantel und Erde auf. Aufgrund der Stromverdrängung, insbesondere des Proximity-Effektes, fließen die Ströme innerhalb der Kapselung nur in einer sehr dünnen Schicht unter der inneren Oberfläche, die Ströme im Außenraum nur in einer sehr dünnen Schicht unter der äußeren Oberfläche. Die Ströme in der inneren und äußeren Wand der Kapselung beeinflussen sich daher nicht. Die Wanderwellen zwischen Kapselung und Erde führen zu einer Potentialanhebung der Kapselung, die ohne besondere Vorkehrungen zu rückwärtigen Überschlägen (s. 3.1.4) in periphere Leittechnikeinrichtungen führen. Darüber hinaus induzieren die transienten elektromagnetischen Wellen auch in nicht mit der Kapselung verbundenen Sekundäreinrichtungen Störspannungen, die nicht nur Fehlfunktionen, sondern auch Zerstörungen hervrrufen. Über Abschätzungen und praktische Meßergebnisse maximaler Spannungs- und Stromscheitelwerte, Anstiegszeiten der Wanderwellen von Schalthandlungen sowie der Feldstärken transienter elektromagnetischer Felder in Freiluftschaltanlagen und Hochspannungsprüffeldern liegt ein umfangreiches Schrifttum vor [2.137, 2.139 bis 2.146], desgleichen über geeignete Maßnahmen zur Herabsetzung von Überspannungen in Sekundäreinrichtungen [2.147 bis 2.154].

2.4.5 Transienten in der Hochspannungsprüftechnik und Plasmaphysik

Für den Nachweis der Isolationsfestigkeit hochspannungstechnischer Apparate gegen innere und äußere Überspannungen in Hochspannungsnetzen werden Blitz- und Schaltstoßspannungen mit Anstiegszeiten im Mikrosekunden- und Millisekundenbereich mit mehreren Millionen Volt Scheitelwert erzeugt [2.119]. Stoßspannungen im Multimegavoltbereich mit Anstiegszeiten von nur wenigen Nanosekunden und Impulsströme im Megaamperebereich treten in der *Pulse Power Technologie* für die Fusionsforschung und die Simulation nuklearer Effekte auf [2.77, 2.120]. Wegen des um 120 dB höheren Störpegels ist die meßtechnische Erfassung der aus diesen Größen abgeleiteten Niederspannungsmeßsignale mit einem Oszilloskop oder Transientenrekorder sehr schwierig, gehört jedoch zum technischen Alltag eines Hochspannungsforschungslabors [2.19]. Die Beschäftigung mit diesen massiven Beeinflussungen führte schon sehr früh zu einem intimen EMV-Verständnis [2.155, 2.156] und erklärt, warum gerade Ingenieure der Hochspannungstechnik sich heute vielfach mit EMV-Fragen wie NEMP, ESD oder innerem Blitzschutz befassen (s. 2.4.1, 2.4.6 und 2.4.7). Im Kapitel 10, "Repräsentative EMV-Probleme", wird auf die Entstehung und Beseitigung von Störspannungen in Hochspannungslaboratorien noch ausführlich eingegangen (s. 10.6).

2.4.6 Blitze - LEMP

Blitze und die mit ihnen verknüpften transienten Felder (engl.: LEMP-*Lightning Electromagnetic Pulse*) führen zu massiven elektromagnetischen Beeinflussungen am Einschlagort sowie über den LEMP auch in dessen näherer Umgebung. Für die Auslegung von Blitzschutzanlagen des *äußeren Blitzschutzes* (s. 10.5) können z.B. folgende *maximalen* Blitzstromparameter zugrunde gelegt werden [2.121, 2.133, 2.134],

— Stromscheitelwert $\hat{i} = 200$ kA

— Stromsteilheit $di/dt = 300$ kA/µs (für 100 ns)
  150 kA/µs (für 1µs)

— Ladung $\qquad \int i\,dt = Q = 500\,As$

— Grenzlastintegral $\qquad \int i^2\,dt = 10^7\,A^2s$

engl.: *specific energy* $\qquad W/R = 10^7\,A^2s$.

Die Vielzahl der Blitzstromparameter liegt in den vielseitigen Wirkungen von Blitzentladungen begründet. So bestimmt der *Stromscheitelwert* die zu erwartenden Potentialanhebungen, die *Stromsteilheit* die induzierten Spannungen, die *Ladung* die Anschmelzungen sowie das *Grenzlastintegral* die adiabatische Erwärmung von Leitern.

Die Zahlenwerte sind verhandlungsfähig, je nach Schutzbedürfnis und Bedeutung der Anlage. Die meisten Blitze besitzen nur Scheitelwerte von wenigen 10 kA.

Im Hinblick auf den *inneren Blitzschutz* (s. 10.5) können die mit einem Blitzstrom bzw. den Blitzteilströmen in der Erdungsanlage verknüpften elektrischen und magnetischen Felder sowie die von ihnen in Sekundär- und Datenverarbeitungseinrichtungen, MSR-Anlagen etc. induzierten Störspannungen und Störströme mit Hilfe der Maxwell'schen Gleichungen für die jeweilige Entfernung vom Einschlagort und Geometrie des Empfangssystems unter Berücksichtigung der Gebäudeeigenschaften etc. im Einzelfall berechnet werden (s. 3.3 und [2.122 bis 2.129, 2.132]).

Die *Häufigkeit* der Gewittertage/Jahr für einen bestimmten Ort läßt sich dem *isokeraunischen* Pegel entnehmen, der auf einer Weltkarte Orte gleicher Gewitterhäufigkeit durch "Höhenlinien" verbindet [2.135, 2.136]. Diese Informationen sind aus vielen Gründen sehr bedeutsam, z.B. für Sachversicherungen, Exportfirmen etc. Dem isokeraunischen Pegel läßt sich beispielsweise entnehmen, daß Kenia 240 Gewittertage, dagegen Orte in Westeuropa nur 10 bis 30 Gewittertage im Jahr aufweisen.

2.4.7 Nuklearer elektromagnetischer Puls - NEMP

Die plötzliche Freisetzung von Kernenergie in einer nuklearen Explosion ist von einem intensiven Strahlungsimpuls aus γ-Quanten be-

2.4 Transiente Breitbandstörquellen

gleitet (hochenergetische Röntgenstrahlung im MeV-Bereich), die sich nach allen Richtungen mit Lichtgeschwindigkeit ausbreiten. Bei einer Explosion in großer Höhe über der Erdoberfläche (z.B. 400 km) schlagen die auf die Erde zufliegenden Quanten aus den Atomen der dichteren Luftschichten infolge des Compton-Effekts sog. *Compton-Elektronen* heraus, von denen ein großer Teil die ursprüngliche Richtung des γ-Quants beibehält und auf seinem weiteren Weg zur Erde zahlreiche zusätzliche Elektronen durch Stoßionisation freisetzt (*Sekundärelektronen*). Die auf die Erde zufliegenden Elektronen bilden einerseits, zusammen mit den zurückgelassenen positiven Luftionen, einen transienten *elektrischen* Dipol, andererseits aufgrund ihrer Ablenkung im Magnetfeld der Erde (Lorentz-Kraft **F** = Q[v x **B**]) auch einen transienten *magnetischen* Dipol. Die zeitlich und räumlich veränderliche Ladungs- und Stromverteilung im Luftraum ist verknüpft mit einem transienten elektromagnetischen Wellenfeld, dem *nuklearen elektromagnetischen Puls, NEMP*.

Gemäß der zugänglichen Literatur besitzt der NEMP-Impuls näherungsweise einen doppelt exponentiellen Verlauf (qualitativ ähnlich einer genormten Blitzstoßspannung) mit einer Anstiegszeit von ca. 4 ns und einer Rückenzeit von ca. 200 ns, Bild 2.11.

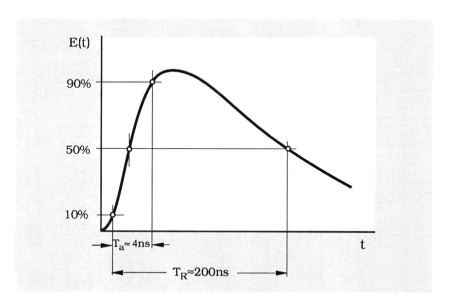

Bild 2.11: Genormter zeitlicher Verlauf der transienten elektrischen Feldstärke eines NEMP-Impulses.

Der Maximalwert der elektrischen Feldstärke ist zu 50kV/m genormt. Im Fernfeld berechnet sich hieraus mit $H_{max}=E_{max}/377\Omega$ die maximale magnetische Feldstärke zu 133A/m.

Verwandte Effekte treten auch bei Explosionen in Bodennähe auf, man unterscheidet daher zwischen *Höhen-EMP* (auch EXO-EMP, engl.: HEMP, High-Altitude EMP) und *Boden-EMP* (auch ENDO-EMP, engl.: SREMP, Surface-Region EMP). Bei letzterem sind jedoch die thermischen und mechanischen Effekte dominant. Schließlich gibt es noch den *magnetohydrodynamischen* EMP (MHD-EMP), einen extrem langsam, im Sekunden- bis Minutenbereich, verlaufenden Ausgleichsvorgang, der durch Wechselwirkungen zwischen dem Erdmagnetfeld und den expandierenden ionisierten Gasmassen in der Atmosphäre hervorgerufen wird.

Die Problematik des NEMP besteht in seiner flächendeckenden Wirkung, die sich über einen ganzen Kontinent erstrecken kann. Besonders gefährdet sind räumlich ausgedehnte Systeme (Energieversorgungsnetze, Telefonnetze etc.), in denen durch die verteilte Einkopplung und Ausbildung von Wanderwellen beträchtliche Energien akkumuliert werden können. Beim MHD-EMP werden niederfrequente, induktiv eingekoppelte Ströme in Energieversorgungsnetze diskutiert, die möglicherweise bei Leistungstransformatoren exzessive Sättigungserscheinungen hervorrufen könnten. Das Ausmaß der möglichen elektromagnetischen Beeinflussungen durch NEMP ist derzeit noch Gegenstand der Forschung und wird gelegentlich kontrovers diskutiert [2.61]. Wegen weiterer Hinweise wird auf das Schrifttum verwiesen [2.62 bis 2.70].

2.5 Umgebungsklassen

Die Vielfalt der in vorangegangenen vorgestellten Störquellen legt zur vereinfachten standardisierten Beschreibung von Störumgebungen die Einführung typischer *Umgebungsklassen* nahe. Beispielsweise kann man für Geräte der Meß-, Steuer- und Regelungstechnik folgende Standardumgebungen definieren (s. z.B. VDE 0843 [B23], IEC 65-4 [2.167]).

2.5.1 Leitungsgebundene Störungen

Umgebungsklasse 1 (sehr niedriger Störpegel):

— Abschaltüberspannungen in Steuerkreisen durch geeignete Beschaltungen unterdrückt,
— Starkstromleitungen *und* Steuerleitungen von Anlagenteilen höherer Umgebungsklasse getrennt verlegt,
— Stromversorgungsleitungen mit an beiden Enden geerdetem Schirm und mit Netzfiltern versehen,
— Leuchtstofflampen vorhanden.

Typisches Beispiel: Rechnerräume.

Umgebungsklasse 2 (niedriger Störpegel):

— Abschaltüberspannungen geschalteter Relais teilweise begrenzt, keine Schütze,
— Starkstromleitungen *und* Steuerleitungen von Anlagenteilen höherer Umgebungsklasse getrennt verlegt,
— Getrennte Verlegung ungeschirmter Netzversorgungsleitungen und Steuer- bzw. Signalleitungen,
— Leuchtstofflampen vorhanden.

Typisches Beispiel: Meßwarten in Kraftwerken und Industrieanlagen.

Umgebungsklasse 3 (Industriestörpegel):

— Relaisspulen nicht beschaltet, keine Schütze,
— Nicht verbindliche Trennung von Starkstrom- und Steuerleitungen von Anlagenteilen mit höherem Störniveau,
— Netzversorgungsleitungen, Steuer-, Signal- und Telefonleitungen getrennt verlegt,
— Nicht verbindliche Trennung von Steuer-, Signal- und Telefonleitungen untereinander,.
— Verfügbarkeit eines allgemeinen Erdungssystems.

Typisches Beispiel: Kraftwerks- und Industrieleittechnik.

Umgebungsklasse 4 (hoher Industriestörpegel):

— Unbeschaltete Relais und Schütze,
— Nicht verbindliche Trennung von Leitungen von Anlageteilen mit unterschiedlichem Störniveau,
— Keine Trennung von Steuerleitungen und Signal- bzw. Telefonleitungen,
— Mehradrige Kabel für Steuer- und Signalleitungen.

Typisches Beispiel: Außenanlagen der Kraftwerks- und Prozeßleittechnik, Hochspannungsschaltanlagen.

Umgebungsklasse X (extremer Störpegel):

Hier handelt es sich in der Regel um den Betrieb von Geräten in unmittelbarer Nachbarschaft extremer Störer. Für diese Sonderfälle, die naturgemäß nicht durch allgemeingültige Normen erfaßt werden können, müssen zwischen Hersteller und Anwender Sondervereinbarungen getroffen werden bzw. sind u.U. auch vom Anwender zusätzliche Entstörmaßnahmen vor Ort zu ergreifen.

2.5.2 Störstrahlung

Umgebungsklasse 1:

Umgebung mit niedrigem elektromagnetischen Strahlungspegel, z.B. örtliche Rundfunk- und Fernsehstationen im Abstand von mehr als einem Kilometer, Sprechfunkgeräte niedriger Leistung.

Umgebungsklasse 2:

Umgebung mit mäßiger elektromagnetischer Strahlungsintensität, z.B. Sprechfunkgeräte, die im Abstand $\geq 1m$ nahe empfindlicher Einrichtungen betrieben werden.

2.5 Umgebungsklassen

Umgebungsklasse 3:

Umgebung mit sehr starker elektromagnetischer Strahlung, z.B. hervorgerufen durch Sprechfunkgeräte mit hoher Leistung in unmittelbarer Nähe von Steuer-, Meß- und Regeleinrichtungen.

Umgebungsklasse 4:

Sehr starke Strahlung. Der Prüfschärfegrad ist zwischen Auftraggeber und Hersteller zu vereinbaren.

In ähnlicher Weise kann man Umgebungsklassen an Bord von Flugzeugen und Schiffen, in Forschungseinrichtungen oder in Abhängigkeit klimatischer Bedingungen (z.B. für elektrostatische Aufladungen) etc. festlegen. Die in den Abschnitten 2.5.1 und 2.5.2 genannten Kriterien sind verhandlungsfähig, zwischen den Umgebungsklassen bestehen keine scharfen Grenzen.

Im Hinblick auf die Wirtschaftlichkeit von EMV-Maßnahmen darf nicht unbesehen jeweils die höchste Umgebungsklasse vorausgesetzt werden. Vielmehr sind an Hand einer Risikobetrachtung Störwahrscheinlichkeit, Anlagenwert, Stillstandskosten etc. gegenüber Mehrkosten für den ungestörten Einsatz in einer bestimmten Umgebungsklasse sorgfältig gegeneinander abzuwägen.

Die letztlich ausgewählte Umgebungsklasse legt die *Prüfschärfe* (engl.: *test severity*) fest, d.h. Prüfspannungs- und Prüfstromamplituden, die zum Beispiel um den Faktor 2 bzw. 6 dB über den in den jeweiligen Umgebungsklassen anzutreffenden Störpegeln liegen. Weitere Hinweise enthalten die jeweils geltenden Vorschriften sowie Kapitel 8.

3 Koppelmechanismen und Gegenmaßnahmen

Im folgenden werden die bereits im Abschnitt 1.3 vorgestellten Übertragungswege elektromagnetischer Beeinflussungen ausführlicher behandelt. Darüber hinaus wird gezeigt, wie sich diese Übertragungswege mathematisch beschreiben lassen, was letztlich, zusammen mit der Methodik der Kapitel 1.6.1 bis 1.6.3, eine Quantifizierung der am Empfangsort zu erwartenden Störgrößen ermöglicht.

3.1 Galvanische Kopplung

Galvanische Kopplung tritt auf, wenn zwei oder mehreren Stromkreisen eine Impedanz gemeinsam ist. Man unterscheidet die

— galvanische Kopplung zwischen Betriebsstromkreisen, beispielsweise am gleichen Netz betriebene Verbraucher, Bild 3.1a, und die

— galvanische Kopplung zwischen Betriebsstromkreisen und Erdstromkreisen, die sog. *Erdschleifenkopplung*, Bild 3.1b.

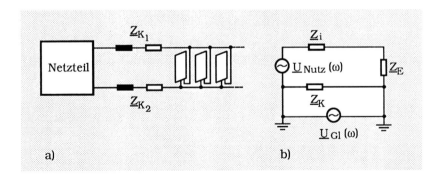

Bild 3.1: Beispiele leitungsgebundener Störspannungsentstehung bzw. -übertragung durch galvanische Kopplung über eine Kopplungsimpedanz $\underline{Z}_K$. a) am gleichen Netz betriebene Verbraucher, b) Erdschleifenkopplung.

3.1 Galvanische Kopplung

Weitere typische Beispiele ersterer Art sind *Netzrückwirkungen* von Schaltnetzteilen und Stromrichtern, *Stromänderungen* beim Schalten digitaler Schaltkreise und Betätigen von Schütz- und Relaisspulen, Ströme in den Zuleitungen von Kollektormotoren usw. Die Erdschleifenkopplung ist ubiquitär und tritt immer dann auf, wenn Gleichtaktspannungen (s. 1.4) ungewollte Ströme durch mehrfach geerdete Bezugsleiter, Kabelschirme, Meßgerätegehäuse etc. treiben.

Die gemeinsamen Impedanzen werden synonym als *Kopplungsimpedanz, Leerlaufkernimpedanz* oder *Transferimpedanz* (engl.: *mutual transfer impedance*) bezeichnet. Diese Impedanzen beschreiben den Zusammenhang zwischen einem eingeprägten Strom und dem von ihm an einer Impedanz hervorgerufenen Spannungsabfall, der seinerseits als Quellenspannung eines weiteren Stromkreises interpretiert wird.

3.1.1 Galvanische Kopplung von Betriebsstromkreisen

Besitzen zwei oder mehrere Stromkreise eine gemeinsame Impedanz, beispielsweise einen gemeinsamen Bezugsleiter, so erzeugt der Strom jeweils eines Stromkreises an der Kopplungsimpedanz Z_K einen Spannungsabfall, der sich im anderen Stromkreis als Gegentaktstörspannung bemerkbar macht, Bild 3.2a.

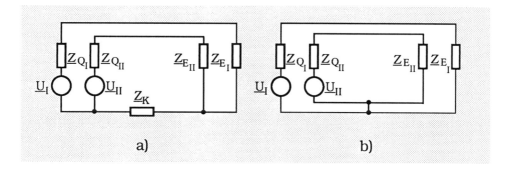

Bild 3.2: a) Entstehung von Gegentaktstörspannungen in Stromkreisen mit gemeinsamer Impedanz,
b) Abhilfe,
Z_Q Quellenimpedanzen, Z_E Empfängerimpedanzen.

Grundsätzlich läuft in diesen Fällen die Entkopplung auf die in Bild 3.2b gezeigte Maßnahme hinaus. Beide Kreise sind nach wie vor noch galvanisch gekoppelt, jedoch nicht mehr über eine Kopplungsimpedanz. Im folgenden wird die oben schematisch aufgezeigte Problematik der Kopplung über gemeinsame Impedanzen am Beispiel der galvanischen Kopplung elektronischer Flachbaugruppen, integrierter Schaltkreise und anderer Verbraucher über die Innenwiderstände gemeinsamer Netzteile bzw. die Impedanzen gemeinsamer Stromversorgungsleitungen näher erläutert, Bild 3.3.

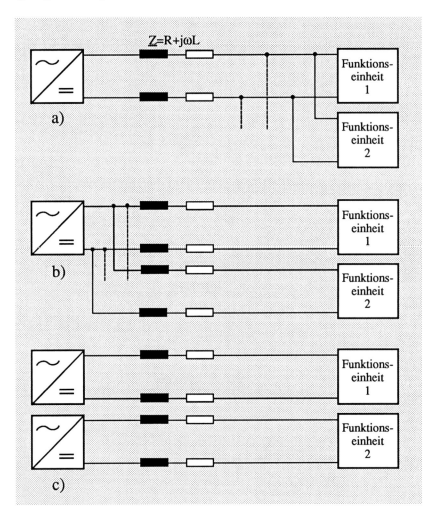

Bild 3.3:   a) Galvanische Kopplung von Funktionseinheiten über gemeinsame Impedanzen.
              b), c) Gegenmaßnahmen. Erläuterung siehe Text.

3.1 Galvanische Kopplung

In Bild 3.3a rufen Laststromänderungen der Funktionseinheit 1 Spannungsabfälle an den Impedanzen der Stromversorgungsleitungen und am Innenwiderstand des Netzteils hervor, die sich als Schwankungen der Versorgungsspannung aller weiteren parallel versorgten Funktionseinheiten bemerkbar machen und gegebenenfalls zu Fehlfunktionen führen.

Der Spannungseinbruch berechnet sich im Zeit- und Frequenzbereich zu

$$u(t) = Ri(t) + L\frac{di(t)}{dt} \quad \text{bzw.} \quad \underline{U}(\omega) = \underline{I}(\omega)\underline{Z} \quad , \quad (3-1)$$

wobei eine etwaige Gleichzeitigkeit mehrerer Laststromänderungen zu berücksichtigen ist. In der Digitaltechnik überwiegt wegen der großen Stromänderungsgeschwindigkeiten der induktive Spannungsabfall meist den ohmschen Spannungsabfall.

Gegenmaßnahmen:

— Reduzierung der Schleifenimpedanz der Stromversorgungsleitungen durch geringen Abstand, Verdrillen, doppelt kaschierte Leiterplatten und Multi-Layer-Platten etc.

— Anfahren der Funktionseinheiten mit höherer Versorgungsspannung und Einsatz individueller Schaltregler innerhalb einer Funktionseinheit.

— Funktionseinheiten am Eingang mit ausreichend bemessenen Stützkondensatoren versehen, die während schneller Schaltvorgänge kurzzeitig hohe Ströme bei nur geringer Spannungsabsenkung liefern können.

— Separate Stromversorgungsleitungen der einzelnen Funktionseinheiten zum Netzteil. Etwaige Spannungseinbrüche werden dann nur noch vom vergleichsweise geringen Innenwiderstand des Netzteils bestimmt, die Impedanzen der individuellen Zuleitungen bewirken eine Entkopplung der Funktionseinheiten untereinander, Bild 3.3 b.

— Bei Funktionseinheiten sehr unterschiedlicher Leistungsaufnahme getrennte Netzteile vorsehen, Bild 3.3 c.

Was hier beispielhaft für komplette Funktionseinheiten erläutert wurde, gilt auch im kleinen innerhalb einer einzelnen elektronischen Flachbaugruppe, Bild 3.4 a, b.

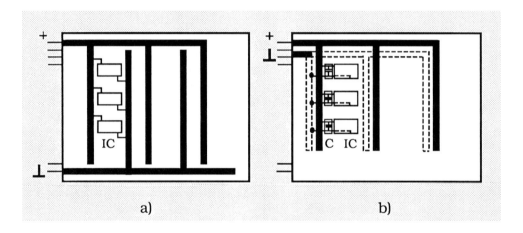

Bild 3.4: Stromversorgung von Komponenten auf Flachbaugruppen
a) schlecht, b) besser.

Unter Berücksichtigung der oben für Funktionseinheiten aufgeführten Gegenmaßnahmen sind die Unterschiede beider Layouts selbsterklärend. Die bereits erwähnten Stützkondensatoren werden zur individuellen Kopplung gegebenenfalls auf einzelne IC's verteilt.

Auch bezüglich der Beeinflussung benachbarter Systeme weist das Layout gemäß Bild 3.4b Vorteile auf, da stromdurchflossene Schleifen wesentlich kleinere Flächen besitzen und daher mit erheblich geringeren magnetischen Flüssen verknüpft sind [B18].

Für die rechnerische Abschätzung zu erwartender Beeinflussungen finden sich in Tabelle 3.1 einige Näherungsformeln zur Berechnung der

3.1 Galvanische Kopplung

Induktivität verschiedener Leiterkonfigurationen ([3.9], [3.10], [3.11] mit zahlreichen weiteren Literaturstellen).

Geometrie	Induktivitätsbelag	Wellenwiderstand
zwei parallele Drähte, Durchmesser D, Abstand d, ε_r	$\dfrac{\mu_0}{\pi} \ln \dfrac{2d}{D}$	$\dfrac{377}{\pi \sqrt{\varepsilon_r}} \ln \dfrac{2d}{D}$
Draht über Massefläche, Durchmesser D, Höhe h, ε_r	$\dfrac{\mu_0}{2\pi} \operatorname{arcosh} \dfrac{2h}{D}$	$\dfrac{377}{2\pi \sqrt{\varepsilon_r}} \operatorname{arcosh} \dfrac{2h}{D}$
Streifenleiter zwischen zwei Masseflächen, Breite b, Abstand h, ε_r	$\dfrac{b}{h} \geq 0{,}35:$ $\dfrac{\mu_0}{4\left(\dfrac{2}{\pi}\ln 2 + \dfrac{b}{h}\right)}$ $\dfrac{b}{h} \leq 0{,}35:$ $\dfrac{\mu_0}{2\pi} \ln \dfrac{8h}{\pi b}$	$\dfrac{377}{4\left(\dfrac{2}{\pi}\ln 2 + \dfrac{b}{h}\right)\sqrt{\varepsilon_r}}$ $\dfrac{377}{2\pi\sqrt{\varepsilon_r}} \ln \dfrac{8h}{\pi b}$
Mikrostreifen über Massefläche, Breite b, Höhe h, ε_r $\varepsilon_{\text{eff}} \approx \dfrac{\varepsilon_r + 1}{2} + \dfrac{\varepsilon_r - 1}{2\sqrt{1 + \dfrac{10h}{b}}}$	$\dfrac{b}{h} \geq 1:$ $\dfrac{\mu_0}{\left[\dfrac{b}{h} + 2{,}42 - 0{,}44\dfrac{h}{b} + \left(1 - \dfrac{h}{b}\right)^6\right]}$ $\dfrac{b}{h} \leq 1:$ $\dfrac{\mu_0}{2\pi} \ln\left(\dfrac{8h}{b} + \dfrac{b}{4h}\right)$	$\dfrac{377}{\sqrt{\varepsilon_{\text{eff}}}\left[\dfrac{b}{h} + 2{,}42 - 0{,}44\dfrac{h}{b} + \left(1 - \dfrac{h}{b}\right)^6\right]}$ $\dfrac{377}{2\pi\sqrt{\varepsilon_{\text{eff}}}} \ln\left(\dfrac{8h}{b} + \dfrac{b}{4h}\right)$

Tabelle 3.1: Näherungsformeln zur Berechnung von Induktivität und Wellenwiderstand häufig vorkommender Leitungstypen.

Die Obergrenze für die Impedanz einer Stromversorgungsleitung bildet bei unendlich hohem di/dt der Wellenwiderstand Z_0, so daß sich für "elektrisch lange" Leitungsstücke ($l/v > T_a$, s.a. 5.1) der Spannungsabfall in Abweichung von (3-1) berechnet zu

$$\boxed{\Delta \underline{U} = Z_0 \Delta \underline{I}}$$ (3-2)

Die Wellenwiderstände Z_0 häufig vorkommender Leitungstypen sind in der letzten Spalte von Tabelle 3.1 aufgeführt.

3.1.2 Erdschleifen

Neben der im vorangegangenen Kapitel behandelten Kopplung mehrerer Betriebsstromkreise über eine gemeinsame Impedanz gibt es auch die Kopplung von Betriebsstromkreisen und Erdstromkreisen, sogenannten *Erdschleifen* oder *Ringerden* (engl.: *ground loop*).

Erdschleifen bzw. *Ringerden* zählen zu den häufigsten Ursachen elektromagnetischer Beeinflussungen. Betrachten wir beispielsweise eine Signalquelle, die über ein Koaxialkabel mit einem Oszilloskop verbunden ist. Beide Gerätegehäuse seien aus Berührungsschutzgründen über die Schutzkontakte ihrer Netzanschlußleitungen geerdet, Bild 3.5.

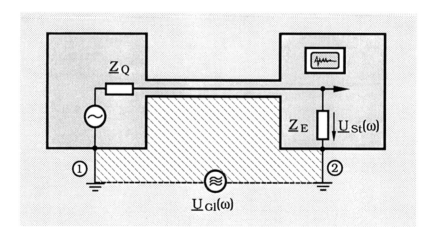

Bild 3.5: Erdschleife durch Mehrfacherdung (Kabelmantelimpedanz nicht gezeichnet).

Eine durch Induktion in der Erdschleife oder durch unterschiedliche Erdpotentiale verursachte Gleichtaktspannung $\underline{U}_{Gl}(\omega)$ treibt ei-

3.1 Galvanische Kopplung

nen Strom sowohl durch den Innenleiter als auch durch den Mantel des Signalkabels, die beide aus Sicht der Gleichtaktspannung parallel geschaltet sind (s.a. 1.4). Quell- und Empfängerimpedanz bilden dann für die Gleichtaktspannung $\underline{U}_{Gl}(\omega)$ einen Spannungsteiler, so daß sich für das Verhältnis Gegentaktstörspannung $\underline{U}_{St}(\omega)$ an der Empfängerimpedanz $\underline{Z}_E$ zu Gleichtaktspannung $\underline{U}_{Gl}$ folgender *Gleichtakt/Gegentakt-Konversionsfaktor* ergibt,

$$\boxed{GGKF = \frac{|\underline{U}_{St}(\omega)|}{|\underline{U}_{Gl}(\omega)|} = \frac{|\underline{Z}_E|}{|\underline{Z}_E + \underline{Z}_Q|}} \quad . \tag{3-3}$$

Hierbei ist impliziert, daß die Impedanzen von Innenleiter und Mantel gegenüber der Quellen- und Empfängerimpedanz vernachlässigt werden können und im Meßkabel noch keine Stromverdrängung auftritt (s. 3.1.3). Für den häufig anzutreffenden Fall $\underline{Z}_E \gg \underline{Z}_Q$ tritt die Gleichtaktstörung in voller Höhe als Gegentaktstörung am Empfänger auf, im angepaßten Fall z.B. $\underline{Z}_Q = \underline{Z}_E = 50\,\Omega$, zur Hälfte. Bei hohen Frequenzen ändern sich die Verhältnisse grundlegend, wenn der Kabelschirm als Kopplungsimpedanz aufgefaßt werden muß (s. 3.1.3).

Das logarithmische Verhältnis des Kehrwerts des Gleichtakt/Gegentakt-Konversionsfaktor bezeichnet man als *Gleichtakt/Gegentakt-Dämpfung* (s. 1.4)

$$\boxed{GGD = 20\,\lg\frac{|\underline{U}_{Gl}(\omega)|}{|\underline{U}_{St}(\omega)|}} \quad . \tag{3-4}$$

Die Gleichung (3-3) entspricht der *Gleichtaktverstärkung* (engl.: *common mode gain*) von Operationsverstärkern.

$$\boxed{A_{Gl} = \frac{|\underline{U}_{Ausgang}|}{|\underline{U}_{Eingang}|}} \quad . \tag{3-5}$$

Eine naheliegende Maßnahme zur Verringerung der Gleichtakt/Gegentaktkonversion ist die galvanische Auftrennung der Erdschleife, indem entweder Sender oder Empfänger ohne Schutzkontakt betrieben werden, Bild 3.6.

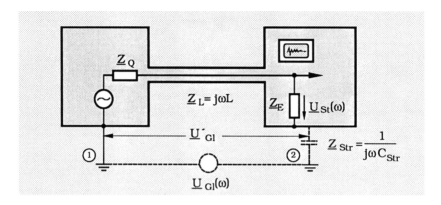

Bild 3.6: Auftrennung einer Erdschleife durch einseitige Erdung.

In dieser Anordnung findet bei Gleichspannung keine Gleichtakt/Gegentakt-Konversion statt. Es darf jedoch nicht übersehen werden, daß das nicht galvanisch geerdete Gerät eine Erdstreukapazität C_{Str} gegenüber Erde aufweist, so daß bei hohen Frequenzen nach wie vor eine Erdschleife existiert. Mit zunehmender Frequenz können daher merkliche Störströme fließen, die wieder zu einer Gleichtakt/Gegentakt-Konversion führen. Zunächst erfolgt eine Spannungsteilung am Teiler gebildet aus der Streukapazität C_{Str} ($\underline{Z}_{Str} = 1/j\omega C_{Str}$) und der Induktivität L der Erdschleife ($\underline{Z}_L = j\omega L$, mit L = 1µH/m; die Impedanz $\underline{Z}_{12}$ des Erdungssystems und der Erdverbindungen zu den Gehäusen sei vernachlässigbar klein verglichen mit der Impedanz des Signalkabelschirms), so daß sich das Verhältnis der Gleichtaktspannung $\underline{U}_{Gl}(\omega)$ zu der an der Parallelschaltung von Hin- und Rückleitung des Signalkreises liegenden Spannung $\underline{U}_{Gl}'(\omega)$ unter der Voraussetzung ($\underline{Z}_Q + \underline{Z}_E$) >> $\underline{Z}_L$ ergibt zu

$$\frac{\underline{U}_{Gl}(\omega)}{\underline{U}_{Gl}'(\omega)} = \frac{\underline{Z}_{Str} + \underline{Z}_L}{\underline{Z}_L} \ . \qquad (3\text{-}6)$$

Die Spannung $\underline{U}_{Gl}'(\omega)$ teilt sich wieder auf die Widerstände $\underline{Z}_Q$ und $\underline{Z}_E$ auf, so daß wir für das Verhältnis Gleichtaktspannung zu Gegentaktspannung erhalten

3.1 Galvanische Kopplung

$$\frac{\underline{U}_{Gl}(\omega)}{\underline{U}_{St}(\omega)} = \frac{\underline{Z}_Q + \underline{Z}_E}{\underline{Z}_E} \cdot \frac{\underline{Z}_{Str} + \underline{Z}_L}{\underline{Z}_L}$$

(3-7)

Für hohe Frequenzen strebt $\underline{Z}_{Str}$ gegen Null, was einer unendlich großen Kapazität bzw. einer direkten Erdung entspricht. Gleichung (3-7) geht dann über in die bereits bekannte Gleichung (3-3).

Für Gleichspannungen nimmt $\underline{Z}_{Str}$ den Wert unendlich an, was einer unendlich hohen Gleichtakt/Gegentakt-Dämpfung entspricht, d.h. $\underline{U}_{St}(\omega) = 0$. Mit von Null ansteigender Frequenz nimmt die *Gleichtakt/Gegentakt-Konversion* mit 6 dB/Oktave bzw. 20 dB/Dekade zu bzw. die *Gleichtakt/Gegentakt-Dämpfung* entsprechend ab. Falls Sender *und* Empfänger erdfrei betrieben werden und beide etwa gleich große Streukapazitäten gegenüber Erde aufweisen, stellen sich in Gleichung (3-3) bei $\underline{Z}_{Str}$ ein Faktor 2 bzw. in der Gleichtakt/Gegentakt-Dämpfung zusätzliche 6 dB ein.

Im vorgestellten Beispiel wird wohl immer ein Gerät aus Berührungsschutzgründen geerdet sein (das zweite Gerät ist dann über den Kabelschirm ebenfalls geerdet, solange das Signalkabel angeschlossen bleibt!). Es gibt jedoch zahllose Anordnungen, in denen tatsächlich eine beidseitig über Erdstreukapazitäten geschlossene Erdschleife auftritt. Ein typischer Fall ist die Erdschleife zwischen zwei elektronischen Flachbaugruppen innerhalb eines oder verschiedener Baugruppenträger, Bild 3.7.

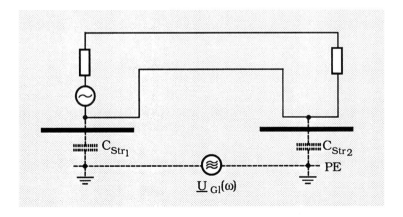

Bild 3.7: Erdschleife zwischen Flachbaugruppen.

Die Schaltungsmasse ist zwar an einer Stelle im Elektronikschrank mit der Schutzerde verbunden, ist für Hochfrequenz jedoch durch Streuinduktivitäten abgekoppelt und wird daher in Bild 3.4 nicht eingezeichnet. Unbeschadet der unterschiedlichen Hardware verhält sich diese Anordnung bezüglich der Gleichtakt/Gegentakt-Konversion ähnlich wie das Beispiel Signalquelle/Oszilloskop im Fall beidseitig erdfreien Betriebs.

Die bislang angestellten Betrachtungen gelten nur bereichsweise in guter Näherung. Im konkreten Einzelfall sind zusätzlich folgende Phänomene zu berücksichtigen:

— Für $\omega L = 1/\omega C_{Str}$ gerät der Reihenschwingkreis aus Streukapazität C_{Str} und der Induktivität L in Resonanz und führt je nach Dämpfung beliebig hohe Ströme (Stromresonanz).

— Bei langen Signalleitungen und hohen Frequenzen muß die Leitungsimpedanz der Hin- und Rückleitung in Reihe mit der Quellen- und Empfängerimpedanz berücksichtigt werden.

— Für Frequenzen, deren Wellenlänge in der Größenordnung der Signalkabellänge oder darunter liegt, darf nicht mehr mit der komplexen Wechselstromrechnung gerechnet, sondern muß die Theorie elektrisch langer Leitungen herangezogen werden.

— Speziell bei koaxialen Signalleitungen fließt bei hohen Frequenzen auf Grund der Stromverdrängung nur noch auf dem Kabelmantel Strom. Die Gleichtakt/Gegentakt-Konversion erfolgt dann über die Kopplungsimpedanz der Leitung (s. 3.1.2).

Unter Berücksichtigung der genannten Einflüsse besitzt die Frequenzabhängigkeit der Gleichtakt/Gegentakt-Dämpfung qualitativ den in Bild 3.8 dargestellten Verlauf.

3.1 Galvanische Kopplung

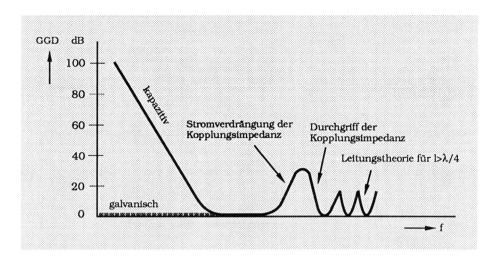

Bild 3.8: Typischer Verlauf der Gleichtakt/Gegentakt-Dämpfung für galvanisch und kapazitiv geschlossene Erdschleifen.

Bei galvanisch geschlossener Erdschleife (*beidseitige Erdung*) erfolgt für niedrige Frequenzen eine vollständige Gleichtakt/Gegentaktkonversion. Die Gleichtakt/Gegentakt-Dämpfung beträgt 0 dB und steigt erst bei höheren Frequenzen auf Grund des frequenzabhängigen Kopplungswiderstands an. Die Dämpfung wird jedoch nicht beliebig hoch, sondern fällt bei ansteigendem Kopplungswiderstand wieder ab, um bei sehr hohen Frequenzen, wenn die Meßleitungen elektrisch lang werden, einen resonanzähnlichen Verlauf anzunehmen. Bei kapazitiv geschlossener Erdschleife (*einseitige oder keine Erdung*) ist bei Gleichspannung die Gleichtakt/Gegentakt-Dämpfung zunächst unendlich groß, fällt aber dann mit 20 dB/Oktave ab und geht in den Verlauf der Kurve für beidseitige Erdung über.

GEGENMAßNAHMEN

Die obigen Betrachtungen ließen bereits erkennen, daß zumindest bei Gleichspannung und niederen Frequenzen durch einseitige Erdung eine für viele Fälle befriedigende Gleichtaktunterdrückung erreicht werden kann. So zielen denn auch einige der nachstehenden Maßnahmen weiter auf eine Auftrennung der Erdschleife ab. Diese Alternativen kommen insbesondere dann zum Tragen, wenn sich weder Sender noch Empfänger erdfrei betreiben lassen bzw. wenn diese bei hohen Frequenzen etwa über große Erdstreukapazitäten permanent "geerdet" sind, unbeschadet des Fehlens einer galvanischen Erdverbindung.

Trenntransformatoren:

Trenntransformatoren (engl.: *Isolation Transformer*) sind ein probates Mittel zur Unterbrechung von Erdschleifen im Fall nieder- und mittelfrequenter Nutzsignale, Bild 3.9.

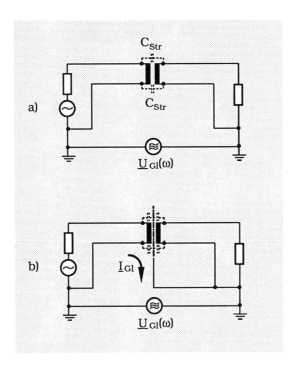

Bild 3.9: Trenntransformatoren zur Unterbrechung von Erdschleifen
a) kapazitive Restkopplung, b) "Bypass"-Schirm für den Gleichtaktstrom $I_{Gl}(\omega)$.

Während im Fall 3.9a bei hohen Frequenzen über die nicht unbeträchtlichen Wicklungsstreukapazitäten C_{Str} nach wie vor Gleichtaktströme zum Empfänger fließen können, werden diese im Fall 3.9b durch den Schirm am Empfänger vorbeigeleitet. Die Bypass-Wirkung setzt eine niederinduktive Verbindung des Schirms mit der Empfängererde voraus.

Da sich der Trenntransformator im Signalpfad befindet, muß sein Übersetzungsverhältnis über die Signalbandbreite konstant sein. Vielfach werden Trenntransformatoren auch netzseitig eingesetzt, womit diese Voraussetzung entfällt. Trenntransformatoren können bezüglich ihrer Schirme sehr komplex aufgebaut sein, worauf in 4.4 noch näher eingegangen wird.

Neutralisierungstransformatoren:

Trenntransformatoren besitzen eine untere Grenzfrequenz und übertragen keine Gleichspannungen. Falls dies gefordert wird, können *Neutralisierungstransformatoren* bzw. *Symmetriertransformatoren* verwendet werden, Bild 3.10 (engl.: BALUN, BALanced-UNbalanced).

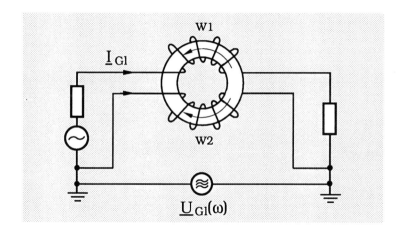

Bild 3.10: Neutralisierungstransformator zur "Unterbrechung" einer Erdschleife.

Beide Spulen sind gleichsinnig gewickelt, so daß sich die Durchflutungen der in entgegengesetzten Richtungen fließenden Nutzsignalströme kompensieren und daher der Transformator für sie nicht existent ist.

Für Gleichtaktströme wirken die Wicklungen als Drosseln und erhöhen damit die Impedanz der Erdschleife, was bei hohen Frequenzen sinngemäß einer Auftrennung gleichkommt.

Oberhalb 1MHz eignen sich als Neutralisationstranformatoren sehr gut *Ferritperlen* und *-ringe*, die über beide Adern eines Signalkreises geschoben werden, bzw. Ferritkerne, um die beide Adern eines Signalkreises aufgewickelt werden [2.19, 3.28]. Die Leiter selbst bilden dann die gleichsinnigen Wicklungen des Neutralisationstransformators, s. Bild 3.11 und 3.12.

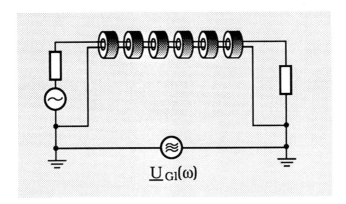

Bild 3.11: Ferritperlen zur Erhöhung der Impedanz von Erdschleifen.

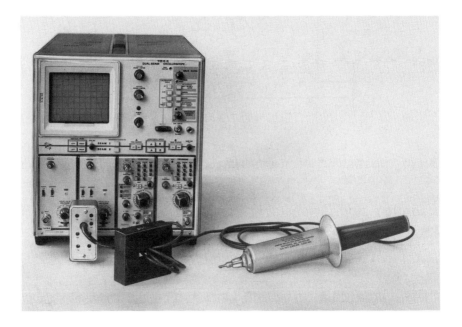

Bild 3.12: Erhöhung der Impedanz einer Erdschleife durch Aufwickeln der Signalleitung auf einen Ferritkern (z.B. bei Stoßspannungsmessungen in der Hochspannungstechnik und Laserphysik [B19]).

3.1 Galvanische Kopplung

Optokoppler und Lichtleiterstrecken:

Mit dem Aufkommen der Mikroelektronik haben Optokoppler und Lichtleiterstrecken eine große Verbreitung gefunden. Beispielsweise sind die Ein- und Ausgänge von speicherprogrammierbaren Steuerungen und Automatisierungssystemen in der Regel durch Optokoppler gegen Gleichtaktspannungen verriegelt. Ihre Wirkungsweise geht aus Bild 3.13 hervor.

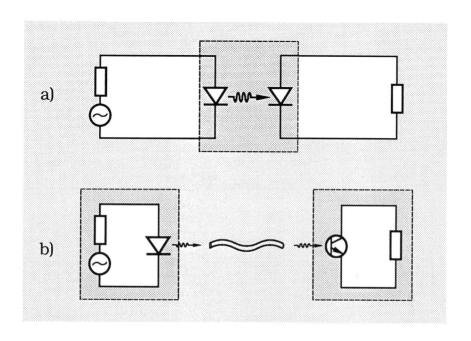

Bild 3.13: a) Optokoppler, b) Lichtleiterstrecke.

Eine Leuchtdiode oder Laserdiode wandelt das elektrische Sendesignal in ein Lichtsignal um, das nach Übertragung durch ein elektrisch isolierendes lichtdurchlässiges Medium in einer Photodiode oder einem Phototransistor wieder in ein elektrisches Signal umgewandelt wird. Übliche Isolationsspannungen von Optokopplern liegen je nach Typ zwischen 500V und 10kV. Mit Lichtleiterstrecken können beliebige Potentialdifferenzen, z.B. bis in den Megavoltbereich, überwunden werden. Wegen ihrer hohen Gleichtaktunterdrückung werden Lichtleiterstrecken auch als störsichere Datenübertragungsleitungen, beispielsweise in Glasfaser-Rechnernetzen von Fabriken, in Elektroenergiesystemen etc. eingesetzt.

Optokoppler und Lichtleiterstrecken übertragen digitale Signale perfekt, analoge Signale in vielen Fällen mit ausreichender Genauigkeit (s.a. 4.3).

Differenzverstärker und Symmetrische Systeme

Differenzverstärker verstärken im Idealfall nur die Differenz der an ihren beiden Eingängen gegen Erde anliegenden Spannungen (s.a. 10.8 u. [3.1]). Bei der Differenzbildung hebt sich eine beiden Signalen gemeinsame Gleichtaktkomponente heraus, so daß nur die Gegentaktkomponente $\underline{U}_{a\,ideal} = A_D \underline{U}_s$ am Verstärkerausgang auftritt (A_D: Verstärkung f. Gegentaktsignale, s.a. 1.4), Bild 3.14.

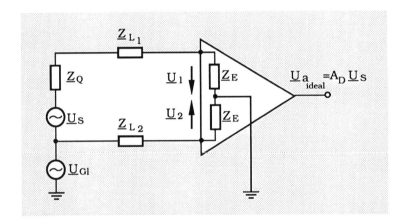

Bild 3.14: Differenzverstärker mit symmetrischem Eingang.

Beim idealen Differenzverstärker ist die Gleichtaktverstärkung für ein reines Gleichtaktsignal $A_{Gl} = \underline{U}_a / \underline{U}_{Gl}$ gleich Null. Real ist die Gleichtaktverstärkung jedoch geringfügig von Null verschieden. Als Maß für die effektive Gleichtaktunterdrückung verwendet man das *Gleichtaktunterdrückungsverhältnis* (engl.: CMRR *Common Mode Rejection Ratio*),

$$\boxed{CMRR = \frac{A_D}{A_{Gl}}}$$

3.1 Galvanische Kopplung

Das mit 20 multiplizierte logarithmierte Gleichtaktunterdrückungsverhältnis CMRR bezeichnet man als Gleichtaktunterdrückung CMR (engl.: *Common Mode Rejection*).

$$\text{CMR} = 20 \lg \frac{A_D}{A_{Gl}}$$

Die Gleichtaktunterdrückung liegt in der Größenordnung von 100dB, je nach Verstärkertyp. In diesem Zusammenhang wird auch auf den mit der *Gleichtaktverstärkung* praktisch identischen *Gleichtakt/Gegentakt-Konversionsfaktor* in Kapitel 1.4 verwiesen.

Unsymmetrien im Signalkreis, z.B. eine merklich von Null verschiedene Quellenimpedanz $\underline{Z}_Q$ reduzieren die Gleichtaktunterdrückung merklich. Unter Berücksichtigung der Eingangsschaltung erhält man für das Verhältnis Störspannung am Ausgang zu Gleichtaktsspannung am Eingang

$$\frac{\underline{U}_{Gg}}{\underline{U}_{Gl}} = \left(\frac{\underline{Z}_E}{\underline{Z}_E + \underline{Z}_{L_1} + \underline{Z}_Q} - \frac{\underline{Z}_E}{\underline{Z}_E + \underline{Z}_{L_2}} \right) \qquad (3\text{-}8)$$

Dieses Verhältnis entspricht dem gerade erwähnten *Gleichtakt/Gegentakt-Konversionsfaktor* aus Kapitel 1.4.

Wichtig ist die Beachtung der begrenzten Gleichtaktaussteuerbarkeit, die bei Operationsverstärkern in der Regel ca. 2V unter der Betriebsspannung liegt, mithin bei etwa 13 Volt. Es ist daher nicht möglich, mit einem gewöhnlichen Operationsverstärker eine auf 220V Wechselpotential liegende Signalgröße zu erfassen. Beschränkte Abhilfe schaffen vorgeschaltete Teiler, die jedoch wegen ihrer inhärenten Unsymmetrie die Gleichtaktunterdrückung mit zunehmender Frequenz rasch verschlechtern.

Vom Differenzverstärker mit seinem symmetrischen Eingang ist nur noch ein kleiner Schritt zu einem vollständig symmetrischen (engl.: *balanced*) System [3.4]. Bei einem symmetrischen System sind sowohl Hin- und Rückleitung eines Signalkreises als auch Sender *und* Empfänger symmetrisch aufgebaut, Bild 3.15.

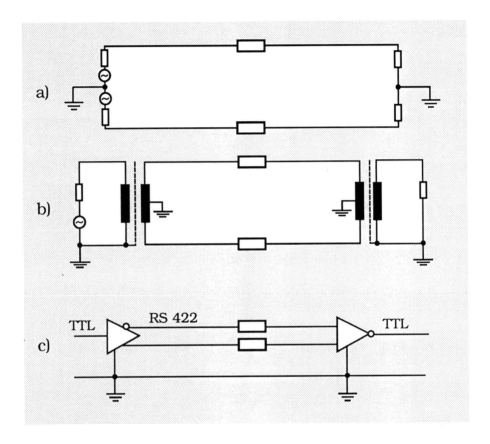

Bild 3.15: Symmetrische Signalübertragung
  a) Prinzip, b) Symmetrierung mittels Symmetrieübertrager,
  c) Datenübertragungsleitung mit symmetrischem Leitungstreiber und -empfänger (z.B. RS 422 Schnittstelle).

Bild 3.15a läßt erkennen:

— Galvanisch eingekoppelte Gleichtaktspannungen erzeugen in Hin- und Rückleitung identische Spannungsabfälle, so daß die Ma-

3.1 Galvanische Kopplung

schenregel, ohne Berücksichtigung des Nutzsignals, immer den Wert Null ergibt.

— Von homogenen elektrischen und magnetischen Feldern eingekoppelte Spannungen heben sich gegenseitig auf (s. 3.2).

— Inhomogene magnetische Störfelder können in den Schleifen von Bild 3.1 eine Gegentaktspannung induzieren, die in Serie mit dem Nutzsignal als Störspannung auftritt. Dies wird jedoch in praxi durch Verdrillen von Hin- und Rückleitung unterbunden. Sollte die nach Verdrillung verbleibende minimale Restfläche bei starken Magnetfeldern noch störende Gegentaktsignale zulassen, bringt eine zusätzliche Schirmung endgültig Abhilfe.

Im Bild 3.15b wird gezeigt, wie zwischen unsymmetrischen Sendern und Empfängern mit Hilfe von *Symmetrieübertragern* (engl.: *BALUN, BALanced-UNbalanced*) eine symmetrische Signalübertragung bewerkstelligt werden kann. Bild 3.15c schließlich zeigt eine *eo ipso* symmetrisch aufgebaute Datenübertragungsstrecke mit symmetrischem Leitungstreiber und -empfänger. Dank ihrer Störunempfindlichkeit erlaubt die symmetrische RS 422 Datenübertragung etwa 50 mal größere Übertragungsentfernungen und Übertragungsraten als der unsymmetrische RS 232 Standard.

Schutzschirmtechnik

Bei der Messung sehr kleiner Spannungen, beispielsweise von Thermoelementen und Dehnungsmeßstreifen (engl.: *low-level signals*) oder der Messung kleiner Spannungen und Ströme auf hohem Potential (z.B. einige 100 Volt) reicht die mit Differenzverstärkern erreichbare Gleichtaktunterdrückung und Gleichtaktaussteuerbarkeit häufig nicht aus. In diesen Fällen greift man dann zur *Schutzschirm-Technik* (engl.: *guarding*) [3.5 - 3.7]. Um ihre Wirkungsweise leichter verstehen zu können, erläutern wir zunächst die Problematik eines erdfrei, d.h. schwebend arbeitenden Digitalvoltmeters oder Schreibers (engl.: *floating instrument*), mit dem eine auf hohem Potential U_{Gl} liegendes Signal U_s gemessen werden soll, Bild 3.16.

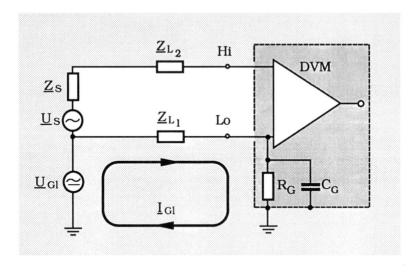

Bild 3.16: Messung der Spannung U_s einer auf dem Gleichtakt-Potential U_{Gl} befindlichen Quelle mittels eines schwebend arbeitenden Digitalvoltmeters mit erdfreiem Eingang (engl.: *floating input*).

Während bei den bisherigen Erdschleifenproblemen der Empfänger meist eindeutig geerdet war, muß hier die Eingangsschaltung erdfrei betrieben werden (andernfalls würde beim Anschluß der Lo-Klemme die Quelle U_{Gl} kurzgeschlossen werden, was bei niedrigem Innenwiderstand — z.B. 220 V-Netz — spektakuläre Folgen hätte).

Die Gleichtaktspannung U_{Gl} treibt in dieser Schaltung einen Gleichtaktstrom durch den endlichen Isolationswiderstand R_G (ca. $10^9 \Omega$) und die Schaltungskapazität C_G (einige 1000pF), der an Z_{L_1} einen Spannungsabfall verursacht, mithin eine Gegentaktstörspannung im Signalkreis einführt.

Je größer das Verhältnis $Z_G = R_G + 1/j\omega C_G$ zu Z_{L_1} ist, desto höher die Gleichtaktunterdrückung. Für $Z_G \to \infty$ und vernachlässigbarem Innenwiderstand Z_S der Quelle könnte die Gleichtaktspannung U_{Gl} keine Meßfehler verursachen. Praktisch realisierbare Impedanzverhältnisse begrenzen jedoch die Gleichtaktunterdrückung auf Werte um 80dB. Da $1/\omega C$ mit zunehmender Frequenz immer niederohmiger wird, nimmt die Gleichtaktunterdrückung für höhere Frequenzen ab.

3.1 Galvanische Kopplung

Meßeinrichtungen in Schutzschirmtechnik bieten Gleichtaktunterdrückungen von z.B. 160dB bei Gleichspannung und 140db bei 50Hz, Bild 3.17.

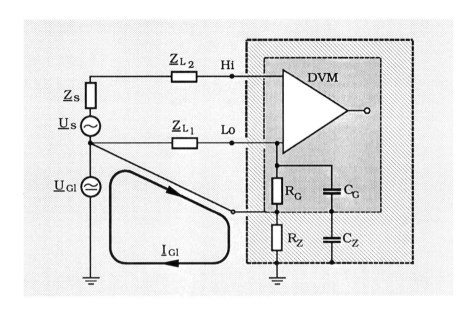

Bild 3.17: Schwebend arbeitendes Digitalvoltmeter in Schutzschirmtechnik.

Der Anschluß des inneren, zusätzlichen Schutzschirms an die Meßsignalmasse schafft einen niederohmigen *Bypass* für den Gleichtaktstrom I_{Gl}, so daß dann an Z_L nur noch eine minimale Gegentaktspannung abfällt. Bei der Messung der Diagonalspannung von Brückenschaltungen wird der Schutzschirm nicht mit einem der Diagonaleckpunkte, sondern mit der geerdeten Klemme der Speisespannungsquelle der Brücke verbunden.

Die Anwendung der Schutzschirmtechnik ist in der Regel auf Gleichspannungen und niedrige Frequenzen beschränkt, da mit zunehmender Frequenz einerseits $1/\omega C_G$ niederohmiger, andererseits die Stromaufteilung auf beide Pfade zunehmend durch deren Reaktanzen ωL bestimmt wird, so daß bei hohen Frequenzen der Effekt der Schutzschirmtechnik schnell abnimmt. Bei hohen Frequenzen bzw. in der Impulsmeßtechnik kommt die *Bypass-Technik* zum Einsatz. Auf sie wird jedoch erst im Rahmen der frequenzabhängigen *Kopplungsimpedanz* einer geschirmten Leitung eingegangen (s.3.1.3).

Schließlich sei bemerkt, daß die Gleichtaktspannung nicht die Spannungsfestigkeit des "guard"-Eingangs überschreiten darf.

3.1.3 Kopplungsimpedanz von Meß- und Signalleitungen

Mit dem im vorigen Kapitel behandelten Erdschleifenproblem eng verknüpft ist die *Kopplungsimpedanz* (engl.: *transfer impedance*) geschirmter Meß- und Signalleitungen, deren Schirme häufig erst Erdschleifen entstehen lassen. Wenn ein von einer äußeren Spannungsquelle hervorgerufener Störstrom über einen Kabelmantel oder -schirm fließt, so verursacht er an der inneren Oberfläche des Mantels einen Spannungsabfall, der sich als Störspannung in dem vom Kabelmantel geschirmten Leitungssystem bemerkbar macht, Bild 3.18.

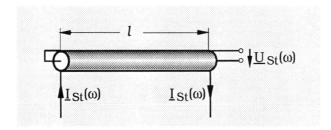

Bild 3.18: Zur Definition der Kopplungsimpedanz $\underline{Z}_K$ eines Koaxialkabels.

Innerer Spannungsabfall und Störstrom sind über die Kopplungsimpedanz des Schirms miteinander verknüpft. Die Kopplungsimpedanz wird aus Bild 3.18 unter der Voraussetzung, daß die Leitungslänge l klein gegen $\lambda/4$ ist, als Verhältnis der komplexen Amplituden von Kabelmantelstrom und Störspannung definiert,

$$\underline{Z}_K(\omega) = \frac{\underline{U}_{St}(\omega)}{\underline{I}_{St}(\omega)\, l} \quad . \tag{3-9}$$

Die Kopplungsimpedanz ist eine frequenzabhängige komplexe Größe, ihre Definition ergibt nur im Frequenzbereich einen Sinn. Gelegentlich findet man auch den Begriff *Stoßimpedanz*, gewonnen aus dem

3.1 Galvanische Kopplung

Verhältnis einer Stoßstromamplitude $i(t)_{max}$ und einer beobachteten Spannungsamplitude $u(t)_{max}$. Dieser Quotient ist systemtheoretisch nicht definiert (außer bei rein ohmschen Widerständen), von seinem Gebrauch ist abzuraten. Aus historischen Gründen wird die Kopplungsimpedanz vielfach noch als *Kopplungswiderstand* [3.8] bezeichnet, was jedoch nach obiger Definition weniger präzise ist.

Ergänzt man in Bild 3.18 das linke Kabelende um eine Quelle mit Innenwiderstand $\underline{Z}_Q$, das rechte leerlaufende Kabelende um einen Empfängereingangswiderstand $\underline{Z}_E$ und zeichnet die den Störstrom treibende Spannungsquelle $\underline{U}_{Gl}$ ein, erhält man Bild 3.19, das mit Bild 3.5 elektrisch identisch ist.

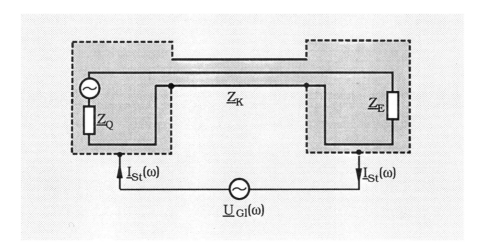

Bild 3.19: Erdschleife und Kopplungsimpedanz $\underline{Z}_K$.

Offensichtlich beschreibt die Kopplungsimpedanz den "worst case" einer Erdschleife mit koaxialer Signalleitung. Bei Gleichspannung und niedrigen Frequenzen entspricht die Störspannung $\underline{U}_{St}(\omega)$ der Gleichtaktspannung $\underline{U}_{Gl}(\omega)$ in der Kopplungsimpedanzdefinition gemäß (3-9). Dies bedeutet eine vollständige Gleichtakt/Gegentakt-Konversion.

Bei Vorliegen einer Quellen- und Empfängerimpedanz reduziert sich die Störspannung $\underline{U}_{St}(\omega)$ in bekannter Weise (s. 3.1.2) gemäß dem Übersetzungsverhältnis des Spannungsteilers aus $\underline{Z}_Q$ und $\underline{Z}_E$.

$$\boxed{\frac{U_{Gl}(\omega)}{U_{St}(\omega)} = \frac{Z_Q + Z_E}{Z_E}} \qquad (3\text{-}10)$$

Die Behandlung von Erdschleifenproblemen mit Hilfe der Kopplungsimpedanz erweist sich vor allem bei höheren Frequenzen als vorteilhaft, wenn auf Grund der Stromverdrängung der Störstrom $I_{St}(\omega)$ allein auf dem Schirm fließt (Kabelmantelstrom). Am Spannungsteiler des Innenleiters liegt dann nur noch der auf der Innenseite des Schirms in Längsrichtung abgreifbare Spannungsabfall, der je nach Schirmmaterial und -aufbau eine eigentümliche Frequenzabhängigkeit aufweisen kann.

Bild 3.20 zeigt die typische Frequenzabhängigkeit der Kopplungsimpedanz von Flexwellkabeln und gewöhnlichen Koaxialkabeln mit Geflechtschirm (s.a. 5.6.2).

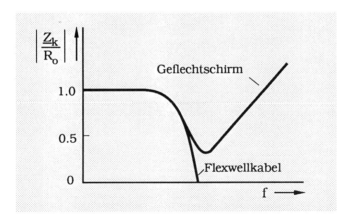

Bild 3.20: Kopplungsimpedanz von Flexwellkabeln und gewöhnlichen Koaxialkabeln. Die Ordinate zeigt den Betrag der auf den Gleichstromwiderstand des Schirms normierten Kopplungsimpedanz.

Die Ursache für das unterschiedliche Verhalten beider Schirmarten bei hohen Frequenzen liegt im Durchgriff des Magnetfeldes. Bei Gleichspannung und niedrigen Frequenzen entspricht die Kopplungsimpedanz beider Schirme dem ohmschen Widerstand. Bei hohen Frequenzen fließt im Mantel eines Flexwellkabels (gewelltes Rohr) wegen der Stromverdrängung zunehmend weniger Störstrom auf der Innenwand, so daß vom inneren System auch zunehmend

3.1 Galvanische Kopplung

weniger Spannungsabfall detektiert werden kann. Beim Geflechtschirm greift dagegen das Magnetfeld des Störstromes in das innere System durch und induziert dort eine frequenzproportionale Spannung, was ab einer bestimmten Grenzfrequenz wieder einem Ansteigen der Kopplungsimpedanz $\underline{Z}_K(\omega)$ entspricht [3.8].

Je kleiner die Kopplungsimpedanz eines Koaxialkabels ist, desto kleiner ist die erzeugte Störspannung und desto besser ist seine Schirmwirkung (s. 9.1). Mitunter benützt man zur Verringerung der Kopplungsimpedanz doppelt oder dreifach geschirmte Leitungen oder Flexwellkabel, deren Außenleiter aus einem gewellten, nahtlos verschweißten Metallmantel besteht.

In gleicher Weise wie an den Kopplungswiderständen von Kabeln bewirken die Kabelmantelströme auch an den Übergangswiderständen lösbarer koaxialer Steckverbindungen sowie an Gehäusetrennfugen und Chassisteilen (Gehäuseströme) zusätzliche Störspannungen.

Ein Kabelmantelstrom, der durch den mit Masse verbundenen Kragen der Eingangsbuchse eines Oszilloskops in das Gehäuse eintritt und dieses durch die Erdkapazität und den Schutzleiter wieder verläßt, erzeugt längs der Schaltungsmasse Spannungsabfälle, die galvanisch dem Nutzsignal $u_M(t)$ überlagert werden, teilweise aber auch durch kapazitive Kopplung auf den Abschwächer und den Eingangsverstärker gelangen, Bild 3.21.

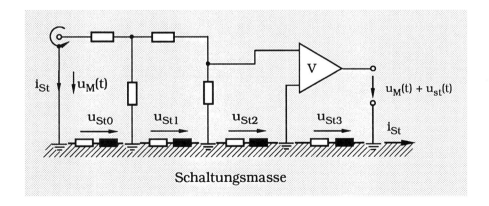

Bild 3.21: Zur Erklärung der Kopplungsimpedanz einer Verstärkerschaltungsmasse.

Bei Kabellängen von wenigen Metern überwiegt die Kopplungsimpedanz des Meßgeräts im allgemeinen die Kopplungsimpedanz des Meßkabels. Gute und weniger gute Oszilloskope, Spektrumanalysatoren, Funkstörmeßempfänger bewertet man daher nicht zuletzt auch nach ihrer Gehäuse-Kopplungsimpedanz.

Die Kopplungsimpedanz von Meßgeräten und damit deren Störspannungsempfindlichkeit läßt sich meßtechnisch abschätzen, indem in den Massekragen des Signaleingangs ein Stromsprung eingespeist wird [2.155, 2.156, B19]. Beispielsweise erhält man dann bei einem Oszilloskop trotz Fehlen eines Eingangssignals auf dem Bildschirm eine Strahlauslenkung ähnlich Bild 3.22.

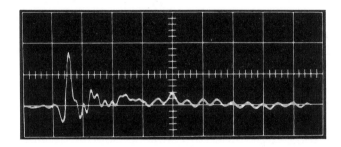

Bild 3.22: Störspannung hervorgerufen durch einen Gehäusestrom von 1 A. Zwischen den Abschwächerstellungen 1 mV/cm bis 20 V/cm ändert sich die Wiedergabe nur unwesentlich.

Die maximale Störspannungsamplitude ändert sich nur unwesentlich bei direkter Einspeisung auf die Erdbuchse des Elektronenstrahloszilloskops. Desgleichen verändern sich die hochfrequenten Anteile der Störspannung praktisch nicht, wenn das Oszilloskop ohne Schutzkontakt betrieben wird, da für hohe Frequenzen Signalgenerator und Oszilloskop über ihre Erdstreukapazität geerdet bleiben.

Da die Kopplungsimpedanz nicht beliebig klein gemacht werden kann, läuft die Beseitigung der über diesen Kopplungsmechanismus hervorgerufenen Störspannungen entweder auf die Verringerung der Kabelmantelströme durch Erhöhung der Impedanz der Erdschleife hinaus, wie bereits im vorigen Kapitel 3.1.2 ausführlich erläutert wurde, oder auf die Verkleinerung der sie treibenden Gleichtaktspannungen bzw. auf die *Bypass-Technik*.

3.1 Galvanische Kopplung

Die *Bypass-Technik* eliminiert Kabelmantel- und Gehäuseströme gleich welchen Ursprungs, Bild 3.23.

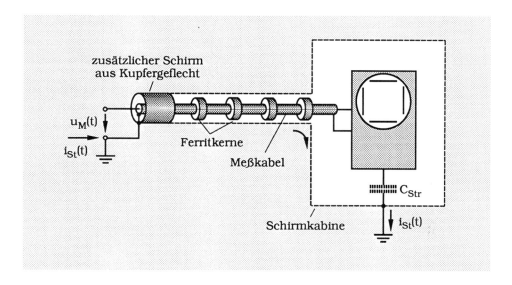

Bild 3.23: *Bypass-Technik*, Meßaufbau zur Unterdrückung von Kabelmantel- und Gehäuseströmen.

Die Spannungsquelle wird mit einem doppelt geschirmten Kabel verbunden, dessen innerer Schirm am empfangsseitigen Ende mit Signalmasse und dessen äußerer Schirm dort direkt geerdet wird; im Regelfall an der Wand eines offenen oder geschlossenen Schirmgehäuses (Baugruppenträger, Elektronikschrank, Schirmkabine).

Aufgrund der Stromverdrängung fließt der Störstrom bevorzugt über den zusätzlichen äußeren Schirm und die *äußere Oberfläche* der Schirmkabine nach Erde ab. Er wird also am Meßkabelmantel und am Oszilloskopgehäuse vorbeigeleitet. Diesen *Bypass* zu schaffen, ist in einer Vielzahl von Anwendungen die Hauptaufgabe der Schirmkabine und des doppelten Schirms eines Koaxialkabels, weniger deren eigentliche Schirmwirkung (s.a. 10.6 u. [2.155, 2.156 u. 10.42]). Als *Schirmkabine* genügt daher häufig ein einseitig offener Blechkasten mit in der Rückwand eingesetzter Netzverriegelung bzw. ein Baugruppenträger. Die angestrebte Störstromverteilung wird in schwierigen Fällen durch auf dem Meßkabelmantel aufgebrachte Ferritkerne unterstützt, die die für den Störstrom wirksame Impedanz des Meßkabelmantels vergrößern und somit den Störstrom auf den äußeren Schirm zwingen [3.28].

3.1.4 Rückwärtiger Überschlag

Das Phänomen des rückwärtigen Überschlags tritt hauptsächlich in Forschungslaboratorien der Hochspannungstechnik, Plasmaphysik und Pulse Power Technologie sowie bei Blitzentladungen und gegebenenfalls beim NEMP auf. Während beim Abschalten induktiver Verbraucher gewöhnlich Leitungen von *Betriebsstromkreisen* kurzzeitig Spannungen von mehreren kV gegenüber Masse oder Erde annehmen können (s.2.4.2 und 2.4.3), hebt sich bei *rückwärtigen Überschlägen* das *Erdpotential* bzw. die *Masse* um Spannungen von mehreren kV gegenüber Betriebsstromkreisen an. Bild 3.24 zeigt zwei typische Beispiele.

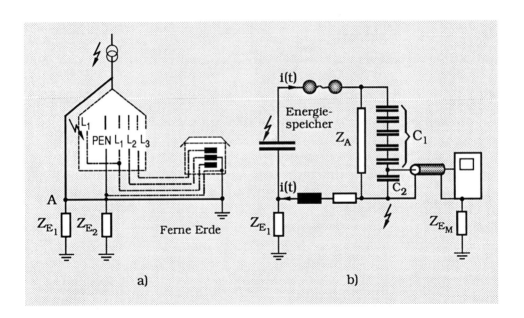

Bild 3.24: Rückwärtiger Überschlag.
a) Fremdnäherung zur Elektroinstallation in einem Wohnhaus, Z_{E1}: Blitzerder, Z_{E2}: Fundamenterder
b) Potentialanhebung am erdseitigen Ende einer Arbeitsimpedanz Z_A (gepulster Hochleistungsgaslaser o.ä.) in der Pulse - Power Technologie. Z_{E1}: Stoßgeneratorerde, Z_{EM}: Meßerde, C_1, C_2 kapazitiver Meßspannungsteiler.

3.1 Galvanische Kopplung

In Bild 3.24a ruft der eingeprägte Blitzstrom längs der Impedanz der Ableitung und der Parallelschaltung der Erdungsimpedanzen Z_{E_1} und Z_{E_2} einen Spannungsabfall hervor, so daß sich das Potential im Punkt A kurzzeitig gegenüber der *fernen Erde* bis in den MV-Bereich anheben kann. Beim Erreichen der Durchschlagsspannung des kleinsten Abstands zur Elektroinstallation kommt es zu einem Überschlag, da die Elektroinstallation gegenüber A quasi auf dem Erdpotential der fernen Erde in der Transformatorstation liegt (bis auf $\sqrt{2} \cdot 220V$, die hier zu vernachlässigen sind). Abhilfe schaffen Maßnahmen des *inneren Blitzschutzes* (s. Kapitel 10.5), große Abstände, niedrige Erdimpedanzen Z_{E_1} und Z_{E_2} sowie eine Aufteilung des Blitzstromes auf mehrere Ableitungen, so daß die kleinen Teilströme längs der Ableitungsimpedanz auch nur kleinere Spannungsabfälle verursachen können.

Bild 3.24b zeigt ein typisches Beispiel des in vielen Variationen immer wiederkehrenden Problems transienter Potentialanhebungen im Blitzschutz, in der Hochspannungsprüftechnik, Plasmaphysik und der Pulse Power Technologie. Der aus dem Energiespeicherkondensator fließende Strom i(t) ruft an der Impedanz der erdseitigen Rückleitung eine Potentialanhebung von mehreren 10kV hervor. Über das Meßkabel hebt sich das Oszilloskopgehäuse entsprechend an, so daß es zu einem rückwärtigen Überschlag zum Netzteil des Oszilloskop kommen kann. Eine Maßnahme zur Verringerung der Potentialanhebung des Oszilloskops wäre die Erdung des Teilerfußpunktes. Es liegt dann wieder der im Kapitel 1.5 erwähnte Fall vor, daß der Strom i(t) ja gar nicht nach Erde fließen, sondern zum anderen Belag des Energiespeicherkondensators zurückkehren will. Die wichtigste Maßnahme ist daher zunächst die Bereitstellung einer möglichst niederohmigen, induktionsarmen Rückleitung zum Impulsgenerator. Hierfür eignen sich am besten breite Bänder aus Kupferblech. Daran anschließend kann man sich wieder Gedanken über die Notwendigkeit einer besseren Erdung machen (s.a. 10.6).

3.2 Kapazitive Kopplung

Kapazitive oder elektrische Kopplung tritt auf zwischen Leitern, die sich auf unterschiedlichem Potential befinden. Infolge der Potentialdifferenz herrscht zwischen den Leitern ein elektrisches Feld, das wir im Ersatzschaltbild durch eine Streukapazität modellieren. Unter der Annahme quasistatischer Verhältnisse [B18] und unsymmetrischer Systeme erhalten wir folgendes Ersatzschaltbild, Bild 3.25.

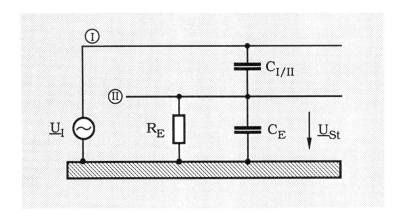

Bild 3.25: Typisches Beispiel kapazitiver Kopplung zwischen ungeschirmten unsymmetrischen Leitungssystemen.
I Störendes System, II Gestörtes System.

R_E und C_E repräsentieren die parallel geschalteten Innenwiderstände von Sender und Empfänger des Systems II, $C_{I/II}$ die Streukapazität zwischen beiden Systemen. Die Nutzspannungsquelle ist nicht eingezeichnet. Das Ersatzschaltbild geht weiter davon aus, daß nur das System I das System II stört und nicht auch umgekehrt. Mit anderen Worten, der Spannungspegel im System I sei ein vielfaches größer als im System II.

Die passiven Komponenten $C_{I/II}$ sowie $R_E \| C_E$ wirken als frequenzabhängiger Spannungsteiler, so daß wir für das Verhältnis von Störquellenspannung zu Störspannung im System II erhalten

$$\frac{\underline{U}_I}{\underline{U}_{St}} = \frac{1/j\omega C_{I/II} + R_E/(1+j\omega R_E C_E)}{R_E/(1+j\omega R_E C_E)} \quad . \tag{3-11}$$

In einem niederohmig angelegten System II gilt $R_E \ll 1/\omega C_E$, der Spannungsteiler besteht dann im wesentlichen noch aus $C_{I/II}$ und R_E. Für das Verhältnis (3-11) ergibt sich dann

3.2 Kapazitive Kopplung

$$\frac{\underline{U}_I}{\underline{U}_{St}} = \frac{1/j\omega C_{I/II} + R_E}{R_E} \approx \frac{1}{j\omega C_{I/II} R_E} \quad . \tag{3-12}$$

Hieraus berechnet sich die Störspannung im Frequenzbereich zu

$$\underline{U}_{St} = \underline{U}_I \, j\omega \, C_{I/II} \, R_E \quad . \tag{3-13}$$

Für den Zeitbereich erhalten wir entsprechend

$$u_{St}(t) = \frac{du_I(t)}{dt} C_{I/II} R_E \quad . \tag{3-14}$$

Die Störspannung ist demnach neben der Frequenz bzw. der zeitlichen Änderungsgeschwindigkeit, der Koppelkapazität $C_{I/II}$ sowie dem ohmschen Gesamtinnenwiderstand des Systems II proportional. Hieraus ergeben sich unmittelbar die Gegenmaßnahmen:

— Verkleinern von $C_{I/II}$, z.B. durch möglichst kurze Stecken paralleler Leitungsführung (z.B. *wire-wrap*-Verdrahtung), Erhöhung des Abstands der Leiter, Schirmung des Systems II (s.u.),

— Verkleinern von R_E, d.h. niederohmige Schaltungstechnik.

Die Wirkung eines Kabelschirms veranschaulicht Bild 3.26.

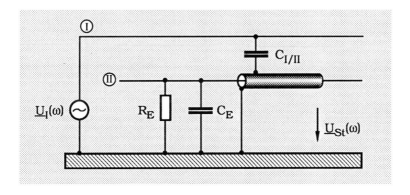

Bild 3.26: Verringerung kapazitiver Kopplung durch Schirmung.

Die vom System I ausgehenden Feldlinien enden jetzt alle auf dem geerdeten Schirm, die Ströme durch $C_{I/II}$ fließen direkt nach Erde ab und rufen keine Störspannungsabfälle an R_E und C_E hervor. Die ideale Schirmwirkung setzt voraus, daß

— der Schirm ideal leitfähig und induktionsfrei ist, d.h., daß sich das Potential des nicht geerdeten Endes des Schirms nicht auf Grund von Schirmströmen anhebt und dann doch wieder kapazitiv — jetzt auf Grund einer Streukapazität $C_{Schirm/II}$ — Ströme in das System II injiziert,

— der Schirm eine vernachlässigbar kleine *Kopplungsimpedanz* besitzt (s. 3.1.3),

— der Schirm einen vernachlässigbaren *kapazitiven Durchgriff* besitzt (s. 9.1.2).

Bei nicht vernachlässigbarem Durchgriff ist in Bild 3.26 zwischen dem Schirm und dem hochliegenden Leiter des Systems II die sogenannte *Durchgriffskapazität* einzuzeichnen. Diese erlaubt wiederum die Injektion von Strömen in das System II. Wegen des Begriffs *Durchgriffskapazität* wird auf Kapitel 9.1.2 verwiesen. In schwerwiegenden Fällen ist als Schirm ein Metallrohr zu wählen, gegebenenfalls auch das geschirmte Kabel in einem Rohr zu verlegen.

Selbstredend trägt auch eine Schirmung des Systems I zur Verringerung der Störungen des Systems II bei. Leider ist diese Lösung in vielen Fällen nicht realisierbar, beispielsweise in der Hochspannungstechnik. Dort müssen alle denkbaren Maßnahmen am gestörten System vorgenommen werden.

Die quasistatische kapazitive Kopplung spielt in der Regel nur bei hochohmigen Empfängern eine Rolle, z.B. Oszilloskope und Transientenrekorder, hochohmige Mikrofonverstärker etc. Meist wird der Gesamtwiderstand R_E durch Parallelschaltung der Quelle sehr niederohmig, so daß EMB nur bei leerlaufendem Empfängereingang auftritt.

Neben der hier besprochenen unidirektionalen rein kapazitiven Kopplung gibt es auch das sogenannte *Nebensprechen* (engl.: *cross talk*), das zwischen parallel geführten Signalleitungen vergleichbaren

Leistungsniveaus auftritt (beispielsweise den zahllosen Aderpaaren bzw. -vierern in einem Telefonkabel). Die Kopplung in Fernsprechkabeln ist sowohl kapazitiver als auch induktiver Natur und sehr komplex. Wegen Einzelheiten wird auf das Schrifttum verwiesen [3.12 bis 3.16].

3.3 Magnetische Kopplung

Magnetische Kopplung tritt auf zwischen zwei oder mehreren *stromdurchflossenen* Leiterschleifen. Die mit den Strömen verknüpften *magnetischen Flüsse* durchsetzen die jeweils anderen Leiterschleifen und induzieren dort Störspannungen. Die induzierende Wirkung der Flüsse modelliert man im Ersatzschaltbild wahlweise durch eine Gegeninduktivität oder eine Quellenspannung [1.6]. Unter der Annahme quasistatischer Verhältnisse erhalten wir folgende Ersatzschaltbilder, Bild 3.27.

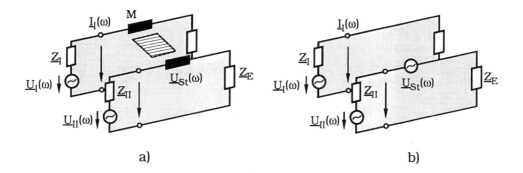

Bild 3.27: Magnetische Kopplung zwischen zwei Stromkreisen. Modellierung des Induktionsvorgangs durch a) eine Gegeninduktivität, b) eine Quellenspannung.

Diese Ersatzschaltbilder gehen davon aus, daß nur das System I das System II störe und nicht auch umgekehrt. Mit anderen Worten, der Strompegel im System I sei ein Vielfaches größer als der Strompegel im System II.

Für das Ersatzschaltbild gemäß Bild 3.27a berechnet sich die induzierte Spannung zu

$$\underline{U}_{St}(\omega) = \underline{I}_I(\omega) \cdot j\omega M_{I/II}$$
(3-15)

bzw. im Zeitbereich zu

$$u_{St}(t) = \frac{di_I(t)}{dt} M_{I/II}$$
(3-16)

Der Induktionseffekt äußert sich in einer Gegentaktstörspannung im System II, deren am Empfängereingang auftretender Anteil sich nach dem Spannungsteiler $\underline{Z}_{II}(\omega)/\underline{Z}_E(\omega)$ richtet.

Die Gegeninduktivität $M_{I/II}$ entnimmt man entweder einem Grundlagen- oder Taschenbuch der Elektrotechnik [3.9 bis 3.11] oder berechnet sie aus

$$M_{I/II} = \frac{\phi_{I/II}(\omega)}{\underline{I}_{II}(\omega)}$$
(3-17)

wobei $\phi_{I/II}$ der das System II durchdringende Anteil des mit $\underline{I}_I(\omega)$ verknüpften magnetischen Flusses darstellt. Den Fluß $\phi_{I/II}$ berechnet man mit Hilfe des Flächenintegrals

$$\phi_{I/II} = \int_{A_{II}} \mathbf{B}_I \cdot d\mathbf{A}$$
(3-18)

über den Bereich A_{II} (Fläche der Leiterschleife des Systems II). Für Überschlagsrechnungen nimmt man meist die magnetische Fluß-

3.3 Magnetische Kopplung

dichte B_I räumlich konstant an, wodurch sich das Skalarintegral zu einem Skalarprodukt vereinfacht,

$$\phi_{I/II} = B_I A_{II} \cos\alpha \tag{3-19}$$

In dieser Gleichung ist α der Winkel, den $\mathbf{B}_I$ und $\mathbf{A}_{II}$ einschließen. Die magnetische Flußdichte $\mathbf{B}_I$ erhält man aus dem gegebenen Strom $\underline{I}_I$ mit Hilfe des Durchflutungsgesetzes [B18].

In der Praxis geht es zunächst weniger darum, die Gegeninduktivität $M_{I/II}$ zu berechnen, sondern sie als solche zu erkennen. Schließlich steht $M_{I/II}$ in keiner Stückliste und die magnetische Kopplung ist auch existent, wenn die Schleife des Systems II nicht galvanisch, sondern nur über eine Streukapazität geschlossen ist. In letzterem Fall wird die induzierte Spannung nicht am Spannungsteiler $\underline{Z}_{II}(\omega)/\underline{Z}_E(\omega)$ geteilt, sondern steht in voller Höhe zwischen den offenen Enden der Schleife II an. Die induzierte Störspannung ist eine eingeprägte Spannung, d.h. ihre Größe ist unabhängig von der Impedanz der Schleife II. Mit abnehmender Impedanz $\underline{Z}_{II}(\omega) + \underline{Z}_E(\omega)$ kann $\underline{I}_{II}$ beliebig hohe Werte annehmen. Der Anteil der auf den Empfängereingang entfallenden Störspannung richtet sich ausschließlich nach dem Verhältnis $\underline{Z}_{II}(\omega)/\underline{Z}_E(\omega)$, nicht nach dem Impedanzniveau.

Gemäß den Gleichungen (3-15), (3-16) und (3-18), (3-19) ist die induzierte Störspannung neben der Frequenz bzw. Änderungsgeschwindigkeit des Stromes im System I der Gegeninduktivität $M_{I/II}$ und damit der Fläche A_{II} proportional. Hieraus ergeben sich unmittelbar die Gegenmaßnahmen:

— Verkleinern von $M_{I/II}$ durch möglichst kurze Strecken paralleler Leitungsführung,

— Vergrößern des Abstands der Schleifen,

— Orthogonale Anordnung der Schleifen,

— Verdrillen der Leiter des Systems II (Verringerung von A_{II} bzw. $\phi_{I/II}$),

— Schirmung des Systems II

— Reduktionsleiter auslegen.

Das Verdrillen der Leiter ist die zunächst kostengünstigste und wirksamste Maßnahme zur Verringerung induzierter Spannungen. Sollte die verbleibende, isolationsbedingte Restfläche noch zu viel Störspannungen auffangen, bringt ein zusätzlicher Schirm weitere Abhilfe, 3.28a. Bezüglich der Wirkungsweise dieses Schirms und der Behandlung der Erdung von Kabelschirmen wird auf Kapitel 3.5 verwiesen.

Statt eines Kabelschirms werden gelegentlich auch *Reduktionsleiter* verlegt (wenn beispielsweise eine Schirmung aus isolationstechnischen Gründen nicht möglich ist). Reduktionsleiter bilden eine Kurzschlußschleife, deren Magnetfeld das störende Magnetfeld teilweise kompensieren kann, Bild 3.28b.

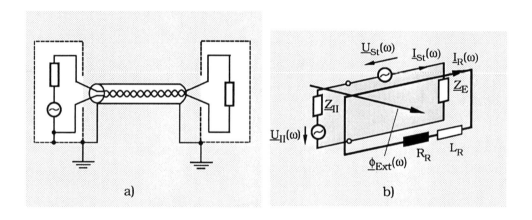

Bild 3.28: a) geschirmte verdrillte Signalleitung,
b) Signalkreis mit Reduktionsleiter.

Durch die Anwesenheit der Kurzschlußschleife (Index R) verringert sich die im System II induzierte Störspannung auf

$$\underline{U}_{St}(\omega) = j\omega\underline{\phi}_{Ext} - j\omega M_{II,R}\,\underline{I}_R \quad , \tag{3-20}$$

3.3 Magnetische Kopplung

wobei $j\omega\underline{\phi}_{Ext}$ die induzierte Umlaufspannung und $M_{II,R}$ die Gegeninduktivität zwischen dem gestörten System II und der Reduktionsschleife ist.

Der Strom $\underline{I}_R$ der Reduktionsschleife berechnet sich zu

$$\underline{I}_R = \frac{j\omega\underline{\phi}_{Ext}}{R_R + j\omega L_R} \quad . \tag{3-21}$$

Damit läßt sich die induzierte Störspannung gemäß (3-20) umformen in

$$\underline{U}_{St}(\omega) = j\omega\underline{\phi}_{Ext}\left[\frac{R_R + j\omega(L_R - M_{II,R})}{R_R + j\omega L_R}\right] \tag{3-22}$$

bzw.

$$\boxed{\underline{U}_{St}(\omega) = j\omega\underline{\phi}_{Ext} \cdot \underline{k}} \quad . \tag{3-23}$$

Den Faktor $\underline{k}$ nennt man *Reduktionsfaktor*. Er setzt die induzierte Störspannung zum externen Feld in Beziehung

$$\boxed{\underline{k} = \frac{\underline{U}_{St}(\omega)}{j\omega\underline{\phi}_{Ext}(\omega)}} \quad . \tag{3-24}$$

Der Fluß $\underline{\phi}_{Ext}(\omega)$ berechnet sich gemäß Gl. (3-19) zu

$$\boxed{\underline{\phi}_{Ext} = \underline{B}_{Ext} A_R \cos\alpha} \quad , \tag{3-25}$$

worin A_R die Fläche der Reduktionsschleife und α der Winkel zwischen der Flächennormalen $\mathbf{n}_A$ und der magnetischen Flußdichte $\mathbf{B}_{Ext}$ darstellt. Letztere berechnet sich aus dem im störenden System fließenden Strom und dessen Geometrie.

Selbstredend kann die Beeinflussung auch durch Verdrillen oder Schirmung des Systems I reduziert werden, was jedoch in der Regel meist aufwendiger (z.B. bei Starkstromleitungen) oder, falls nachträglich erforderlich, überhaupt nicht mehr zu realisieren ist. Zweckmäßigerweise wird bereits bei der Planung eine getrennte räumliche Verlegung notorisch störender und gestörter Leitungen in getrennten Kabelkanälen vorgesehen. Ein typischer Fall für den Einsatz von Reduktionsleitern im System I ist die Verringerung elektromagnetischer Beeinflussungen von Kommunikationsleitungen durch Erdseile parallel zu Hochspannungsfreileitungen, wobei allerdings nur Schirmfaktoren in der Größenordnung 0,5 erreicht werden (s. 2.2.5 und [B21]).

Die magnetische Kopplung von Betriebsstromkreisen ist völlig unabhängig von einer etwaigen Erdung des gestörten Systems. Deshalb führt hier, wie auch beim Mechanismus des Kapitels 1.5, eine Verbesserung der Erdung bzw. eine Änderung der Erdungsverhältnisse nicht zum gewünschten Erfolg. Schließlich sei erwähnt, daß das System II nicht notwendigerweise ein Betriebsstromkreis sein muß, sondern sehr häufig auch eine *Erdschleife* sein kann. Die in dieser Schleife induzierte Spannung wirkt dann als Gleichtaktspannung für Betriebsstromkreise (s. 1.4 und 3.1.2).

3.4 Strahlungskopplung

In den beiden vorigen Abschnitten 3.2 und 3.3 wurde stillschweigend vorausgesetzt, daß elektrische und magnetische Wechselfelder als selbständige Phänomene ohne wechselseitige Kopplung auftreten. Diese Annahme ist auch immer zulässig, solange man sich im Nahfeld des störenden Systems befindet (s. 5.1). Im Fernfeld treten $\mathbf{E}$ und $\mathbf{H}$ immer gemeinsam und über das Induktionsgesetz

$$\operatorname{rot} \mathbf{E} = -\frac{\partial \mathbf{B}}{\partial t} \qquad (3\text{-}26)$$

3.4 Strahlungskopplung

gekoppelt auf [B18]. Man spricht dann von einer elektromagnetischen Welle. Ihre Feldstärken **E** und **H** können individuell angegeben werden, sie sind jedoch nicht mehr unabhängig voneinander wie bei quasistatischen elektrischen und magnetischen Feldern.

Eine auf ein Leitergebilde einfallende elektromagnetische Welle $\mathbf{E}^E$, $\mathbf{H}^E$ ruft dort Ströme und Spannungen hervor, die ihrerseits Ursache einer reflektierten elektromagnetischen Welle $\mathbf{E}^R$, $\mathbf{H}^R$ sind. Die einfallende und die reflektierte Welle überlagern sich im gesamten Raum zu einem Nettofeld. Die Feldstärken dieses Nettofeldes erhält man durch Lösen der Maxwell'schen Gleichungen für die vorliegenden Randbedingungen. Alternativ kann man sofort die Leitungsgleichungen unter Berücksichtigung der von der *einfallenden Welle* eingekoppelten Spannungen und Ströme aufstellen. Das grundsätzliche Vorgehen soll hier am Beispiel eines kurzen Abschnitts Δx einer elektrisch langen, verlustfreien Paralleldrahtleitung (s.a. B18) gezeigt werden, Bild 3.29.

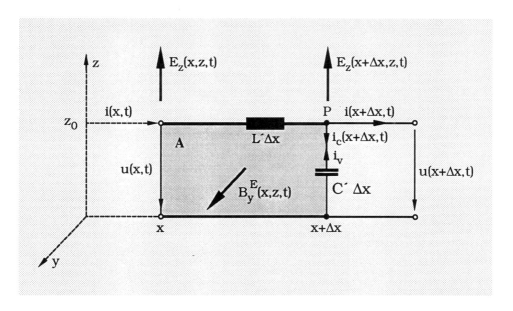

Bild 3.29: Leitungsabschnitt Δx einer elektrisch langen, verlustfreien Paralleldrahtleitung.

Die Induktivität der aus Hin- und Rückleitung gebildeten Leiterschleife sowie die Kapazität zwischen Hin- und Rückleitung werden auf die Leitungslänge bezogen, d.h. als Beläge dargestellt,

$$L' = \Delta L/\Delta l \qquad \text{bzw.} \qquad C' = \Delta C/\Delta l \quad .$$

Das Element Δx verhält sich elektrisch kurz, so daß die zeitlich veränderlichen Größen u(t) und i(t) nur von den konzentrierten Bauelementen des Ersatzschaltbilds dieses Leitungsabschnitts bestimmt werden, was eine quasistatische Behandlung unter Anwendung der Kirchhoffschen Regeln erlaubt. Die Anwendung der Maschenregel auf die Kontur C der Fläche A führt unter Berücksichtigung der von der Magnetfeldkomponente der elektromagnetischen Welle induzierten Umlaufspannung

$$\overset{\circ}{U} = -\frac{d\phi}{dt} = -\frac{\partial}{\partial t}\int_A \mathbf{B}^E \cdot d\mathbf{A} = -\frac{\partial}{\partial t}\int_x^{x+\Delta x}\int_0^{z_0} B_y^E(x,z,t)\,dz\,dx \qquad (3\text{-}27)$$

auf

$$L'\Delta x \frac{\partial i(x,t)}{\partial x} + u(x+\Delta x,t) - u(x,t) - \frac{\partial}{\partial t}\int_x^{x+\Delta x}\int_0^{z_0} B_y^E(x,z,t)\,dz\,dx = 0$$

bzw. nach Division durch Δx und Bildung des Grenzwerts für $\Delta x \to 0$

auf

$$\boxed{L'\frac{\partial i(x,t)}{\partial t} + \frac{\partial u(x,t)}{\partial x} = \frac{\partial}{\partial t}\int_0^{z_0} B_y^E(x,z,t)\,dz} \qquad (3\text{-}28)$$

Die Anwendung der Knotenregel auf den Punkt P führt unter Berücksichtigung des von der elektrischen Feldkomponente der elektromagnetischen Welle influenzierten zusätzlichen Verschiebungsstroms durch die Kapazität $C'\Delta x$,

$$i_V = C'\Delta x \frac{\partial}{\partial t}\int_0^{z_0} E_z^E(x+\Delta x,z,t)\,dz \qquad (3\text{-}29)$$

auf

3.4 Strahlungskopplung

$$i(x,t) - i(x+\Delta x,t) - C'\Delta x \frac{\partial u(x+\Delta x,t)}{\partial t} + C'\Delta x \frac{\partial}{\partial t} \int_0^{z_o} E_z^E (x+\Delta x,z,t) \, dz = 0$$

bzw. nach Division durch Δx und Bildung des Grenzwerts für $\Delta x \to 0$ auf

$$\boxed{C' \frac{\partial u(x,t)}{\partial t} + \frac{\partial i(x,t)}{\partial x} = C' \frac{\partial}{\partial t} \int_0^{z_o} E_z^E (x,z,t) \, dz} \quad . \quad (3\text{-}30)$$

Die linken Seiten der Gleichungen (3-28) und (3-30) sind die bekannten gekoppelten Differentialgleichungen erster Ordnung, die Spannungen und Ströme auf elektrisch langen Leitungen in Abhängigkeit von Ort und Zeit beschreiben [1.6], die rechten Seiten die Stör- bzw. Anregungsfunktionen des Systems. Die Lösung dieses Gleichungssystems mit Hilfe der Methode der Zustandsvariablen führt für beliebige Anregungen auf die gesuchten Spannungen an den wellenwiderstandsgerechten Abschlußwiderständen bei $x = 0$ und $x = l$ (in Bild 3.29 nicht eingezeichnet).

In einem rein netzwerktheoretischen Ersatzschaltbild läßt sich die Strahlungskopplung durch *verteilte Spannungs-* und *Stromquellen* darstellen, deren Quellenspannungen bzw. -ströme den Anregungsfunktionen entsprechen, Bild 3.30.

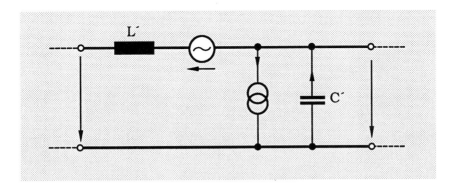

Bild 3.30: Modellierung der Strahlungskopplung durch verteilte Spannungs- und Stromquellen.

Die Modellierung der Strahlungskopplung auf Leitungen mit Hilfe von Leitungsinduktivitäten und Leitungskapazitäten gemäß Bild 3.29 und 3.30 gilt nur für Anregungsfunktionen, deren Anstiegszeit groß gegen die Laufzeit zwischen den Leitern quer zur Ausbreitungsrichtung ist (TEM-Moden, Wanderwellentheorie). Diese Voraussetzung ist bei der Strahlungskopplung in gewöhnliche Meß- und Signalleitungen praktisch immer erfüllt. Ein Gegenbeispiel ist die Strahlungskopplung des NEMP in Energieübertragungsleitungen. Letzerer Fall muß durchgängig feldtheoretisch behandelt werden.

Die beiden gekoppelten Gleichungen (3-28) und (3-30) für die zwei Unbekannten u(x,t) und i(x,t) können auch in zwei entkoppelte Gleichungen für je eine Unbekannte umgeformt werden. Differenziert man eine Gleichung nach x, die andere nach t und setzt beide ineinander ein, führt dies zur Separation von u(x,t) und i(x,t),

$$\frac{\partial^2 u}{\partial x^2} - L'C' \frac{\partial^2 u}{\partial t^2} = -L'C' \frac{\partial^2}{\partial t^2} \int_0^{z_o} E_z^E(x,z,t)\, dz + \frac{\partial}{\partial t} \frac{\partial}{\partial x} \int_0^{z_o} B_y^E(x,z,t)\, dz \,, \quad (3\text{-}31)$$

$$\frac{\partial^2 i}{\partial x^2} - L'C' \frac{\partial^2 i}{\partial t^2} = -C' \frac{\partial^2}{\partial t^2} \int_0^{z_o} B_y^E(x,z,t)\, dz + \frac{\partial}{\partial t} \frac{\partial}{\partial x} C' \int_0^{z_o} E_z^E(x,z,t)\, dz \,. \quad (3\text{-}32)$$

Schließlich kann man noch unter Verwendung von rot**E** = -d**B**/dt in Cartesischen Koordinaten [B18] die rechten Seiten jeweils nur mit der elektrischen oder der magnetischen Feldkomponente ausdrücken.

Die obigen Betrachtungen wurden unmittelbar im Zeitbereich durchgeführt. Zur Vereinfachung der Berechnung läßt sich das mathematische Modell auch im Frequenzbereich angeben. Die unbekannten Größen u(x,t) und i(x,t) gehen dann in die nur noch vom Ort abhängigen komplexen Amplituden $\underline{U}(x)$ und $\underline{I}(x)$ über. Weiter ersetzen wir d/dt durch Multiplikation mit $j\omega$, und d^2/dt^2 durch Multiplikation mit $(j\omega)^2$. Die Gleichungen (3-28) und (3-30) gehen dann über in die einfacheren Gleichungen

3.4 Strahlungskopplung

$$\boxed{j\omega L' \underline{I}(x) + \frac{d\underline{U}(x)}{dx} = j\omega \int_0^{z_0} \underline{B}_y^E (x,z)\, dz}$$

(3-33)

und

$$\boxed{j\omega C' \underline{U}(x) + \frac{d\underline{I}(x)}{dx} = j\omega C' \int_0^{z_0} \underline{E}_z^E (x,z)\, dz}$$

(3-34)

Weiter gehen die Gleichungen (3-31) und (3-32) über in

$$\frac{d^2 \underline{U}(x)}{dx^2} - (j\omega)^2 L'C' \underline{U}(x) = -(j\omega)^2 L'C' \int_0^{z_0} \underline{E}_z^E (x,z)\, dz + j\omega \frac{\partial}{\partial x} \int_0^{z_0} \underline{B}_y^E (x,z)\, dz$$

(3-35)

$$\frac{d^2 \underline{I}(x)}{dx^2} - (j\omega)^2 L'C' \underline{I}(x) = -(j\omega)^2 C' \int_0^{z_0} \underline{B}_y^E (x,z)\, dz + j\omega\, C' \frac{\partial}{\partial x} \int_0^{z_0} \underline{E}_z^E (x,z)\, dz \quad .$$

(3-36)

Die Gleichungen (3-31), (3-32), (3-35) und (3-36) entsprechen formal der bekannten *Telegraphengleichung* im Zeit- und Frequenzbereich.

Gegenüber der quasistatischen Kopplung weisen die Lösungen für die eingekoppelten Spannungen und Ströme der Strahlungskopplung eine Besonderheit auf. Unbeschadet eines wellenwiderstandsgerechten Abschlusses bilden sich auf den Leitungen durch Mehrfachreflexionen von Gleichtaktgrößen ausgeprägte Wanderwellenschwingungen aus, deren Grundfrequenz durch die Laufzeit der Leitungen bestimmt wird. Die eingekoppelten Störgrößen können daher bei dieser Frequenz und ihren Vielfachen deutliche Resonanzüberhöhungen oder Auswirkungen zeigen. Ausführliche Zahlenbeispiele für eine Vielzahl verschiedener Leitungen finden sich in [8.23].

Eine wichtige Modifikation der hier vorgestellten symmetrischen Leitung im freien Raum stellt die Anordnung *Leiter über Erde* dar, z.B. in Form eines Kabelschirms. Die einfallende elektromagnetische Welle wird in diesem Fall an der mehr oder weniger gut leitenden Erdoberfläche reflektiert, so daß für die Anregungsfunktionen die Überlagerung der Felder der ankommenden und reflektierten Welle eingesetzt werden muß. Hat man die Ströme auf dem Schirm berechnet, kann auch die im Innern des Signalkabels wirksame Störspannung mit Hilfe der Kopplungsimpedanz elektrisch langer Leitungen bestimmt werden [8.23, 8.24].

Die obigen Betrachtungen vermitteln lediglich einen kleinen Einblick in die grundsätzliche Vorgehensweise der Berechnung von Strahlungskopplungen. Die erfolgreiche mathematische Behandlung individueller praktischer Probleme verlangt nach einer umfassenden Vertiefung anhand des umfangreichen Schrifttums [3.17 bis 3.23].

Bezüglich der Verringerung der Strahlungskopplung durch Verdrillen, Schirmen etc. gelten die für quasistatische Felder in den vorangegangenen Abschnitten bereits angegebenen Maßnahmen unverändert.

3.5 Erdung von Kabelschirmen

Die Frage, ob ein Kabelschirm nur an einem oder an beiden Enden geerdet werden sollte, stellt sich immer wieder aufs neue. Dies liegt darin begründet, daß es nicht nur *eine* richtige Antwort gibt und die zweckmäßige Erdung im Einzelfall von einer Reihe von Randbedingungen bzw. auch der unterschiedlichen Bewertung gewisser Vor- und Nachteile abhängt. Von großer Bedeutung ist die Ursache und Natur der Störung — leitungsgebunden oder durch elektrische und magnetische Felder eingekoppelt, Gleichtakt oder Gegentaktstörung etc. Weiter ist zu unterscheiden, ob ein Kabelschirm Teil eines Betriebsstromkreises ist, d.h. gleichzeitig als Rückleiter *und* als Schirm

3.5 Erdung von Kabelschirmen

wirkt, oder ausschließlich Schirmfunktion gegenüber Störfeldern besitzt, Bild 3.31.

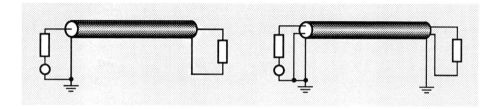

Bild 3.31: Kabelschirme mit unterschiedlichen Funktionen
          a) Schirm als Teil eines Betriebsstromkreises, d.h. gleichzeitig Rückleiter bzw. Bezugsleiter
          b) Schirm mit reiner Schirmfunktion.

Schirm als Teil des Betriebsstromkreises

In diesem Fall verbietet sich eine beidseitige Erdung wegen des Erdschleifen- bzw. Kabelmantelstromproblems (s. 3.1.3). Ist die beidseitige Erdung systembedingt unvermeidlich, da sowohl Sender und Empfänger bereits ohne Kabel *eo ipso* einseitig geerdet sind (sei es auch nur durch eine hohe Erdstreukapazität), hilft bei exzessiven elektromagnetischen Beeinflussungen nur die Auftrennung der Erdschleife durch die in Kapitel 3.1.2 aufgeführten Maßnahmen.

Schirm mit reiner Schirmfunktion

In diesem Fall ist die beidseitige Erdung zwingend erforderlich, damit der Schirm seine Funktion als Reduktionsleiter (Kurzschlußwindung) gegen magnetische Störfelder überhaupt erfüllen kann (s. 3.3). Ein nur einseitig geerdeter Schirm mit reiner Schirmfunktion vermag bei niederen Frequenzen nur elektrische Felder abzuschirmen. Dies auch nur bei kurzen Kabellängen, da das erdferne Ende vom geerdeten Ende durch die Schirminduktivität entkoppelt ist. Ein elektrisches Störfeld am erdfernen Ende vermag dann durchaus das dortige Schirmpotential anzuheben und damit kapazitiv in den Betriebsstromkreis einzukoppeln.

Gelegentlich wird die Meinung vertreten, daß auch Kabelschirme mit reiner Schirmfunktion nur einseitig geerdet werden sollten, da bei starken Ausgleichsströmen im Erdnetz in seltenen Einzelfällen eine thermische Überlastung bzw. ein Ausbrennen von Kabelschirmen beobachtet wurde. Aus EMV-Sicht sind beidseitig geerdete Schirme höherer *Stromtragfähigkeit* bzw. parallel verlegte zusätzliche Kupferleiter ausreichenden Querschnitts sicher vorzuziehen. Vielfach wird dies aber aus wirtschaftlichen Gründen scheitern.

Bei hohen Ansprüchen an die Schirmung von Meßkabeln, beispielsweise in Hochspannungs- und Hochstromprüffeldern sowie in der Pulse Power Technologie, kommt man wegen der starken Potentialanhebungen und der starken Störfelder häufig nicht ohne zusätzliche Schirme aus, sog. *Bypass-Technik* (s. 3.1.3 u. [B19]).

Vielfach wird die Notwendigkeit, nichtgeschirmte Adern an den Kabelenden so kurz wie möglich zu halten, stark unterschätzt. So entspricht 1cm ungeerdeter Signalader bei guten Kabeln unschwer mehreren Metern geschirmten Kabels. Weiter spielt die Induktivität der Erdverbindung des Schirms eine entscheidende Rolle. Ein rundumlaufender koaxialer Schirmanschluß an ein Schirmgehäuse ist deutlich besser als die Erdung über einen Kabelzopf, vor allem, wenn dieser noch im Innern eines Schirmgehäuses angeschlossen wird, Bild 3.32.

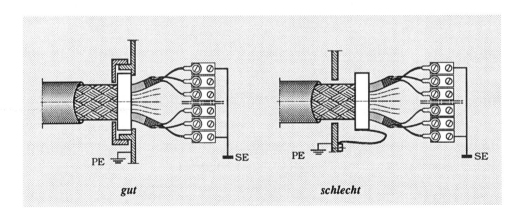

Bild 3.32: Beispiele guter und schlechter Erdung von Kabelschirmen. PE: Schutz- bzw. Gebäudeerde, SE: Schirmerde.

3.5 Erdung von Kabelschirmen

Wenngleich die Frage nach der richtigen Erdung von Kabelschirmen nach einer sorgfältigen Systemanalyse vielfach "*straight-forward*" beantwortet werden kann, wird der Leser immer wieder Überraschungen erleben (unbeabsichtigte Erdverbindungen, stehende Wellen auf elektrisch langen Kabelschirmen etc.), die sich häufig nur experimentell klären lassen. Wegen weiterer Einzelheiten wird auf das Schrifttum verwiesen [2.116, 2.147, 3.25 bis 3.27].

3.6 Identifikation von Kopplungsmechanismen

Die Identifikation von Kopplungsmechanismen verlangt ein intimes, physikalisches Verständnis der analogen Schaltungstechnik, der Wirkungsweise von Erd- und Masseverbindungen, des Unterschieds zwischen Induktion (Magnetfeld) und Influenz (Elektrisches Feld), der Wirkungsweise von Schirmen usw. Dieses Verständnis zu wecken und zu fördern, ist ein wesentliches Anliegen dieses Buchs. Daß die Identifikation von Kopplungsmechanismen auch bei hochentwickeltem EMV-Verständnis häufig trotzdem auf "trial and error" hinausläuft, liegt in der Natur der Problematik. Sehen wir von offenkundigen Ausnahmen ab, z.B. gestörter Rundfunkempfang in der Nähe eines Staubsaugers, kann die Manifestation einer Störung theoretisch beliebig viele Ursachen haben. Es handelt sich daher in der Regel um mehrdeutige Problemstellungen, für die bekanntlich ohne zusätzliche Information keine eindeutige Lösung angegeben werden kann. Es ist die Aufgabe des Technikers bzw. des EMV-Fachmanns, diese zusätzliche Information durch eine umfassende theoretische und *praktische* Systemanalyse zu beschaffen. Ein wesentlicher Teil dieser Analyse besteht beim nachträglichen Auftreten eines EMV-Problems in geschicktem Probieren.

Nutzsignale gelangen zum Eingang eines Empfängers über ungeschirmte oder geschirmte Leitungen. Bleibt eine Störung auch nach Abklemmen der Nutzsignalleitung vom Empfängereingang existent, ist der Empfänger unzureichend geschirmt oder er fängt die Störung über die Netzzuleitung ein. Eine eindeutige Klärung läßt sich durch vorübergehende Aufstellung des Empfängers in größerer Entfernung oder in einer Schirmkabine, Betrieb des Empfängers aus einer Batterie, Speisung über Isoliertransformator und Netzfilter etc. herbeiführen. Tritt eine Störung nur bei angeschlossenen Signalleitungen auf, erhebt sich die Frage, ob die Störung bereits an der Nutzsignalquelle existent ist oder erst längs der Übertragung des Nutzsignals zum Empfänger eingekoppelt wird. In letzterem Fall verdankt sie ihre Entstehung in der Regel der Kopplungsimpedanz des Schirms der Signalleitung oder der Gehäusekopplungsimpedanz (s. 3.1.3). Auf der Signalmasse (Kabelmantel) ankommende Ströme rufen an diesen Kopplungsimpedanzen Spannungsabfälle hervor, die sich als Gegentaktsignal dem Nutzsignal überlagern (s. 1.4, 3.1.2 und 10.6). Im Zweifelsfall läßt sich durch zwei Testmessungen leicht klären, ob Störungen bereits dem Nutzsignal eigen sind oder erst nachträglich eingekoppelt werden.

— Bei der ersten Testmessung wird der Leitungsschirm mit der Masseklemme der Nutzsignalquelle verbunden, der aktive Leiter (Innenleiter) jedoch nicht angeschlossen. Mit anderen Worten, die Signalleitung wird eingangsseitig im Leerlauf betrieben.

— Bei der zweiten Messung verbindet man zusätzlich den aktiven Leiter mit der Masseklemme, betreibt die Signalleitung also eingangsseitig im Kurzschluß.

In beiden Fällen darf bei eingeschalteter Quelle am Empfänger kein Signal auftreten. Seltener werden Störungen auch unmittelbar infolge mangelnder elektrischer und magnetischer Schirmdämpfung des Kabelschirms eingekoppelt, was sich durch einen zusätzlich aufgebrachten Schirm herausfinden läßt.

Vielfach ist die Signalleitung zum Empfängereingang nicht geschirmt, sondern besteht in Form von Leiterbahnen oder *wire-wrap* Verbindungen. Hier entstehen Gegentaktstörspannungen meist durch magnetische Kopplung, indem in der aus Hin- und Rückleitung gebildeten Schleife Spannungen induziert werden. Klärung bringt hier eine Verringerung der Schleifenfläche.

Galvanische Kopplungen lassen sich durch getrennte Stromversorgungsleitungen nachweisen. Ändert sich eine Störung nur unwesentlich beim Verändern der Erdungsverhältnisse, ist dies oft ein sicheres Zeichen für induzierte Spannungen (s. 3.3). Ein starker Einfluß unterschiedlicher Erdung läßt dagegen auf kapazitiv eingekoppelte Störungen bzw. auf *Kabelmantelstromprobleme* (*Ringerden*) schließen. Erlauben die bislang vorgeschlagenen Maßnahmen keine eindeutige Identifikation des Kopplungsmechanismus, kann der Einsatz von Simulatoren wertvolle Hinweise geben. Durch Einkoppeln tran-

3.6 Identifikation von Kopplungsmechanismen

sienter Ströme in Erd- und Massesysteme sowie Einstrahlungsmessungen mit quasistatischen, elektrischen und magnetischen Feldern lassen sich letztlich alle denkbaren Mechanismen aufdecken. Schließlich hilft bei *Intersystem-EMB* auch die Analyse der Störumgebung mit Hilfe von *Schnüffelsonden* in Form kleiner *Monopol-* und *Rahmenantennen* (s. 7.2.1). Erstere reagieren im Nahfeld störender Sender nur auf die elektrische Feldkomponente, letztere nur auf die magnetische Feldkomponente. Stromzangen und Tastköpfe erlauben in Verbindung mit einem Oszilloskop die Aufspürung leitungsgebunden übertragener Beeinflussungen.

Die vorstehend aufgeführten Maßnahmen erheben keinen Anspruch auf Vollständigkeit. Sie lassen jedoch erahnen, daß die Identifikation von Kopplungsmechanismen gelegentlich sehr zeitraubend sein kann, insbesondere wenn mehrere Mechanismen *gleichzeitig* und auch *kaskadiert* wirksam sind. In vielen Fällen geben die Hinweise jedoch ausreichend Hilfestellung, um EMV-Probleme zielstrebig anzugehen und mit wirtschaftlich vertretbarem Aufwand zu lösen.

4 Passive Entstörkomponenten

Filter, Überspannungsableiter und andere Entstörkomponenten werden sowohl unmittelbar an der Störquelle zur Verringerung von Emissionen, z.B. *Entstörfilter*, als auch unmittelbar vor einem Empfänger zur Unterdrückung von Immissionen, z.B. *Störschutzfilter*, angeordnet. Da den Komponenten meist nicht anzusehen ist, ob sie der *Entstörung* oder dem *Störschutz* dienen sollen, wird im folgenden einheitlich von *Entstörkomponenten* gesprochen, was sowohl für Störquellen wie für Störsenken sinnfällig interpretierbar ist. Schirme sind ebenfalls passive Entstörkomponenten. Ihrer großen Bedeutung wegen werden sie jedoch in eigenen Kapiteln behandelt (s. Kapitel 5 und 6).

4.1 Filter

4.1.1 Wirkungsprinzip - Filterdämpfung

Filter dämpfen die Ausbreitung von Störungen längs Leitungen. Ihre problemlose Verwendung setzt voraus, daß die spektralen Anteile des Nutzsignals möglichst um die Flankenbreite oder mehr von den spektralen Anteilen der Störungen getrennt sind. Durch eine geeignete Auslegung der Eckfrequenzen (engl.: *cutoff frequency*) und Flankensteilheiten der Filterübertragungsfunktion erreicht man eine selektive Dämpfung der Störungen ohne merkliche Beeinträchtigung des Nutzsignals.

Die passiven Filterkomponenten bilden mit den Impedanzen der Quelle und des Empfängers Spannungsteilerschaltungen, deren frequenzabhängiges Übersetzungsverhältnis, als logarithmisches Verhältnis genommen, die reale *Filterdämpfung* ergibt. Erlaubt ein kleiner HF-Innenwiderstand der Störquelle keine wirkungsvolle Span-

4.1 Filter

nungsteilung, kann durch Reihenschaltung von Drosseln das Teilerverhältnis vergrößert werden. Die Grundkomponenten von Filtern sind demnach für den *Betriebsstrom* auszulegende Längsimpedanzen und für die *Betriebsspannung* auszulegende Querimpedanzen mit meist überwiegend reaktivem Anteil, Bild 4.1.

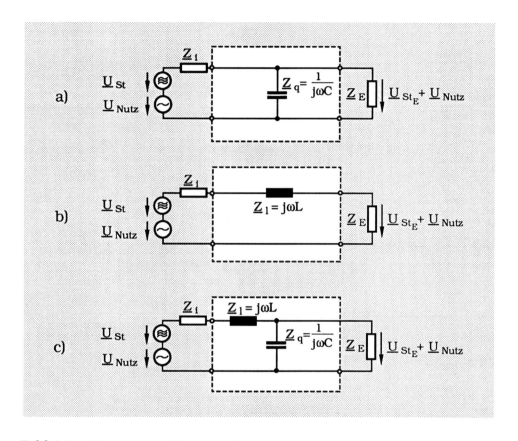

Bild 4.1: Elementare Filterschaltungen.
a) mit Querimpedanz $\underline{Z}_q$, b) mit Längsimpedanz $\underline{Z}_l$, c) LC-Filter.

Unterstellt man, daß die Filterdämpfung im Frequenzbereich des Nutzsignals vernachlässigbar ist, erhält man für die drei Fälle in Bild 4.1.

a) $$a_F = 20 \lg \frac{|\underline{U}_{St}(\omega)|}{|\underline{U}_{St_E}(\omega)|} = 20 \lg \frac{\left|\underline{Z}_i + \dfrac{\underline{Z}_E \cdot \underline{Z}_q}{\underline{Z}_E + \underline{Z}_q}\right|}{\left|\dfrac{\underline{Z}_E \cdot \underline{Z}_q}{\underline{Z}_E + \underline{Z}_q}\right|} \qquad (4-1)$$

b) $$a_F = 20\lg \frac{|\underline{U}_{St}(\omega)|}{|\underline{U}_{St_E}(\omega)|} = 20\lg \frac{|\underline{Z}_i + \underline{Z}_l + \underline{Z}_E|}{|\underline{Z}_E|} \qquad (4\text{-}2)$$

c) $$a_F = 20\lg \frac{|\underline{U}_{St}(\omega)|}{|\underline{U}_{St_E}(\omega)|} = 20\lg \frac{\left|\underline{Z}_i + \underline{Z}_l + \dfrac{\underline{Z}_E \cdot \underline{Z}_q}{\underline{Z}_E + \underline{Z}_q}\right|}{\left|\dfrac{\underline{Z}_E \cdot \underline{Z}_q}{\underline{Z}_E + \underline{Z}_q}\right|} \qquad (4\text{-}3)$$

Die Filterdämpfung a_F ist frequenzabhängig, man stellt sie daher meist graphisch als Frequenzgang $a_F = |g(f)|$ dar. Je nach Größe der Quellen- und Lastimpedanz am Ausgang, zuzüglich etwaiger Leitungsimpedanzen, kann die Filterdämpfung ein- und desselben Filters sehr unterschiedliche Frequenzgänge besitzen. Da ein Hersteller nicht für beliebig viele Kombinationen von Eingangs- und Ausgangsimpedanzen Dämpfungskurven angeben kann, findet man in den Katalogen meist die sogenannte *Einfügungsdämpfung*, die von identischen, in angepaßten Systemen häufig anzutreffenden Standardwerten für $\underline{Z}_Q$ und $\underline{Z}_E$ ausgeht, z.B. je 60Ω oder je 600Ω, Bild 4.2.

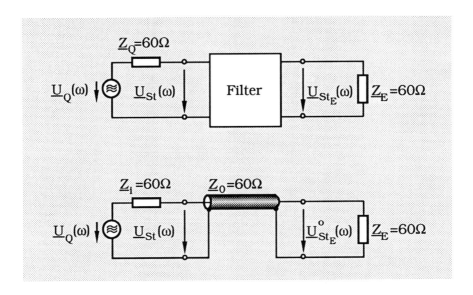

Bild 4.2: Schaltung zur Messung der Einfügungsdämpfung (Substitutionsmessung mit und ohne Filter) in einem 60Ω-System.

4.1 Filter

Die Einfügungsdämpfung ist definiert als logarithmisches Verhältnis der Störspannungen am Empfängerwiderstand mit und ohne Filter,

$$a_F = 20 \lg \frac{|\underline{U}^\circ_{St_E}(\omega)|}{|\underline{U}_{St_E}(\omega)|} \quad . \tag{4-4}$$

Häufig findet man auch die Definition

$$a_F = 20 \lg \frac{|\underline{U}_Q(\omega)|}{2|\underline{U}_{St_E}(\omega)|} \quad , \tag{4-5}$$

die die *Leerlaufspannung* der Störquelle zur Störspannung am Empfänger in Beziehung setzt, wobei dann wegen des angepaßten Betriebs im Nenner ein Faktor 2 auftritt. Am Zahlenwert von a_F ändert sich hierdurch nichts. Die Einfügungsdämpfung ist ein treffendes Maß zur Beurteilung der Filterwirkung in angepaßten Systemen und erlaubt einen Vergleich von Filtern gleicher Bauart unterschiedlicher Hersteller, versagt aber völlig als Maß zur Beurteilung der Filterwirkung bei Systemen mit beliebigen Sender- und Empfängerimpedanzen, z.B. Netzfilter. Man ist dann als Anwender gezwungen, die realistische Filterdämpfung in jedem Einzelfall für vorgegebene $\underline{Z}_E$ und $\underline{Z}_Q$ entweder rechnerisch mit Hilfe der Gleichungen (4-1), (4-2), (4-3) bzw. aufwendigerer Modifikationen (Vierpolgleichungen der Filtertheorie) unter Verwendung einer Impedanztafel zu ermitteln oder meßtechnisch zu bestimmen. Letzteres gilt insbesondere für *dissipative* Filter (s. 4.1.4) und Filter mit *nichtlinearen* Komponenten (Spulen mit im Bereich der Sättigung betriebenen ferromagnetischen Kernen). Dieser Aufwand erübrigt sich lediglich bei sehr geringen Ansprüchen an eine quantitativ genau bekannte Dämpfung, großem Frequenzabstand zwischen Nutz- und Störsignal und näherungsweise bekannten Innenwiderständen. Bei mehrstufigen Filtern ist der Unterschied zwischen realistischer Filterdämpfung und Einfügungsdämpfung weniger krass, wenn man die erste und letzte Stufe gedanklich zur Sende- bzw. Empfängerimpedanz hinzuschlägt. In vielen Fällen kann man durch Grenzwertbetrachtungen für $f \to 0$ bzw. $f \to \infty$ sowie für $\underline{Z}_E$, $\underline{Z}_Q \gg 50\Omega$ bzw. $\underline{Z}_E$, $\underline{Z}_Q \ll 50\Omega$ abschätzen, ob die realistische Filterdämpfung besser oder schlechter als die Einfügungsdämpfung sein wird, m.a.W., ob man auf der sicheren Seite liegt oder nicht. Eine Anleitung zur Umrechnung der Einfügungsdämpfung auf beliebige Sender- und Empfängerwiderstände findet sich in [4.2], Hinweise speziell zur Auswahl von Netzfiltern in [B10] und [4.39, 4.40].

Neben der grundsätzlichen Problematik einer zunächst unbekannten realistischen Filterdämpfung gibt es bei der Auswahl eines Filters zahlreiche weitere Punkte zu beachten, auf die im folgenden noch näher eingegangen wird.

4.1.2 Filter für Gleich- und Gegentaktstörungen

Die Topologie eines Filters hängt wesentlich von der Natur der Störung ab. Wie bereits im Kapitel 1.4 ausführlich erläutert, unterscheidet man bei leitungsgebundenen Störungen zwischen symmetrischen und *unsymmetrischen* Störspannungen. Erstere treten *zwischen* Hin- und Rückleitung von Betriebs- oder Signalstromkreisen auf, letztere zwischen deren Leitern und einem Referenzleiter, meist dem Schutzleiter (s. 1.4). Bild 4.3 zeigt das Ersatzschaltbild einer Störquelle mit Spannungsquellen für symmetrische und unsymmetrische Störspannungen.

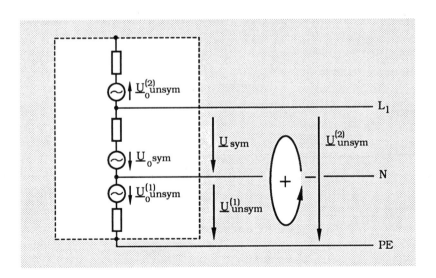

Bild 4.3: Störquellenersatzschaltbild mit Spannungsquellen für symmetrische und unsymmetrische Störspannungen.

4.1 Filter

Die symmetrische Störspannung ergibt sich als Differenz der unsymmetrischen Störspannungen, wie die Anwendung der Maschenregel auf die in Bild 4.3 eingezeichnete Schleife zeigt,

$$\underline{U}_{unsym}^{(1)} - \underline{U}_{unsym}^{(2)} + \underline{U}_{sym} = 0 \quad , \tag{4-6}$$

bzw.

$$\boxed{\underline{U}_{sym} = \underline{U}_{unsym}^{(2)} - \underline{U}_{unsym}^{(1)}} \quad . \tag{4-7}$$

Das Ersatzschaltbild läßt weiter auf Anhieb erkennen, wie die drei Störspannungsquellen durch Entstörkondensatoren zwischen den Leitern L_1, N, PE hochfrequenzmäßig kurzgeschlossen werden können, Bild 4.4 a.

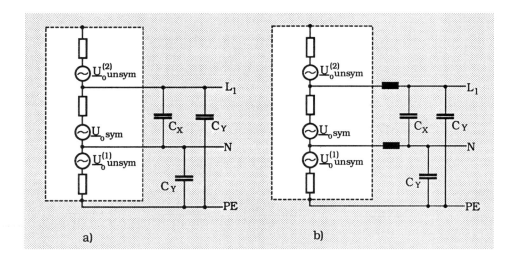

Bild 4.4: Entstörung einer Störquelle mit Gegentakt- und Gleichtaktstörungen,
a) durch Entstörkondensatoren, b) durch Entstörkondensatoren und vorgeschaltete Drosseln.

Bei kleinen Quellenwiderständen würde die Entstörung allein mit Kondensatoren u.U. exzessiv große Kapazitäten erfordern. Zur Umgehung dieser Schwierigkeit kann der Quellenwiderstand durch Reihenschaltung von Induktivitäten erhöht werden, Bild 4.4 b.

Je nach Art der Störung wird man nur Kondensatoren zwischen Hin- und Rückleiter, zwischen beiden Leitern und Schutzerde oder auch in beiden Pfaden vorsehen.

Bei Filterkondensatoren für Starkstromanwendungen unterscheidet man gemäß VDE 0565 [4.1] zwischen Kondensatoren der X- und Y-Klasse, sog. X- und Y-Kondensatoren. Erstere werden zwischen Hin- und Rückleiter von Betriebsstromkreisen geschaltet und dürfen beliebig große Kapazitäten besitzen. Bezüglich der zu erwartenden dielektrischen Beanspruchung durch Transienten im Niederspannungsnetz bzw. geräteeigene Abschaltüberspannungen unterscheidet man noch zwischen den Unterklassen X1 (Scheitelwerte > 1,2kV) und X2 (Scheitelwerte < 1,2kV).

Y-Kondensatoren werden zwischen die Leiter von Betriebsstromkreisen und Schutzerde PE geschaltet. Sie überbrücken somit die elektrische Isolation eines Geräts. Durch diese Kondensatoren fließt im normalen Betrieb eines Geräts ein Wechselstrom (*Ableitstrom*, engl.: *Leakage current*), der bei Fehlen des Schutzleiters in der Netzzuleitung nicht zu einer Gefährdung von Personen führen darf, Bild 4.5.

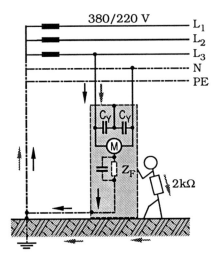

Bild 4.5: Leitungsströme durch Filterkondensatoren zwischen Außenleitern und Gehäuse. Z_F, parasitäre Isolations-Ableitimpedanz.

4.1 Filter

Abhängig von Gerätetyp sind Ableitungsströme zwischen 0,75mA und ≤ 3,5mA zulässig [4.3], was einer Obergrenze von einigen 1000pF entspricht. Verlangt die Filterung größere Kapazitätswerte, sind zusätzliche Schutzmaßnahmen zu ergreifen, z.B. Fehlerspannungsschutzschalter gemäß VDE 0100 [1.21]. Neben einem begrenzten Kapazitätswert besitzen Y-Kondensatoren dank geeigneter Auslegung ihres Dielektrikums und ihres Aufbaus grundsätzlich eine erhöhte elektrische und mechanische Sicherheit gegen Kurzschlüsse. Gewöhnlich umgeht man größere Kapazitätswerte im Y-Pfad durch Vorschalten *stromkompensierter* Drosseln (s. 4.1.5.2).

4.1.3 Filterresonanzen

Die Zusammenschaltung reaktiver Komponenten (Spulen und Kondensatoren) in einem Filter stellt ein schwingungsfähiges System dar, das in der Nähe seiner Eigenresonanzen zu *negativer Filterdämpfung*, d.h. einem *Einfügungsgewinn* führen kann. Desgleichen können auch reaktive Sender- und Empfängerimpedanzen zusammen mit den reaktiven Komponenten eines Filters Resonanzphänomene hervorrufen. Diese Probleme können durch Verlagerung der Eigenresonanzen in einen unproblematischen Frequenzbereich (mehrstufige Filter) oder Bedämpfung der Resonanzen durch Widerstände bzw. durch verlustbehaftete (*dissipative*) Dielektrika und Magnetika gelöst werden (s. 4.1.4).

Neben den makroskopischen Eigenfrequenzen zusammengeschalteter reaktiver Komponenten weisen auch einzelne Komponenten auf Grund parasitärer Bauelementeeigenschaften individuelle Eigenfrequenzen auf.

Spulen wirken nur unterhalb ihrer Eigenfrequenz f_L als Induktivität, oberhalb f_L werden sie durch parasitäre Windungskapazitäten C_{Str} kurzgeschlossen. Diesem Effekt kann in gewissen Grenzen durch einen kapazitätsarmen Aufbau begegnet werden (s. 4.1.5.2). In gleicher Weise wirken Kondensatoren nur unterhalb ihrer Eigenfrequenz f_C als Kapazität, oberhalb f_C wird der Strom durch die parasitäre Induktivität ihrer Zuleitungen und Beläge begrenzt (Bild 4.6).

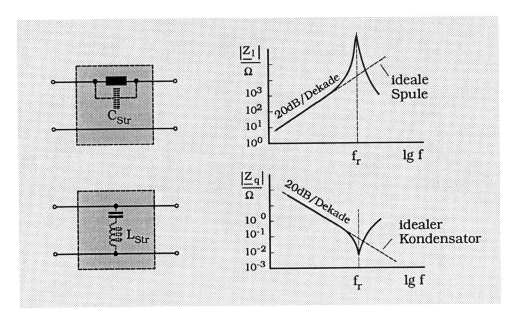

Bild 4.6: Resonanzeffekte passiver Filterkomponenten hervorgerufen durch parasitäre Bauelemente. $\underline{Z}_l$: Längsimpedanz, $\underline{Z}_q$: Querimpedanz.

Die Streuinduktivität steckt bei stirnflächen-kontaktierten Wickeln (engl.: *extended foil*) im wesentlichen in den Zuleitungen. Es obliegt daher dem Anwender, durch extrem kurze Leitungen die Eigenfrequenz möglichst hoch zu halten. Dies gilt nicht nur für den Einbau von Filterkondensatoren, sondern auch kompletter LC-Filter. In jedem Fall ist die Kontaktierung mit Masse bzw. dem Schutzleiter so niederinduktiv wie möglich zu gestalten. Bei Durchführungskondensatoren und SMD-Komponenten (engl.; *Surface-Mount Devices*) erübrigt sich diese Fürsorge, da deren Eigenfrequenz nur noch durch ihren inneren Aufbau bestimmt wird.

4.1.4 Dissipative Dielektrika und Magnetika

Wie im vorigen Kapitel 4.1.3 bereits angedeutet, lassen sich Filterresonanzen und Eigenresonanzen einzelner Filterbausteine durch dissipative Dielektrika und Magnetika dämpfen. Dies kann einerseits makroskopisch, beispielsweise durch Mischkerne oder Ferritkerne mit Kurzschlußwindungen aus Widerstandsdraht, andererseits auch durch inhärente Materialeigenschaften bewirkt werden, z.B. verlustbehaftete Übertragungsleitungen (engl.: *lossy lines*). In letzterem Fall

4.1 Filter

beschreibt man die Materialeigenschaften durch ihre *komplexe Permittivität* (Dielektrika) bzw. ihre *komplexe Permeabilität* (Ferro- und Ferrimagnetika).

Dissipative Dielektrika:

Elektrische Isolierstoffe weisen neben der ohmschen Restleitfähigkeit, die auch bei Gleichspannung auftritt, bei Wechselspannungsbeanspruchung zusätzliche Wirkverluste auf, die von den rhythmisch im elektrischen Wechselfeld oszillierenden Ionen und Dipolen herrühren (makroskopisch gesehen Reibungsverluste). Diese *Polarisationsverluste* können die Verluste auf Grund der ohmschen Restleitfähigkeit um ein vielfaches überwiegen.

Die frequenzabhängigen Eigenschaften verlustbehafteter Dielektrika werden gewöhnlich durch ihre *komplexe Permittivität* beschrieben.

Die komplexe Permittivität ist definiert als

$$\boxed{\varepsilon = \varepsilon' - j\varepsilon''}$$
(4-8)

bzw. die *relative* komplexe Permittivität nach Division durch ε_0 als

$$\frac{\varepsilon}{\varepsilon_0} = \frac{\varepsilon'}{\varepsilon_0} - j\frac{\varepsilon''}{\varepsilon_0} = \varepsilon_r - j\frac{\varepsilon''}{\varepsilon_0}$$
(4-9)

Der durch ε_0 dividierte Realteil entspricht dem gewohnten ε_r. Er ist ein Maß für die reine Kapazitätserhöhung in Anwesenheit eines Dielektrikums, $C = C_0\varepsilon_r$ (C_0: geometrische Kapazität ohne Dielektrikum). Der Imaginärteil ist ein Maß für den ohmschen Wechselstrom-Verlustwiderstand $R = R_0/\varepsilon''$ bzw. den Verlustleitwert $G = G_0\varepsilon''$ (ohmsche Restleitfähigkeit bei $f = 0$ vernachlässigt).

Dissipative Kondensatoren können im Ersatzschaltbild als Parallelschaltung einer idealen Kapazität und eines ohmschen Verlustwiderstands dargestellt werden, Bild 4.7.

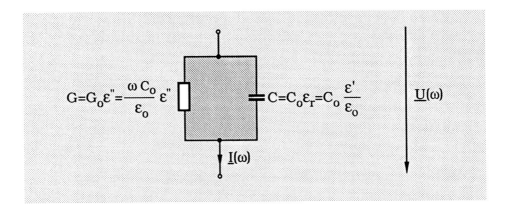

Bild 4.7: Ersatzschaltbild eines verlustbehafteten Kondensators.

Da ε' und ε'' frequenzabhängig sind, hängen auch die Kapazität und der Leitwert von der Frequenz ab, d.h. $C = C(\omega)$ und $G = G(\omega)$.

Im Frequenzbereich gilt

$$\underline{I}(\omega) = \underline{Y}(\omega)\,\underline{U}(\omega) = (G(\omega) + j\omega C(\omega))\,\underline{U}(\omega) \quad . \tag{4-10}$$

Als *Verlustfaktor* bezeichnet man den Quotienten

$$\boxed{\tan\delta_C = \frac{\varepsilon''}{\varepsilon'}} \quad . \tag{4-11}$$

Er erlaubt die Berechnung der im Dielektrikum erzeugten Wärmeverluste

$$\boxed{P = U^2 \omega\, C \tan\delta_C} \quad . \tag{4-12}$$

Den Kehrwert des Verlustfaktors bezeichnet man als *Güte* Q. Bei typisch dissipativen Dielektrika liegt Q in der Größenordnung von 1. Wirk- und Blindströme sind dann hinsichtlich ihres Betrags vergleichbar.

4.1 Filter

Dissipative Ferro- u. Ferrimagnetika (Ferrite)

Magnetische Werkstoffe weisen im magnetischen Wechselfeld Wirkverluste auf, die von *Wirbelströmen, Ummagnetisierungs-* und *Nachwirkungsverlusten* herrühren. Diese *Kernverluste* können die *Stromwärmeverluste* der Wicklungen von Filterspulen bei weitem überwiegen.

Gewöhnlich beschreibt man die frequenzabhängigen Eigenschaften verlustbehafteter Magnetika durch ihre *komplexe Permeabilität*,

$$\underline{\mu} = \mu' - j\mu''$$ (4-13)

bzw. die *relative* komplexe Permeabilität nach Division durch μ_0 als

$$\frac{\underline{\mu}}{\mu_0} = \frac{\mu'}{\mu_0} - j\frac{\mu''}{\mu_0} = \mu_r - j\frac{\mu''}{\mu_0}$$ (4-14)

Der durch μ_0 dividierte Realteil entspricht dem gewohnten μ_r. Er ist ein Maß für die reine Induktivitätserhöhung in Anwesenheit eines Ferromagnetikums bzw. eines Ferrimagnetikums (Ferrit), $L = L_0\mu_r$. Der Imaginärteil ist ein Maß für den ohmschen *Kernverlustwiderstand* $R = \omega L_0 \mu''/\mu_0$ (L_0: geometrische Induktivität ohne Magnetikum, Drahtwiderstand und Verluste der Drahtisolation vernachlässigt).

Dissipative Induktivitäten können im Ersatzschaltbild als Reihenschaltung einer idealen Induktivität und eines ohmschen Verlustwiderstands dargestellt werden, Bild 4.8.

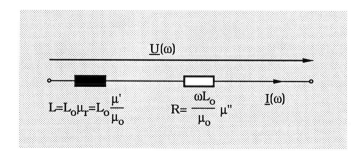

Bild 4.8: Ersatzschaltbild einer verlustbehafteten Induktivität.

Da µ' und µ" frequenzabhängig sind, hängen auch die Induktivität und der Verlustwiderstand von der Frequenz ab, d.h. L = L(ω) und R = R(ω).

Im Frequenzbereich gilt

$$\underline{U}(\omega) = \underline{I}(\omega)\,\underline{Z}(\omega) = \underline{I}(\omega)\,(R(\omega) + j\omega L(\omega)) \quad . \qquad (4\text{-}15)$$

Als Verlustfaktor bezeichnet man den Quotienten

$$\boxed{\tan\delta_L = \frac{\mu''}{\mu'}} \quad . \qquad (4\text{-}16)$$

Er erlaubt die Berechnung der im Ferro- bzw. Ferrimagnetikum erzeugten Wärmeverluste

$$\boxed{P = I^2\,\omega L\,\tan\delta_L} \quad . \qquad (4\text{-}17)$$

Den Kehrwert des Verlustfaktors bezeichnet man als Güte Q. Bei typisch dissipativen Magnetika liegt Q in der Größenordnung von 1. Wirk- und Blindströme sind dann hinsichtlich ihres Betrags vergleichbar.

4.1.5 Filterbauformen

4.1.5.1 Kondensatoren

Kondensatoren sind das am häufigsten eingesetzte Entstörmittel. Zusammen mit dem HF-Innenwiderstand der Störquelle bilden sie einen Spannungsteiler, der die Störspannungen im Verhältnis der beiden Blindwiderstände herunterteilt. Ihre Entstörwirkung ist umso besser, je geringer ihre Eigeninduktivität und je höher der HF-Innenwiderstand der Störquelle ist. Die Eigeninduktivität hängt von der Länge der Anschlußleitungen, vom Einbau und dem inneren Aufbau ab. Spezielle Bauformen erlauben eine direkte Verbindung mit

4.1 Filter

den Belägen ohne zusätzliche Anschlußleitungen im herkömmlichen Sinn, Bild 4.9.

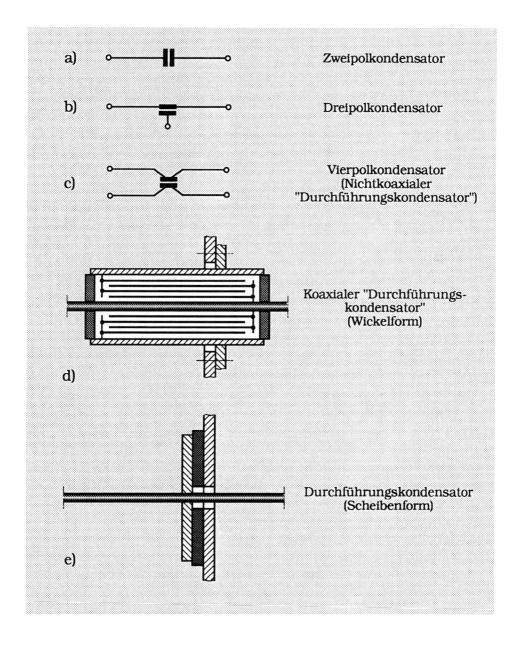

Bild 4.9: Verschiedene Bauformen von Entstörkondensatoren mit in alphabetischer Reihenfolge abnehmender Eigeninduktivität bzw. zunehmender Eigenfrequenz.

Koaxiale Durchführungskondensatoren sind nur bei asymmetrischen Störungen, nichtkoaxiale "Durchführungskondensatoren" auch bei symmetrischen Störungen einsetzbar.

Viele Entstörprobleme verlangen gleichzeitig nach symmetrischer und unsymmetrischer Entstörung (s.a. 10.2). Hierfür gibt es spezielle Entstörkombinationen [4.4], Bild 4.10.

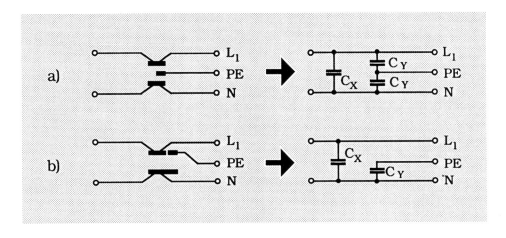

Bild 4.10: Mehrfachentstörkondensatoren
    a) Dreifachkondensator (XYY-Kondensator),
    b) Zweifachkondensator (XY-Kondensator).

Koaxiale Durchführungskondensatoren besitzen dank ihres induktionsarmen Aufbaus höchste Eigenfrequenzen oberhalb 1GHz. Ihre Verwendung ist nur in Verbindung mit Schirmgehäusen sinnvoll und beschränkt sich auf Grund ihrer Bauform auf asymmetrische Störungen. Bezüglich des Unterschieds zwischen X- und Y-Kondensatoren wird auf Kapitel 4.1.2 verwiesen.

4.1.5.2 Drosseln

Drosseln finden Verwendung, wenn der HF-Innenwiderstand einer Quelle zu klein ist, um allein mit Kondensatoren eine ausreichende Spannungsteilung bzw. Entstörwirkung zu erzielen. Dies gilt insbesondere für unsymmetrische Störungen, bei denen die Kapazität der

4.1 Filter

Y-Kondensatoren einen bestimmten Wert nicht überschreiten darf. Die Entstörwirkung einer Drossel ist umso besser, je niedriger ihre Eigenkapazität ist (s. 4.1.3). Bei kleinen Stromstärken sucht man die Spulenkapazität durch eine Aufteilung in mehrere Kammern klein zu halten (*Kammerwicklung*), bei großen Stromstärken durch einlagige Wicklungen mit hochkant gewickeltem Flachkupferdraht [4.5], Bild 4.11.

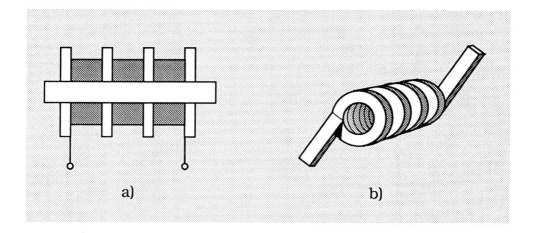

Bild 4.11: Aufbau von Stabkern-Entstördrosseln mit geringer Streukapazität, a) Kammerwicklung, b) Flachkupferwicklung.

Drosseln besitzen meist einen Kern aus ferromagnetischem Material. Die hierdurch bewirkte Induktivitätszunahme kommt einer Erhöhung der Entstörwirkung aber nur dann zugute, wenn das Material nicht bereits durch den Betriebsstrom bis in die Sättigung vormagnetisiert wird. Eine Messung der Einfügungsdämpfung bei kleinen Strömen ist daher in der Regel wenig aussagekräftig. Die Abnahme der wirksamen Permeabilität mit zunehmendem Belastungsstrom ist bei Drosseln ohne Luftspalt deutlich ausgeprägter als bei Drosseln mit Luftspalt (Stabkerndrossel) oder bei Eisenpulverkernen. Dient eine Drossel nur zur Dämpfung asymmetrischer Störungen, erweisen sich *stromkompensierte* Drosseln als sehr vorteilhaft [4.6], Bild 4.12.

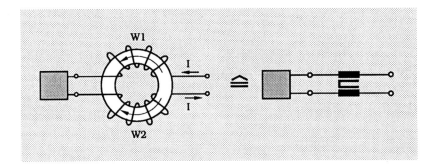

Bild 4.12: Stromkompensierte Drossel.

Bei gleichem Wicklungssinn heben sich die magnetischen Flüsse der Betriebsströme im Hin- und Rückleiter nahezu vollständig auf, so daß die Vormagnetisierung durch den Betriebsstrom vernachlässigbar wird.

Anstelle konventioneller Drosseln mit vergleichsweise hoher Windungszahl finden bei Frequenzen ab 1MHz häufig *Ferritperlen* Verwendung, die auf die Leiter aufgeschoben (n=1), oder *Ringkerne*, um die Meßleitungen aufgewickelt werden (s.a. 3.1.3). Elektrisch macht sich diese Maßnahme als Reihenschaltung einer Induktivität und eines ohmschen Widerstands im Leitungszug bemerkbar [4.8, 4.9], Bild 4.13.

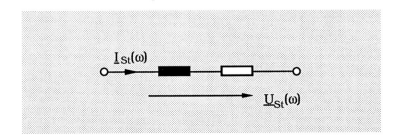

Bild 4.13: Ersatzschaltbild von Ferritperlen (Streukapazität nicht berücksichtigt).

Der Widerstand nimmt bei hohen Frequenzen (>1MHz) beträchtliche Werte an (s. 4.1.4).

Abschließend seien nochmals die Vor- und Nachteile geschlossener und offener Eisenkreise sowie die Eigenschaften verschiedener Kernmaterialien zusammenfassend dargestellt.

4.1 Filter

Flußpfad:

Geschlossener Eisenkreis (Ringkern)	*Offener Eisenkreis* (Stabkern)	*Eisenloser Kern*
Hohe Permeabilität	Mittlere Permeabilität	Niedrige Permeabilität
Hohe Induktivität	Mittlere Induktivität	Geringe Induktivität
Stark nichtlinear	Schwach nichtlinear	linear
Geringes Streufeld	Starkes Streufeld	Mittleres Streufeld
Bezüglich Linearität geringe Strombelastbarkeit, bezüglich Erwärmung hohe Strombelastbarkeit (geringe Windungszahl) hoher Cu-Querschnitt)	Bezüglich Linearität hohe Strombelastbarkeit bezüglich Erwärmung mittlere Strombelastbarkeit (mittlere Windungszahl, mittlerer Cu-Querschnitt)	Bezüglich Linearität beliebige Strombelastbarkeit, bezüglich Erwärmung geringe Strombelastbarkeit (hohe Windungszahl, geringer Cu-Querschnitt)

Kernmaterial:

Dynamoblech (Ferromagnetika)	*Ferrit* (Metalloxid-Keramik sog. Ferrimagnetika)	*Carbonyleisen* (Eisenpulver, gewonnen durch Verdampfen von Eisenpentacarbonyl Fe $(CO)_5$)
Mittlere Permeabilität	Hohe Permeabilität	Geringe Permeabilität
Späte Sättigung	Frühe Sättigung	Späte Sättigung
Mittlere Baugröße	Geringe Baugröße	Großes Bauvolumen
Wirbelstromverluste wegen ohmscher Leitfähigkeit	Minimale Wirbelstromverluste ($\sigma \to 0$)	Minimale Wirbelstromverluste ($\sigma \to 0$ wegen isolierter Pulverpartikel)

Genaue Zahlenangaben der frequenzabhängigen Permeabilität sind Herstellerdatenbüchern und Fachbüchern über Werkstoffe passiver Bauelemente zu entnehmen [4.10, 4.11].

4.1.5.3 LC - Filter

Zur gleichzeitigen Dämpfung symmetrischer, unsymmetrischer und asymmetrischer Störungen, Vergrößerung der Flankensteilheit, Erzielung hoher gleichbleibender Dämpfung über einen weiten Frequenzbereich etc. werden häufig mehrere Kondensatoren und Drosseln zu LC-Filtern kombiniert.

Netzleitungsfilter

Netzleitungsfilter werden zur Entstörung und zum Störschutz ein- und dreiphasiger Geräte eingesetzt, z.B. bei Schaltnetzteilen, Rechnern, Büromaschinen etc. Sie stellen für den Betrieb in 220V/380V-Niederspannungsnetzen ausgelegte Tiefpaßfilter dar, die lediglich das 50Hz Nutzsignal ungehindert durchlassen. Je nach Dämpfungsanforderungen, Einbauverhältnissen etc. gibt es zahllose Varianten, die in den Herstellerkatalogen ausführlich beschrieben sind [4.10]. Ein typisches Beispiel eines einphasigen Netzleitungsfilters zeigt Bild 4.14.

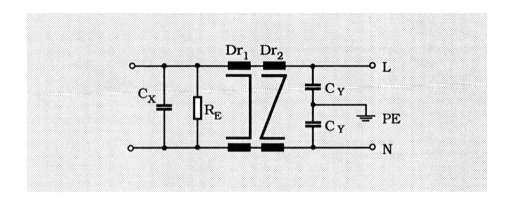

Bild 4.14: Beispiel eines einphasigen Netzleitungsfilters für symmetrische und unsymmetrische Störungen. R_E Entladewiderstand für die vergleichsweise große X-Kapazität, Dr_1 stromkompensierte Drossel für asymmetrische Störungen, Dr_2 Drossel für symmetrische Störungen (SIEMENS).

Die Dämpfungseigenschaften von Netzfiltern stehen und fallen mit den eingangs- und ausgangsseitigen Impedanzen der Systeme, in denen sie eingesetzt werden (s. 4.1.1). Hinweise zur Auswahl von Netzfiltern unter Berücksichtigung des Impedanzverhältnisses finden sich im Schrifttum [4.39 - 4.40].

Ein Beispiel eines 4-Leiter Entstörfilters für elektronische Anlagen zeigt Bild 4.15.

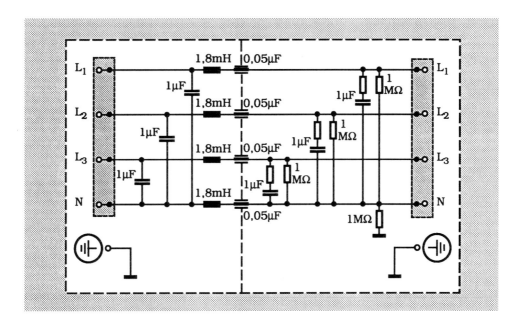

Bild 4.15: Beispiel eines Funkentstörgeräts für ein Drehstromsystem mit Neutralleiter (SIEMENS).

Durch Kaskadierung mehrerer Funkentstörgeräte für unterschiedliche Frequenzbereiche lassen sich Filterketten für Abschirmkabinen bis 35GHz aufbauen [4.23].

Filter für Daten- und Telefonleitungen

Während bei Netzleitungsfiltern das Nutzsignal bei 50Hz liegt und sich daher im Spektrum deutlich von hochfrequenten Funkstörungen absetzt, nimmt bei Filtern für Daten- und Telefonleitungen das Nutzsignal selbst einen breiten Raum des elektromagnetischen Spektrums ein. Filter für Daten- und Telefonleitungen verlangen daher nach hoher Flankensteilheit. Daneben sind diese Filter in der Regel für kleinere Dauerbetriebsspannungen ausgelegt [4.15]. Im Gegensatz zu Netzfiltern werden sie meist in Systemen bekannter Impedanz betrieben.

Dissipative Filter

Die Tatsache, daß gelegentlich ungünstige Konstellationen von Filterübertragungsfunktion sowie Sender- und Empfängerimpedanz einen Einfügungs*gewinn* bewirken, führte zu dissipativen Filtern (s. 4.1.4). Zur Kategorie dissipativer Filter zählen Ferritperlen, Filter mit dissipativen Komponenten, EMB-unterdrückende Ummantelungen (engl: *suppressant tubing*) und dämpfungsbeschwerte Leitungen (engl.: *lossy lines*), Bild 4.16 [4.20].

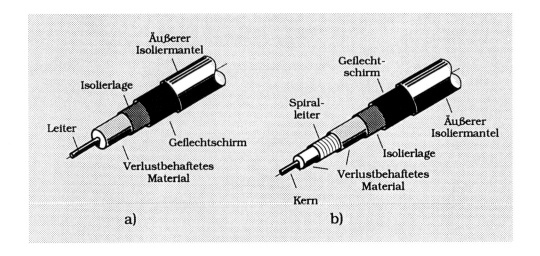

Bild 4.16: Dämpfungsbeschwerte Leitungen (engl.: *lossy lines*).
            a) koaxialer Innenleiter,
            b) gewendelter Innenleiter.

Der Innenleiter dämpfungsbeschwerter Leitungen besteht aus einer gut leitenden metallischen Seele umhüllt von einer schlecht leitenden dissipativen Schicht. Dieser Sandwich-Innenleiter ist durch ein Dielektrikum vom äußeren Schirm getrennt. Bei hohen Frequenzen wird der Strom des Innenleiters von der Seele in den schlecht leitenden dissipativen Mantel gedrängt. Weitere Beispiele für die Anwendung dissipativer Materialien sind verlustbehaftete Ferrite in Steckverbindern [4.16] oder Durchführungskondensatoren [4.17, 4.19].

4.1 Filter

Speziell für die Entstörung von Phasenanschnittsteuerungen kleiner und mittlerer Leistung benötigt man Entstördrosseln mit hoher Dämpfung, damit während des beim Einschalten auftretenden Ausgleichsvorgangs im LC-Filterkreis der Haltestrom der Thyristoren nicht unterschritten wird. Man erreicht dies durch spezielle Mischkerne aus verlustreichem Kernmaterial und hochpermeablem Kernmaterial [4.13, 4.18].

Funkenlöschkombinationen

In den vorangegangenen Abschnitten wurden als Längsglieder ausschließlich Drosseln eingesetzt, um im Dauerbetrieb die Stromwärmeverluste des Betriebsstromes klein zu halten. Werden Längsglieder nur transient von Strom durchflossen, können an Stelle von Drosseln vorteilhaft auch ohmsche Widerstände eingesetzt werden. Ein typisches Beispiel sind RC-Funkenlöschkombinationen für die Vernichtung der beim Abschalten einer Spule (Relais-, Schützspule) frei werdenden induktiv gespeicherten Energie. Sie dienen einerseits der Verringerung des Abbrands der Schaltkontakte, andererseits der Reduzierung der durch Abschaltüberspannungen bewirkten elektromagnetischen Beeinflussungen (s. 2.4.2). Ihre Wirkungsweise wird im Kapitel 10.1 noch ausführlich erläutert.

4.2 Überspannungsableiter

Überspannungsableiter (engl.: *transient protection device, over-voltage protector, surge arrester, transient suppressor etc.*) dienen der Begrenzung transienter Überspannungen, hervorgerufen durch Blitzeinwirkung, Abschaltüberspannungen induktiver Verbraucher, ESD, NEMP etc. Sie stellen stark nichtlineare Widerstände dar, die im Bereich der Betriebsspannungspegel sehr hochohmig, d.h. als Bauelement praktisch nicht existent sind, bei Überspannungen jedoch sehr niederohmig werden. Zusammen mit der Impedanz der Störquelle (bei langen Zuleitungen deren Wellenwiderstand Z_0) bilden sie einen *Spannungsteiler mit nichtlinearem Übersetzungsverhältnis*, der Überspannungen auf Werte herunterteilt, die unterhalb der transienten Spannungsfestigkeit der zu schützenden Bauelemente liegen (*Überspannungsschutz-* bzw. *Isolationskoordination*, s. z.B. 10.5), Bild 4.17.

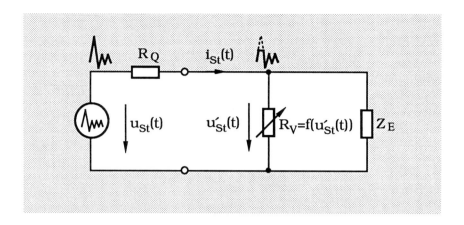

Bild 4.17: Überspannungsbegrenzung durch Spannungsteiler mit nichtlinearem Niederspannungsteil (Überspannungsableiter).

Die Spannung am nichtlinearen Widerstand R_V ergibt sich mit Hilfe der Maschenregel zu

$$u'_{St}(t) = u_{St}(t) - i_{St}(t) R_Q \quad . \tag{4-18}$$

Im wesentlichen unterscheidet man drei Gruppen von Überspannungsableitern, die sich hinsichtlich Ansprechspannung, Stoßstrombelastbarkeit, Isolationswiderstand bei Betriebsspannung, Restwiderstand beim Ableiten, dynamischem Ansprechverhalten sowie zahlreicher weiterer Eigenschaften merklich unterscheiden.

4.2.1 Varistoren

Varistoren sind spannungsabhängige, nichtlineare Widerstände (engl.: VDR, *Voltage Dependent Resistors*) aus Metalloxid (vorzugsweise ZnO [4.35 bis 4.38]). Ihre Strom/Spannungs-Charakteristik folgt im Arbeitsbereich näherungsweise der Gleichung

$$I = KU^\alpha \quad , \tag{4-19}$$

4.2 Überspannungsableiter

wobei K ein Geometriefaktor (Tablettenfläche und Dicke) und $\alpha > 25$ ein materialabhängiger Exponent ist. Die Kennlinie ist symmetrisch und ähnelt der einander entgegengeschalteter *Zener Dioden*, (engl.: *back-to-back*), Bild 4.18a.

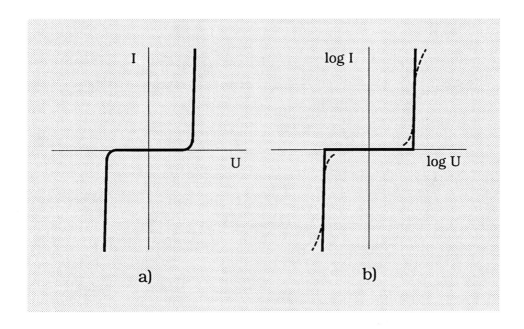

Bild 4.18: Strom/Spannungs-Charakteristik von Varistoren
a) exponentieller symmetrischer Verlauf gemäß $I = KU^\alpha$
b) Geradenkennlinien im doppelt logarithmischen Kennlinienfeld. Abweichungen vom idealisierten Verlauf bei großen und kleinen Strömen strichliert.

Aus dieser Kennlinie folgt mit (4-19) für den nichtlinearen statischen Widerstand in Abhängigkeit von der Spannung

$$R = \frac{U}{I(U^\alpha)} = \frac{U}{K \cdot U^\alpha} = \frac{1}{K} U^{1-\alpha} \quad . \tag{4-20}$$

In Datenblättern wird die logarithmische Abhängigkeit meist in doppelt logarithmischem Maßstab dargestellt, wodurch die Kennlinien die Form von Geraden annehmen, Bild 4.18b. Außerhalb des normalen Arbeitsbereichs, bei extrem großen oder kleinen Strömen treten Abweichungen vom exponentiellen Verlauf auf (in Bild 4.18b strichliert), die vom nicht spannungsabhängigen Restwiderstand im Innern der ZnO-Körner bzw. von äußeren Leckströmen herrühren.

Die dynamischen Eigenschaften von Varistoren gehen aus ihrem Ersatzschaltbild hervor, Bild 4.19a.

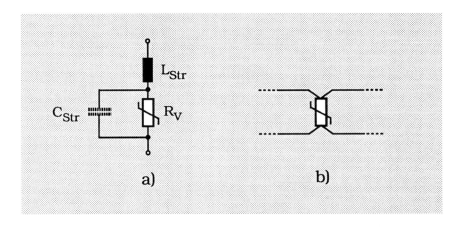

Bild 4.19: a) Vereinfachtes Ersatzschaltbild eines Varistors mit Zuleitungsinduktivität L_{Str} und Tablettenkapazität C_{Str}.
b) Induktionsarmer Einbau eines Varistors (vergl. Bild 4.9).

Während die Widerstandsänderung des reinen Varistoreffekts an den Korngrenzen (Knickspannung je Korngrenze ca. 3 ... 5V) im Subnanosekundenbereich erfolgt, lassen sich auf Grund von Zuleitungsinduktivitäten L_{Str} und Stromverdrängungserscheinungen für reale Bauelemente nur Ansprechzeiten im Nanosekundenbereich realisieren. Um daher die schnelle Schutzwirkung des aktiven Elements bei hohen Frequenzen bzw. großen Spannungssteilheiten voll auszuschöpfen, sind Varistoren bezüglich ihres Einbaus wie Entstörkondensatoren zu behandeln, z.B. Bild 4.19b (s.a. 4.1.5.1).

Die Kapazität C_{Str} (ε_r ca. 1200) liegt zwischen 100pF und einigen 10000pF, wobei die größeren Werte für niedrige Betriebsspannungen (geringe Tablettendicke) und hohe Stoßstrombelastbarkeit (große Tablettenfläche) gelten. Die hohe kapazitive Rückwirkung im ungestörten Betrieb verbietet den Einsatz von Varistoren in Hochfrequenz-

4.2 Überspannungsableiter

systemen. (Ausnahme: Reihenschaltung von Varistoren mit Dioden deutlich kleinerer Kapazität, s. 4.2.4). Im Hinblick auf den Überspannungsschutz erweist sich die hohe Varistorkapazität als günstig, sofern sie nicht durch eine große Zuleitungsinduktivität unwirksam gemacht wird.

Die Auswahl eines Varistors erfolgt in fünf Schritten:

— *Aufsuchen eines für die vorliegende Nennbetriebsspannung zuzüglich positiver Spannungstoleranz (10% - 20%) spezifizierten Varistors (Frage der Tablettendicke)*: Das Spektrum der Betriebsspannungen in Herstellerkatalogen reicht von $5V_{dc}$ bis zu einigen kV.

— *Ermittlung der Varistorgröße nach maximalem Stoßstrom*: Der maximale Stoßstrom einer Schaltung wird mit Hilfe der Netzwerkanalyse aus der transienten Überspannung und dem Innenwiderstand der Störquelle (Impedanz $\underline{Z}_Q$ oder Wellenwiderstand Z_0 bei elektrisch langen Zuleitungen) berechnet. Die maximal zulässige Stoßstrombeanspruchung eines Varistors ist eine Frage der Häufigkeit der Beanspruchungen während der gesamten Lebensdauer. Bei einmaliger Beanspruchung reicht das Spektrum von 100A bis zu 70kA (Blockvaristoren). Bei wiederholter Beanspruchung müssen diese Werte u.U. um mehrere Größenordnungen reduziert werden.

— *Ermittlung der Varistorgröße nach Energieaufnahmevermögen*: Der Stoßstrom erzeugt im Varistor die Wärmeenergie

$$W = \int_0^\tau i^2 R(u) dt = \int_0^\tau i(t) u(t) dt \quad , \qquad (4-21)$$

die im einfachsten Fall für den "*worst case*" - $i_{max} u_{max} t$ - ermittelt wird. Bei einer Spule ergibt sich der *worst case* zu

$$W_{max} \leq \frac{1}{2} L I^2 \quad . \qquad (4-22)$$

Wie beim maximalen Stoßstrom ist auch das maximale Energieaufnahmevermögen eine Frage der Häufigkeit der Beanspruchungen während der gesamten Lebensdauer. Bei einmaliger Beanspruchung reicht das Spektrum von 0,14J bis zu 10kJ. Bei wiederholter Beanspruchung müssen auch diese Werte u.U. um mehrere Größenordnungen reduziert werden.

— *Ermittlung der Varistorgröße nach der Dauerbelastung*: Bei periodischer Überspannungsbeanspruchung muß die *Dauerverlustleistung* abgeschätzt werden. Sie berechnet sich als Produkt der Energiedeposition eines einzelnen Impulses (gemäß 4-21) und der Impulsrate n (Zahl der Impulse pro Sekunde),

$$\boxed{P = Wn} \quad , \qquad (4\text{-}23)$$

bzw. als Quotient aus Energiedeposition und Periodendauer des repetierenden Vorgangs

$$P = \frac{W}{T} \quad . \qquad (4\text{-}24)$$

Je nach Baugröße liegt die Dauerbelastung im Bereich zwischen 1/100 und 2Watt.

— *Überprüfung des Schutzpegels*: Ist der maximale Stoßstrom bekannt, kann die Restspannung über dem Varistor der Strom/Spannungskennlinie entnommen werden. Sie muß unterhalb der Stoßspannungsfestigkeit der zu schützenden Einrichtung liegen. Falls der maximale Strom nicht *eo ipso* bekannt ist, geht man von einem Schätzwert für die Restspannung aus, berechnet mit Hilfe von Gleichung (4-18) einen angenäherten Strom, mit dem aus der Strom-Spannungscharakteristik ein verbesserter Schätzwert für die Restspannung erhalten wird. Mehrfache Iteration führt schließlich zur gesuchten Restspannung.

Ausführliche Hinweise zur Auslegung von Varistoren sind den Datenbüchern der verschiedenen Hersteller zu entnehmen. Varistoren sind in *Scheiben*- und *Block*bauform (große Ströme und Energien), als SMD-Komponenten und in *Rohr*bauform für Steckverbinder erhältlich. Darüber hinaus gibt es mit ZnO gefüllte Thermo- und Duroplaste sowie Lacke für eine Vielzahl maßgeschneiderter Anwendungen. Schließlich sei erwähnt, daß es auch Varistoren aus anderen spannungsabhängigen Materialien gibt, z.B. *Siliziumkarbid* (hohe Leistung), die jedoch, verglichen mit ZnO-Ableitern, geringere Bedeutung haben. Siliziumkarbid findet Verwendung bei hohen Anforderungen an Langzeitstabilität, nachteilig ist sein geringer Nichtlinearitätsexponent ($\alpha \approx 2 ... 7$).

4.2.2 Silizium-Lawinendioden

Silizium-Lawinendioden (engl.: *Silicon Avalanche Diodes*) besitzen gegenüber normalen Halbleiterdioden den Vorzug, daß beim Überschreiten der Sperrspannung der pn-Übergang nicht durchschlägt, sondern einen großen Sperrstrom tolleriert. Solange im Sperrbetrieb die in Vorwärtsrichtung zulässige thermische Verlustleistung bzw. bei Impulsbelastung das zulässige Grenzlastintegral $\int i^2 dt$ nicht überschritten wird, tritt keine Zerstörung der Sperrschicht auf (kontrollierter Durchbruch). Gewöhnliche *Zenerdioden* finden schon seit langem als Überspannungsschutz in elektronischen Schaltungen Verwendung [4.4]. Für die EMV-Technik wurden spezielle Silizium-Lawinendioden mit großflächigem pn-Übergang für hohe Sperrstromtragfähigkeit entwickelt (*Suppressor Dioden, Transzorb: Transient Zener Absorber* etc.). Silizium-Lawinendioden besitzen wie Varistoren eine Ansprechzeit im Subnanosekundenbereich, die jedoch in praxi durch Zuleitungsinduktivitäten in den Nanosekundenbereich verlagert wird. Ähnlich wie Varistoren weisen auch sie vergleichsweise große Kapazitäten auf (bis zu 15000pF), was ihren Einsatz in hochfrequenten Systemen verbietet (Ausnahme: Reihenschaltung mit kapazitätsarmen Dioden, s. 4.2.4).

Silizium-Lawinendioden sind gewöhnlich unipolare Bauelemente. Durch gegensinnige Reihenschaltung zweier Dioden erhält man eine symmetrische Kennlinie. Die Auslegung von Silizium-Lawinendioden erfolgt ähnlich wie bei Varistoren anhand der von den Bauelementeherstellern bereitgestellten Kennlinien bzw. Grenzdaten. Ausführliche Hinweise finden sich z.B. in [B20].

4.2.3 Funkenstrecken

Funkenstrecken decken den größten Ansprechsspannungsbereich ab. Sie schützen sowohl Elektroenergiesysteme bei direkten Blitzeinschlägen (Ansprechspannungen bis in den MV-Bereich) als auch Telekommunikationsnetze (Ansprechspannungen größer 80V). Verglichen mit Varistoren und Suppressordioden werden Funkenstrecken gelegentlich als *harte Ableiter* (engl.: *hard limiter*) bezeichnet, da ihre Spannungsabhängigkeit eher mit der eines Schalters vergleichbar ist, Bild 4.20.

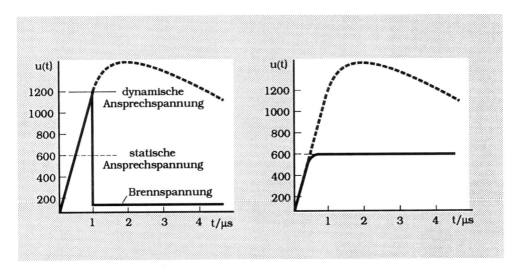

Bild 4.20: Schematischer Vergleich der Kennlinien von Funkenstrecken (links) und Varistoren (rechts).

Bei dynamischer Beanspruchung schießt die Spannung an einer Funkenstrecke zunächst beträchtlich über die statische Ansprechspannung (gemessen bei 100V/s Spannungssteigerungsrate) hinaus. Nach einer statistischen Streuzeit zündet der Ableiter, worauf sich sein Widerstand um ca. 10 Zehnerpotenzen verringert und die Spannung zunächst auf die Glimmbrennspannung von 70...130V, bei ausreichend kleinem Innenwiderstand der Störquelle weiter auf die *Bogenspannung* von ≤ 20 ... 25V (Anoden- und Kathodenfall) zusammenbricht. (Der Unterschied zwischen Glimm- und Bogenbrennspannung ist in Bild 4.20 nicht berücksichtigt).

4.2 Überspannungsableiter

Im Gegensatz zu Funkenstrecken besitzen *weiche Ableiter* (engl.: *soft limiters*) nur *einen* typischen Spannungswert. Das charakteristische Ansprech- und Brennverhalten harter Ableiter offenbart daher gleich zwei Nachteile gegenüber weichen Ableitern. Einerseits kann bei großer Steilheit die Spannung vor dem Ansprechen kurzzeitig doch sehr hohe Werte annehmen, die möglicherweise vom zu schützenden Objekt nicht toleriert werden, andererseits liegt der Brennspannungsbedarf des Ableiters sehr niedrig, so daß in Gleichstromkreisen der Ableiter nach Verstreichen der transienten Überspannung u.U. nicht löscht. In niederohmigen Netzen vermag dann die Betriebsspannung einen Folgestrom durch den Ableiter zu treiben, der diesen thermisch zerstört. Ersteres Problem löst man durch Wahl eines Ableiters mit geeigneter *Stoßkennlinie* (soweit möglich) bzw. gestaffelten *Grob-* und *Feinschutz* (s. 4.2.4), letzteres Problem durch Reihenschaltung mit einem weichen Ableiter (s. 4.2.4).

Die Stoßkennlinie einer Funkenstrecke (engl.: *Voltage-Time-Curve*) beschreibt ihr dynamisches Ansprechverhalten bei Beanspruchung mit Stoßspannungen zunehmender Spannungssteilheit. Sie wird vom Hersteller für jeden Funkenstreckentyp meßtechnisch ermittelt, Bild 4.21 a.

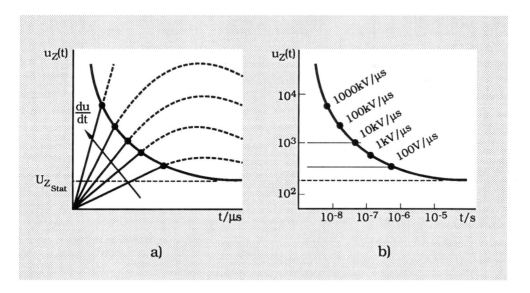

Bild 4.21: Stoßkennlinie von Funkenstrecken
    a) meßtechnische Ermittlung einer Stoßkennlinie,
    b) typische Stoßkennlinie eines Herstellerkatalogs (schematisch).

Den genannten Nachteilen stehen die herausragenden Vorteile *hoher Stromtragfähigkeit* sowie *minimaler ohmscher und kapazitiver Rückwirkung* im ungestörten Betrieb gegenüber. Beispielsweise liegt der Isolationswiderstand von Funkenstrecken im Bereich > $10^{10}\,\Omega$, ihre Kapazität im Bereich < 10pF. So bilden denn auch edelgasgefüllte Überspannungsableiter [4.21] das Rückgrat des Überspannungsschutzes in Fernmeldenetzen, deren hoher Innenwiderstand und niedrige Betriebsspannung von 60V < U_{Glimm} die Ausbildung eines Folgestroms nicht zulassen. In niederohmigen Netzen und bei höheren Betriebsspannungen finden edelgasgefüllte Überspannungsableiter vielfach in Hybridschaltungen Verwendung (s. 4.2.4). Abschließend zeigt Bild 4.22 einen edelgasgefüllten Überspannungsableiter im Schnitt.

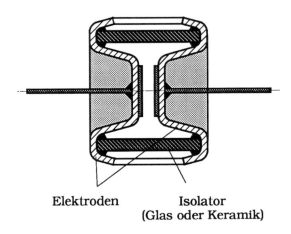

Bild 4.22: Edelgasgefüllter Überspannungsableiter.

Je nach Anforderungen an das statische und dynamische Ansprechverhalten können das Gas, die Elektroden und etwaige Zündhilfen radioaktiv präpariert sein.

4.2.4 Hybrid-Ableiterschaltungen

Der Vorzug hohen Ableitvermögens von Funkenstrecken sowie das schnelle Ansprechen und Fehlen eines Folgestroms bei Varistoren und Dioden legen eine Kombination harter und weicher Ableiter in Hybridschaltungen nahe [4.21, 4.22]. Eine mögliche Kombination ist die Reihenschaltung beider Ableiterarten, Bild 4.23.

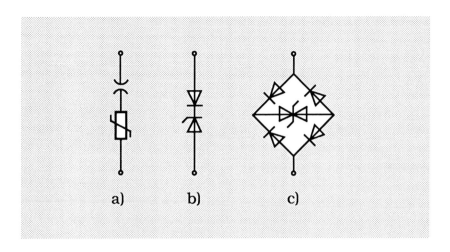

Bild 4.23: Reihenschaltung harter und weicher Ableiter
  a) Reihenschaltung von Funkenstrecke und Varistor (Blitzschutz)
  b) Reihenschaltung einer Suppressordiode mit einer kapazitätsarmen Diode
  c) wie b), jedoch in Brückenschaltung.

In Bild 4.23a verhindert die Reihenschaltung des Varistors die Ausbildung eines Folgestroms in niederohmigen Netzen. Speziell im Blitzschutz findet Siliziumkarbid wegen seiner Langzeitstabilität als Varistormaterial Verwendung. Sein hoher Leckstrom kommt hier nicht zum Tragen, da der Varistor im ungestörten Betrieb durch die Funkenstrecke vom Netz abgekoppelt ist. Reihenschaltungen von Funkenstrecken mit spannungsabhängigen Widerständen werden im Blitzschutz als *Ventilableiter* bezeichnet (s.a. 10.5).

Zur Unterdrückung der kapazitiven Rückwirkung von Zener- und Suppressordioden in Hochfrequenzanwendungen schaltet man kapazitätenarme Dioden vor, Bild 4.23b und c. In Vorwärtsrichtung muß die kapazitätsarme Diode für den maximalen Stoßstrom, in Sperrrichtung für eine Sperrspannung $> U_Z$ ausgelegt sein.

Neben der Reihenschaltung kommt auch die Parallelschaltung von Funkenstrecken und Varistoren zum Einsatz, Bild 4.24.

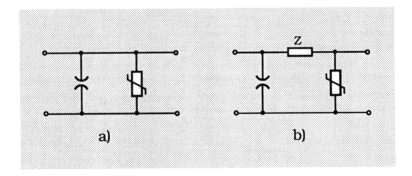

Bild 4.24: Parallelschaltung harter und weicher Ableiter
a) direkte Parallelschaltung
b) indirekte Parallelschaltung.

In Bild 4.24a begrenzt der Varistor die Überspannung im Nanosekundenbereich auf seine Knickspannung, die über der Ansprechspannung der Funkenstrecke ausgewählt werden muß. Nach Verstreichen ihrer statistischen Streuzeit spricht auch die Funkenstrecke an, worauf die Spannung auf Werte < 20V zusammenbricht. Der Strom durch den Varistor geht damit auf Werte kleiner I_{Leck} des ungestörten Betriebs zurück und die Funkenstrecke mit ihrem hohen Ableitvermögen übernimmt allein den Stoßstrom. Falls ein niedrigerer Schutzpegel als ca. 100V gefordert wird, (z.B. in der MSR-Technik der Prozeßleittechnik), entkoppelt man beide Ableiter durch einen ohmschen Widerstand oder eine Drossel, Bild 4.24b. Dieses Prinzip der Aufteilung in Grob- und Feinschutz läßt sich für höchste Anforderungen auf einen drei- oder auch mehrstufig gestaffelten Überspannungsschutz erweitern, Bild 4.25.

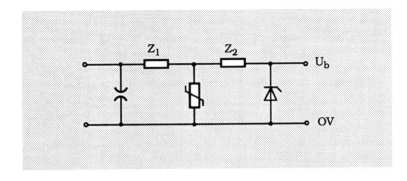

Bild 4.25: Dreistufig gestaffelter Überspannungsschutz (*Schutzkaskade*).

4.2 Überspannungsableiter   181

Schließlich ist je nach Störumgebung und Kopplungsmechanismus auch eine Ergänzung um ein LC-Filter sowie einen Optokoppler (s. 4.3) gegen Gleichtaktstörungen möglich, Bild 4.26.

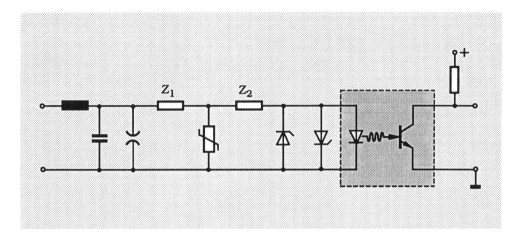

Bild 4.26: Sophistischer Staffelschutz.

Überspannungsableiter und Hybridschaltungen aller Art sind in zahllosen Varianten vom *Steckdosenschutz-*, *Koaxialleitungsschutz-* und *Datenleitungsschutzadapter* (Zwischenstecker), bis hin zu *Reihenklemmen* und steckbaren *Schutzkaskaden* auf Europakarten im Handel erhältlich. Hinweise zur mathematischen Beschreibung von Netzen mit nichtlinearen Komponenten (Überspannungsschutzeinrichtungen) findet man im Schrifttum [4.33 bis 4.36].

4.3 Optokoppler und Lichtleiterstrecken

Optokoppler bieten sehr hohe Gleichtaktunterdrückung und werden oft zur Auftrennung von Erdschleifen eingesetzt, z.B. in den Ein- und Ausgängen speicherprogrammierbarer Steuerungen bzw. in Schnittstellen von Prozeßleitsystemen, Bild 4.27.

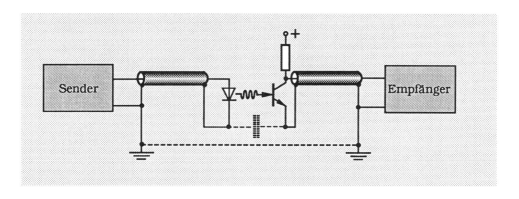

Bild 4.27: Einsatz eines Optokopplers zur Unterdrückung von Gleichtaktsignalen (Auftrennung der Erdschleife).

Optokoppler eignen sich vorzugsweise für die Digitaltechnik. Bei hohen Ansprüchen an Übertragungsbandbreite und mäßigen Anforderungen an den Übertragungsfaktor unter Umgebungsbedingungen finden sie aber auch zur Übertragung analoger Spannungs- bzw. Stromimpulse Verwendung.

Abhängig vom optoelektrischen Empfänger weisen Optokoppler unterschiedliche Stromverstärkungen und Bandbreiten auf, z.B.:

Parameter Komponente	I_a/I_e	B
Diode	10^{-2}	10MHz
Transistor	0,3	300kHz
Darlington Transistor	3	30kHz

Hohe Bandbreiten (10MHz) bei gleichzeitig großer Verstärkung erhält man mit Optokopplern, in denen eine Photodiode mit einem Hochfrequenztransistor kombiniert ist.

Die Isolationsspannungen von Optokopplern sind meist sehr optimistisch spezifiziert und daher bei kritischen Anwendungen mit Vorsicht zu betrachten.

Für hochfrequente Gleichtaktsignale nimmt die Gleichtaktunterdrückung von Optokopplern auf Grund der Streukapazität zwischen Eingang und Ausgang (1...10pF) rasch ab. Die kapazitive Kopplung läßt sich durch eine geerdete Leiterbahn zwischen den Ein- und Ausgängen verringern, sofern dies spannungsmäßig zulässig ist.

Beliebig hohe Gleichtaktunterdrückung, auch bei höchsten Frequenzen, läßt sich mit Lichtleiterübertragungsstrecken erreichen, Bild 4.28.

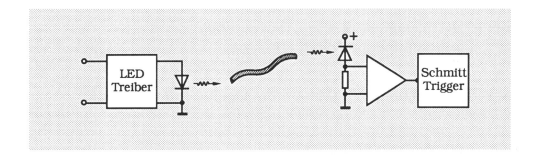

Bild 4.28: Lichtleiterübertragungsstrecke.

Während monolithische Optokoppler nur Spannungen bis etwa 10kV isolieren, erlauben Lichtleiterstrecken die Überbrückung von Potentialdifferenzen bis in den Megavoltbereich, z.B. in Elektroenergiesystemen oder der Pulse Power Technologie. In diesem Zusammenhang seien auch über Lichtleiterstrecken isolierte Tastkopfsysteme erwähnt (z.B. ISOBE 3000 von *Nicolet*). Ausführliche Unterlagen über die Auslegung geeigneter Sender- und Empfängerbausteine finden sich im umfangreichen Schrifttum [4.25 bis 4.34].

4.4 Trenntransformatoren

Trenntransformatoren (engl.: *Isolation Transformer*) erlauben die galvanische Trennung von Wechselstromkreisen. Sie werden daher häufig zur Unterbrechung von Erdschleifen (s. 3.1), Unterdrückung von Gleichtaktspannungen etc. eingesetzt, Bild 4.29.

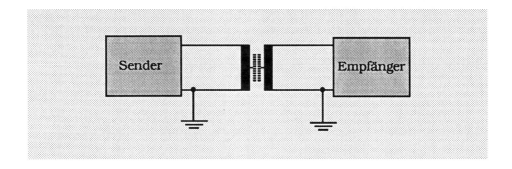

Bild 4.29: Prinzip der galvanischen Trennung von Wechselstromkreisen durch Trenntransformatoren.

Für Gleichspannungen und Wechselspannungen von 50Hz ist die Gleichtaktunterdrückung nahezu perfekt. Bei höheren Frequenzen nimmt die Gleichtaktunterdrückung wegen der Streukapazität zwischen Primär- und Sekundärwicklung zunehmend ab. Abhilfe schafft hier ein geerdeter Schirm, der Gleichtaktströme direkt zur Gleichtaktspannungsquelle zurückfließen läßt, Bild 4.30.

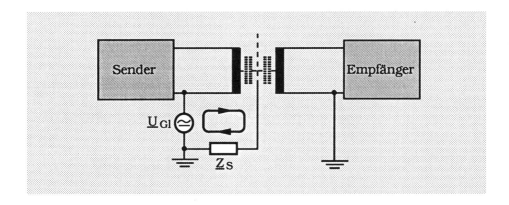

Bild 4.30: Verringerung der Kopplung über die Wicklungsstreukapazität durch einen geerdeten Schirm.

4.4 Trenntransformatoren

Die Effektivität des Schirms hängt wesentlich von der Impedanz $\underline{Z}_s$ der Rückleitung zur Gleichtaktspannungsquelle ab. Je nach Lage der Gleichtaktspannungsquelle, Plazierung des Trenntransformators etc. erweist sich die Erdung des Schirms wahlweise am Sender oder am Empfänger als vorteilhafter.

Für die Abschätzung der Gleichtaktunterdrückung müssen die Koppelkapazitäten zwischen dem Schirm und den Wicklungen bekannt sein (100pF ... 1nF). Bei *unsymmetrisch* angeordnetem Schirm und unsymmetrisch ausgelegter Isolation gegen transiente Potentialanhebungen (dies ist bei einem zweckmäßig dimensionierten Trenntransformator die Regel) muß auf den seitenrichtigen Einbau geachtet werden.

Sophistisch aufgebaute Trenntransformatoren für Brückenschaltungen etc. besitzen bis zu drei Schirme, Bild 4.31.

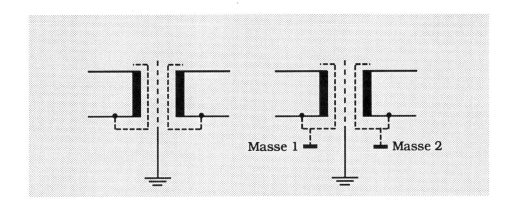

Bild 4.31: Isoliertransformator mit drei getrennten Schirmen und unterschiedlichen Erdungsverhältnissen.

Die optimale Anbindung der Schirme hängt von der jeweiligen Schaltung und den vorhandenen Masse- bzw. Erdungsverhältnissen ab.

Abschließend seien zwei typische Anwendungen von Trenntransformatoren erwähnt. Bild 4.32a zeigt die galvanisch getrennte Übertragung von Steuerimpulsen an die Gitterelektroden von Leistungshalbleitern, die sich auf den unterschiedlichen Phasen-Potentialen eines Drehstromsystems befinden.

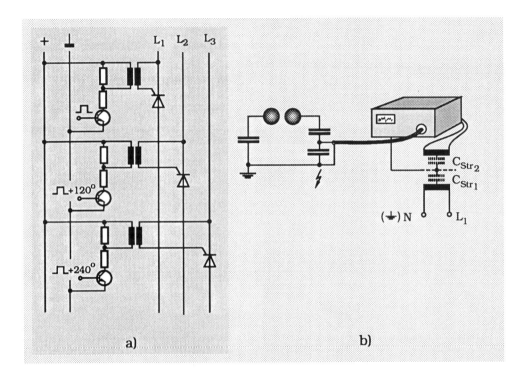

Bild 4.32: Beispiele für den Einsatz von Trenntransformatoren
a) Galvanisch getrennte Ansteuerung von Thyristoren in der Leistungselektronik,
b) Speisung eines Oszilloskops in einem Hochspannungsprüflabor.

Bild 4.32 b zeigt die Versorgung von Meßgeräten über einen Trenntransformator in Laboratorien der Hochspannungsprüftechnik und der Pulse Power-Technologie. Auf dem Meßkabel ankommende transiente Kabelmantelströme können dank der galvanischen Trennung nicht mehr direkt über den Schutzleiter des Meßgerätegehäuses nach Erde abfließen, sondern nur noch über die parasitäre Streukapazität C_{Str_1}. Aufgrund der höheren Impedanz des Kabelmantelstrompfads bilden sich kleinere Kabelmantelströme und damit auch klei-

4.4 Trenntransformatoren

nere Störspannungen aus. Bei hohen Frequenzen bzw. schnellen transienten Potentialanhebungen ist aber die Gefahr des Einkoppelns merklicher Störspannungen in das Meßkabel über dessen Kopplungsimpedanz nach wie vor gegeben, da dann C_{Str_1} als Kurzschluß wirkt. So besteht denn auch die Aufgabe des Trenntransformators weniger in der Verringerung von Störspannungen, sondern der Vermeidung eines rückwärtigen Überschlags (s. 3.1.4). Der Transformatorschirm treibt den Netztransformator des Oszilloskops über die Kapazität C_{Str_2} auf das gleiche Potential wie das Oszilloskopgehäuse und bannt so die Gefahr des rückwärtigen Überschlags.

5 Elektromagnetische Schirme

5.1 Natur der Schirmwirkung — Fernfeld, Nahfeld

Die Wirkungsweise elektromagnetischer Schirme ist nicht vergleichbar mit dem Schirmungsprinzip, das beispielsweise einem Regenschirm zum Erfolg verhilft. Die elektromagnetischen Felder dringen vielmehr in einen Schirm ein und influenzieren dort Ladungen oder induzieren Ströme, deren Eigenfelder sich dem initiierenden Feld überlagern und dieses damit teilweise kompensieren. Dabei ist zunächst unerheblich, ob sich die zu schwächenden Felder innerhalb oder außerhalb einer Schirmhülle befinden, Bild 5.1.

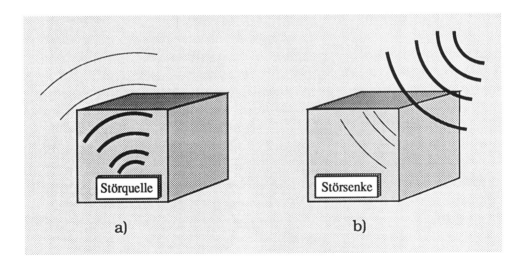

Bild 5.1: Reziprozität der Schirmwirkung (schematisch)
    a) Abschwächung der Störstrahlung einer Störquelle
    b) Schutz einer Störsenke vor Störstrahlung.

5.1 Natur der Schirmwirkung — Fernfeld, Nahfeld

Ein Maß für die Schirmwirkung ist der *Schirmfaktor* Q, der die Feldstärke im Innern eines Schirms mit der äußeren, in Abwesenheit des Schirms vorhandenen Feldstärke in Beziehung setzt, z.B. in einem magnetischen Feld,

$$\underline{Q} = \frac{H_i}{H_a}$$

(5-1)

Der Schirmfaktor ist in der Regel eine komplexe Zahl.

In der Praxis rechnet man häufig mit der *Schirmdämpfung*, die als logarithmisches Verhältnis (s.1.2) des Kehrwerts der inneren und äußeren Feldstärke ermittelt wird.

$$a_S = \ln \frac{1}{|\underline{Q}|} \text{ Neper} \quad \text{bzw.} \quad a_S = 20 \lg \frac{1}{|\underline{Q}|} \text{ dB}$$

(5-2)

Bezüglich des Feldtyps unterscheidet man *ruhende* und *veränderliche* Felder, wobei man letztere nochmals in *quasistatische* Felder (langsam veränderliche Felder) und *elektromagnetische Wellen* (schnell veränderliche Felder) unterteilt, Bild 5.2.

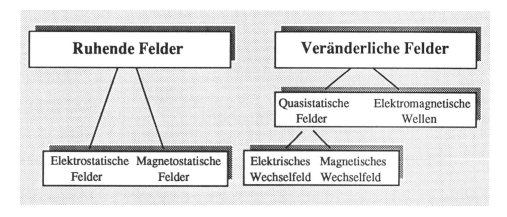

Bild 5.2: Klassifizierung elektrischer und magnetischer Felder [B18].

Eine Sonderstellung nehmen hierbei die quasistatischen (langsam veränderlichen) Felder ein. Ihre zeitliche Abhängigkeit ist so gering, daß sich eine Feldänderung im betrachteten Feldgebiet überall gleichzeitig bemerkbar macht und damit eine Momentaufnahme des zu einem bestimmten Augenblickswert von Spannung oder Strom gehörenden Feldbilds stets mit dem Feldbild des statischen Feldes einer vergleichbaren Gleichspannung bzw. eines vergleichbaren Gleichstroms übereinstimmt. Sie stellen damit eine zeitliche Aneinanderreihung statischer Felder gleicher räumlicher Verteilung E_v (x,y,z) bzw. H_v (x,y,z) dar, die sich lediglich in ihrer Stärke um einen jeweils konstanten Faktor unterscheiden. Wegen der Einschränkung, " ... im betrachteten Feldgebiet ...", ist die Einstufung "langsam" offenbar verhandlungsfähig und eine Frage der Entfernung von der felderzeugenden Einrichtung (Kondensator, Spule, Antenne). Befindet sich der Beobachter bzw. der Empfänger in unmittelbarer Nachbarschaft einer Antenne, im sog. *Nahfeld* (engl.: *near zone*), so empfindet er ein stationäres (räumlich fixiertes) *quasistatisches* Feld. Speziell im Fall einer *Stabantenne* ein *quasistatisches elektrisches Feld*, im Fall einer *Rahmenantenne* ein *quasistatisches magnetisches Feld*. Im Nahfeldbereich ändert sich ein Feld zeitlich gleichsinnig, d.h. es nimmt überall gleichzeitig zu oder ab.

In großem Abstand von der Antenne befindet sich ein Empfänger im sog. *Fernfeld* (engl.: *far zone*). Unabhängig von der Art der Antenne (Stab- oder Rahmenantenne) herrscht dort ein *nichtstationäres*, (d.h. sich ausbreitendes) elektromagnetisches Wellenfeld.

Der Definitionsbereich eines Nahfelds ist nicht allein eine Frage des Abstands zur Antenne, sondern auch eine Frage der Änderungsgeschwindigkeit der Felder. Im Zeitbereich gelten Felder als Nahfelder bzw. quasistatische Felder, wenn die Zeitspanne, innerhalb der die Feldänderung erfolgt (Anstiegszeit T_a eines Feldsprungs), groß ist gegen die Laufzeit l/v innerhalb des Definitionsbereichs. Im Frequenzbereich gelten Felder als Nahfelder bzw. quasistatische Felder, wenn ihre Wellenlänge λ groß ist gegen die Ausdehnung des Definitionsbereichs.

Die Unterscheidung Nahfeld/Fernfeld kann auch mathematisch formal erfolgen. Der Einfachheit wegen zeigen wir dies im Frequenzbereich. Wir gehen aus vom Feldverlauf in der Umgebung eines *Hertz'-schen* Dipols in einem Kugelkoordinatensystem r, φ, ϑ, Bild 5.3.

5.1 Natur der Schirmwirkung — Fernfeld, Nahfeld

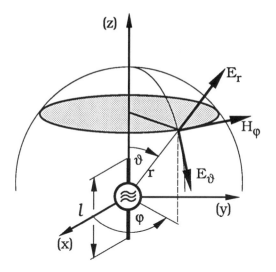

Bild 5.3: Hertz'scher Dipol im Kugelkoordinatensystem r,φ,ϑ.

Die Lösung der Maxwellschen Gleichungen im Frequenzbereich führt auf folgende Ausdrücke für die komplexen Amplituden der Feldvektoren [5.1].

$$\underline{E}_\vartheta = \frac{\hat{i} \, l \, Z_0 \lambda \sin\vartheta}{j 8\pi^2 r^3} \left[1 + j \frac{2\pi}{\lambda} r + \left(j \frac{2\pi}{\lambda} r \right)^2 \right] e^{-j \frac{2\pi}{\lambda} r} \quad , \qquad (5\text{-}3)$$

$$\underline{E}_r = \frac{\hat{i} \, l \, Z_0 \lambda \cos\vartheta}{j 4\pi^2 r^3} \left[1 + j \frac{2\pi}{\lambda} r \right] e^{-j \frac{2\pi}{\lambda} r} \quad , \qquad (5\text{-}4)$$

$$\underline{H}_\varphi = \frac{\hat{i} \, l \sin\vartheta}{4\pi r^2} \left[1 + j \frac{2\pi}{\lambda} r \right] e^{-j \frac{2\pi}{\lambda} r} \quad . \qquad (5\text{-}5)$$

Hierin bedeuten

$\hat{i}$ Scheitelwert des Wechselstroms

l Dipollänge

Z_0 Wellenwiderstand des freien Raumes, $\sqrt{\mu_0/\varepsilon_0}$

c Lichtgeschwindigkeit im freien Raum, $1/\sqrt{\mu_0 \cdot \varepsilon_0}$;

im übrigen wurde $\dfrac{\omega}{c} = \dfrac{2\pi}{\lambda}$ gesetzt.

Der Faktor $e^{-j\frac{2\pi}{\lambda}r} = e^{-j\frac{\omega}{c}r}$ beschreibt die Phasenlage.

Obige Gleichungen sehen nicht gerade einladend aus, sie lassen sich jedoch bei Beschränkung auf die beiden Grenzfälle Fernfeld/Nahfeld leicht interpretieren.

Fernfeld :

In großer Entfernung, $r \gg \lambda/2\pi$ müssen jeweils nur die Terme mit den höchsten Potenzen von r berücksichtigt werden, so daß sich (5-3), (5-4) und (5-5) vereinfachen zu

$$\underline{E}_\vartheta = \frac{\hat{i}\, l\, Z_0 \lambda \sin\vartheta}{j 8\pi^2 r^3} \left(j\frac{2\pi}{\lambda}r\right)^2 e^{-j\frac{2\pi}{\lambda}r} \quad , \tag{5-6}$$

$$\underline{E}_r = \frac{\hat{i}\, l\, Z_0 \lambda \cos\vartheta}{j 4\pi^2 r^3} \left(j\frac{2\pi}{\lambda}r\right) e^{-j\frac{2\pi}{\lambda}r} \quad , \tag{5-7}$$

$$\underline{H}_\varphi = \frac{\hat{i}\, l \sin\vartheta}{4\pi r^2} \left(j\frac{2\pi}{\lambda}r\right) e^{-j\frac{2\pi}{\lambda}r} \quad . \tag{5-8}$$

5.1 Natur der Schirmwirkung — Fernfeld, Nahfeld

Weiter darf wegen des Unterschieds in der Potenz von r die Komponente $\underline{E}_r$ gegenüber $\underline{E}_\vartheta$ vernachlässigt werden, so daß letztlich nur $\underline{E}_\vartheta$ und $\underline{H}_\varphi$ existent sind. Beide Komponenten stehen räumlich senkrecht aufeinander und sind transversal zur Ausbreitungsrichtung orientiert. Beide Feldkomponenten schwingen gleichphasig, ihr Verhältnis ist zeitlich und räumlich konstant,

$$\boxed{\frac{\underline{E}_\vartheta}{\underline{H}_\varphi} = Z_0 = \sqrt{\mu_0/\varepsilon_0} = 377\,\Omega}\quad. \tag{5-9}$$

Den reellen Widerstand Z_0 nennt man Feldwellenwiderstand des freien Raumes.

Nahfeld:

In unmittelbarer Nähe einer Antenne, $r \ll \lambda/2\pi$ werden der zweite und dritte Term jeweils klein gegen 1, so daß sich die Gleichungen (5-3), (5-4) und (5-5) vereinfachen zu

$$\underline{E}_\vartheta = \frac{\hat{\underline{i}}\, l\, Z_0\, \lambda \sin\vartheta}{j 8\pi^2 r^3}\, e^{-j\frac{2\pi}{\lambda} r}\quad, \tag{5-10}$$

$$\underline{E}_r = \frac{\hat{\underline{i}}\, l\, Z_0\, \lambda \cos\vartheta}{j 4\pi^2 r^3}\, e^{-j\frac{2\pi}{\lambda} r}\quad, \tag{5-11}$$

$$\underline{H}_\varphi = \frac{\hat{\underline{i}}\, l\, \sin\vartheta}{4\pi r^2}\, e^{-j\frac{2\pi}{\lambda} r}\quad. \tag{5-12}$$

Nach *Schelkunoff* [5.2] läßt sich auch hier formal ein Quotient $\underline{E}_\vartheta/\underline{H}_\varphi$ bilden,

$$\boxed{\frac{\underline{E}_\vartheta}{\underline{H}_\varphi} = \frac{Z_0 \lambda}{j 2\pi r} = \underline{Z}_{0_E}}$$

(5-13)

Der Feldwellenwiderstand $\underline{Z}_{0_E}$ ist kapazitiv (vergl. $\underline{Z}_C = 1/j\omega C$). Bezüglich seiner Größe gilt wegen $r \ll \lambda/2\pi$ bzw. $\lambda/2\pi r \gg 1$.

$$\boxed{|\underline{Z}_{0_E}| \gg Z_0}$$

(5-14)

Man spricht daher auch vom *hochohmigen Feld* (engl.: *high-impedance field*) und meint damit das *elektrische* (*kapazitive*) Feld in der Nähe einer *Stabantenne*. Die im Nahfeld vorhandene Energiedichte ist überwiegend elektrischer Natur, d.h.

$$\boxed{w(\mathbf{r}) \approx w_e(\mathbf{r}) = \frac{1}{2}\varepsilon \mathbf{E}^2}$$

(5-15)

Während das **H**-Feld auch im Nahbereich transversal bleibt, weist das **E**-Feld zusätzlich eine $\mathbf{E}_r$-Komponente auf. E_ϑ und H_φ sind im Nahbereich wegen des Faktors j um 90° gegeneinander phasenverschoben.

Führt man obige Betrachtungen für das Feld in der Umgebung einer kleinen Stromschleife durch (*Fitzgerald'scher* Dipol, *Rahmenantenne*), so ergeben sich bezüglich der Koordinaten ϑ und φ strukturell

5.1 Natur der Schirmwirkung — Fernfeld, Nahfeld

duale Gleichungen, die im Fernfeld auf den gleichen reellen Feldwellenwiderstand $Z_0 = 377\,\Omega$ führen, im Nahfeld auf

$$\boxed{\underline{Z}_{0H} = \frac{jZ_0 2\pi r}{\lambda}} \quad . \tag{5-16}$$

Der Feldwellenwiderstand $\underline{Z}_{0H}$ im Nahbereich einer *Rahmenantenne* ist *induktiv* (vergl. $\underline{Z}_L = j\omega L$). Bezüglich seiner Größe gilt wegen $r \ll \lambda/2\pi$ bzw. $2\pi r/\lambda \ll 1$

$$\boxed{|\underline{Z}_{0H}| \ll Z_0} \quad . \tag{5-17}$$

Man spricht daher auch vom *niederohmigen Feld* (engl.: *low-impedance field*) und meint damit das *magnetische* (*induktive*) Feld in der Nähe einer *Rahmenantenne*. Die im Nahfeld vorhandene Energiedichte ist überwiegend magnetischer Natur, d.h.

$$\boxed{w(\mathbf{r}) \approx w_m(\mathbf{r}) = \frac{1}{2}\mu \mathbf{H}^2} \quad . \tag{5-18}$$

Im Fernfeld stehen die elektrische und magnetische Feldkomponente wieder senkrecht aufeinander. Beide sind transversal zur Ausbreitungsrichtung orientiert. Während das **E**-Feld auch im Nahbereich transversal bleibt, weist jetzt das **H**-Feld zusätzlich eine Komponente $\mathbf{H}_r$ auf.

Obige Betrachtungen für die Felder in der Umgebung einer elementaren Stab- bzw. einer elementaren Rahmenantenne gelten unter der

Voraussetzung $l \ll \lambda$; ist diese Voraussetzung nicht erfüllt, müssen die Leitungsgleichungen elektrisch langer Leitungen angesetzt werden.

Bild 5.4 zeigt nochmals anschaulich zwei Beispiele für quasistatische Felder im Nahbereich.

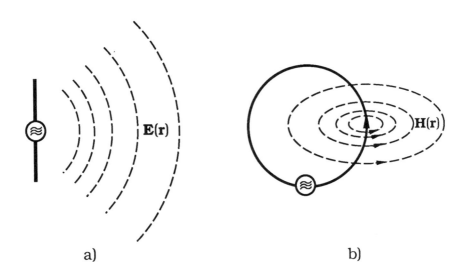

Bild 5.4: a) Quasistatisches elektrisches Feld im Nahfeld eines Stabantennendipols (*Hertz'scher* Dipol, schematisch)
b) Quasistatisches magnetisches Feld im Nahfeld einer Rahmenantenne (*Fitzgerald'scher* Dipol, schematisch).

Mit zunehmendem Abstand von einer Stabantenne fällt der Feldwellenwiderstand mit 20 dB/Dekade von hohen Werten auf kleinere Werte ab und nähert sich in großer Entfernung asymptotisch dem Feldwellenwiderstand des freien Raumes. Umgekehrt steigt der Feldwellenwiderstand einer Rahmenantenne zunächst mit 20 dB/Dekade an und nähert sich dann ebenfalls asymptotisch dem Feldwellenwiderstand des freien Raums, Bild 5.5.

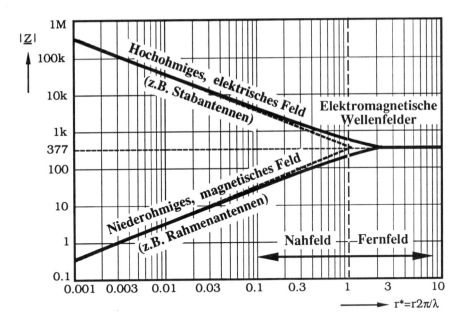

Bild 5.5: Feldwellenwiderstand hoch- und niederohmiger felderzeugender Anordnungen abhängig vom normierten Abstand von der Quelle.

Von diesen entfernungsabhängigen Feldwellenwiderständen wird im Kapitel 6 bei der Berechnung von Schirmdämpfungen nach der *Impedanzmethode* (*Schelkunoff*-Methode) Gebrauch gemacht werden. Vorab werden die für die jeweiligen Feldtypen unterschiedlichen Schirmungsmechanismen bezüglich ihrer Natur noch näher erläutert.

5.2 Schirmung statischer Felder

5.2.1 Elektrostatische Felder

Bringt man eine leitende Hohlkugel in ein elektrostatisches Feld, so wirken auf die verschieblichen Ladungen im Schirmmaterial Feldkräfte $\mathbf{F} = Q\mathbf{E}$, die eine räumliche Umverteilung der Ladungen bewirken. Die Umverteilung der Ladungen findet ihr Ende, wenn die Tangentialkomponente der elektrischen Feldstärke an der Schirmoberfläche zu Null geworden ist, mithin kein Grund mehr besteht, Ladungen längs der Schirmoberfläche zu verschieben. Logischerweise entspringen und münden dann die elektrischen Feldlinien senkrecht zur Schirmoberfläche. Das Feld der verschobenen Ladungen und das äußere Störfeld ergänzen sich im Schirminnern an jeder Stelle exakt zu Null. Es läßt sich zeigen, daß dieser Effekt nicht nur bei einer Hohlkugel auftritt, sondern sich auch bei beliebig geformten leitenden Hohlkörpern einstellt, was hier ohne weiteren Beweis akzeptiert werden soll.

Die Schirmdämpfung eines fugenlosen leitenden Schirms gegen elektrostatische Felder ist *unendlich* groß, was eine Berechnung der Schirmwirkung im Einzelfall entbehrlich macht. Dieser Effekt ist wohl bekannt und immer impliziert, wenn vom *Faraday-Käfig* die Rede ist. In den Kapiteln 6.1.4 u. 6.1.5 wird noch gezeigt werden, daß die Schirmdämpfung endlich wird, falls sich die elektrischen Felder mit großer Geschwindigkeit zeitlich ändern.

Mit Hilfe des *Gaußschen Gesetzes* [B18] erhält man für die Normalkomponenten der elektrischen Feldstärke innerhalb und außerhalb des Schirms

$$\boxed{E_{n_i} = 0} \quad \text{und} \quad \boxed{E_{n_a} = \frac{\rho_F}{\varepsilon_0}} \quad , \quad (5\text{-}19)$$

wobei ρ_F der Flächenladungsdichte der verschobenen Ladungen entspricht. Für die Tangentialkomponenten gilt nach obiger Überlegung $E_{t_a} = E_{t_i} = 0$.

Schließlich soll erwähnt werden, daß auch dielektrische Hüllen eine gewisse Schirmwirkung gegen elektrostatische Felder aufweisen. Ähnlich wie ein magnetischer Fluß durch einen *Eisenkreis* hoher *magnetischer Leitfähigkeit* (Permeabilität μ) definiert geführt wird, läßt sich auch ein elektrischer Fluß ψ durch ein *Dielektrikum* hoher *dielektrischer* Leitfähigkeit (Permittivität ε) führen. Auf Grund der Brechung der elektrischen Feldlinien an der Grenzfläche verläuft der Fluß bei großem Verhältnis von Wandstärke d zu Durchmesser D überwiegend in der Wand, Bild 5.6.

5.2 Schirmung statischer Felder

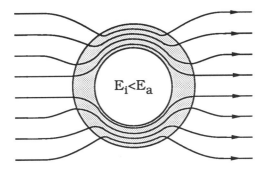

Bild 5.6: Schirmwirkung einer dickwandigen dielektrischen Hohlkugel, z.B. Mauerwerk, Bariumtitanatschirm.

Die Schirmdämpfung in Neper berechnet sich nach Kaden [3.8] zu

$$a_E = \ln \frac{E_a}{E_i} \approx \ln(1 + 1{,}33\, \varepsilon_r\, d/D) \qquad (5\text{-}20)$$

Eine merkliche Schirmdämpfung tritt offensichtlich nur für $\varepsilon_r d \gg D$, d.h. für dickwandige, hochpermittive Schirme auf.

Auf Grund des Gaußschen Gesetzes und des Induktionsgesetzes erhält man für dielektrische Schirme folgende Grenzflächenbedingungen

$$E_{t_1} = E_{t_2} \quad \text{und} \quad \frac{E_{n_1}}{E_{n_2}} = \frac{\varepsilon_{r_2}}{\varepsilon_{r_1}} \qquad (5\text{-}21)$$

5.2.2 Magnetostatische Felder

In gleicher Weise wie sich *elektrostatische* Felder durch *hochpermittive dielektrische* Schirme schwächen lassen (s. oben), kann man auch *magnetostatische* Felder durch *hochpermeable ferromagnetische* Hüllen schirmen. Auf Grund der Brechung der magnetischen

Feldlinien an der Grenzfläche verläuft der magnetische Fluß bei dickwandigen, hochpermeablen Schirmen überwiegend in der Wand. Die Schirmdämpfung in Neper berechnet sich nach Kaden [3.8] zu

$$\boxed{a_H = \ln \frac{H_a}{H_i} \approx \ln (1 + 1{,}33\, \mu_r\, d/D)}$$

(5-22)

wobei d und D wieder die gleiche Bedeutung haben wie in Bild 5.6.

Auf Grund des Gaußschen Gesetzes und des Durchflutungsgesetzes ergeben sich bei stromfreier Schirmoberfläche folgende Grenzflächenbedingungen

$$\boxed{H_{t_1} = H_{t_2}} \quad \text{und} \quad \boxed{\frac{H_{n_1}}{H_{n_2}} = \frac{\mu_{r_2}}{\mu_{r_1}}}$$

. (5-23)

5.3 Quasistatische Felder

5.3.1 Elektrische Wechselfelder

Die Schirmung *quasistatischer* elektrischer Wechselfelder erfolgt, ähnlich wie im elektrostatischen Feld, durch Umverteilung der Ladungen. Während jedoch im elektrostatischen Feld die Schirmdämpfung unendlich hoch ist, stellt sich bei veränderlichen Feldern mit zunehmender Frequenz eine Phasenverschiebung ein, die die Schirmdämpfung endlich werden läßt. Dieser Effekt macht sich allerdings erst bei höchsten Frequenzen bemerkbar (s. 6.1.4). In der Praxis unterstellt man auch bei quasistatischen elektrischen Feldern in aller Regel eine unendlich große Schirmdämpfung. Es gelten dann die gleichen Randbedingungen wie im elektrostatischen Feld.

5.3 Quasistatische Felder

Technische Schirme weisen naturgemäß Fugen auf, z.B. bei Gerätegehäusen an Frontplatte und Rückwand. Sind die einzelnen Wände eines Schirms nicht elektrisch miteinander verbunden, nehmen die Wandelemente das Potential des jeweiligen Feldorts an (wobei die Wände dem Feld Äquipotentialflächen aufzwingen), der Schirm ist praktisch wirkungslos, Bild 5.7a.

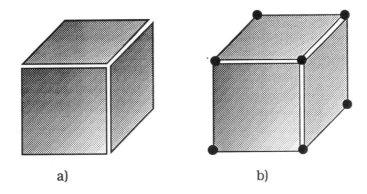

a) b)

Bild 5.7: Bedeutung von Potentialausgleichsverbindungen bei Schirmen gegen elektrische Felder
a) nahezu wirkungsloser Schirm mit unterschiedlichen, schwebenden Potentialen (engl.: *floating potentials*),
b) erhebliche Verbesserung der Schirmwirkung gegen elektrische Felder durch Potentialausgleichsverbindungen.

Bei Schirmen gegen elektrostatische Felder reicht es zunächst aus, wenn die Schirmelemente wenigstens an je einem Punkt miteinander leitend verbunden sind, Bild 5.7b. Es verbleibt die EMB des kapazitiven Durchgriffs durch die Schlitze (*Schlitzkapazität*). Im Fall nichttolerierbarer Schlitzkapazität kann durch Labyrinthdichtungen eine spürbare Verbesserung erzielt werden. Bei höheren Frequenzen müssen die Schlitze häufiger kontaktiert werden, damit die den Potentialausgleich bewirkenden Ströme auf dem kürzesten Weg fließen können (s.a. 5.3.2).

Während ein allseits geschlossener Metallschirm keiner Erdung bedarf, um im Innern feldfrei zu sein, verlangt die Ausnutzung des *Abschattungseffekts* einzelner Schirmbleche sehr wohl eine Erdung. Einzelne geerdete Schirmbleche wirken aber weniger als Schirm, sondern als galvanischer Bypass.

5.3.2 Magnetische Wechselfelder

Bringt man eine leitfähige Schirmhülle in ein zeitlich veränderliches Magnetfeld, so werden in der Schirmwand Spannungen induziert, die auf Grund der Leitfähigkeit des Schirms auch Ströme zur Folge haben. Das Magnetfeld dieser Ströme ist dem erzeugenden Feld entgegengerichtet. Die Überlagerung des ursprünglichen äußeren Feldes mit dem *Rückwirkungsfeld* der Schirmströme führt im Schirminnern zu einem resultierenden Feld geringerer Feldstärke (s.a. Reduktionsfaktor 3.3). Da die Schirmwirkung gegen magnetische Wechselfelder von den Strömen in der Schirmwand lebt, ist hier das Vermeiden von Fugen besonders wichtig, Bild 5.8.

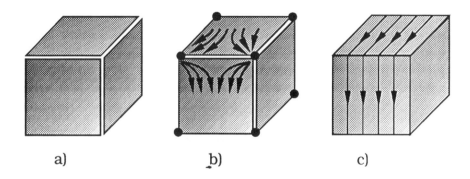

Bild 5.8: Zur Schirmwirkung gegen magnetische Wechselfelder
   a) nahezu wirkungsloser Schirm,
   b) Minimalforderung für Schirme gegen magnetische Wechselfelder,
   c) optimaler Schirm.

Bei Schirmen gegen magnetische Wechselfelder genügt es nicht, die einzelnen Wände durch wenige Potentialausgleichsverbindungen auf gleiches Potential zu bringen. Vielmehr müssen Fugen auf ihrer gesamten Länge durch leitfähige Dichtungen niederohmig überbrückt bzw. kurzgeschlossen werden (s. 5.6). Der abträgliche Einfluß von Fugen geschlossener Schirme läßt die Schirmwirkung einzelner ebener Bleche erahnen [5.10].

Je höher die Leitfähigkeit eines Schirmmaterials, desto größer sind die bei gleicher induzierter elektrischer Feldstärke fließenden

5.3 Quasistatische Felder

Schirmströme und desto höher ist die von ihnen bewirkte Schirmdämpfung. Da magnetostatische Felder keine Ströme induzieren können, besitzen nichtferromagnetische Hüllen für Gleichfelder (f = 0) keine Schirmwirkung. Andererseits strebt die Schirmwirkung bei quasistatischen Magnetfeldern mit wachsender Frequenz gegen unendlich. Diese Tendenz findet bei Frequenzen ein Ende, für die neben dem quasistatischen Magnetfeld auch das Magnetfeld des Verschiebungsstroms berücksichtigt werden muß (elektromagnetische Wellen, siehe 5.4 und 6.1.4).

Mit Hilfe des Gaußschen Gesetzes und des Induktionsgesetzes ergeben sich in Abwesenheit einer Oberflächenstromdichte (Oberflächenstrombelag) die Grenzflächenbedingungen zu

$$H_{t_1} = H_{t_2} \quad \text{und} \quad \frac{H_{n_1}}{H_{n_2}} = \frac{\mu_{r_2}}{\mu_{r_1}} \quad . (5\text{-}24)$$

Oberflächenstromdichten treten nur bei vollständiger Stromverdrängung (perfekte Leiter, unendlich hohe Frequenz) auf. In diesem Fall gälte im Schirmmaterial $H_{t_1} = 0$, im umgebenden Dielektrikum $H_{t_2} = \mathbf{J_s}$, wobei J_s eine *Flächenstromdichte* mit der Dimension A/cm darstellt. In letzterem Fall wäre die Schirmdämpfung für tangentiale Felder unendlich hoch.

Während in der Praxis die Schirmwirkung gegen quasistatische elektrische Felder meist ohne langes Rechnen als perfekt angenommen werden darf, stellt sich bei quasistatischen magnetischen Feldern regelmäßig die Frage nach der Höhe der Schirmdämpfung. Diese muß in jedem Einzelfall für die vorgegebenen Parameter

— Frequenz
— Wandstärke
— Leitfähigkeit
— Permeabilität
— Schirmgeometrie

speziell ermittelt werden (s. 6.1.1).

5.4 Elektromagnetische Wellen

Mit zunehmender Frequenz verliert die quasistatische Betrachtungsweise ihre Gültigkeit, da die induzierende Wirkung des Verschiebungsstroms nicht mehr vernachlässigt werden kann. Dies ist in der Regel dann der Fall, wenn sich der Schirm im Fernfeld des Senders befindet, in dem elektrische und magnetische Felder nicht mehr über den Wellenwiderstand einer Antenne, sondern über den Wellenwiderstand des freien Raumes (Z_0 = 377 Ohm) miteinander gekoppelt sind. Während in quasistatischen magnetischen Wechselfeldern nur ein magnetisches Rückwirkungsfeld entsteht, tritt hier auch ein merkliches elektrisches Rückwirkungsfeld auf. Der Schirm wird selbst zum Sender und strahlt eine elektromagnetische Welle ab, deren Entstehung sich wie folgt erklärt.

Das elektrische Wirbelfeld $\mathbf{E}^E$ der einfallenden elektromagnetischen Welle bewirkt gemäß $\mathbf{J}=\sigma\mathbf{E}^E$ in der leitenden Schirmwand Ströme, die mit einem magnetischen Rückwirkungsfeld $\mathbf{H}^R$ verknüpft sind. Das magnetische Rückwirkungsfeld ist seinerseits über das Induktionsgesetz mit einem elektrischen Wirbelfeld $\mathbf{E}^R$ verknüpft, das zusammen mit $\mathbf{H}^R$ die reflektierte elektromagnetische Welle bildet. Genau besehen findet dieser Mechanismus auch im quasistatischen Fall statt. Die elektrischen Wirbelfelder sind dort jedoch so schwach, daß sie im nichtleitenden Raum nur marginale Verschiebungsströme zu treiben in der Lage sind, die keinen merklichen Beitrag zu den von Leitungsströmen verursachten Magnetfeldern $\mathbf{H}_a$ und $\mathbf{H}^R$ leisten können.

Im eingeschwungenen Zustand (komplexe Amplituden) besteht das Feld im Außenraum aus der Überlagerung der einfallenden Welle und der reflektierten Sekundärwelle, $\mathbf{E}=\mathbf{E}^E+\mathbf{E}^R$. In der Schirmwand ergänzen sich die einfallende und die reflektierte elektrische Feldstärke zu Null, d.h. $\mathbf{E}^E+\mathbf{E}^R=0$ bzw. $\mathbf{E}^R=-\mathbf{E}^E$.

Zur Berechnung der Schirmwirkung müssen innerhalb und außerhalb des Schirmmaterials die Wellengleichungen herangezogen werden (s. 6.1.4). Die Grenzflächenbedingungen für die E- und H-Komponenten sind die gleichen wie bei quasistatischen Feldern. Es stellt sich heraus, daß Schirmhüllen sich bei hohen Frequenzen wie *Hohlraumresonatoren* verhalten. Im Bereich der Eigenresonanzen treten Resonanzeinbrüche der Schirmdämpfung auf, die einen Schirm nicht gerade transparent, aber doch zumindest opak werden lassen, hierauf wird im Kapitel 6.1.4 und 6.1.5 noch ausführlich eingegangen.

5.5 Schirmmaterialien

Wie in den vorangegangenen Abschnitten 5.2 und 5.3 gezeigt wurde, eignen sich all die Materialien für Schirmzwecke, die für den Fluß des jeweiligen Feldes eine besonders hohe Leitfähigkeit aufweisen oder die auf Grund von Influenz oder Induktion ein Gegenfeld aufzubauen in der Lage sind. Am häufigsten werden Schirme aus NE-Metallen und ferromagnetischem Material verwendet. Der Vergleich zweier gleich dicker Schirme aus Fe und Cu erhellt die Komplexität der Schirmwirkung, Bild 5.9.

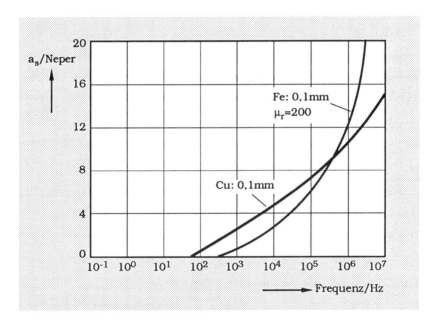

Bild 5.9: Theoretische magnetische Schirmdämpfung eines Schirmraums von 10m Durchmesser.

Im Bereich unter 100 kHz ist die Eindringtiefe größer als die Wandstärke (besitzt also keinen Einfluß), so daß das Material mit der besseren Leitfähigkeit die höhere Schirmdämpfung aufweist. (Die

Schirmung beruht hier allein auf der Reduktionswirkung des als Kurzschlußwindung wirkenden Schirms (vergl. 3.3)). Oberhalb 200 kHz wird die Eindringtiefe

$$\delta = \sqrt{\frac{1}{\pi f \mu \sigma}} \qquad (5\text{-}25)$$

kleiner als die Wandstärke, so daß die Permeabilität zum Tragen kommt und die Dämpfung des Eisenschirms, die des Kupferschirms übersteigt. Bei sehr niedriger Frequenz ergibt sich nochmals ein Schnittpunkt, wenn der Eisenschirm auch bei f = 0 noch eine geringe Schirmwirkung zeigt, während die Wirkung eines Kupferschirms für magnetostatische Felder exakt Null ist. Schirme aus Edelstahl besitzen wegen ihres hohen spezifischen Widerstands und ihrer paramagnetischen Eigenschaften ($\mu_r \approx 1$) eine geringere relative Schirmdämpfung als Kupfer- oder Eisenschirme.

In den Fällen, in denen von der Permittivität ε_r und der Permeabilität μ_r eines Schirms Gebrauch gemacht wird, sind deren Frequenzabhängigkeit sowie nichtlineare Sättigungseffekte zu beachten. Zur Vermeidung von Sättigungserscheinungen werden gelegentlich mehrschichtige Schirme eingesetzt, wobei man den dem Störquellenraum zugewandten Schirm aus niederpermeablem, weitgehend linearem Material herstellt, so daß beispielsweise ein ferromagnetischer Schirm hoher Schirmwirkung nach Möglichkeit nur bereits leicht abgeschwächte Felder erfährt. Weiter ist zu beachten, daß die wirksame Permeabilität verformter magnetischer Werkstoffe meist deutlich unter den Tabellenbuchangaben liegt, die für unbearbeitetes Material gelten und unter optimalen Betriebsparametern ermittelt wurden.

Bei sehr geringen Ansprüchen an die Schirmwirkung können auch Drahtgeflechte, Baustahlgewebe etc. als elektromagnetische Schirme interpretiert werden. Ihre Schirmwirkung ist jedoch relativ gering und bietet nur in wenigen Fällen eine befriedigende technische Lösung.

Der zunehmende Ersatz metallischer Gerätegehäuse durch Kunststoff- bzw. Isolierstoffgehäuse hat in den vergangenen Jahren leitfähige Kunststoffe bzw. leitfähig beschichtete Kunststoffe stark an Bedeutung gewinnen lassen [5.11 bis 5.14 und 5.19 bis 5.23]. Kunststoffe mit inhärenter Leitfähigkeit (engl.: *intrinsic conductivity*) befinden sich derzeit noch im Entwicklungsstadium. Leitfähige Kunststoffe nach dem Stand der Technik enthalten hochprozentige Zuschläge aus leitfähigem Material (Ruß, Metallpulver und -fasern etc.) und sind nur für bestimmte Anwendungen geeignet. Vielfach werden Kunststoffgehäuse durch Flamm- und Plasmaspritzen, Leitlacke, galvanische Behandlung, Bedampfung unter Vakuum o.ä. im Innern mit einer leitfähigen Schicht versehen. Fenster erhalten gewöhnlich eine *durchsichtige* leitfähige Metallschicht (Bedampfung unter Vakuum, Ionenimplantation, Sputtern o.ä.) Die Schirmwirkung *durchsichtiger* leitfähiger Schichten ist naturgemäß begrenzt und bietet merkliche Schirmdämpfung nur gegen quasistatische elektrische Felder. Die *in praxi* wichtige Schirmwirkung gegen quasistatische magnetische Wechselfelder ist sehr gering. Bessere Schirmwirkung, vor allem bei höheren Frequenzen, bieten durchsichtige Drahtgewebe.

Der vergleichsweise hohe Bahnwiderstand nachträglich aufgebrachter dünner Schichten ist bezüglich der Schirmwirkung nachteilig, bezüglich einer "gebremsten" ESD-Ableitung (s. 2.4.1 und 10.3) u.U. vorteilhaft, da die Stromstärken kleinere Werte annehmen.

Bei hohen Frequenzen und den *in praxi* anzutreffenden Wandstärken wird die Schirmwirkung eines Gehäuses meist weniger durch das Schirmmaterial als durch funktionell und herstellungs- bzw. montagebedingte Schwachstellen bestimmt (s. 5.6).

Über Schirmmaterialien entscheiden häufig nicht allein die inhärente Schirmwirkung, sondern auch andere Gesichtspunkte, etwa ob das Schirmmaterial nur einer Auskleidung eines bereits bestehenden Gebäudes dienen oder eine selbsttragende Abschirmkabine bilden soll, Korrosionsfragen etc. Bezüglich der Berechnung von Schirmen wird auf Kapitel 6 verwiesen, bezüglich der Messung der Schirmwirkung auf Kapitel 9.3.

5.6 Schirmzubehör

Schirme, die einem technisch sinnvollen Zweck dienen sollen, besitzen in der Regel Öffnungen oder sind zerlegbar, weisen gefilterte Leitungsein- und ausführungen auf, haben Wabenkaminfenster für die Belüftung, Bohrungen zur Aufnahme mechanischer Wellen, metallisierte Fenster zur Beobachtung etc. Diese zusätzlichen Merkmale stellen häufig HF-*Brücken* bzw. -*lücken* dar, die auch ein Schirmgehäuse aus 2mm Stahlblech wirkungslos machen können. Im folgenden werden technische Lösungen vorgestellt, die die funktionelle Zusatzaufgabe ohne merklichen Verlust an Schirmintegrität bewerkstelligen.

5.6.1 Dichtungen für Schirmfugen

Größere Schirmgehäuse und modular aufgebaute Abschirmräume besitzen Fugen und Türspalte, die den Schirmströmen quer zur Spaltrichtung einen großen Widerstand entgegensetzen und damit die magnetische Schirmwirkung stark behindern (s. 5.3). Während handwerklich einwandfrei ausgeführte Schweiß- und Lötnähte nahezu unbemerkt bleiben, müssen Türspalte ringsum und Trennfugen zwischen Wandelementen auf ihrer gesamten Länge durch zusätzliche Dichtelemente elektrisch kontaktiert werden. Für diesen Zweck bietet die Industrie eine Vielzahl von Dichtungen bzw. Dichtmaterialien an, Bild 5.10.

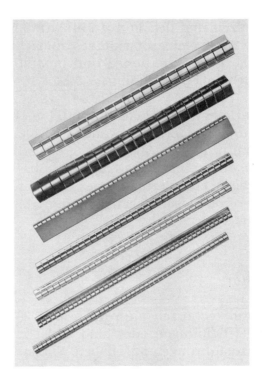

Bild 5.10: Beispiele kommerziell erhältlicher Dichtungen.

5.6 Schirmzubehör

Das Spektrum reicht von metallischen Kontaktfederleisten (engl.: *finger stock*) der vielfältigsten Art [5.24] über leitfähige Elastomere (gefüllt mit Silberpartikeln, versilberten Partikeln, Metallfasern) gestrickten Drahtgeflechten etc. [5.25] bis zu fest in Gehäuseteilen integrierten Dichtungen (engl.: *molded-in-place seals* [5.26]). Bei der Auswahl der Dichtungen zählt in erster Linie ihre Fähigkeit, einen Schirmspalt mit geringstmöglicher Dicke so niederohmig wie möglich zu überbrücken bzw. kurzzuschließen. Eine dicke, hochohmige Dichtung mag optisch eine hohe Schirmdämpfung suggerieren, kann aber bei niedrigen Frequenzen durchaus schlechter sein als ein enger Spalt, der an einigen wenigen Punkten gut leitfähig verbunden ist (s.a. 5.3.2). Weitere Gesichtspunkte sind Langzeit-Elastizität (z.B. bei Türen), geringer Elastizitätsverlust nach Kompression, Anpreßkräfte, galvanische Verträglichkeit mit den Gegenkontaktflächen (Langzeitkorrosion) etc. [5.4 bis 5.9].

Große Aufmerksamkeit ist der konstruktiven Gestaltung der Ortskurven der Kontaktflächen beim Schließen einer Tür etc. zu widmen. Bei rein metallischen Dichtungen ist eine selbstreinigende Relativbewegung der Kontakte erwünscht, um etwaige Oxidhäute zu zerstören, bei Kunststoffverbund-Dichtungsmaterialien ist sie meist unerwünscht, da die Dichtung mechanisch zu schnell zerstört wird.

Allgemein verdient die konstruktive Gestaltung von Schirmfugen größte Beachtung. Durch geeignete Formgebung im Hinblick auf optimale Ausnutzung des Stromverdrängungseffekts und zweckmäßige Anordnung leitender Dichtungen können Schirmströme vorteilhaft geführt und die Wirkungen des Dichtmaterials unterstützt werden (Labyrinthdichtung etc.)

5.6.2 Kamindurchführungen, Wabenkaminfenster, Lochbleche

Wanddurchbrüche für Potentiometer- und Schalterwellen aus Isolierstoff können durch Metallrohre (*Kamindurchführungen*) HF-dicht gemacht werden, Bild 5.11a.

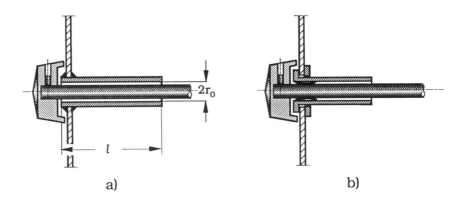

Bild 5.11: Beispiel für HF-dichte Wellendurchführungen
a) Isolierwelle   b) Metallische Welle.

Unterhalb der vom Rohrdurchmesser $D = 2r_0$ bestimmten Grenzfrequenz (engl.: *cut-off frequency*)

$$f_{g_0} = \frac{8{,}2 \cdot 10^9}{r_0} \text{ Hz} \qquad (5\text{-}26)$$

(r_0 in cm) wirkt das Rohr wie ein unterhalb seiner Grenzfrequenz betriebener Hohlleiter, dessen Dämpfung für Magnetfelder sich nach Kaden [3.8] berechnet zu

$$\boxed{a = 1{,}84 \, \frac{l}{r_0}} \qquad (5\text{-}27)$$

Die Dämpfung hängt damit vom Verhältnis Kaminlänge zu Radius bzw. Durchmesser ab.

Alternativ können auch metallische Wellen in einer mit *Multi-Contact* Federkontakten oder einer anderen leitfähigen Dichtung ausgerüsteten Hülse zum Einsatz kommen, Bild 5.11b.

Ordnet man eine Vielzahl Kamine matrixförmig an, erhält man sogenannte *Wabenkaminfenster*, (engl.: *honey-comb windows*), Bild 5.12.

5.6 Schirmzubehör

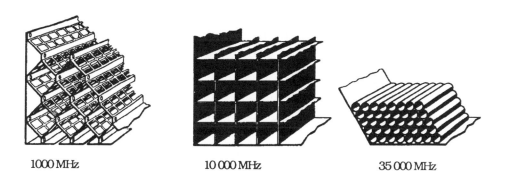

1000 MHz   10 000 MHz   35 000 MHz

Bild 5.12: Ausschnitte aus Wabenkaminfenstern für unterschiedliche Frequenzen (SIEMENS).

Der für Wabenkaminfenster getriebene Aufwand läßt erkennen, daß Schirme mit größeren Fensteröffnungen, beispielsweise Elektronikschränke oder Gerätegehäuse mit Glastür, kaum noch als HF-Schirme bezeichnet werden können. Sie suggerieren zwar auf Grund ihrer Gehäusenatur einen gewissen Schutz, letzterer ist jedoch überwiegend mechanischer Natur oder dient der Vermeidung vorzeitiger Verschmutzung. Bezüglich der Schirmwirkung metallisierter Fenster wird auf 5.5 verwiesen.

Häufig werden Wände von Gerätegehäusen zur Wärmeabfuhr teilweise oder ganz mit Lochreihen versehen, was eine *Lochkopplung* (engl.: *small aperture coupling*) ermöglicht. Die Schirmdämpfung hängt dann wesentlich vom Perforationsgrad ab, der die Summe aller Lochquerschnitte zur perforierten Fläche in Beziehung setzt,

$$\boxed{p = \frac{n \pi r_o^2}{A}}$$

(5-28)

Bei gegebenem Perforationsgrad nimmt die Schirmdämpfung mit zunehmendem Lochradius ab. Mit anderen Worten, viele kleine Löcher sind weniger schädlich als wenige große. Die gelegentlich zu findende Aussage, daß bei großem Verhältnis von Lochdurchmesser zu Stegbreite zwischen den Löchern eine Lochmatrix wie ein einziges großes Loch wirke, ist nicht zutreffend, Maschendrahtschirme besäßen dann überhaupt keine Schirmwirkung.

5.6.3 Netzfilter und Erdung

Die Wirkung eines noch so guten Schirmgehäuses wird sofort zunichte gemacht, wenn auch nur eine Leitung ungefiltert vom Störquellenraum in den geschirmten Raum verlegt wird und dort als Antenne wirken kann. Ein Schirm kann daher nur dann seinen Zweck erfüllen, wenn sämtliche ein- und ausgehenden Energieversorgungs- und Steuerleitungen über Filter geführt werden. Meßsignalleitungen, die außerhalb des Schirmgehäuses durch Kabelschirme störstromfrei gehalten werden, können ungefiltert in den geschirmten Raum geführt werden. Man kann den *Meßkabelschirm* quasi als Ausstülpung bzw. Fortführung des Schirmraums auffassen, wobei dann die Signaladern den Schirmraum gar nicht erst verlassen. Für Energieversorgungsleitungen stehen *Netzverriegelungen* zur Verfügung, die meist aus mehreren Komponenten für die einzelnen Frequenzbereiche zusammengesetzt werden (s. 4.1). *Türkontaktfederleisten*, *Wabenkaminfenster* und *Netzverriegelung* müssen sinnvoll aufeinander abgestimmt sein. Sämtliche Filter, Erdverbindungen und Kabelschirmanschlüsse sind zur Vermeidung von Ausgleichströmen in der Schirmwand in unmittelbarer Nachbarschaft an *einer* Stelle anzuordnen, Bild 5.13.

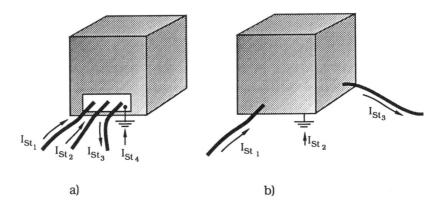

Bild 5.13: a) Richtige und b) falsche Anordnung von Leitungsanschlüssen an ein Schirmgehäuse.

5.6 Schirmzubehör

Zur Gewährleistung einer niederohmigen Verbindung aller ankommenden Kabelschirme und der Kabinenerdung empfiehlt sich die Verstärkung der Schirmwand an der gemeinsamen Penetrationsstelle durch eine massive Kupferplatte. Im Fall 5.13b fließen etwaige auf den Kabelschirmen und dem Erdsystem ankommende Störströme über das Schirmgehäuse und erzeugen im Schirminnern ein störendes Magnetfeld.

Wie aus den Betrachtungen im Kapitel 5.3 hervorgeht, benötigt ein geschlossener Schirm für die Entfaltung seiner Schirmwirkung keine Erdung. Im Gegenteil, eine Erdverbindung verfälscht die freie Ausbildung des induzierten oder influenzierten kompensierenden Gegenfelds und reduziert gar die Schirmwirkung (Ausnahme: geerdete Abschattungsbleche gegen quasistatische elektrische Störfelder). Trotzdem werden *in praxi* aus Sicherheitsgründen alle Schirmgehäuse und geschirmten Kabinen mit dem Schutzleiter (PE) verbunden. Hierbei sind die VDE-Bestimmungen 0100, 0107, 0190, 0874 und 0875 [B23] zu beachten (s.a. 4.1).

5.6.4 Geschirmte Räume

Geschirmte Räume dienen wahlweise der Fernhaltung äußerer elektromagnetischer Beeiflussungen bei empfindlichen Messungen oder der räumlichen Begrenzung störender Emissionen auf den Ort ihrer Entstehung, vielfach auch beidem. Ein typisches bifunktionales Beispiel sind geschirmte Hochspannungsprüflaboratorien, in denen einerseits sehr empfindliche Teilentladungsmessungen durchgeführt werden müssen, andererseits bei Blitzstoßspannungsprüfungen die Umwelt nicht mit "synthetischen" Gewittern belastet werden darf.

Bautechnisch können geschirmte Räume durch Auskleiden vorhandener Räume mit hochfrequenzdicht verlöteten Kupferfolienbahnen, durch selbsttragende Schweißkonstruktionen aus Stahlblech oder in modularer Bauweise durch Zusammenschrauben vorgefertigter Wandelemente realisiert werden, z.B. Bild 5.14.

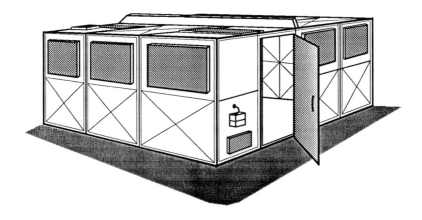

Bild 5.14:   Im Baukastensystem erstellter Schirmraum (SIEMENS).

Neben der Spezifikation der eigentlichen Schirmwirkung bedürfen geschirmte Räume auch ausführlicher Überlegungen hinsichtlich *Beleuchtung, Belüftung, Bodenbelastbarkeit, Stromversorgung, elektrischer* und *nichtelektrischer Leitungsdurchführungen* etc. [5.15 bis 5.18].

Bezüglich der rechnerischen Ermittlung der Schirmwirkung geschirmter Räume wird auf Kapitel 6 verwiesen, bezüglich der meßtechnischen Ermittlung auf Kapitel 9.

5.6.5   Reflexionsarme Schirmräume - Absorberräume

Im Innern von Schirmräumen erzeugte elektromagnetische Wellen erfahren an den Wänden Reflexionen. Die reflektierten Wellen überlagern sich mit den ankommenden Wellen zu stehenden Wellen mit stark ausgeprägten Knoten und Bäuchen (s. 9.5). Die räumliche Feldverteilung wird dadurch stark inhomogen und macht die Ergebnisse von Emissions- und Störfestigkeitsmessungen in nicht überschaubarer, frequenzabhängiger Weise von der räumlichen Anordnung der Prüfobjekte und Antennen abhängig.

Zur Vermeidung des störenden Einflusses der Wandreflexionen kleidet man geschirmte EMV-Meßräume mit *Absorbern* aus. Die Absor-

5.6 Schirmzubehör

ber bewirken eine reflexionsarme stetige Impedanzanpassung des Feldwellenwiderstands im Schirminnern ($Z_0 = 377\,\Omega$) an den Feldwellenwiderstand der Schirmwand ($Z_0 = 0$). Messungen in *Absorberräumen* erlauben daher die Durchführung von Freifeldmessungen unter Innenraumbedingungen (*Echofreie Räume*; engl.: *Anechoic Chambers*).

Absorber bestehen aus verlustbehafteten Dielektrika und Ferromagnetika, in denen die einfallende elektromagnetische Energie zum überwiegenden Teil in Wärme umgewandelt wird (s. 4.1.4). Am häufigsten werden mit Kohlenstoff-Latexfarbe getränkte Polyurethanschäume eingesetzt. Daneben eignen sich auch *Ferritplatten, Gasbetonsteine* mit kristallin gebundenem Wasser und sogenannte *Schachtabsorber* [7.6]. Schaumstoffabsorber besitzen meist Pyramidenform, so daß die elektromagnetischen Wellen Gelegenheit haben, mehrfach auf absorbierende Oberflächen aufzutreffen und sich zwischen den Pyramiden quasi "totzulaufen", Bild 5.15.

Bild 5.15: Absorberraum (*Institut für Elektroenergiesysteme und Hochspannungstechnik*, Universität Karlsruhe).

Die Reflexionsdämpfung hängt wesentlich von der Wellenlänge bzw. Frequenz ab. Stimmen Wellenlänge und Absorbertiefe überein, liegt die Reflexionsdämpfung in der Größenordnung von ca. 30 dB. Die Reflexionsdämpfung nimmt mit zunehmendem Verhältnis Absorbertiefe zu Wellenlänge zu. Eine Minimalforderung sind Reflexionsdämpfungen > 10 dB oberhalb 200 MHz und > 20 dB oberhalb 1 GHz [B24] (Messung der Reflexionsdämpfung s. 9.5).

Mit Kohlenstoff gefüllte Schaumstoffabsorber stellen ohne besondere Vorkehrungen eine hohe Brandlast dar, die bei Kurzschluß elektrischer Leitungen oder auch bei Bestrahlung mit zu hoher Leistungsdichte beträchtliches Gefahrenpotential besitzt. Eine leistungsfähige Feuerlöscheinrichtung und feuerhemmende Ausrüstung sind daher essentiell.

Neben den oben beschriebenen Breitbandabsorbern kommen bei *monochromatischen Störquellen* auch aus mehreren parallelen Schichten bestehende Schmalbandabsorber zum Einsatz. Ihre Schichtdicken sind je nach Wellenlänge so ausgelegt, daß für bestimmte Frequenzen bzw. Wellenlängen an tieferen Schichten *reflektierte* Wellen *einfallende* Wellen infolge destruktiver Interferenz auslöschen (vergl. Laserschutzbrillen und vergütete Linsen im *optischen* Bereich des elektromagnetischen Spektrums).

Eine weitere Möglichkeit, Einflüsse störender Wandreflexionen auszuschalten, bieten Schirmräume mit periodisch beweglich angeordneten großen Metallstrukturen (z.B. ähnlich den Rotorflügeln in Mikrowellenherden). Hierdurch lassen sich die Ausbreitungsbedingungen für *Moden* (Wellen mit Frequenzen, bei denen Eigenresonanz auftritt) kontinuierlich verändern und die räumliche Lage von Knoten und Bäuchen im Schirmraum in weiten Grenzen verschieben (engl.: *Stirred Mode Chamber, Reverberation Chamber*). Der Grundgedanke des Verfahrens beschränkt den Einsatz auf Meßfrequenzen oberhalb der ersten Eigenresonanz des Schirmraums [7.9 bis 7.12]. Schließlich seien TEM-Meßzellen erwähnt, die sich unter bestimmten Voraussetzungen auch für Emissionsmessungen eignen. Sie werden jedoch überwiegend für *Suszeptibilitätsmessungen* eingesetzt und deshalb erst im Kapitel 8.2.1.1 behandelt.

Zuverlässig reproduzierbare Störfeldstärkemessungen erfordern beträchtliche Erfahrung sowie fundierte Kenntnise der allgemeinen Hochfrequenzmeßtechnik. Wegen Einzelheiten über Störfeldstärkemessungen, insbesondere der räumlichen Anordnung, Erdung sowie der Berücksichtigung zu- und abgehender Leitungen des Testobjekts etc., wird auf VDE 0877, Teil 2 [7.7] und weitere einschlägige Vorschriften verwiesen.

6 Theorie elektromagnetischer Schirme

Die analytische Berechnung der Schirmwirkung elektromagnetischer Schirme verlangt das Lösen der Maxwell'schen Gleichungen für die Gebiete innerhalb und außerhalb eines Schirms sowie in der Schirmwand selbst. Als Lösungen erhält man die Größen E_i, E_a und H_i, H_a, die zueinander in Beziehung gesetzt auf den *Schirmfaktor* bzw. die *Schirmdämpfung* führen. Diese Vorgehensweise ermöglicht ein über die bekannten Faustformeln hinausgehendes tieferes Verständnis der Wirkungsweise elektromagnetischer Schirme und macht die individuelle Wirkung eines Schirms einer genauen quantitativen Erfassung zugänglich. Die Methode ist jedoch mathematisch sehr anspruchsvoll und hat deswegen in der Vergangenheit noch nicht die gewünschte Verbreitung gefunden.

Im folgenden wird an Hand einiger Beispiele steigender Komplexität

— Zylinderschirm im quasistatischen magnetischen Störfeld H_a *ohne* Rückwirkung auf den Außenraum,

— Zylinderschirm im quasistatischen magnetischen Störfeld H_a mit Berücksichtigung der Rückwirkung auf den Außenraum,

— Zylinderschirm im *elektromagnetischen Wellenfeld* (mit reflektierter elektromagnetischer Welle),

versucht, den Leser in die grundsätzliche Vorgehensweise der *analytischen Schirmberechnung* einzuführen und ihm die Wege zur Lektüre des umfangreichen diesbezüglichen Schrifttums zu ebnen [6.8 bis 6.13, B1, B18]. Für Leser, die eine schnelle Lösung suchen, wird im zweiten Teil dieses Kapitels auch das *Impedanzkonzept* vorgestellt, das auf einer Analogie zur Wanderwellentheorie beruht.

Schließlich sei noch erwähnt, daß in beschränktem Umfang auch eine Schirmberechnung mit Hilfe von Netzwerkmodellen möglich ist [6.25, 6.26].

6.1 Analytische Schirmberechnung

6.1.1 Theoretische Grundlagen

Die räumliche Verteilung der *komplexen Amplituden* der magnetischen Feldstärke $\underline{H}(x,y,z)$ und der elektrischen Feldstärke $\underline{E}(x,y,z)$ einer elektromagnetischen Welle wird durch die beiden folgenden partiellen Differentialgleichungen beschrieben [B18].

$$\Delta \underline{H} = j\omega\sigma\mu\underline{H} + (j\omega)^2 \varepsilon\mu\underline{H} \qquad \Delta \underline{E} = j\omega\sigma\mu\underline{E} + (j\omega)^2 \varepsilon\mu\underline{E} \ , \qquad (6\text{-}1)$$

deren Laplaceoperatoren auf den linken Seiten folgende Bedeutung haben,

$$\Delta \underline{H} = \frac{\partial^2 \underline{H}}{\partial x^2} + \frac{\partial^2 \underline{H}}{\partial y^2} + \frac{\partial^2 \underline{H}}{\partial z^2} \qquad \Delta \underline{E} = \frac{\partial^2 \underline{E}}{\partial x^2} + \frac{\partial^2 \underline{E}}{\partial y^2} + \frac{\partial^2 \underline{E}}{\partial z^2} \ . \qquad (6\text{-}2)$$

Die Differentialgleichungen (6-1) sind für den Außenraum (Index "a"), den Innenraum (Index "i") und die Schirmwand (Index "s") zu lösen, Bild 6.1.

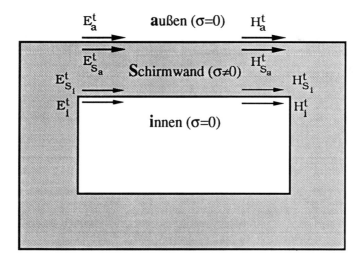

Bild 6.1: Integrationsgebiete der Gleichungen (6-1) und deren Ränder. Stetige Tangentialkomponenten der elektrischen und magnetischen Feldstärke an den Grenzflächen, s. (6-7).

Da im Luftraum innerhalb und außerhalb des Schirms $\sigma = 0$ gilt und in der Schirmwand $|\sigma| \gg |j\omega\varepsilon|$ gesetzt werden kann (d.h. der Verschiebungsstrom ist gegenüber dem Leitungsstrom zu vernachlässigen), lassen sich die Gleichungen (6-1) derart vereinfachen, daß auf ihrer rechten Seite jeweils ein Term entfällt.

Außen- und Innenraum, $\sigma = 0$:

$$\Delta \underline{H} = (j\omega)^2 \varepsilon\mu \underline{H} \quad \text{bzw.} \quad \Delta \underline{E} = (j\omega)^2 \varepsilon\mu \underline{E} \quad , \qquad (6\text{-}3)$$

und mit der *Wellenzahl* k_o bzw. ihrem Quadrat $k_o^2 = \omega^2 \varepsilon \mu$,

$$\boxed{\Delta \underline{H} = -k_o^2 \underline{H}} \qquad \boxed{\Delta \underline{E} = -k_o^2 \underline{E}} \qquad . \quad (6\text{-}4)$$

Diese Gleichungen sind vom Typ der *Wellengleichung.* Sie beschreiben die Ausbreitung elektromagnetischer Wellen im verlustfreien Raum.

Schirmwand, $|\sigma| \gg |j\omega\varepsilon|$:

$$\Delta \underline{H} = j\omega\sigma\mu \underline{H} \quad \text{bzw.} \quad \Delta \underline{E} = j\omega\sigma\mu \underline{E} \quad , \qquad (6\text{-}5)$$

und mit der *Wirbelstromkonstante* k bzw. ihrem Quadrat $k^2 = j\omega\sigma\mu$,

$$\boxed{\Delta \underline{H} = k^2 \underline{H}} \qquad \boxed{\Delta \underline{E} = k^2 \underline{E}} \qquad . \quad (6\text{-}6)$$

Diese Gleichungen sind vom Typ der *Stromverdrängungsgleichung (Diffusionsgleichung, Wärmeleitungsgleichung).* Sie beschreiben das räumlich zeitliche Verhalten *quasistatischer* elektrischer und magnetischer Felder in Leitern.

6.1 Analytische Schirmberechnung

Beschränken wir uns zunächst auf *quasistatische Felder*, reduziert sich die Schirmberechnung auf die Ermittlung des Verhältnisses der magnetischen Feldstärken $\mathbf{H}_a$ und $\mathbf{H}_i$. (Die Schirmwirkung gegen quasistatische *elektrische* Felder ist praktisch beliebig hoch). Da in *quasistatischen* Feldern der Wellencharakter des Feldes (d.h. das Magnetfeld des Verschiebungsstroms) vernachlässigt werden kann, dürfen wir in allen drei Gebieten mit den Diffusionsgleichungen (6-6) rechnen.

Bei der Lösung (Integration) der Feldgleichungen (6-4) und (6-6) entstehen, wie bei der Lösung eines unbestimmten Integrals, *Integrationskonstanten* bzw. *-funktionen*, die aus den *Randbedingungen* an der inneren und äußeren Schirmwand sowie aus der *Anregung* (Störfeld) ermittelt werden müssen. Für die Grenzflächen zwischen dem Störquellenraum, dem geschirmten Raum und der Schirmwand, Bild 6.1, gelten für Tangentialkomponenten der Feldstärken folgende Randbedingungen,

$\mathbf{E}$ - Feld	$\mathbf{H}$ - Feld
$E_a^t = E_{s_a}^t$	$H_a^t = H_{s_a}^t$
$E_i^t = E_{s_i}^t$	$H_i^t = H_{s_i}^t$

, (6-7)

wobei die Tangentialfeldstärken E_s^t und H_s^t an der inneren und äußeren Oberfläche des Schirms natürlich verschieden sind (zusätzlicher Index "a" bzw. "i").

Im Gegensatz zu gewöhnlichen Randwertproblemen sind in der analytischen Schirmberechnung nicht explizite Werte auf den Rändern gegeben, sondern Relationen zwischen den Randwerten auf beiden Seiten eines Randes (Stetigkeitsbedingungen gemäß (6-7)). Dies macht bei der Bestimmung der Integrationskonstanten ein etwas ungewöhnliches Vorgehen erforderlich, worauf in den folgenden Beispielen noch ausführlich eingegangen wird.

6.1.2 Zylinderschirm im longitudinalen Feld

Ein Zylinderschirm sei einem parallel zur Achse verlaufenden quasistatischen Magnetfeld ausgesetzt, Bild 6.2.

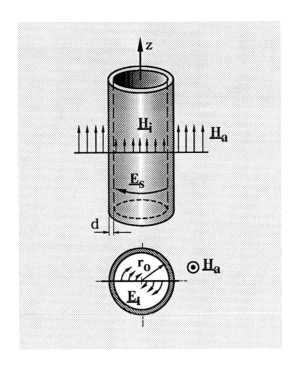

Bild 6.2: Zylinderschirm im longitudinalen $\underline{H}$-Feld.

Das mit dem äußeren Magnetfeld $\underline{H}_a$ (Störfeld) verknüpfte elektrische Wirbelfeld $\underline{E}_a$ [B18] bewirkt gemäß $\underline{J} = \sigma \underline{E}$ in der leitenden Schirmwand Kreisströme, die ihrerseits ein longitudinales *Rückwirkungsfeld* $\underline{H}^R$ erzeugen (nicht eingezeichnet), das dem erregenden Feld entgegengerichtet ist. Übrig bleibt im Innenraum das geschwächte Nettofeld $\underline{H}_i = \underline{H}_a - \underline{H}^R$, im Außenraum herrscht unverändert $\underline{H}_a$ (s. unten). Wir interessieren uns nur für den Schirmfaktor $Q = \underline{H}_i/\underline{H}_a$ und betrachten der Reihe nach den Außenraum, den Innenraum und die Schirmwand in einem Zylinder-Koordinatensystem. Zur Vereinfachung der Schreibweise verwenden wir ab hier innerhalb einer Berechnung nur noch Komponentenvektoren (kein Fett-

6.1 Analytische Schirmberechnung

druck; Ausnahme: Mehrdimensionale Vektoren in Definitionsgleichungen, oder wenn noch nicht feststeht, daß es sich um einen Komponentenvektor handelt). *Weiter verzichten wir künftig auf den Querstrich zur Kennzeichnung der Größen als komplexe Amplituden.*

Magnetische Feldstärke im Außen- und Innenraum sowie in der Schirmwand:

Außenraum $(r > (r_o + d);\ \sigma = 0,\ k = 0)$:

Im Außenraum gilt mit und ohne Schirm $\mathbf{H}(r,\varphi,z) = H_z = H_a$. Das Rückwirkungsfeld $\mathbf{H}^R$ macht sich bei der vorliegenden Geometrie im Außenraum nicht bemerkbar, weil der aus den Rohrenden austretende Rückwirkungsfluß sich über den unendlich großen Querschnitt des Außenraums schließt. Das bedeutet, daß seine Fluß*dichte* $\mathbf{B}^R$ außerhalb des Schirms vernachlässigbar klein ist und damit auch gilt

$$\mathbf{H}_a^R = \frac{1}{\mu_o}\,\mathbf{B}_a^R \approx 0 \quad. \tag{6-8}$$

Falls diese Aussage nicht sofort aus der Anschauung gewonnen werden kann, muß im Außenraum die Diffusionsgleichung $\Delta \mathbf{H}_a = k^2 \mathbf{H}_a$ gelöst werden, die sich noch wegen $\sigma = 0$ vereinfacht zu $\Delta \mathbf{H}_a = 0$. Da wir *a priori* nur quasistatische Magnetfelder betrachten, gilt die Diffusionsgleichung auch im Außenraum. Erst bei der Annahme eines störenden elektromagnetischen Wellenfeldes müßte im Außenraum die Wellengleichung herangezogen werden (s. 6.1.4).

Innenraum $(r < r_o;\ \sigma = 0,\ k = 0)$:

In Zylinderkoordinaten lautet die Diffusionsgleichung (6-6) für die magnetische Feldstärke

$$\frac{1}{r}\frac{\partial}{\partial r}\left(r\frac{\partial H_i}{\partial r}\right) + \frac{1}{r^2}\left(\frac{\partial^2 H_i}{\partial \varphi^2}\right) + \frac{\partial^2 H_i}{\partial z^2} = k^2 H_i \tag{6-9}$$

Dabei ist bereits impliziert, daß H_i aus Symmetriegründen weder von φ noch von z abhängt. Entsprechend entfallen die letzten beiden Terme und wegen $\sigma = 0$ bzw. $k = 0$ auch die rechte Seite der Gleichung. Die Diffusionsgleichung vereinfacht sich dadurch zur eindimensionalen Laplacegleichung in Zylinderkoordinaten,

$$\Delta H_i = \frac{1}{r} \frac{d}{dr}\left(r \frac{dH_i}{dr}\right) = 0 \quad . \tag{6-10}$$

Um die Lösung unseres Problems weiter zu erleichtern, beschränken wir uns auf dünnwandige Schirme ($r_0 \gg d$), wodurch das zylindrische Problem bezüglich der Abhängigkeit von r in ein ebenes eindimensionales Problem übergeht. Aus der eindimensionalen Laplacegleichung in Zylinderkoordinaten wird dann die eindimensionale Laplacegleichung in kartesischen Koordinaten, wobei wir aber statt x weiterhin r schreiben,

$$\Delta H_i = \frac{d^2 H_i}{dr^2} = 0 \quad . \tag{6-11}$$

Zweimalige Integration führt zunächst auf

$$\frac{dH_i}{dr} = C_1 \quad ,$$

und schließlich auf

$$H_i(r) = C_1 r + C_2 \quad . \tag{6-12}$$

Die Integrationskonstanten C_1 und C_2 ermitteln wir aus den Randbedingungen bzw. der Anschauung. Aus Symmetriegründen muß H_i eine gerade Funktion sein, mithin gilt $C_1 = 0$. Hieraus folgt sofort

$$H_i(r) = C_2 = \text{const.} \quad . \tag{6-13}$$

6.1 Analytische Schirmberechnung

Die magnetische Feldstärke im Innern ist also konstant, ihre Größe ist aber noch unbekannt. Zur Beantwortung dieser Frage ermitteln wir die magnetischen Feldstärken an der inneren und äußeren Schirmwand.

Schirmwand $(r_o \leq r \leq (r_o + d); \sigma > 0, k \neq 0)$:

Bleiben wir der Einfachheit halber beim dünnwandigen Schirm, so gilt jetzt wegen $k \neq 0$ die eindimensionale Diffusionsgleichung

$$\frac{d^2 H_s}{dr^2} = k^2 H_s \quad . \tag{6-14}$$

Diese Gleichung besitzt die allgemeine Lösung

$$H_s(r) = A\, e^{kr} + B\, e^{-kr} \quad . \tag{6-15}$$

Versuchen wir die Integrationskonstanten durch Einsetzen der Randbedingungen zu ermitteln und berücksichtigen die Stetigkeitsbedingungen $H_i^t = H_{s_i}^t$ und $H_a^t = H_{s_a}^t$ an den Stellen r_o und $r_o + d$, erhalten wir

$$\boxed{H_s(r_o) = H_i = A\, e^{kr_o} + B\, e^{-kr_o}} \tag{6-16}$$

und

$$\boxed{H_s(r_o + d) = H_a = A\, e^{k(r_o+d)} + B\, e^{-k(r_o+d)}} \quad . \tag{6-17}$$

Somit hätten wir zwei Gleichungen, aus denen die beiden Unbekannten A und B wie gewohnt ermittelt werden könnten, wäre nur H_i bereits bekannt.

Um schließlich eine weitere Gleichung für die dritte Unbekannte H_i zu erhalten, ermitteln wir die *elektrische* Feldstärke im Innenraum und in der Schirmwand und setzen deren Tangentialkomponenten an der Grenzfläche Innenraum/Schirmwand einander gleich.

Elektrische Feldstärke im Innenraum und in der Schirmwand:

Innenraum

Wir gehen aus vom *Induktionsgesetz* in Differentialform

$$\text{rot } \mathbf{E}_i = -j\omega \mathbf{B}_i = -j\omega\mu_0 \mathbf{H}_i \quad . \tag{6-18}$$

Da $\mathbf{E}_i$ nur eine $E_\varphi(r)$-Komponente besitzt ($E_z = 0$, $E_r = 0$), bleibt von der Definition der Wirbeldichte rot $\mathbf{E}_i$ in Zylinderkoordinaten,

$$\text{rot } \mathbf{E}_i = \left(\frac{1}{r}\frac{\partial E_z}{\partial \varphi} - \frac{\partial E_\varphi}{\partial z}\right)\mathbf{a}_r + \left(\frac{\partial E_r}{\partial z} - \frac{\partial E_z}{\partial r}\right)\mathbf{a}_\varphi + \frac{1}{r}\left(\frac{\partial}{\partial r}(rE_\varphi) - \frac{\partial E_r}{\partial \varphi}\right)\mathbf{a}_z \quad , \tag{6-19}$$

nur der Term

$$\frac{1}{r}\frac{d}{dr}(rE_\varphi)\mathbf{a}_z \tag{6-20}$$

übrig.

So ist auch erklärt, warum $\mathbf{H}_i$ nur eine Komponente in z-Richtung besitzt.

Hiermit vereinfacht sich das Induktionsgesetz (6-18) zu

$$\frac{1}{r}\frac{d}{dr}(rE_\varphi) = -j\omega\mu_0 H_i \tag{6-21}$$

bzw. zu

$$d(rE_\varphi) = -j\omega\mu_0 H_i \, rdr \quad . \tag{6-22}$$

6.1 Analytische Schirmberechnung

Beidseitige Integration und Kürzen durch r ergibt

$$E_\varphi = -j\omega\mu_o H_i \frac{r}{2} = -\frac{\mu_o}{2\mu} \frac{k^2}{\sigma} H_i r \quad , \qquad (6\text{-}23)$$

mit $k^2 = j\omega\sigma\mu$,

bzw. an der Grenzfläche Innenraum/Schirm

$$\boxed{E_\varphi(r_o) = E_i(r_o) = -\frac{\mu_o}{2\mu} \frac{k^2}{\sigma} H_i r_o} \quad . \qquad (6\text{-}24)$$

Schirmwand

Wir gehen aus vom *Durchflutungsgesetz* in Differentialform

$$\operatorname{rot} \mathbf{H}_s = \sigma \mathbf{E}_s \quad . \qquad (6\text{-}25)$$

Da $\mathbf{H}_s$ nur eine Komponente $H_z(r)$ besitzt, d.h. $\mathbf{H}_s = H_z(r)$, ($H_\varphi = 0$, $H_r = 0$), bleibt von der Definition der Wirbeldichte $\operatorname{rot} \mathbf{H}_s$ in Zylinderkoordinaten,

$$\operatorname{rot} \mathbf{H}_s = \left(\frac{1}{r}\frac{\partial H_z}{\partial \varphi} - \frac{\partial H_\varphi}{\partial z}\right)\mathbf{a}_r + \left(\frac{\partial H_r}{\partial z} - \frac{\partial H_z}{\partial r}\right)\mathbf{a}_\varphi + \frac{1}{r}\left(\frac{\partial}{\partial r}(rH_\varphi) - \frac{\partial H_r}{\partial \varphi}\right)\mathbf{a}_z \qquad (6\text{-}26)$$

nur der Term

$$-\frac{\partial H_z}{\partial r}\mathbf{a}_\varphi \qquad (6\text{-}27)$$

übrig.

Hiermit vereinfacht sich das Durchflutungsgesetz (6-25) zu

$$-\frac{dH_z}{dr} = \sigma E_s \quad . \tag{6-28}$$

Differenzieren wir Gleichung (6-15) nach r

$$\frac{dH_s}{dr} = kAe^{kr} - kBe^{-kr} = \frac{dH_z}{dr} \tag{6-29}$$

und setzen das Ergebnis in Gleichung (6-28) ein, erhalten wir

$$E_s = -\frac{1}{\sigma}\frac{dH_z}{dr} = -\frac{k}{\sigma}\left(Ae^{kr} - Be^{-kr}\right) \quad , \tag{6-30}$$

bzw. an der Grenzfläche Innenraum/Schirm

$$\boxed{E_s(r_0) = -\frac{k}{\sigma}\left(Ae^{kr_0} - Be^{-kr_0}\right)} \tag{6-31}$$

Jetzt setzen wir die beiden Tangentialkomponenten (6-24) und (6-31) einander gleich (Stetigkeit der Tangentialkomponenten $E_i^t = E_{s_i}^t$)

$$-\frac{\mu_0}{2\mu}\frac{k^2}{\sigma} H_i r_0 = -\frac{k}{\sigma}\left(Ae^{kr_0} - Be^{-kr_0}\right)$$

und erhalten mit $K = k\frac{\mu_0}{\mu}r_0$

6.1 Analytische Schirmberechnung

$$\frac{1}{2} KH_i = Ae^{kr_0} - Be^{-kr_0}$$ (6-32)

Mit den Gleichungen (6-16), (6-17) und (6-32) stehen uns nun drei Gleichungen für die drei Unbekannten H_i, A und B zur Verfügung.

Löst man die beiden Gleichungen (6-16) und (6-17) nach A und B auf und setzt in Gleichung (6-32) ein, erhält man für die Feldstärke im Innenraum

$$H_i = \frac{H_a}{\cosh kd + \frac{1}{2} K \sinh kd}$$ (6-33)

bzw. für den Schirmfaktor

$$Q = \frac{H_i}{H_a} = \frac{1}{\cosh kd + \frac{1}{2} K \sinh kd}$$ (6-34)

und die Schirmdämpfung $a_s = \ln \frac{1}{|Q|}$

$$a_s = \ln \left| \cosh kd + \frac{1}{2} K \sinh kd \right|$$ (6-35)

Mit $k^2 = j\omega\mu\sigma$ folgt für

$\omega \to \infty$: $k \to \infty$ und $H_i = 0$

$\omega \to 0$: $k \to 0$ und $H_i = H_a$.

Daß für $\omega \to 0$ auch bei einem ferromagnetischen Rohr die Schirmdämpfung a_s exakt Null ist, liegt in der Orientierung des Störfelds relativ zum Rohr sowie in der Tatsache begründet, daß das Rohr an beiden Enden offen angenommen wurde.

6.1.3 Zylinderschirm im transversalen Feld

Ein Zylinderschirm sei in ein transversal zur z-Achse orientiertes homogenes Feld $\mathbf{H}_a$ getaucht, Bild 6.3.

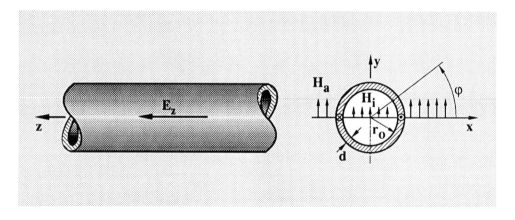

Bild 6.3: Zylinderschirm im transversalen **H**-Feld.

Hier tritt eine neue Problemqualität auf. Um ein transversales Feld kompensieren zu können, braucht man einen axialen, in z-Richtung fließenden Strom (rechte Hand-Regel) bzw. eine axiale Feldstärke $E_z = E$. Im Gegensatz zum vorigen Beispiel erzeugt dieser Strom auch im Außenraum ein Magnetfeld $\mathbf{H}^R$, das sich dem ursprünglichen Feld $\mathbf{H}_a$ überlagert. Man kann also im Gebiet "a" nicht mehr von einem homogenen, konstanten Feld ausgehen! Die Ermittlung der Feldstärkeverteilung im Gebiet "a" gestaltet sich erheblich aufwendiger.

6.1 Analytische Schirmberechnung

Magnetische Feldstärke:

Außenraum $(r > (r_o + d), \sigma = 0, k = 0)$:

Im gewählten Koordinatensystem besitzt die magnetische Feldstärke im Außenraum zwei Komponenten H_r und $H\varphi$; $H_z = 0$. Anstatt die räumlich zweidimensionale Laplacegleichung zu lösen, ermitteln wir zunächst die dem Magnetfeld über $\mathbf{H} = \text{grad}\varphi_m$ zugeordnete Potentialfunktion φ_m (s. B18), aus der wir anschließend durch schlichte Differentiation die beiden Komponenten H_φ und H_r berechnen können. Das magnetische Potentialfeld φ_m im Außenraum ist eine Überlagerung des Potentialfelds φ_a des ursprünglichen Felds H_a und des Potentialfelds φ_R des magnetischen Rückwirkungsfelds H^R,

$$\varphi_m = \varphi_a + \varphi_R \quad . \tag{6-36}$$

Zur Ermittlung von φ_m lösen wir die Laplacegleichung des magnetischen Skalarpotentials in Zylinderkoordinaten

$$\Delta\varphi_m = \frac{1}{r}\frac{\partial}{\partial r}\left(r\frac{\partial\varphi_m}{\partial r}\right) + \frac{1}{r^2}\frac{\partial^2\varphi_m}{\partial\varphi^2} + \frac{\partial^2\varphi_m}{\partial z^2} = 0 \quad . \tag{6-37}$$

Da φ_m in z-Richtung konstant ist, vereinfacht sich (6-37) zu

$$\Delta\varphi_m = \frac{1}{r}\frac{\partial}{\partial r}\left(r\frac{\partial\varphi_m}{\partial r}\right) + \frac{1}{r^2}\frac{\partial^2\varphi_m}{\partial\varphi^2} = 0 \quad . \tag{6-38}$$

Jetzt differenzieren wir noch den ersten Term nach der Produktregel und erhalten

$$\Delta\varphi_m = \frac{\partial^2\varphi_m}{\partial r^2} + \frac{1}{r}\frac{\partial\varphi_m}{\partial r} + \frac{1}{r^2}\frac{\partial^2\varphi_m}{\partial\varphi^2} = 0 \quad . \tag{6-39}$$

Diese partielle Differentialgleichung lösen wir durch Produktansatz. Wir wissen, daß φ_m in großer Entfernung vom Schirm mit φ_a übereinstimmen muß, d.h.

$$\lim_{r \to \infty} \varphi_m = \varphi_a = H_a y \quad . \tag{6-40}$$

Drückt man y durch Zylinderkoordinaten aus, d.h. $y = r \sin\varphi$, dann wird es in Schirmnähe eine Funktion $f(r) = H_a r$ geben, nahegelegt durch

$$\varphi_m = f(r) \sin\varphi \quad . \tag{6-41}$$

Diesen Lösungsansatz setzen wir in die partielle Differentialgleichung (6-39) ein,

$$f''(r) \sin\varphi + \frac{1}{r} f'(r) \sin\varphi - \frac{1}{r^2} f(r) \sin\varphi = 0 \quad , \tag{6-42}$$

dividieren durch $\sin\varphi$ und erhalten eine gewöhnliche Differentialgleichung 2. Ordnung in r,

$$f''(r) + \frac{1}{r} f'(r) - \frac{1}{r^2} f(r) = 0 \quad . \tag{6-43}$$

Dieser Differentialgleichungstyp hat bekanntlich zwei Lösungen

$$f_1 = C_1 r \quad \text{und} \quad f_2 = \frac{C_2}{r} \quad . \tag{6-44}$$

Ein Koeffizientenvergleich mit (6-41) liefert für $r \to \infty$

$$C_1 = H_a \quad . \tag{6-45}$$

6.1 Analytische Schirmberechnung

Die Konstante C_2 stellen wir als Produkt dar,

$$C_2 = H_a (r_0 + d)^2 R \quad , \tag{6-46}$$

in dem $H_a(r_0 + d)^2$ durch r dividiert, die Potentialfunktion des Rückwirkungsfelds eines Liniendipols ist, gebildet aus den in positiver und negativer z-Richtung fließenden Strömen in beiden Rohrhälften. R ist ein dimensionsloser Skalierungsfaktor, so daß C_2/r die gleiche Dimension besitzt wie $C_1 r$, d.h. die des magnetischen Skalarpotentials. Damit erhalten wir

$$\varphi_m = (f_1 + f_2) \sin\varphi = \left(H_a r + \frac{1}{r} H_a (r_0 + d)^2 R\right) \sin\varphi \tag{6-47}$$

bzw.

$$\boxed{\varphi_m = H_a \left(r + \frac{(r_0 + d)^2 R}{r}\right) \sin\varphi} \tag{6-48}$$

Der Term $H_a (r_0 + d)^2 /r$ beschreibt die Struktur des Rückwirkungsfelds (Potentialfeld eines Liniendipols), der Faktor R seine Stärke (Funktion der Schirmabmessungen und des Schirmmaterials).

Aus (6-48) folgen durch Gradientbildung, $\mathbf{H} = \text{grad}\varphi_m$,

$$H_r = \frac{\partial \varphi_m}{\partial r} = H_a \left(1 - \frac{(r_0 + d)^2 R}{r^2}\right) \sin\varphi \tag{6-49}$$

und

$$H_\varphi = \frac{\partial \varphi_m}{r \partial \varphi} = H_a \left(1 + \frac{(r_0 + d)^2 R}{r^2}\right) \cos\varphi \quad . \tag{6-50}$$

In diesen Gleichungen steckt nach wie vor noch die unbekannte Integrationskonstante C_2 (verborgen in R). Diese muß noch aus den Stetigkeitsbedingungen ermittelt werden.

Innenraum $(r < r_0 \; ; \; \sigma = 0, \; k = 0)$:

Die Lösung der Laplacegleichung für den Innenraum führt auf nahezu die gleichen Terme wie im Außenraum, (6-49) und (6-50), wobei jedoch H_i endlich bleiben muß. Das heißt, daß die durch r^2 dividierten Glieder verschwinden,

$$H_r = H_i \sin\varphi = Q H_a \sin\varphi \quad , \tag{6-51}$$

$$H_\varphi = H_i \cos\varphi = Q H_a \cos\varphi \quad . \tag{6-52}$$

Nun könnten wir zwar die Feldstärke im Außenraum zur Feldstärke im Innenraum in Beziehung setzen, der Schirmfaktor Q enthielte aber noch die Unbekannte R und implizierte sich selbst. Zur Lösung dieses Problems berechnen wir zunächst die *elektrische* Feldstärke in der Schirmwand, berechnen aus ihr über das Induktionsgesetz die *magnetische* Feldstärke und setzen dann die Tangentialkomponenten der magnetischen Feldstärken an beiden Grenzflächen der Schirmwand einander gleich.

Schirmwand $(r_0 \leq r \leq (r_0 + d); \; \sigma \neq 0, \; k \neq 0)$:

Elektrische Feldstärke:

Die elektrische Feldstärke besitzt nur eine Komponente in z-Richtung, d.h. $E = E_z(r,\varphi)$. Die Diffusionsgleichung vereinfacht sich daher wegen $E_r = 0$ und $E_\varphi = 0$ bei gleichzeitiger Differentiation wie Gl. (6-38) zu

$$\frac{\partial^2 E_z}{\partial r^2} + \frac{1}{r}\frac{\partial E_z}{\partial r} + \frac{1}{r^2}\frac{\partial^2 E_z}{\partial \varphi^2} = k^2 E_z \quad . \tag{6-53}$$

6.1 Analytische Schirmberechnung

Ihre Lösung suchen wir wieder mit Hilfe eines Produktansatzes, der jedoch hier wegen der cosinusförmigen Verteilung von E_z über dem Rohrumfang ($E_z = 0$ für $\varphi = \pi/2$) gewählt wird zu

$$E_z = g(r)\cos\varphi \quad . \tag{6-54}$$

Diesen Lösungsansatz setzen wir in die partielle Differentialgleichung (6-53) ein,

$$g''(r)\cos\varphi + g'(r)\frac{1}{r}\cos\varphi - \frac{1}{r^2}\cos\varphi\, g(r) = k^2 g(r)\cos\varphi \quad , \tag{6-55}$$

dividieren durch $\cos\varphi$ und erhalten eine gewöhnliche Differentialgleichung zweiter Ordnung in r,

$$g''(r) + g'(r)\frac{1}{r} - \frac{1}{r^2} g(r) = k^2 g(r) \quad . \tag{6-56}$$

Ihre Lösung führt auf Zylinderfunktionen, weswegen wir uns wieder auf das ebene Problem beschränken.

Für $r_0 \gg d$ (dünnwandige Schirme) verschwinden die Terme mit den Faktoren $1/r$ und $1/r^2$, da sie einen merklichen Beitrag nur in der Nähe der Zylinderachse leisten,

$$g''(r) - k^2 g(r) = 0 \quad . \tag{6-57}$$

Gleichung (6-57) besitzt die allgemeine Lösung

$$g = A e^{kr} + B e^{-kr} \quad . \tag{6-58}$$

Damit folgt die allgemeine Lösung der Feldstärke zu

$$E_z = \left(Ae^{kr} + Be^{-kr}\right)\cos\varphi \qquad (6\text{-}59)$$

Magnetische Feldstärke:

Mit Hilfe des Induktionsgesetzes in Differentialform $\text{rot}\,\mathbf{E} = -j\omega\mu\,\mathbf{H}$ können wir aus (6-59) die magnetische Feldstärke in der Schirmwand ermitteln. Für den Komponentenvektor $\text{rot}_r E_z$ der Rotation erhalten wir

$$\text{rot}_r E_z = \frac{\partial E_z}{r\,\partial\varphi} = -j\omega\mu H_r \quad . \qquad (6\text{-}60)$$

Wir differenzieren zunächst (6-59) nach φ, setzen in (6-60) ein und lösen nach H_r auf,

$$H_r = \frac{1}{j\omega\mu r}\left(Ae^{kr} + Be^{-kr}\right)\sin\varphi \qquad (6\text{-}61)$$

Für den Komponentenvektor $\text{rot}_\varphi E_z$ erhalten wir

$$\text{rot}_\varphi E_z = -\frac{\partial E_z}{\partial r} = -j\omega\mu H_\varphi \quad . \qquad (6\text{-}62)$$

Wir differenzieren jetzt (6-59) nach r, setzen in (6-62) ein und lösen nach H_φ auf,

$$H_\varphi = \frac{k}{j\omega\mu}\left(Ae^{kr} - Be^{-kr}\right)\cos\varphi \qquad (6\text{-}63)$$

6.1 Analytische Schirmberechnung

Gleichsetzen der Tangentialkomponenten der magnetischen Feldstärke an der Innen- und Außenwand des Schirmes führt auf vier Gleichungen für die Unbekannten R, Q, A und B. Setzt man die Feldstärken im Außen- und Innenraum zueinander ins Verhältnis bzw. löst man nach Q auf, so erhält man

$$\boxed{Q = \frac{H_i}{H_a} = \frac{1}{\cosh kd + \frac{1}{2}\left(K + \frac{1}{K}\right)\sinh kd}}$$ (6-64)

Löst man nach R auf, so ergibt sich

$$\boxed{R = \frac{\frac{1}{2}\left(K - \frac{1}{K}\right)\sinh kd}{\cosh kd + \frac{1}{2}\left(K + \frac{1}{K}\right)\sinh kd}}$$ (6-65)

Diskussion für $\mu_r = 1$ (unmagnetischer Schirm):

Für hohe Frequenzen strebt $1/K$ gegen 0, so daß sich der gleiche Schirmfaktor ergibt wie beim Zylinder im longitudinalen Feld. Die Schirmwirkung für magnetostatische Felder ist wegen $\mu_r = 1$ *eo ipso* Null. Mit Hilfe des Rückwirkungsfaktors läßt sich zeigen, daß bei hohen Frequenzen H_r auf der äußeren Schirmoberfläche verschwindet, das Feld also tangential an der Schirmwand entlang läuft (faktisch vom Schirm weg in den Außenraum gedrängt wird).

Diskussion für $\mu_r \gg 1$ (ferromagnetischer Schirm):

Wegen $\mu_r \gg 1$ werden bei niedrigen Frequenzen bzw. f = 0 die magnetischen Feldlinien in der Schirmwand gebrochen (*Brechungsgesetz*), was jedoch nur bei dickwandigen Schirmen (s.a. 5.3) und kleinen Rohrdurchmessern zu einer merklichen magnetostatischen Schirmwirkung führt. Mit Hilfe des Rückwirkungsfaktors R läßt sich zeigen, daß das Magnetfeld bei $r = r_0 + d$ nur noch eine r-Komponente besitzt, die Feldlinien also rechtwinklig auf der Schirmwand münden. Bei hohen Frequenzen bzw. geringer Eindringtiefe ($\delta \ll d$) verschwindet dieser Effekt wieder und das Feld verläuft tangential zur Schirmoberfläche wie beim unmagnetischen Schirm auch [3.8].

6.1.4 Zylinderschirm im elektromagnetischen Wellenfeld

Ein Zylinderschirm befindet sich in einem elektromagnetischen Wellenfeld (Fernfeld einer Antenne), die einfallende elektrische Feldstärke $\mathbf{E}^E$ sei parallel zur Zylinderachse orientiert, Bild 6.4.

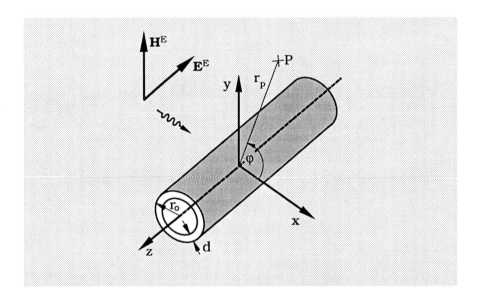

Bild 6.4: Zylinderschirm ($\mu_r = 1$) im elektromagnetischen Wellenfeld **E**, **H**.

Während im bislang betrachteten quasistatischen Fall nur ein *magnetisches* Rückwirkungsfeld $\mathbf{H}^R$ entstand (s. 5.3.2 u. 6.1.3), tritt hier auch ein merkliches *elektrisches* Rückwirkungsfeld $\mathbf{E}^R$ auf (s. 5.4). Dank der Vernachlässigung des Verschiebungsstroms galt in den vorangegangenen Kapiteln im Innen- und Außenraum rot **H** = 0, was uns erlaubte, die magnetischen Feldkomponenten H_r und H_φ aus einem magnetischen Skalarpotential φ_m zu ermitteln. Hier gilt wegen der Berücksichtigung des Verschiebungsstroms rot $\underline{\mathbf{H}} = j\omega\varepsilon_0 \underline{\mathbf{E}}$. Die Feldstärken im Innen- und Außenraum müssen daher jetzt für die

6.1 Analytische Schirmberechnung

einfallende und reflektierte Welle aus den Wellengleichungen ermittelt werden (s. 6.1),

$$\Delta \underline{H} = (j\omega)^2 \varepsilon\mu \underline{H} \quad \text{und} \quad \Delta \underline{E} = (j\omega)^2 \varepsilon\mu \underline{E} \quad (6\text{-}66)$$

bzw.

$$\Delta \underline{H} = -k_o^2 \underline{H} \quad \text{und} \quad \Delta \underline{E} = -k_o^2 \underline{E} \quad . \quad (6\text{-}67)$$

Das Störfeld sei eine monochromatische ebene TEM-Welle mit den Wellengleichungen

$$\Delta \underline{H}^E + k_o^2 \underline{H}^E = 0 \quad \text{und} \quad \Delta \underline{E}^E + k_o^2 \underline{E}^E = 0 \quad , \quad (6\text{-}68)$$

die in einem Kartesischen Koordinatensystem folgende Lösungen haben (ab hier verzichten wir wieder auf Fettdruck und Unterstreichen)

$$H^E = H_a e^{-jk_o x} \quad \text{und} \quad E^E = -Z_0 H_a e^{-jk_o x} \quad . \quad (6\text{-}69)$$

In (6-69) bedeuten H_a die Wellenamplitude der magnetischen Feldstärke in Abwesenheit des Schirms und $Z_0 = \sqrt{\mu_0/\varepsilon_0}$ den Feldwellenwiderstand des freien Raums; das Minuszeichen indiziert, daß positive E in die negative z-Richtung weisen.

Die Lösungen der Wellengleichungen (6-68) in kartesischen Koordinaten lauten in Polarkoordinaten

$$H^E = H_a e^{-jk_o r \cos\varphi} \quad \text{und} \quad E^E = -Z_0 H_a e^{-jk_o r \cos\varphi} \quad . \quad (6\text{-}70)$$

Dies sind wohlgemerkt immer noch die Lösungen der Wellengleichung in kartesischen Koordinaten, lediglich in Polarkoordinaten dargestellt. Um die Stetigkeitsbedingungen an der Zylinderoberfläche ausschöpfen zu können, benötigen wir jedoch die Lösungen einer

Wellengleichung in Zylinderkoordinaten, die sich bekanntlich als sog. *Zylinderfunktionen* ergeben [B1]. Beispielsweise erhält man für die elektrische Feldstärke nach Approximation des Exponentialfaktors durch eine Fourierreihe

$$E^E = -Z_0 H_a e^{-jk_0 x} = -Z_0 H_a e^{-jk_0 r \cos\varphi}$$

bzw.

$$E^E = -Z_0 H_a \left[J_0(k_0 r) + 2 \sum_{n=1}^{\infty} (-j)^n J_n(k_0 r) \cos n\varphi \right] . \quad (6\text{-}71)$$

In dieser Gleichung sind J_n die Besselschen Funktionen n-ter Ordnung.

Mit den Lösungsansätzen gemäß (6-71) berechnen wir zunächst die totalen Felder

$$E = E^E + E^R \quad \text{und} \quad H = H^E + H^R \quad (6\text{-}72)$$

im Außenraum, hieraus die Felder in der Schirmwand und aus letzteren die Felder im Innenraum. In der Schirmwand ergänzen sich die einfallende und die reflektierte Feldstärke zu Null, d.h. $E^E + E^R = 0$ bzw. $E^E = -E^R$.

Außenraum ($r > r_0$):

Die elektrische Feldstärke einer von einem Zylinder ausgestrahlten elektromagnetischen Welle, hier die reflektierte Welle E^R, wird beschrieben durch

$$E^R = Z_0 H_a \left[b_0 H_0^{(2)}(k_0 r) + 2 \sum_{n=1}^{\infty} (-j)^n b_n H_n^{(2)}(k_0 r) \cos n\varphi \right] . \quad (6\text{-}73)$$

Im Gegensatz zu (6-71) treten hier an Stelle der *Besselschen* Funktionen J_n die *Hankelschen* Funktionen zweiter Art $H_n^{(2)}$ auf, die speziell die *Ausstrahlung* einer Welle beschreiben. An der Schirmoberfläche, $r = r_0$, ergänzen sich bei einem guten Leiter einfallende und

6.1 Analytische Schirmberechnung

reflektierte Feldstärke zu 0, d.h. $E^E(r_0) = -E^R(r_0)$. Die noch unbekannten Koeffizienten erhalten wir durch Koeffizientenvergleich von (6-71) und (6-73) an der Stelle $r = r_0$. Hieraus folgt

$$b_n = \frac{J_n(k_0 r_0)}{H_n^{(2)}(k_0 r_0)} \quad . \tag{6-74}$$

Setzen wir die Koeffizienten b_n in (6-73) ein, können wir das resultierende Feld im Außenraum angeben,

$$E = E^R + E^E = Z_0 H_a \left[\frac{J_0(k_0 r_0)}{H_0^{(2)}(k_0 r_0)} H_0^{(2)}(k_0 r) - J_0(k_0 r) + \right.$$

$$\left. + 2 \sum_{n=1}^{\infty} (-j)^n \left\{ \frac{J_n(k_0 r_0)}{H_n^{(2)}(k_0 r_0)} H_n^{(2)}(k_0 r) - J_n(k_0 r) \right\} \cos n\varphi \right] . \tag{6-75}$$

Die magnetische Feldstärke im Außenraum ermitteln wir aus (6-75) mit Hilfe des Induktionsgesetzes. Da E nur eine Komponente in der z-Achse besitzt, d.h. $E = E_z(r,\varphi)$, reduziert sich das Induktionsgesetz in Differentialform, $\text{rot } \mathbf{E} = -j\omega\mu_0 \mathbf{H}$, auf

$$\frac{\partial E}{\partial r} = j\omega\mu_0 H_\varphi \qquad \text{und} \qquad \frac{\partial E}{r \partial \varphi} = -j\omega\mu_0 H_r \quad .$$

Damit erhalten wir

$$H_\varphi = \frac{1}{j\omega\mu_0} \frac{\partial E}{\partial r} = jH_a \left[J_0'(k_0 r) - \frac{J_0(k_0 r_0)}{H_0^{(2)}(k_0 r_0)} H_0^{(2)'}(k_0 r) + \right.$$

$$\left. + 2 \sum_{n=1}^{\infty} (-j)^n \left\{ J_n'(k_0 r) - \frac{J_n(k_0 r_0)}{H_n^{(2)}(k_0 r_0)} H_n^{(2)'}(k_0 r) \right\} \cos n\varphi \right] . \tag{6-76}$$

und

$$H_r = -\frac{1}{j\omega\mu_0 r}\frac{\partial E}{\partial \varphi} = \frac{2jH_a}{k_0 r}\sum_{n=1}^{\infty} n(-j)^n \left\{ J_n(k_0 r) - \frac{J_n(k_0 r_0)}{H_n^{(2)}(k_0 r_0)} H_n^{(2)}(k_0 r) \right\} \sin n\varphi \, .$$

(6-77)

Das negative Vorzeichen des Induktionsgesetzes verschwindet wegen $1/j = -j$; $Z_0/\omega\mu_0$ wurde durch k_0^{-1} ersetzt.

Damit haben wir das resultierende Feld im Außenraum bezüglich der elektrischen Feldstärke, Gleichung (6-75), und der magnetischen Feldstärke, Gleichungen (6-76) und (6-77), vollständig beschrieben.

Schirmwand $(r_0 \geq r \geq (r_0 - d))$:

Ausgehend von (6-76) folgt die magnetische Tangentialfeldstärke an der Schirmoberfläche ($r = r_0$) zu

$$H_\varphi(r_0) = jH_a \left[\frac{J_0'(k_0 r_0) H_0^{(2)}(k_0 r_0)}{H_0^{(2)}(k_0 r_0)} - \frac{J_0(k_0 r_0)}{H_0^{(2)}(k_0 r_0)} H_0^{(2)'}(k_0 r_0) + \right.$$

$$\left. +2\sum_{n=1}^{\infty}(-j)^n \left\{ \frac{J_n'(k_0 r_0) H_n^{(2)}(k_0 r_0)}{H_n^{(2)}(k_0 r_0)} - \frac{J_n(k_0 r_0)}{H_n^{(2)}(k_0 r_0)} H_n^{(2)'}(k_0 r_0) \right\} \cos n\varphi \right] \, .$$

(6-78)

Da zwischen Hankel- und Besselfunktionen die Beziehung

$$H_n^{(2)'} J_n - H_n^{(2)} J_n' = \frac{2}{\pi j \underline{z}}$$

(6-79)

6.1 Analytische Schirmberechnung

besteht, (hier $\underline{z} = k_o r_o$), läßt sich Gl. (6-78) vereinfachen zu

$$H_\varphi(r_o) = -\frac{2H_a}{\pi k_o r_o} \left[\frac{1}{H_0^{(2)}(k_o r_o)} + 2 \sum_{n=1}^{\infty} (-j)^n \frac{1}{H_n^{(2)}(k_o r_o)} \cos n\varphi \right] . \qquad (6\text{-}80)$$

Für $r_o \gg d$ dürfen wir die Schirmwand als ebenes Problem auffassen. Wir erhalten innerhalb der Wand für H_φ aus der Diffusionsgleichung

$$\frac{\partial^2 H_\varphi}{\partial r^2} = k^2 H_\varphi \qquad (6\text{-}81)$$

und den Randbedingungen $H_\varphi(r_o)$ gemäß Gl. (6-7) sowie $H_\varphi(r_o - d) = 0$

$$H_\varphi = \frac{\sinh k((d-r_o) + r)}{\sinh kd} H_\varphi(r_o) \quad . \qquad (6\text{-}82)$$

Das Durchflutungsgesetz $\text{rot}\,\mathbf{H} = \mathbf{J} = \sigma\mathbf{E}$ erlaubt uns die Berechnung der elektrischen Feldstärke an der inneren Oberfläche aus H_φ. Für E_z erhalten wir zunächst

$$E_z = \frac{1}{\sigma} \frac{\partial H_\varphi}{\partial r} = \frac{1}{\sigma} \frac{k \cosh k((d-r_o) + r)}{\sinh kd} H_\varphi(r_o) \quad , \qquad (6\text{-}83)$$

und an der Stelle $(r_o - d)$

$$E_z = E_z(r_o - d) = \frac{k}{\sigma \sinh kd} H_\varphi(r_o) = \frac{j\omega\mu_o r_o}{2} Q H_\varphi(r_o) \qquad (6\text{-}84)$$

mit

$$Q \approx \frac{2}{k r_o \sinh kd} \quad \text{(für große } k\text{)} \quad .$$

Mit $H_\varphi(r_0)$ gemäß (6-80) folgt hieraus

$$E_z(r_0-d) = -\frac{j}{\pi} Q Z_0 H_a \left[\frac{1}{H_0^{(2)}(k_0 r_0)} + 2 \sum_{n=1}^{\infty} (-j)^n \frac{\cos n\varphi}{H_n^{(2)}(k_0 r_0)} \right] . \qquad (6-85)$$

Als nächstes berechnen wir E_z im Innenraum und setzen das Ergebnis an der Stelle r_0-d mit (6-85) gleich.

Innenraum $(r < (r_0-d))$:

Wie im Außenraum muß auch im Innenraum die elektrische Feldstärke als Lösung der Wellengleichung $\Delta \mathbf{E} + k_0^2 \mathbf{E} = 0$ erhalten werden (vergl. (6-73)).

$$E = c_0 J_0(k_0 r) + 2 \sum_{n=1}^{\infty} (-j)^n c_n J_n(k_0 r) \cos n\varphi . \qquad (6-86)$$

Mit Hilfe der Stetigkeitsbedingung und einem Koeffizientenvergleich mit (6-85) erhalten wir die unbekannten Koeffizienten c_n zu

$$c_n = - \frac{j Q Z_0 H_a}{\pi H_n(k_0 r_0) J_n(k_0 r_0)} , \qquad (6-87)$$

und die Feldstärke zu

6.1 Analytische Schirmberechnung

$$E_i = -\frac{j}{\pi} Q Z_0 H_a \left[\frac{J_0(k_0 r)}{H_0^{(2)}(k_0 r_0) J_0(k_0 r_0)} + \right.$$

$$\left. + 2 \sum_{n=1}^{\infty} (-j)^n \frac{J_n(k_0 r)}{H_n^{(2)}(k_0 r_0) J_n(k_0 r_0)} \cos n\varphi \right] . \quad (6\text{-}88)$$

Die magnetische Feldstärke im Innenraum berechnen wir aus (6-88) mit dem Induktionsgesetz und erhalten (mit $Z_0 = \sqrt{\mu_0/\varepsilon_0}$)

$$H_\varphi = \frac{1}{j\omega\mu_0} \frac{\partial E}{\partial r} = -\frac{1}{\pi} Q H_a \left[\frac{J_0'(k_0 r)}{H_0^{(2)}(k_0 r_0) J_0(k_0 r_0)} + \right.$$

$$\left. + 2 \sum_{n=1}^{\infty} (-j)^n \frac{J_n'(k_0 r)}{H_n^{(2)}(k_0 r_0) J_n(k_0 r_0)} \cos n\varphi \right] \quad (6\text{-}89)$$

sowie

$$H_r = -\frac{1}{j\omega\mu_0 r} \frac{\partial E}{\partial \varphi} = -\frac{2 Q H_a}{\pi k_0 r} \sum_{n=1}^{\infty} n(-j)^n \frac{J_n(k_0 r)}{H_n^{(2)}(k_0 r_0) J_n(k_0 r_0)} \sin n\varphi \quad . \quad (6\text{-}90)$$

In der Zylinderachse zeigt die Feldstärke in y-Richtung, wir erhalten für

$$H_\varphi(r=0, \varphi=0) = \frac{j}{\pi} \frac{Q H_a}{H_1 J_1} \quad (6\text{-}91)$$

und für

$$\frac{H_\varphi(r=0)}{H_a} = Q \cdot \frac{j}{\pi H_1 J_1} \quad . \quad (6\text{-}92)$$

Die magnetische Schirmdämpfung für die H-Komponente einer elektromagnetischen Welle folgt danach zu

$$a_m = \ln\left|\frac{H_a}{H_\varphi(r=0)}\right| = \underbrace{-\ln|Q|}_{a_s} + \underbrace{\ln\pi\left|H_1 J_1\right|}_{\Delta a_m}$$

(6-93)

Die Dämpfung setzt sich zusammen aus der Schirmdämpfung a_s für den quasistatischen Fall zuzüglich einem Term Δa_m, der die Wellennatur berücksichtigt. Den Verlauf von Δa_m zeigt Bild 6.5.

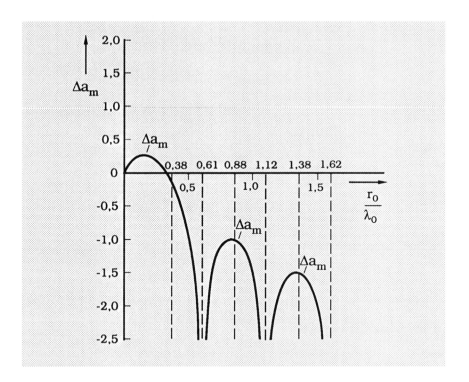

Bild 6.5: Differenzdämpfung Δa_m für elektromagnetische Wellen ($\mu=\mu_0$).

6.1 Analytische Schirmberechnung

Bei niedrigen Frequenzen bzw. großen Wellenlängen, $\lambda_o \gg r_o$, stimmt die Schirmdämpfung a_m mit der quasistatischen Schirmdämpfung a_s überein ($\Delta a_m = 0$). Mit steigender Frequenz nimmt Δa_m anfänglich zu, um dann aber negativ zu werden und die Schirmwirkung bei bestimmten Verhältnissen r_o/λ_o stark zu reduzieren (*Resonanzkatastrophe*). Die Minima der Schirmdämpfung decken sich mit den Resonanzstellen des als Hohlraumresonator aufgefaßten Schirms. In der Umgebung der Resonanzstellen ist ein Schirm zwar nicht gerade transparent, aber doch zumindest opak. Für die elektrische Feldstärke in der Zylinderachse erhalten wir aus Gleichung (6-88)

$$E(r=0) = - \frac{jQZ_oH_a}{\pi H_o J_o} \quad , \tag{6-94}$$

und für

$$\frac{E(r=0)}{Z_o H_a} = - \frac{jQ}{\pi H_o J_o} \quad .$$

Die elektrische Schirmdämpfung für die E-Komponente einer elektromagnetischen Welle folgt daraus zu

$$\boxed{a_e = \ln\left|\frac{Z_o H_a}{E(r=0)}\right| = \ln\left|\frac{\pi H_o J_o}{Q}\right| = \underbrace{- \ln|Q|}_{a_s} + \underbrace{\ln\pi|H_o J_o|}_{\Delta a_e}} \quad . \tag{6-95}$$

Auch hier läßt sich die Dämpfung wieder zusammensetzen aus der Schirmdämpfung a_s für den quasistatischen Fall magnetischer Schirmdämpfung zuzüglich einem Term Δa_e, der die Wellennatur berücksichtigt, Bild 6.6.

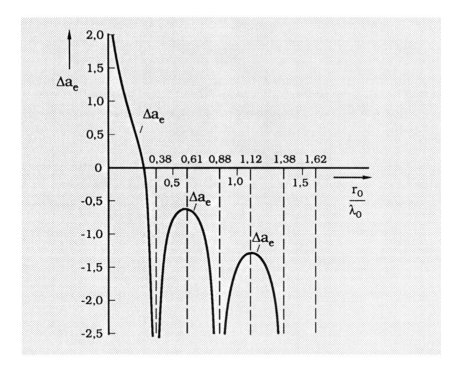

Bild 6.6: Differenzdämpfung Δa_e für elektromagnetische Wellen ($\mu=\mu_0$).

Bei niedrigen Frequenzen bzw. großen Wellenlängen, $\lambda_0 \gg r_0$, strebt die Schirmdämpfung a_e gegen unendlich, da Δa_e für $f = 0$ unendlich wird (idealer Faradaykäfig). Mit steigender Frequenz nimmt die elektrische Schirmdämpfung ab, da die Umverteilung der Ladungen beim Umpolen des Feldes zunehmend hinterherhinkt und eine vollständige Kompensation des eindringenden Feldes nicht mehr möglich ist. Für bestimmte diskrete Frequenzen tritt auch für das E-Feld die Resonanzkatastrophe ein und läßt den Schirm opak werden.

In gleicher Weise wie oben läßt sich auch die Schirmdämpfung für eine Welle mit parallel zur Achse orientierter magnetischer Feldstärke berechnen. Man erhält für die magnetische Schirmdämpfung

$$\boxed{a_m = \underbrace{-\ln|Q|}_{a_s} + \underbrace{\ln \pi |H_1 J_1|}_{\Delta a_m}}$$

(6-96)

6.1 Analytische Schirmberechnung

und für die elektrische Schirmdämpfung

$$a_e = \underbrace{-\ln|Q|}_{a_s} + \underbrace{\ln \pi \left|H_1' J_1'\right|}_{\Delta a_e}$$

(6-97)

Unabhängig von der Polarisationsrichtung der Welle zeigt die magnetische Schirmdämpfung das gleiche Verhalten, für die elektrische Schirmdämpfung sind jedoch die Resonanzstellen geringfügig verschoben, da in Δa_e die Ableitungen der Zylinderfunktionen erster Ordnung auftreten. Die ausführliche Herleitung einschließlich einer weitergehenden Interpretation der Ergebnisse findet der Leser bei Kaden [B1].

6.1.5 Kugelschirm im elektromagnetischen Wellenfeld

Auf ähnliche Weise wie für den Zylinderschirm (nur noch aufwendiger) läßt sich auch für Kugelschirme mittels eines Kugelkoordinatensystems und zugehöriger *Kugelfunktionen* (Lösungen der Wellengleichung in Kugelkoordinaten) die Schirmdämpfung für quasistatische Felder und für elektromagnetische Wellen berechnen.

Hier seien lediglich die Ergebnisse angegeben, eine kompakte Herleitung findet der Leser bei Kaden [B1].

Quasistatisches Magnetfeld:

$$Q = \frac{1}{\cosh kd + \frac{1}{3}\left(K + \frac{2}{K}\right)\sinh kd}$$

(6-98)

$$a_s = -\ln |Q| = \ln \left| \cosh kd + \frac{1}{3}\left(K + \frac{2}{K}\right) \sinh kd \right|$$

(6-99)

Elektromagnetisches Wellenfeld:

Magnetische Feldkomponente:

$$a_m = \underbrace{-\ln |Q|}_{a_s} + \underbrace{\ln \frac{3\sqrt{1+(k_o r_o)^2}\, |\sin k_o r_o - k_o r_o \cos k_o r_o|}{(k_o r_o)^3}}_{\Delta a_m}$$

(6-100)

Elektrische Feldkomponente:

$$a_e = \underbrace{-\ln |Q|}_{a_s} + \underbrace{\ln \frac{3\sqrt{1-(k_o r_o)^2+(k_o r_o)^4}\, |\{(k_o r_o)^2 - 1\}\sin k_o r_o + k_o r_o \cos k_o r_o|}{(k_o r_o)^5}}_{\Delta a_e}$$

(6-101)

Für Δa_m und Δa_e ergibt sich qualitativ der gleiche Verlauf wie beim Zylinderschirm, die Resonanzstellen sind jedoch auf Grund der anderen Geometrie zu größeren Werten hin verschoben.

6.1 Analytische Schirmberechnung

Der Leser wird zu bedenken geben, daß Kugelschirme in der Praxis recht selten sind und mag sich fragen, wie er denn die Schirmwirkung einer eckigen Schirmkabine berechnen soll. In Anbetracht des bereits erheblichen Aufwandes für die Kugelgeometrie versucht man nicht, die eckige Kabine analytisch exakt zu berechnen, sondern nähert sie als Kugel an, deren Radius r_0 der halben Kantenlänge der Kabine entspricht. Aufgrund des *Eckeneffekts* ist die Schirmwirkung in der Nähe der Ecken geringer, da der Wandstrom einen größeren Weg zurücklegen muß und damit einen größeren ohmschen und induktiven Spannungsabfall längs der Wand verursacht (vergl. "Näherungen" bei Blitzschutzanlagen). Der Eckeneffekt läßt sich durch verrundete Ecken und höhere Wandstärke im Eckenbereich ausgleichen [6.14].

Für eine Kabine von 2m Kantenlänge hat Kaden [3.8] den Dämpfungsverlauf berechnet und graphisch dargestellt, Bild 6.7.

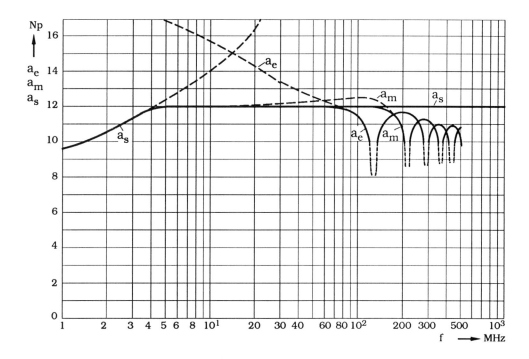

Bild 6.7: Schirmdämpfung einer Meßkabine von 2m Kantenlänge und 0,1mm Kupferfolie (nach *Kaden* [3.8]).

Die Schirmdämpfung a_s für quasistatische magnetische Felder steigt zwar theoretisch auf sehr hohe Werte an, bleibt aber *in praxi* wegen betrieblich bedingter Schwachstellen im Schirm (Türfugen, Wabenkaminfenster, Netzeinspeisung) endlich; im hiesigen Beispiel ≤ 12 Neper. Zu diesem Wert addieren bzw. subtrahieren sich die wellenbedingten Zusatzdämpfungen Δa_e und Δa_m, deren Verlauf bereits bei den Bildern 6.5 und 6.6 diskutiert wurde. Je geringer die Güte des Hohlraumresonators (beispielsweise infolge zahlreicher Meßgeräte im Innern) desto schwächer ausgeprägt sind die Resonanzstellen. Weitere Hinweise über die minimale Schirmdämpfung von Kugelschirmen im Resonanzfall finden sich unter anderem bei *Lindell* [6.18].

Die in den Kapiteln 6.1.2 bis 6.1.5 vorgestellten analytischen Berechnungen stellen hohe Anforderungen an das verfügbare mathematische Rüstzeug und erhellen, warum in praxi die nachstehend erläuterte *Impedanzmethode* trotz ihrer Unzulänglichkeiten eine größere Verbreitung gefunden hat.

Die Komplexität der Aufgabenstellungen läßt sich beliebig weiter steigern. Aufbauend auf den bisherigen Betrachtungen kann die Berechnung von Mehrfachschirmen [6.15 bis 6.17] oder gar die Verformung von Zeitbereichssignalen durch leitende und ferromagnetische Schirme, auch unter Berücksichtigung der Sättigung, berechnet werden, was jedoch dem weiterführenden Schrifttum vorbehalten bleiben muß [6.19 bis 6.24, 6.27].

6.2 Impedanzkonzept

Die im Abschnitt 6.1 beispielhaft vorgestellte analytische Berechnung der Schirmdämpfung ist zwar sehr leistungsfähig, andererseits aber auch mathematisch sehr anspruchsvoll. Für schnelle praktische Abschätzungen hat *Schelkunoff* daher schon sehr früh ein einfacheres Schirmdämpfungsmodell entwickelt, das auf einer Analogie zur Wanderwellenausbreitung auf elektrisch langen Zweidrahtleitungen beruht [5.2, 5.3]. Wanderwellen sind leitungsgeführte TEM-Wellen (Elektromagnetische Wellen mit transversal zur Ausbreitungsrichtung orientierten **E**- und **H**-Feldstärkevektoren), so daß sich die für sie erarbeiteten Formalismen unschwer auf ebene Wellen im

6.2 Impedanzkonzept

freien Raum übertragen lassen. Man ersetzt einfach in den sie beschreibenden Leitungsgleichungen [1.6] die komplexen Amplituden von Eingangsspannung $\underline{U}_1$ und Eingangsstrom $\underline{I}_1$ durch die komplexen Feldstärken $\underline{E}_1$ und $\underline{H}_1$ sowie Spannung $\underline{U}_2$ und Strom $\underline{I}_2$ am Ende durch $\underline{E}_2$ und $\underline{H}_2$.

Ähnlich wie Wanderwellen an Leitungsdiskontinuitäten teilweise reflektiert, teilweise durchgelassen bzw. längs verlustbehafteter Leitungen gedämpft werden, erfahren auch elektromagnetische Wellen an Diskontinuitäten des freien Raumes Reflexionen und innerhalb von Materie eine Schwächung. Eine Schirmwand quer zur Ausbreitungsrichtung einer ebenen Welle verursacht vergleichbare Effekte wie eine verlustbehaftete Leitung kleinen Wellenwiderstands im Zug einer verlustfreien elektrisch langen Leitung vergleichsweise hohen Wellenwiderstands, Bild 6.8.

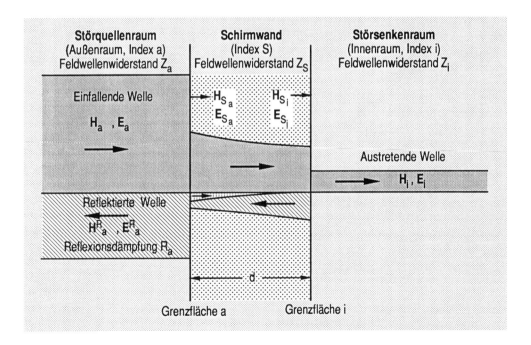

Bild 6.8: Wanderwellenanalogie für eine ebene Welle, die auf eine quer zur Ausbreitungsrichtung orientierte, unendlich ausgedehnte Schirmwand trifft (Reflexion, Transmission und Absorption).

Die gesamte Schirmdämpfung eines elektromagnetischen Schirms setzt sich dann aus mehreren Anteilen zusammen

$$\boxed{S = R + A + B}$$. (6-102)

In dieser Gleichung bedeuten

    R   die *Reflexionsdämpfung* an den Grenzflächen a und i

    A   die *Absorptionsdämpfung* durch die Abschwächung im Schirminnern (Umwandlung elektromagnetischer Energie in Wärme durch Stromwärmeverluste)

    B   ein *Korrekturterm*, der die mehrfachen Reflexionen innerhalb des Schirms berücksichtigt (kann entfallen für A > 10 ... 15dB).

Die einzelnen Abschwächungskomponenten sollen im folgenden näher erläutert werden.

6.2.1 Reflexionsdämpfung

Die Reflexionsdämpfung besteht aus zwei Anteilen R_a und R_i gemäß den zwei Grenzflächen a und i. Unter der Voraussetzung $\underline{Z}_a \gg \underline{Z}_S$ wird ein Großteil der ankommenden Energie an der Grenzschicht a reflektiert und fließt zur Quelle zurück. Gemäß der Wanderwellentheorie ergibt sich für das Verhältnis der ankommenden Welle zur durchgelassenen Welle, z.B. für das elektrische Feld

$$\frac{E_a}{E_{S_a}} = \frac{Z_a + Z_S}{2 Z_S}$$. (6-103)

6.2 Impedanzkonzept

In gleicher Weise erfolgt auch an der inneren Grenzschicht i eine Beeinflussung der Welle durch Reflexion, die sich der ersten multiplikativ überlagert. Für die gesamte Schwächung durch Reflexion erhält man somit

$$\frac{E_a}{E_i} = \frac{(Z_a + Z_S)^2}{4 Z_S Z_a} \quad , \tag{6-104}$$

bzw. mit

$$K = \frac{Z_a}{Z_S} \quad ,$$

$$\frac{E_a}{E_i} = \frac{(1 + K)^2}{4K} \quad . \tag{6-105}$$

Damit ergibt sich die Reflexionsdämpfung zu

$$R = 20 \lg \frac{|(Z_a + Z_S)^2|}{|4 Z_S Z_a|} = 20 \lg \frac{|(1 + K)^2|}{4|K|} \quad . \tag{6-106}$$

Zur praktischen Abschätzung der Schirmdämpfung benötigt man einfache Faustformeln für die Feldwellenimpedanzen Z_a, Z_S und Z_i.

Feldwellenimpedanz im Störquellenraum:

Fernfeld:

Befindet sich die Schirmwand im Fernfeld der Störquelle, so ist Z_a mit dem Feldwellenwiderstand des freien Raumes identisch (vergl. 5.1),

$$Z_a = Z_0 = 377\,\Omega \quad . \tag{6-107}$$

Nahfeld:

Befindet sich die Schirmwand im Nahfeld der Störquelle, so ist wie im Kapitel 5.1 ausführlich gezeigt wurde, der Feldwellenwiderstand sowohl eine Frage des Abstands r von der Störquelle als auch von ihrer Natur. In hochohmigen (quasistatischen elektrischen) Feldern (Stabantennen) gilt

$$Z_a = Z_0 \frac{\lambda}{2\pi r} = \frac{18 \cdot 10^3}{r_m \, f_{MHz}} \, \Omega \quad . \qquad (6\text{-}108)$$

In niederohmigen (quasistatischen magnetischen) Feldern (Rahmenantennen) gilt

$$Z_a = Z_0 \frac{2\pi r}{\lambda} = 7{,}9 \, r_m \, f_{MHz} \, \Omega \quad . \qquad (6\text{-}109)$$

Feldwellenimpedanz der Schirmwand:

Der Feldwellenwiderstand (engl.: *intrinsic impedance*) von Materie berechnet sich allgemein zu

$$\underline{Z}_S = \sqrt{\frac{j\omega\mu}{\sigma + j\omega\varepsilon}} \quad . \qquad (6\text{-}110)$$

Speziell für Metalle ($\sigma \gg |j\omega\varepsilon|$) gilt unter der Voraussetzung Wandstärke groß gegen Eindringtiefe (s.u.)

$$\underline{Z}_S = \sqrt{\frac{j\omega\mu}{\sigma}} = \sqrt{\frac{\omega\mu}{2\sigma}} \, (1 + j) \qquad (6\text{-}111)$$

6.2 Impedanzkonzept

bzw.

$$|\underline{Z}_S| = Z_S = \sqrt{\frac{2\pi f \mu}{\sigma}} \qquad (6-112)$$

Häufig wird Z_S auch mit Hilfe der Eindringtiefe

$$\delta = \frac{1}{\sqrt{\pi f \mu \sigma}} \qquad (6-113)$$

ausgedrückt,

$$Z_S = \frac{\sqrt{2}}{\sigma \delta} \qquad . \qquad (6-114)$$

Schließlich läßt sich die Reflexionsdämpfung unmittelbar durch die Materialkonstanten etc. ausdrücken,

Fernfeld	$R_{dB} = 108 - 10 \lg \dfrac{\mu_r f_{MHz}}{\sigma_r}$
Elektrisches Nahfeld	$R_{dB} = 142 - 10 \lg \dfrac{\mu_r f_{MHz}^3 r_m^2}{\sigma_r}$
Magnetisches Nahfeld	$R_{dB} = 75 - 10 \lg \dfrac{\mu_r}{f_{MHz} \sigma_r r_m^2}$

.(6-115)

In Gleichung (6-115) bedeutet σ_r die auf Kupfer bezogene relative Leitfähigkeit,

$$\sigma_r = \frac{\sigma}{\sigma_{Cu}} = \frac{\sigma}{5,8 \cdot 10^7 \text{ S/m}} \quad , \tag{6-116}$$

und r_m den Abstand zur Quelle in Metern.

Tabelle 6.1 gibt die relative Leitfähigkeit für einige häufig anzutreffenden Schirmmaterialien an.

Metall	σ_r
Kupfer	1,0
Silber	1,05
Aluminium	0,6
Messing	0,26
Nickel	0,2
Zinn	0,15
Edelstahl	0,02

Tabelle 6.1: Auf Kupfer bezogene relative Leitfähigkeit von Schirmmaterialien.

Abschließend sei bemerkt, daß eine Reflexionsdämpfung an einer Grenzfläche grundsätzlich positiv, negativ oder 0 sein kann, je nach Impedanzverhältnis. Die gemäß (6-106) ermittelte Reflexionsdämpfung berücksichtigt nicht, daß eine an der Grenzschicht i reflektierte Welle auch an der Grenzschicht a nochmals reflektiert werden kann

6.2 Impedanzkonzept

usw. Multiple Reflexionen im Schirminnern werden durch den Korrekturterm B in Gl. (6-120) berücksichtigt, dessen Erläuterung aber zweckmäßig erst nach Einführung der *Absorptionsdämpfung* A erfolgt (s. 6.2.3).

6.2.2 Absorptionsdämpfung

Die Absorptionsdämpfung beschreibt die exponentielle Schwächung $E_{S_a} e^{-\alpha d}$ der einfallenden Welle beim Passieren der Schirmwand. Das Verhältnis der Scheitelwerte der am Grenzübergang a durchgelassenen Welle und der am Grenzübergang i ankommenden Welle beträgt

$$\frac{E_{S_a}}{E_{S_i}} = e^{\alpha d} \quad , \tag{6-117}$$

und die Absorptionsdämpfung

$$A = 20 \lg \frac{E_{S_a}}{E_{S_i}} = 20 \lg e^{\alpha d} \quad . \tag{6-118}$$

Mit $\alpha = \sqrt{\pi f \mu \sigma}$ und Umrechnung $\lg \to \ln$ läßt sich diese Gleichung merklich vereinfachen

zu

$$A_{dB} = 1314 \, d_{cm} \sqrt{f_{MHz} \mu_r \sigma_r} \quad , \tag{6-119}$$

mit μ_r, σ_r relative Permeabilität und relative Leitfähigkeit.

6.2.3 Dämpfungskorrektur für multiple Reflexionen

Bei einer Absorptionsdämpfung A < 10 ... 15 dB beeinflussen die an der Grenzschicht a erneut reflektierten Wellen merklich die tatsächliche Größe von E_l und H_l. Man erhält für den Korrekturterm

$$B_{dB} = 20 \lg \left| 1 - \frac{(K-1)^2}{(K+1)^2} e^{2\underline{\gamma}d} \right| . \qquad (6\text{-}120)$$

Mit $\underline{\gamma} = \alpha + j\beta = \sqrt{j\omega\mu\sigma} = (1+j)\sqrt{\pi f \mu \sigma}$ und $K \gg 1$ vereinfacht sich (6-120) zu

$$B_{dB} = 20 \lg \left| 1 - e^{2d\sqrt{\pi f \mu \sigma}} \cdot e^{j2d\sqrt{\pi f \mu \sigma}} \right| . \qquad (6\text{-}121)$$

Der Effekt multipler Reflexionen ist für H_l ausgeprägter als für E_i.

Das Impedanzkonzept erscheint dem mit der Leitungstheorie vertrauten Leser sehr suggestiv, es soll jedoch nicht verschwiegen werden, daß gelegentlich Theorie und Praxis der ermittelten Schirmdämpfung beträchtlich auseinanderliegen können. Die Diskrepanzen liegen gewöhnlich darin begründet, daß das Impedanzkonzept vom Designer überfordert wurde, daß die Schirmwand quer zur Ausbreitungsrichtung nicht unendlich ausgedehnt ist, daß bei Gehäusen die durchgelassene Welle an der gegenüberliegenden Wand erneut reflektiert wird, daß Fugen und Ecken praktischer Schirmgehäuse maßgeblich die totale Schirmdämpfung beeinflussen, usw. Um auch in letzterem Fall näher an gemessene Werte heranzukommen, wurde das Impedanzkonzept um weitere Terme erweitert

$$S = R + A + B + K_1 + K_2 + K_3 .$$

Ein Eingehen auf diese Terme, wie überhaupt eine kritische Genauigkeitsabschätzung des Verfahrens, geht weit über den Rahmen dieser Einführung hinaus. Zur weiteren Vertiefung und wegen Rechenhilfen in Form zahlloser Nomogramme, Computerprogramme etc. wird auf das einschlägige Schrifttum verwiesen [6.1, 6.28 bis 6.32 und B16].

7 EMV - Emissionsmeßtechnik

Emissionsmessungen identifizieren und quantifizieren die von Sendern bzw. Störquellen in die Umwelt abgegebene elektromagnetische Energie und erlauben den Nachweis der Einhaltung in Vorschriften festgelegter Grenzwerte für Funkstörungen. Darüber hinaus dienen Emissionsmessungen allgemein der Erfassung des Störhintergrundes in speziellen Umgebungen, der Erkennung bestimmter Störer, der Aufspürung von Schwachstellen unzulänglich entstörter Geräte, allgemein dem Schutz der Ressource *Elektromagnetisches Spektrum*.

Die Terminologie der *Emissionsmeßtechnik* ist überwiegend durch die klassische *Funkstörmeßtechnik* geprägt, von der sich die neu hinzugekommene, nicht Kommunikationszwecken dienende *allgemeine Störmeßtechnik* (Industrieelektronik, Elektromedizin, KFZ-Elektronik etc.) im wesentlichen durch die *unterschiedliche Bewertung der Störgrößen* (s. 7.4.1) und die *Suszeptibilitätsmeßtechnik* (s. Kapitel 8) unterscheidet.

Emissionsmessungen erfassen

— *Störspannungen* und *-ströme*,
— *Störfeldstärken* (E-Feld, H-Feld, EM-Wellen),
— *Störleistungen*.

Abhängig von der Natur der Störgröße erfolgt die Ankopplung galvanisch oder über Stromwandler, Antennen, Absorberzangen etc. In allen Fällen liefern die Ankoppeleinrichtungen an ihrem Ausgang eine Spannung, die von einem *Meßempfänger*, einem *Spektrumanalysator* oder einem *Oszilloskop* gemessen wird. Bezüglich der vorschriftengerechten Messung dieser Spannung gilt VDE 0877 [7.3], bezüglich der Meßgeräte VDE 0876 [7.1]. Im folgenden werden zunächst die *Meßverfahren* und *Ankoppeleinrichtungen* für die verschiedenen Störgrößen vorgestellt, anschließend im Kapitel 7.4 die für alle Störgrößen einheitlichen bzw. gleichermaßen einsetzbaren *Meßgeräte* erläutert.

7.1 Messung von Störspannungen und -strömen

Störspannungen und -ströme sind leitungsgebundene Störungen, die über Netzzuleitungen, Datenleitungen etc. emittiert werden. Die Emissionen manifestieren sich zunächst als *eingeprägte* Ströme, die dann am Innenwiderstand des Netzes (Niederspannungsnetz, Kommunikationsnetz etc.) einen Spannungsabfall — die *Störspannung* — hervorrufen. Abhängig vom Netzinnenwiderstand vermag demnach ein und dasselbe Gerät unterschiedliche Störspannungen hervorzurufen. Um den Einfluß unterschiedlicher Netzimpedanzen zu eliminieren, schaltet man zwischen Netz und Prüfobjekt genormte *Netznachbildungen* (engl.: LISN - *Line Impedance Stabilization Network*) mit einer aus Sicht des Prüfobjekts mehr oder weniger einheitlichen Netzimpedanz [7.1]. Netznachbildungen erlauben weitgehend reproduzierbare, vergleichbare Meßergebnisse unabhängig vom Netzinnenwiderstand des jeweiligen Prüflabors (Hersteller, Anwender) und verhindern darüber hinaus die Verfälschung von Störspannungsmessungen durch bereits im Netz vorhandene andere Störungen; speziell bei Messungen an Netzanschlußleitungen kommt ihnen die Spannungsversorgung des Prüfobjekts zu. Ein typisches Beispiel einer Netznachbildung für Netzanschlußleitungen zeigt Bild 7.1.

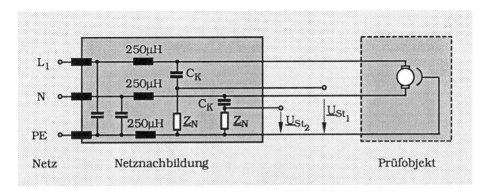

Bild 7.1: Netznachbildung zur Messung *unsymmetrischer* Funkstörspannungen.

Jeder Leiter erhält seine eigene Entkopplungsdrossel, die das Prüfobjekt für hohe Frequenzen vom Niederspannungsnetz isoliert. Häufig wird die Netzdrossel in zwei Spulen unterteilt und mit Kondensatoren zu einem π-Filter ergänzt (s. Bild 7.1). Die Koppelkapazität C_K leitet den Störstrom direkt über die genormte Nachbildungsimpedanz $\underline{Z}_N$ ab. Die an den Nachbildungsimpedanzen $\underline{Z}_N$ hervorgerufenen Spannungsabfälle der einzelnen Leiter werden der Reihe nach mit einem der im Kapitel 7.4.1 beschriebenen Meßempfänger erfaßt.

Für die Messung *unsymmetrischer* Störpannungen kommen sogenannte *V-Netznachbildungen* zum Einsatz, in denen jeder Leiter eine Nachbildungsimpedanz sternförmig (bei zwei Leitern V-förmig) zum Bezugsleiter erhält, Bild 7.1. Auch der Schutzleiter besitzt eine Drossel. Diese Drossel verhindert das Eindringen hochfrequenter Störspannungen aus dem Netz auf die Meßerde (Schirmkabinenwand etc.), gewährleistet aber trotzdem bei 50Hz die Einhaltung der VDE Sicherheitsbestimmungen.

Die Messung *unsymmetrischer* und *asymmetrischer* Störungsspannungen erlauben Δ-Netznachbildungen, in denen die Nachbildwiderstände für die unsymmetrischen Störspannungen und die Nachbildwiderstände für das Gegentaktsignal in Dreieck geschaltet sind, Bild 7.2.

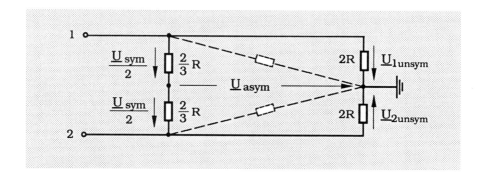

Bild 7.2: Δ-Netznachbildung zur Messung *unsymmetrischer* und *asymmetrischer* Störspannungen.

Der Nachbildungswiderstand für das Gegentaktsignal $\underline{U}_{sym}$ beträgt

7.1 Messung von Störspannungen und -strömen

$$R_{gegen} = \left[\left(\frac{4}{3}R\right)^{-1} + (4R)^{-1}\right]^{-1} = R \quad . \tag{7-1}$$

Für Gleichtaktsignale $\underline{U}_{asym}$, für die beide Leitungen 1 und 2 miteinander leitend verbunden gedacht werden können, ergibt sich der Nachbildungswiderstand zu

$$R_{gleich} = \left[(2R)^{-1} + (2R)^{-1}\right]^{-1} = R \quad . \tag{7-2}$$

Der Nachbildungswiderstand für die unsymmetrischen Störspannungen $\underline{U}1_{unsym}$ und $\underline{U}2_{unsym}$ berechnet sich zu

$$R_{unsym} = \left[\left(\frac{4}{3}R + 2R\right)^{-1} + (2R)^{-1}\right]^{-1} = \frac{5}{4}R \quad . \tag{7-3}$$

Schließlich gibt es noch sogenannte T-Nachbildungen für die ausschließliche Messung asymmetrischer Störspannungen symmetrisch betriebener *Fernmelde-*, *Signal-* und *Steuerleitungen*, Bild 7.3.

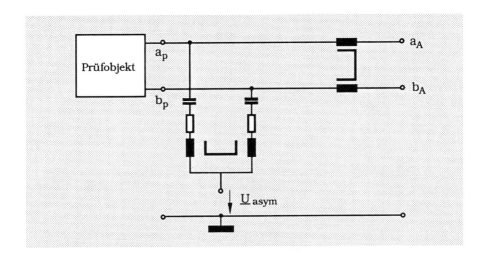

Bild 7.3: T-Netznachbildung für die ausschließliche Messung asymmetrischer Störspannungen symmetrischer Betriebsstromkreise [7.2].

Alle Arten von Netznachbildung erlauben auch die Messung *symmetrischer* Störspannungen, wenn ein *Entsymmetrierübertrager* (engl.: BALUN; *BALanced - UNbalanced*) verwendet wird, der beidseitig Potential führende Leiter eines symmetrischen Betriebsstromkreises an den einseitig geerdeten Eingang des Störmeßempfängers anpaßt (s.a. 7.2.1).

Niederspannungsnetze, Bordnetze, Kommunikationsnetze etc. besitzen unterschiedliche Innenwiderstände, so daß verschiedene Nachbildungsimpedanzen zum Einsatz kommen. Je nach räumlicher Ausdehnung bzw. Entfernung zum nächsten Verzweigungsknoten werden Nachbildungsimpedanzen durch Induktivitäten zwischen 5 µH und 50 µH (1m Leitungslänge entspricht etwa 1µH) in Reihe mit einem von den Kupferquerschnitten abhängigen ohmschen Widerstand realisiert, Bild 7.4.

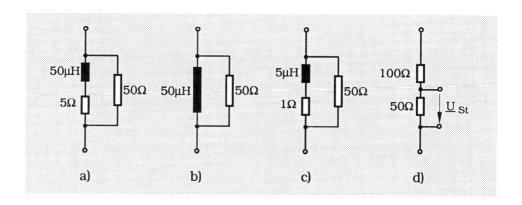

Bild 7.4:   Beispiele für Netznachbildungsimpedanzen Z_N.
    a) *Niederspannungsnetze*: Frequenzbereich 10 - 150kHz bzw. 30MHz
    b) *Industrienetze* (I > 25A): Frequenzbereich 0,15 - 30MHz
    c) *Bordnetze*: Frequenzbereich 0,1 - 100MHz
    d) *Klassische 150Ω Nachbildungsimpedanz*: Frequenzbereich 0,15 - 30MHz.

Der in jeder Nachbildungsimpedanz enthaltene 50Ω Widerstand wird bei dem jeweils mit der Meßeinrichtung verbundenen Leiter durch den Innenwiderstand der Meßeinrichtung ($Z_i = 50Ω$) ersetzt.

7.1 Messung von Störspannungen und -strömen

Die früher verwendete 150Ω Nachbildungsimpedanz gemäß Bild 7.4d entstand aus der Überlegung, daß bei Hochfrequenz der Wellenwiderstand der Netze maßgeblich sei. Als Mittelwert zwischen dem Wellenwiderstand von Freileitungen (z. B. 500Ω) und Energiekabeln (z. B. 40Ω) einigte man sich auf 150Ω.

Bei hochohmigen Systemen würde die niederohmige Nachbildungsimpedanz $|Z_N| \leq 50\Omega$ bzw. $R_N \leq 150\Omega$ (Bild 7.4d) zu kleine Störspannungswerte ergeben. In diesen Fällen wird die Störspannung mit hochohmigen, passiven oder aktiven Tastköpfen gemessen, deren Eigenschaften den jeweiligen Vorschriftenwerken zu entnehmen sind, z.B. [7.1]. Beim Einsatz von *Hochspannungs-Differenztastköpfen* zur Messung von Gegentaktsignalen zwischen spannungführenden Leitungen, beispielsweise den Außenleitern L_1 und L_2 eines Drehstromsystems, ist zu beachten, daß Tastköpfe die Gleichtaktunterdrückung nachgeschalteter Differenzverstärker merklich reduzieren (s.a. 10.7). Speziell für die Leistungselektronik und Hochspannungstechnik bieten sich über Lichtleiterstrecken isolierte Tastkopfsysteme an (z.B. Nicolet ISOBE 3000).

Häufig enthalten Netznachbildungen eine Buchse zum Anschluß einer *künstlichen Hand* für die Messung unsymmetrischer Funkstörspannungen an handgeführten Betriebsmitteln. Die *Handnachbildung* besteht aus einer am Betriebsmittel angebrachten Metallfolie, die über ein in der Netznachbildung integriertes RC-Glied (200pF in Reihe mit 500Ω) mit dem geerdeten Gehäuse der Netznachbildung verbunden wird. Betriebsmittel mit Metallgehäuse werden ohne Folie direkt mit der Buchse für die Handnachbildung verbunden.

Manche Emissionsprüfungen verlangen den gleichzeitigen Einsatz mehrerer Netznachbildungen, beispielsweise bei einem Datenverarbeitungsgerät für den Netzanschluß und die Datenleitungen.

Schließlich sei neben den reinen HF- bzw. EMV-Eigenschaften auch auf die begrenzte Strombelastbarkeit von Netznachbildungen hingewiesen, bei der bezüglich Dauerbelastbarkeit und erhöhter Kurzzeitbelastbarkeit unterschieden wird (Erwärmung der Drosseln). Ihre Überschreitung hat eine Zerstörung der Wicklungsisolation zur Folge.

Die Komplexität der *Störspannungs*messung legt die direkte Messung der eingeprägten *Störströme* mittels eines HF-Stromwandlers [7.1] nahe, Bild 7.5.

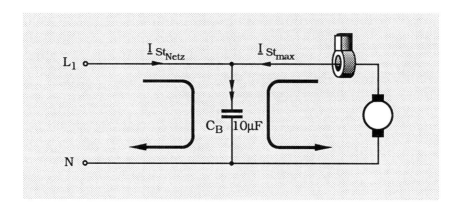

Bild 7.5: Störstrommessung mit Stromwandler und induktionsarmem Bypass-Kondensator C_B.

Der Bypass-Kondensator schafft sowohl für Störströme vom Netz als auch für Störströme vom Testobjekt einen niederohmigen Rückschlußpfad, so daß einerseits der "Kurzschluß"-Störstrom ($\underline{I}_{St_{max}}$) des Testobjekts zum Fließen kommen kann, andererseits Störströme vom Netz das Stromwandlersignal nicht verfälschen. Für Stromwandler der EMV-Meßtechnik ist gewöhnlich ein Übertragungsfaktor spezifiziert, der die an seinem Ausgang gemessene *Störspannung* zum *Störstrom* in Beziehung setzt,

$$\underline{Z}_W = \frac{\underline{U}_{St}(\omega)}{\underline{I}_{St}(\omega)} \quad . \tag{7-4}$$

Der Störstrom in dB folgt damit aus den Beträgen zu

$$I_{St}(\omega)_{dB\mu A} = U_{St}(\omega)_{dB\mu V} - 20 \lg Z_W(\omega) \quad . \tag{7-5}$$

Stromwandlermessungen mit Netznachbildungen bekannter Impedanz $\underline{Z}_N(\omega)$ erlauben auch sofort einen Schluß auf die Störspannung,

$$\underline{U}_{St}(\omega) = \underline{I}_{St}(\omega) \, \underline{Z}_N(\omega) \quad . \tag{7-6}$$

Bild 7.6 zeigt den typischen Verlauf des Übertragungsfaktors von EMV-Stromwandlern (Stromsensoren).

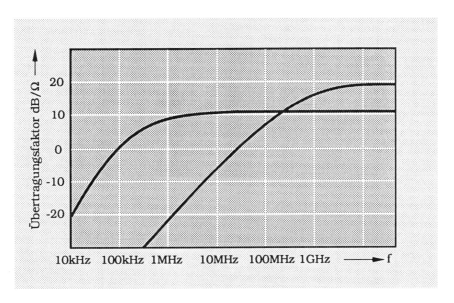

Bild 7.6: Typischer Verlauf des Übertragungsfaktors von Stromsensoren.

In ihrem linearen Übertragungsbereich steigt der Faktor mit 20 dB pro Dekade über der Frequenz an. Brauchbare Empfindlichkeit bei niederen Frequenzen erfordert daher eine große Windungszahl, großen Windungsquerschnitt und einen Kern hoher Permeabilität. Andererseits wird die obere Grenzfrequenz von Stromsensoren durch ihre Eigenresonanz (Spuleninduktivität, Wicklungsstreukapazität) bestimmt. Hohe obere Grenzfrequenz und große Empfindlichkeit (große Windungszahl) schließen einander aus. Zur Erfassung von Störströmen über einen größeren Frequenzbereich sind meist mehrere Stromsensoren erforderlich. Bezüglich des mechanischen Aufbaus gelten für HF-Stromwandler ähnliche Überlegungen wie für Rogowskispulen [B 19]. Neben der Frequenzlinearität ist bei Stromsensoren mit Eisenkern auch die stromabhängige (aussteuerungsabhängige) Linearität ihres Übertragungsfaktors zu beachten, die bei CW-Betrieb durch eine Obergrenze für den Strom, im Impulsbetrieb durch die Spannungszeitfläche spezifiziert wird.

Schließlich seien noch Flächenstromsensoren erwähnt, die mittels einer Induktionsspule das mit den Wandströmen in Schirmgehäusen oder Karosserieblechen verknüpfte Magnetfeld erfassen und somit auch den lokalen Flächenstrombelag zu messen gestatten.

Reproduzierbare Störspannungsmessungen erfordern nicht nur die Verwendung geeigneter Netznachbildungen und Sensoren, sondern auch die Einhaltung der in den jeweiligen Vorschriften festgelegten räumlichen Anordnung aller an der Emissionsmessung beteiligten Komponenten, der sie verbindenden Leitungen und der Geometrie des Bezugsleiters, Bild 7.7.

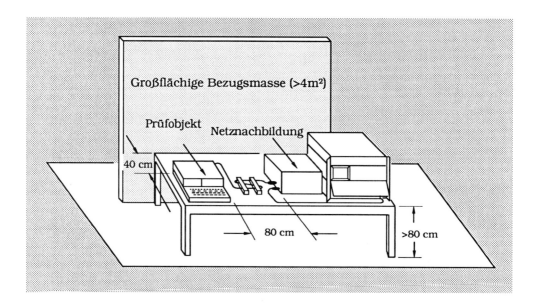

Bild 7.7: Typischer Aufbau zur Messung leitungsgeführter Emissionen.

Speziell für die Messung *leitungsgebundener Funkstörungen* gilt VDE 0877 Teil 1 [7.3]. Bezüglich der Meßgeräte zur quantitativen Erfassung von Störspannungen und Störströmen, einschließlich ihrer Bewertung, wird auf Kapitel 7.4 verwiesen.

7.2 Messung von Störfeldstärken

7.2.1 Antennen

Geraten die Abmessungen der Störquellen einschließlich ihrer Zuleitungen in die Größenordnung der Wellenlänge, wird die elektromagnetische Energie zunehmend in Form *elektromagnetischer Wellen* abgestrahlt. Elektromagnetische Wellen und auch bereits quasistatische elektrische und magnetische Felder erfaßt man mit Antennen,

7.2 Messung von Störfeldstärken

die an ihren Klemmen eine der zu messenden Feldstärke proportionale Spannung liefern. Die Wirkungsweise der unterschiedlichen Antennenbauformen wird im folgenden näher erläutert.

E-Feld Antennen

Elektrische Felder *influenzieren* in Leitern Ladungsverschiebungen und führen zu Spannungsunterschieden zwischen isolierten, im jeweiligen Feld befindlichen Leitern. Naturgemäß bestehen daher Antennen für die Messung elektrischer Felder immer aus mindestens zwei Elektroden (z. B. Stabantenne/KFZ-Karosserie usw.), Bild 7.8.

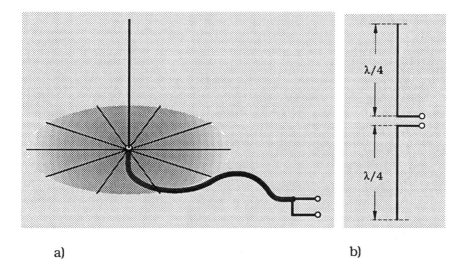

Bild 7.8: Elektrische Stabantennen
    a) *Monopolantenne* mit "Gegengewicht" (unsymmetrisch), 1 bis 30 MHz
    b) *Dipolantenne* (symmetrisch) 10 MHz bis 1 GHz.

In Bild 7.8a herrscht die influenzierte Spannung zwischen dem senkrechten Antennenstab und der sternförmig ausgebildeten Gegenelektrode, in Bild 7.8b zwischen den beiden Hälften des Dipols.

Da die Qualität, mit der das *Gegengewicht* einen perfekten Erdflächenleiter nachzubilden im Stande ist, von der Größe der Streukapazität zur geerdeten Umgebung abhängt, variiert die Ausgangsspannung von *Monopolantennen* mit dem Aufstellungsort. (Bei horizontalen *Dipolen* und vertikalen *Dipolen* in größerer Höhe über dem Boden ist die Spannung in erster Näherung vom Aufstellungsort unabhängig).

Den Zusammenhang zwischen der von einem elektrischen Feld in einer Antenne influenzierten *Leerlaufklemmenspannung* und der lokalen Feldstärke bezeichnet man als *Antennenhöhe* oder *-länge*,

$$h_{eff} = \frac{|U_o|}{|E_{st}|} \quad . \tag{7-7}$$

Der Name Antennenhöhe ist historisch bedingt und hat nichts mit der Höhe der Aufstellung einer Antenne über dem Erdboden zu tun. Von der *effektiven Länge* spricht man meist in Zusammenhang mit *symmetrischen* Antennen, von der *Antennenhöhe* meist in Zusammenhang mit *unsymmetrischen* Antennen. Beide Begriffe stehen mit der geometrischen Länge einer Antenne über deren sinusförmige Stromverteilung auf der Struktur in Zusammenhang, daher auch der Index "eff" für *effektive* Antennenlänge. In einem Spannungsquellenersatzschaltbild für elektrisch kurze Antennen kommt diese Abhängigkeit u.a. durch die sogenannte *Totkapazität* (Streukapazität zwischen den Antennenklemmen in der Nähe des Antennenfußpunkts) zum Ausdruck. Eine hohe Totkapazität bewirkt eine kleine Antennenhöhe bzw. -länge. Auf Grund des frequenzabhängigen kapazitiven Blindwiderstands der Antenne nimmt die Antennenhöhe proportional mit der Frequenz zu.

Durch die Belastung einer Antenne mit dem Eingangswiderstand des Meßempfängers (50Ω) und wegen der Meßkabeldämpfung tritt am Empfänger nicht die Leerlaufspannung, sondern eine kleinere Spannung auf. Der Reziprokwert des Verhältnisses der am Empfängereingang gemessenen Störspannung $\underline{U}_{st}$ und der gesuchten Störfeldstärke $\underline{E}_{st}$ ergibt den für die Praxis wichtigen Antennenfaktor AF,

$$\boxed{AF = \frac{|\underline{E}_{st}|}{|\underline{U}_{st}|}} \quad . \tag{7-8}$$

7.2 Messung von Störfeldstärken

Da die Antennenhöhe von der Frequenz abhängt, ist auch der Antennenfaktor frequenzabhängig.

Meist arbeitet man mit dem entsprechenden logarithmischen Verhältnis (*Umwandlungsmaß, Übertragungsmaß*)

$$AF_{dB} = 20 \lg \frac{|E_{St}|}{|U_{St}|}$$ (7-9)

Das Umwandlungsmaß wird vom Hersteller meßtechnisch für das Fernfeld ermittelt und der Antenne als Eichkurve oder -tabelle beigegeben. Manche Hersteller liefern zusätzlich auch Umwandlungsmaße für den Nahfeldbereich (Unterschiede von 10 dB oder mehr!). Mit (7-9) berechnet sich dann die gesuchte Feldstärke zu

$$E_{St\,dB\mu V/m} = U_{St\,dB\mu V} + AF_{dB}$$ (7-10)

Der Antennenfaktor besitzt gewöhnlich Werte zwischen 0 und 60 dB, wobei ein hoher Antennenfaktor einer unempfindlichen Antenne entspricht (und umgekehrt).

Im Fernfeld (s. 5.1) hängen **E** und **H** über den Feldwellenwiderstand des freien Raumes zusammen,

$$\frac{E}{H} = 377\,\Omega$$ (7-11)

Aus der Messung der elektrischen Feldstärke läßt sich somit auch sofort die magnetische Feldstärke angeben.

$$H_{St_{dB\mu A/m}} = E_{St_{dB\mu V/m}} - 52 \text{ dB}$$

(7-12)

Im Nahfeld (s. 5.1) sind **E** und **H** nicht in Phase, eine einfache Umrechnung mit dem Nahfeld-Feldwellenwiderstand gemäß Kapitel 5.1 hat daher keine physikalische, sondern nur formale Bedeutung.

Stabantennen werden sowohl als *elektrisch kurze* Antennen als auch als *abgestimmte*, sich *elektrisch lang* verhaltende Antennen betrieben (*Resonanzbetrieb*). In ersterem Fall (z. B. einfache Monopolantenne) wird die Antenne als hochohmige Quelle mit kapazitivem Innenwiderstand durch die Belastung mit der Eingangsimpedanz des Meßempfängers (50Ω) praktisch kurzgeschlossen, so daß der Antennenfaktor sehr hohe Werte annimmt. Man betreibt daher kurze Monopolantennen häufig als aktive Breitband-Antennen mit Vorverstärker, die nicht nur den Antennenfaktor reduzieren, sondern auch dessen Frequenzabhängigkeit verringern. Große Feldstärken von Breitbandstörern führen bei aktiven Antennen leicht zu *Übersteuerung* und *Intermodulation*. Neben der am Empfänger eingestellten Meßfrequenz liegen an der Antenne noch viele andere Frequenzen, deren Summen und Differenzen (*Intermodulationsprodukte*) beliebige Kombinationsfrequenzen ergeben, die Minima im Spektrum "auffüllen" und damit falsche Spektren vortäuschen können.

Bei abgestimmten, in Resonanz betriebenen Antennen ($l = \lambda/4$) wird die Antennenkapazität durch die Antenneninduktivität kompensiert. Der Innenwiderstand der Antenne wird dann rein ohmsch (ca. 36,5Ω beim Monopol, 73Ω beim Dipol), was die Anpassung an das 50Ω Meßkabel merklich erleichtert. Einfache Stabmonopole und -dipole können, sofern ausreichend Platz vorhanden ist, durch ausziehbare Stäbe innerhalb eines bestimmten Frequenzbereichs kontinuierlich auf beliebige Frequenzen abgestimmt werden.

Breitbandantennen

Neben einfachen Monopol- und Dipolantennen gibt es weitere, sophistische Bauformen, die sich durch eine vergleichsweise große Bandbreite auszeichnen (Frequenzverhältnis etwa 1:10):

7.2 Messung von Störfeldstärken

— *Bikonische Antennen,*

— *Logarithmisch periodische Antennen,*

— *Konisch logarithmische Antennen* und

— *Hornantennen.*

Die Tatsache, daß bei Stabdipolen der Innenwiderstand sich mit zunehmendem Stabdurchmesser auf 30 Ω bzw. 60 Ω verringert und gleichzeitig die Resonanzschärfe abnimmt, legt für breitbandige Dipole die Verwendung dicker Stäbe nahe, Bild 7.9a.

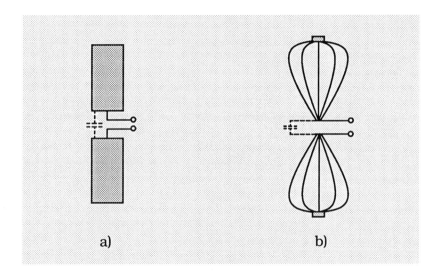

Bild 7.9: Breitbandige Dipole
   a) Breitbandipol mit zylindrischen Stäben,
   b) konischer Breitbandipol (engl.: *biconical antenna*)
   20 MHz bis 200 MHz.

Wegen der großen Totkapazität dicker Stäbe werden Breitbanddipole *in praxi* als konische Stabreusen realisiert, was letztlich auf den *konischen Breitbanddipol* führt, Bild 7.9b.

Durch Überlagerung der Felder mehrerer Dipole läßt sich über einen größeren Frequenzbereich eine bestimmte Richtwirkung und damit ein *Antennengewinn* (engl.: *gain*) erzielen, Bild 7.10.

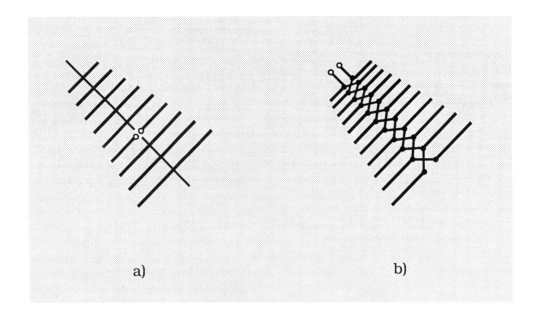

Bild 7.10: Gekoppelte Dipolantennen
a) Strahlungsgekoppelte Dipole (TV Yagi-Antenne),
b) galvanisch gekoppelte Dipole (Logarithmisch periodische Breitbandantenne) 200 MHz bis 1 GHz.

Im einfachsten Fall können die Dipole nur *strahlungsgekoppelt* sein, Bild 7.9a. Eine einfallende Welle führt in den *Hilfsdipolen* zu Wechselströmen, die wiederum eine Sekundärwelle abstrahlen. Bei geeignetem Abstand überlagern sich die Sekundärwellen der Hilfsdipole durch konstruktive Interferenz derart, daß am eigentlichen Empfangsdipol eine höhere Feldstärke und damit auch eine höhere Spannung auftritt.

In der EMV-Technik werden üblicherweise *galvanisch* gekoppelte Dipole mit *periodisch logarithmischer Struktur* verwendet. Das heißt, der Logarithmus je zwei aufeinander folgender Abstände und je zweier aufeinanderfolgende Längen der Antennenelemente ist konstant.

Eine weitere logarithmisch periodische Struktur ist die *konisch logarithmische Spiralantenne* (engl.: *Conical Log Spiral*), Bild 7.11.

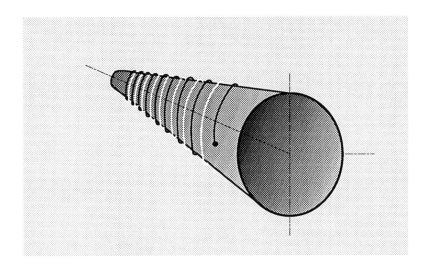

Bild 7.11: Konisch logarithmisch periodische Antenne,
Breitbandantenne 200 MHz bis 1 GHz und 1 GHz bis 10 GHz.

Sie besteht aus zwei oder vier spiralförmig aufgewickelten Armen mit Einspeisung am verjüngten Ende. Die abstrahlende Region verschiebt sich je nach Frequenz in diejenige axiale Ebene, für die der Umfang des Konus gleich der Wellenlänge ist.

Schließlich seien noch Hornstrahler erwähnt, die die stetige Anpassung eines am Ende offenen Hohlleiters an den Feldwellenwiderstand des freien Raums vornehmen, Bild 7.12.

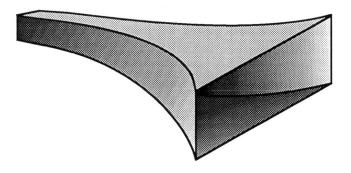

Bild 7.12: Hornstrahler,
Breitbandantenne 200 MHz bis 2 GHz und 1 GHz bis 12 GHz.

Über den Einsatz der verschiedenen Antennentypen entscheiden Frequenzbereich, Platzverhältnisse, Störniveau etc. Wann welche Antenne letztlich verwendet wird, ist im Einzelfall den jeweils zutreffenden Vorschriften sowie Herstellerkatalogen zu entnehmen.

H-Feld Antennen

Magnetische Felder *induzieren* in einer elektrisch kurzen Leiterschleife eine eingeprägte elektrische Spannung (*Umlaufspannung*), die zwischen den Enden der aufgetrennten Schleife gemessen werden kann (*Induktionsgesetz*, [B18]). Passive Rahmenantennen bestehen daher schlicht aus einer oder mehreren Drahtwindungen, Bild 7.13.

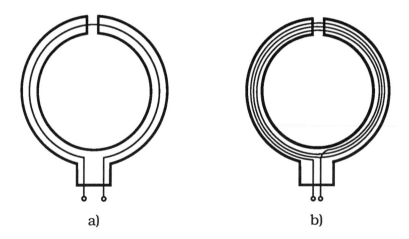

Bild 7.13: Rahmenantennen für magnetische Felder, 20 Hz bis 200 MHz,
a) mit einer Windung,
b) mit mehreren Windungen.

Geringer Windungsdurchmesser und kleine Windungszahl ergeben eine hohe obere Grenzfrequenz und umgekehrt. Die obere Grenzfrequenz ist erreicht, wenn sich die Drahtlänge als *elektrisch lange Leitung* manifestiert (s. 3.4 und [1.6]).

7.2 Messung von Störfeldstärken

Den Zusammenhang zwischen dem zu messenden Feld und der vom Meßempfänger angezeigten Spannung beschreibt auch hier ein Antennenfaktor, wahlweise in Einheiten der magnetischen Feldstärke **H** oder der magnetischen Flußdichte **B**,

$$\boxed{AF_H = \frac{|\underline{H}_{St}|}{|\underline{U}_{St}|}} \quad \text{bzw.} \quad \boxed{AF_B = \frac{|\underline{B}_{St}|}{|\underline{U}_{St}|}} \quad . \quad (7\text{-}13)$$

In der Praxis rechnet man wieder mit logarithmischen Maßen, meist bezogen auf 1 pico Tesla (1pT).

Aktive Rahmenantennen besitzen einen batteriebetriebenen HF-Vorverstärker, der nicht nur den Antennenfaktor über einen großen Frequenzbereich weitgehend konstant hält, sondern auch insgesamt betragsmäßig verringert, m.a.W. die Antenne speziell bei niederen Frequenzen empfindlicher macht. Den Vorteilen aktiver Antennen stehen auch hier wieder als Nachteile *Übersteuerungs-* und *Intermodulationsgefahr* gegenüber.

Rahmenantennen sind meist durch ein leitfähiges Rohr gegen die elektrische Feldkomponente geschirmt. Zur Vermeidung einer Kurzschlußwindung ist das Rohr geschlitzt. Die verbleibende Schwächung des Magnetfeldes durch die Wirbelströme im Schirm ist im Antennenfaktor berücksichtigt. Steckt man durch den Rahmen einen Ferritstab, erhält man eine sehr kompakte Rahmenantenne hoher Empfindlichkeit und Richtwirkung, sog. *Ferritantennen*.

Neben den oben aufgeführten, über ihre Antennenfaktoren geeichten Meßantennen für elektrische und magnetische Felder, gibt es für Monitorzwecke noch sogenannte *Schnüffelantennen* (engl.: *sniffer probes*). Sie eignen sich für das Aufspüren parasitärer Felder an Schirmfugen, Transformatoren, Drosseln, elektronischen Baugruppen etc. [7.4]. Sie sind nicht kalibriert, bestehen schlicht aus einer oder mehreren Drahtwindungen oder dem herausragenden Innenleiter eines Koaxialkabels und sind ohne Aufwand leicht selbst herzustellen, Bild 7.14.

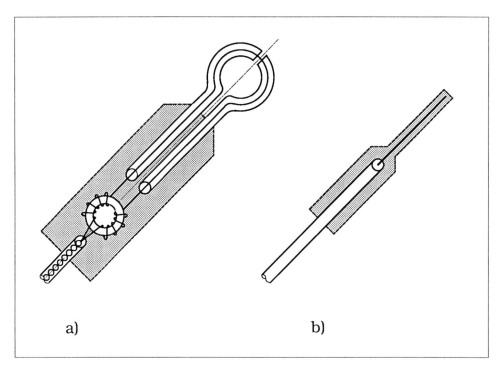

Bild 7.14: Beispiele für "Schnüffelantennen"
a) H-Feld Antenne (geschlitztes Koaxialkabel), mit BALUN
b) E-Feld Antenne (abisoliertes Koaxialkabel).

Antennen - Symmetrierübertrager

Antennen-Symmetrierübertrager (engl.: BALUN, BALanced, UNbalanced) dienen der Anpassung symmetrischer Antennen an koaxiale Meß- oder auch Speiseleitungen (Suszeptibilitätsmessungen). Beim Anschluß einer symmetrischen Antenne an eine koaxiale Meßleitung teilt sich der an den Klemmen verfügbare Strom in eine Leitungswelle zwischen Innen- und Außenleiter und eine Mantelstromwelle zwischen Kabelmantel und geerdeter Umgebung auf. Um den Energietransport ausschließlich auf das Kabelinnere zu beschränken und störende Abstrahlung der Meß- oder Speiseleitung zu vermeiden, schaltet man zwischen Antenne und Kabel einen Symmetrierübertrager. Dieser kann im einfachsten Fall durch Aufwickeln eines Teils des Koaxialkabels zu einer unmittelbar vor der Antenne angeordneten Drossel realisiert werden. Diese Drossel stellt für den Kabelmantelstrom (unsymmetrischer Strom) eine erhöhte Impedanz

7.2 Messung von Störfeldstärken

dar. Für das Gegentakt-Nutzsignal (symmetrischer Strom) ist die Drossel wegen der Kompensation der Durchflutungen nicht existent, Bild 7.15a.

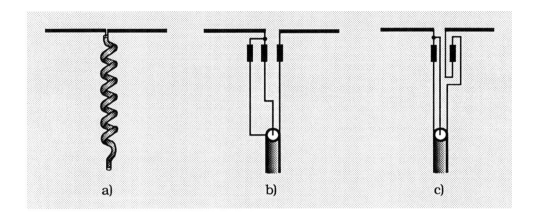

Bild 7.15: Symmetrierübertrager
   a) Leitungsdrossel (Breitband)
   b) 1 : 1 Breitbandübertrager
   c) 4 : 1 Breitbandübertrager.

Auf diesem Prinzip beruhen auch *Breitband-Ringkernübertrager*, deren Wicklungen letztlich immer so geschaltet werden, daß symmetrische Ströme begünstigt, unsymmetrische Ströme unterdrückt werden, Bild 7.15b) und c). Je nach Aufbau kann gleichzeitig ein von 1 : 1 verschiedenes Übersetzungsverhältnis und damit eine Impedanztransformation vorgesehen werden.

Neben den beschriebenen Breitbandübertragern kommen bei abgestimmten Antennen auch Symmetrierübertrager aus kurzen Leitungsstücken ($l = \lambda/4$ oder $\lambda/2$) in Frage, die bei Resonanzfrequenz entweder nur als einfache Sperrkreise oder auch als Leitungstransformatoren mit einem von 1 : 1 verschiedenen Übersetzungsverhältnis wirken [7.5].

Symmetrierübertrager unterschiedlicher thermischer Belastbarkeit und Linearität machen den essentiellen Unterschied zwischen gewöhnlichen Empfangsantennen und Hochleistungs-Sendeantennen für Störfestigkeitsmessungen aus.

7.2.2 Meßgelände und Meßplätze

Für die Messung von Störfeldstärken benötigt man ein geeignetes *Meßgelände* und eine dem Frequenzbereich angepaßte *Meßeinrichtung*. Beide zusammen bilden einen *Meßplatz*. Als Meßgelände kommen in Frage das *Freifeld* oder, bei zu großem Störhintergrund durch Rundfunksender, reflexionsarm ausgerüstete, abgeschirmte Räume (*Absorberkammern*, s. u.). Typische Mindestabstände für eine Freifeldmessung zeigt Bild 7.16.

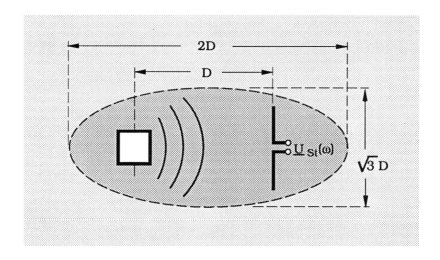

Bild 7.16: Mindestabstände für Freifeldmessungen [7.7, 7.8].

Das Meßgelände muß eben sein und darf innerhalb der Ellipse außer dem Testobjekt und der Empfangsantenne keine weiteren reflektierenden Gegenstände (Meßgeräte etc.) > 5cm Höhe aufweisen. Das Meßgelände soll gut leitfähig sein. Ausreichende Leitfähigkeit und Unabhängigkeit von außerhalb der Ellipse befindlichen reflektierenden Objekten (Bäume, Zäune, Gebäude, Leitungen etc.) bescheinigt eine erfolgreich verlaufene *Meßgeländeüberprüfung* (s. unten).

Sowohl im nicht idealen Freifeld wie in abgeschirmten Räumen treten Reflexionen auf. Neben der direkten Störstrahlungskomponente treffen an der Empfangsantenne auch vom Boden und anderen Hindernissen (Wände einer Schirmkabine etc.) reflektierte Wellen ein, Bild 7.17.

7.2 Messung von Störfeldstärken

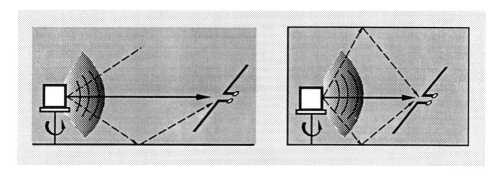

Bild 7.17: Direkte und reflektierte Störstrahlung.
a) Freifeld   b) Schirmraum.

Je nach Laufzeitunterschied kommt es zu *konstruktiver* oder *destruktiver* Interferenz, mit anderen Worten zu einer Verstärkung oder Schwächung des am Empfangsort gemessenen Felds. Die räumliche Feldverteilung wird dadurch stark inhomogen und macht die Ergebnisse von Störfeldstärkemessungen in oft nicht überschaubarer Weise von der räumlichen Anordnung der Prüfobjekte und Antennen abhängig. Gewißheit über die Eignung eines Meßgeländes schafft die Messung der *Meßgeländedämpfung* für den in Frage kommenden Frequenzbereich.

Für eine Meßgeländeüberprüfung benötigt man einen Sender, einen Empfänger und zwei (nach Möglichkeit) identische Antennen, Bild 7.18.

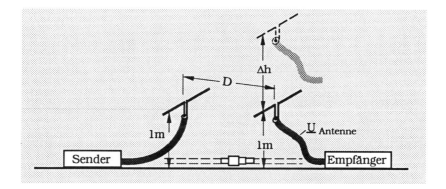

Bild 7.18: Ermittlung der Meßgeländedämpfung. Symmetrierglieder des Übergangs von der symmetrischen Antenne auf das unsymmetrische Koaxialkabel nicht gezeichnet (Erläuterung s. Text).

Die Meßgeländedämpfung definiert man als Verhältnis der Senderausgangsspannung zur Empfängereingangsspannung [7.18],

$$\boxed{A = \frac{U_S}{U_E}} \quad \text{bzw.} \quad \boxed{A_{dB} = 20 \lg U_S - 20 \lg U_E} \quad . \quad (7\text{-}14)$$

Zur Berücksichtigung des Einflusses der vom Boden reflektierten Welle variiert man während der Messung die Höhe der Empfangsantenne um $\Delta h = 3\,m$ bis jeweils die maximale Anzeige erhalten wird (minimale Meßgeländedämpfung).

Um den Einfluß der Antennenzuleitungen auszuschalten, wird die Meßgeländedämpfung als *Einfügungsdämpfung* ermittelt. Das heißt, als Senderspannung U_S setzt man nicht die am Sender *angezeigte* Spannung, sondern die bei direkt verbundenen Antennenleitungen *mit dem Empfänger gemessene Senderspannung* ein (s. Bild 7.18). Die Meßgeländedämpfung ist dann ein Maß für den Spannungsverlust bei Strahlungsübertragung gegenüber leitungsgebundener Übertragung.

Eine Aussage über die Eignung des Meßgeländes liefert der Vergleich der Einfügungsdämpfung mit der theoretischen Meßgeländedämpfung des idealen Freifelds. Letztere ergibt sich ausgehend von der Streckendämpfung im freien Raum nach *Fränz* [7.23, 7.24] unter Berücksichtigung der Reflexionen von der leitenden Bodenfläche zu [7.18, 7.25, 7.8]

$$A = \frac{D \cdot f_m}{G_S G_E \cdot R \cdot 23{,}9}$$

bzw.

$$A_{dB} = 20 \lg D + 20 \lg f_m - 27{,}6 - G_{S dB} - G_{E dB} - R_{dB} \quad . \quad (7\text{-}15)$$

In (7-15) bedeuten

    D : Antennenabstand in m f_m : Meßfrequenz in MHz
    G_S : Sendeantennengewinn G_E : Empfangsantennengewinn
    R : Einfluß der vom Boden reflektierten Welle.

7.2 Messung von Störfeldstärken

Die Größe R hängt vom Antennenabstand D und dem Strahlenweg D_r der am Boden reflektierten Welle ab, $R = 1 - D/D_r$. Für die verschiedenen Meßentfernungen nimmt R_{dB} folgende Werte an,

D = 3 m: R_{dB} = 3,74 ... 4,84 dB   (Mittelwert 4,3 dB)

D = 10 m: R_{dB} = 5,46 ... 5,86 dB   (Mittelwert 5,7 dB)

D = 30 m: R_{dB} = 5,91 ... 5,98 dB   (Mittelwert 5,9 dB).

Alternativ können nach [7.18] der Meßabstand und der Einfluß der vom Boden reflektierten Welle in die theoretische Meßgeländedämpfung eingerechnet werden.

Für Halbwellendipole ergibt sich

$$A = \frac{279,1 \; AF_S \, AF_E}{f_m \; E_{D_{max}}}$$

bzw.

$$A_{dB} = -20 \lg f_m - 20 \lg E_{D_{max}} + 48{,}92_{dB} + AF_{S_{dB}} + AF_{E_{dB}} . \quad (7\text{-}16)$$

In den Gleichungen bedeuten

AF_E :   Antennenfaktor der Empfangsantenne

AF_S :   Antennenfaktor der Sendeantenne

$E_{D_{max}}$:   Maximale elektrische Feldstärke im Höhenbereich der Empfangsantenne, erzeugt durch 1 pW Strahlungsleistung der Sendeantenne.

Subtrahiert man von der gemessenen und der theoretischen Meßgeländedämpfung die Antennenfaktoren beider Antennen, erhält man die *normierten* Meßgeländedämpfungen gemäß VDE 0877 Teil 2 [7.7]. Bei der Messung der Einfügungsdämpfung erfolgt diese Subtraktion automatisch, falls im leitungsgebundenen Fall die Antennenübertrager von den Antennen gelöst und mit den Koaxialkabeln in Reihe geschaltet werden (soweit konstruktionsbedingt möglich).

Bild 7.19 zeigt den Verlauf der normierten theoretischen Felddämpfung über der Frequenz für verschiedene Meßentfernungen D und variable Empfangsantennenhöhen h_E.

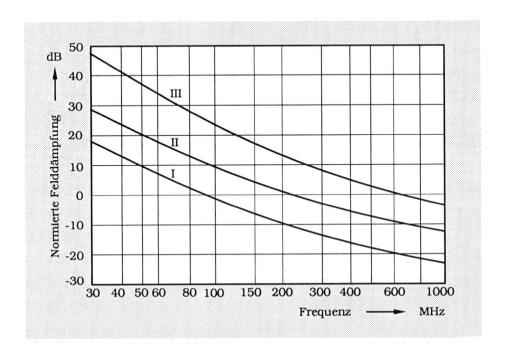

Bild 7.19: Normierte Theoretische Felddämpfung gemäß VDE 0877 [7.7].
 I: $D = 3\,m$, $h_E = 0{,}5 - 1{,}5\,m$, $\Delta h = 1\,m$;
 II: $D = 10\,m$, $h_E = 1 - 4\,m$;
 III: $D = 30\,m$, $h_E = 1 - 4\,m$.

Abweichungen > 3 dB zwischen *gemessener normierter Meßgeländedämpfung* und dem in Bild 7.19 dargestellten *theoretischen Verlauf* werden dem Ergebnis einer Störfeldstärkemessung als Korrekturwerte hinzugefügt. Sind die Abweichungen größer 10 dB, ist das Meßgelände ungeeignet.

Bei der praktischen Durchführung von Störfeldstärkemessungen wird das Prüfobjekt in einer Höhe von 0,8 m bzw. 1 m (je nach Vorschrift) auf einen drehbaren Tisch aus dielektrischem Material angeordnet. Standgeräte werden um maximal 0,15 m isoliert über dem Boden aufgestellt. Die Störfeldstärke ist bei jeder Meßfrequenz für horizontale und vertikale Polarisation der Empfangsantenne zu ermitteln,

7.2 Messung von Störfeldstärken

wobei jeweils der Maximalwert (Drehtisch) festgehalten wird. Weicht die Meßentfernung von der genormten Entfernung, z.B. 3m, 10m, 30m ab, können bei Prüflingen, deren Abmessungen klein gegen die Wellenlänge sind, gemessene Feldstärkewerte näherungsweise auf die genormten Meßentfernungen umgerechnet werden (s. a. 5.1). Es gilt Tabelle 7.1.

Meßentferung	$r < 0{,}1\,\lambda$	$0{,}1\,\lambda < r < 3\,\lambda$	$r > 3\,\lambda$
Feldstärke	$\sim 1/r^3$	$\sim 1/r^2$	$\sim 1/r$

Tabelle 7.1: Proportionalitätsrelationen zur Umrechnung von Feldstärken auf verschiedene Meßentfernungen.

Abschließend zeigt Bild 7.20 einen typischen Versuchsaufbau für Störfeldstärkemessungen.

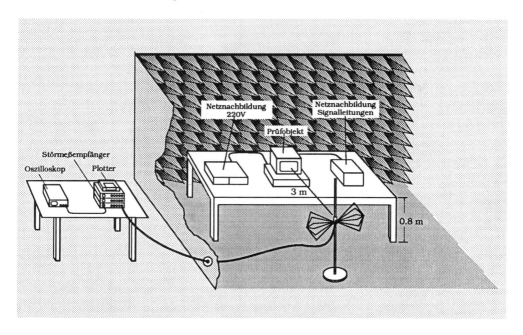

Bild 7.20: Typischer Versuchsaufbau für Störfeldstärkemessungen.

Bezüglich der vorschriftengerechten Durchführung von Störfeldstärkemessungen (Leitungsführung und -längen, Abschluß von Leitungen durch Absorber und Netznachbildungen, räumliche Anordnung etc.) wird unter anderem auf VDE 0877 Teil 2 verwiesen [7.14].

7.3 Messung von Störleistungen

Störfeldstärkemessungen stellen hohe Ansprüche an das Meßgelände, die Antennen sowie die gesamte Versuchsdurchführung. Zur Verringerung des meßtechnischen Aufwands kann bei Geräten, deren Abmessungen klein gegen die Wellenlänge sind und deren Emissionen überwiegend über die als Antennen wirkenden angeschlossenen Leitungen abgestrahlt werden, an Stelle einer *Störfeldstärkemessung* eine *Störleistungsmessung* durchgeführt werden.

Der auf einer Leitung gemessene Störstrom ergibt zusammen mit der Leitungsimpedanz eine *Störleistung*, die der in eine *virtuelle Antenne* eingespeisten Leistung entspricht, Bild 7.21.

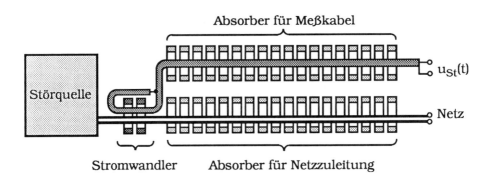

Bild 7.21: Absorberzange für Störleistungsmessungen [7.1, 7.3, 7.14] (Erläuterung s. Text).

Die Absorber auf der Netzleitung verhindern einerseits die Ausbreitung von Störströmen *in* das Netz, andererseits die Verfälschung des Meßergebnisses durch ankommende Störströme *aus* dem Netz. Die

Absorber auf der Meßleitung dienen lediglich der Unterdrückung parasitärer, kapazitiv auf die Meßleitung eingekoppelter Kabelmantelströme.

Der Vorzug der Störleistungsmessung liegt in ihrer guten Reproduzierbarkeit und Unempfindlichkeit gegenüber äußeren Störeinflüssen, die eine spezielle Absorberkammer entbehrlich machen. Ihre Verwendung bietet sich speziell dann an, wenn die Emissionen der Störquelle dank einem EMC-tauglich ausgebildeten Gehäuse ausschließlich von den angeschlossenen Leitungen ausgehen.

7.4 EMB - Meßgeräte

Die meßtechnische Erfassung unterschiedlichster elektromagnetischer Beeinflussungen, wie *Störspannungen, Störströme, Störleistungen, E-Felder, H-Felder* etc., führt dank geeigneter Sensoren bzw. Meßumformer (Tastköpfe, Stromwandler, Antennen) letztlich immer auf ein *Spannungssignal* $u_M(t)$, das mit einem

— *Störmeßempfänger,*

— *Spektrumanalysator* oder

— *Oszilloskop*

gemessen bzw. angezeigt wird. Aus dieser Information wird anschließend mit Hilfe der jeweiligen *Übertragungsfaktoren* bzw. der *Übertragungsmaße* der Meßumformer (s. z.B. 7.1, 7.2.1) auf die tatsächliche Störgröße geschlossen. Die Wirkungsweise von Störmeßempfängern und Spektrumanalysatoren wird im folgenden näher erläutert.

7.4.1 Störmeßempfänger

Störmeßempfänger sind im wesentlichen abstimmbare selektive Spannungsmesser für Hochfrequenzspannungen. Sie arbeiten nach dem *Überlagerungsprinzip* (*Superheterodynprinzip*), das auch jedem Ton- und Fernsehrundfunkempfänger zu Grunde liegt, Bild 7.22.

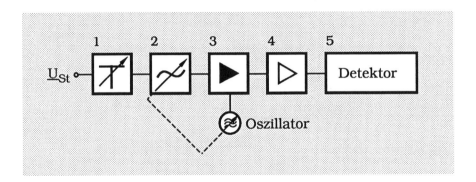

Bild 7.22: Stark vereinfachtes Blockschaltbild eines Störspannungsmeßgeräts (Überlagerungsempfänger, Superheterodynprinzip)
1 Eingangsabschwächer, 2 abstimmbarer Eingangskreis zur Vorselektion, 3 ZF-Erzeugung (Oszillator und Mischstufe), 4 ZF-Verstärker (selektiver Verstärker mit fester Mittenfrequenz), 5 Bewertungsglied mit Anzeigevorrichtung.

Die zu messende Spannung gelangt über einen Eingangsabschwächer 1 und ein auf die Meßfrequenz abstimmbares Bandfilter 2 zur Mischstufe 3, in der dem vorselektierten Frequenzgemisch die einstellbare Oszillatorfrequenz überlagert wird. Mischprodukte mit Zwischenfrequenz (ZF) werden im ZF-Verstärker 4 (mehrstufiger Verstärker mit fest eingestellten Koppelfiltern für die ZF) selektiv verstärkt. Bei vielen Störmeßempfängern läßt sich die maximale ZF-Bandbreite durch zuschaltbare ZF-Filter schmälerer Bandbreite nachträglich einengen.

Je nach Gerät und Vorschrift wird von der Einhüllenden der Ausgangsspannung des ZF-Verstärkers der

— *Spitzenwert*,
— *Quasi-Spitzenwert* (Bewerteter Spitzenwert),
— *Arithmetische Mittelwert* oder
— *Effektivwert*

angezeigt [7.15 bis 7.17]. Komfortable Störmeßempfänger erlauben dank verschiedener integrierter Bewertungsglieder die Wahl unterschiedlicher Anzeigearten durch einfaches Umschalten.

7.4 EMB - Meßgeräte

Spitzenwertanzeige

Die Spitzenwertanzeige zeigt die maximale Amplitude der gleichgerichteten Ausgangsspannung $u_R(t)$ des ZF-Verstärkers an (*Einhüllende, Richtspannung*), kalibriert in Effektivwerten einer sinusförmigen Störspannung, die die gleiche Richtspannung ergibt. (Bei sinusförmigen Eingangsspannungen ist die Richtspannung eine konstante Gleichspannung $U = \hat{u}_R$), Bild 7.23.

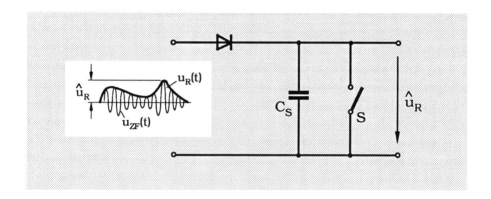

Bild 7.23: Spitzenwertdetektor (schematisch).

Die Diode richtet die veränderliche ZF-Wechselspannung $u_{ZF}(t)$ gleich und lädt einen Speicherkondensator C_S auf den maximalen Scheitelwert $\hat{u}_R$ der Einhüllenden auf.

Der Kondensator hält den Maximalwert so lange fest, bis er durch den Schalter S manuell oder automatisch nach Verstreichen der zum Ablesen benötigten Zeit entladen wird. An Stelle des Schalters können auch hochohmige Entladewiderstände treten, die eine ausreichend große Entladezeitkonstante gewährleisten. Die Spitzenwertanzeige zeigt beim Anlegen einer sinusförmigen Spannung deren Effektivwert an. Weiter sei erwähnt, daß der Spitzenwert auch mittels einer Komparatorschaltung detektiert werden kann, in der die Diode durch eine veränderliche Gleichspannung in den Sperrbetrieb ausgesteuert wird. Die beim Übergang vom leitenden in den nichtleitenden Zustand herrschende Vorspannung ist ein Maß für den Spitzenwert (engl.: *Slideback peak detector*).

Quasi-Spitzenwertanzeige

Die Quasi-Spitzenwertanzeige zeigt den *bewerteten Spitzenwert* der Einhüllenden der ZF-Spannung an. In dieser Anzeigeart wird der elektrische Wert der Störspannung in eine Anzeige umgewandelt, die dem physiologischen Störeindruck des menschlichen Ohrs entspricht. Dieses empfindet beim Rundfunkempfang Knackstörungen großen Scheitelwerts und geringer Häufigkeit ebenso störend wie Knackstörungen kleinen Scheitelwerts bei großer Häufigkeit (Psophometrische Kurve). Um diese Anzeigeart zu verstehen, sei zunächst erläutert, wie ein Störmeßempfänger bei Beaufschlagung mit Impulsspannungen reagiert.

Der Übertragungsfaktor des ZF-Verstärkers besitze einen rechteckförmigen Verlauf, stelle also einen idealisierten Bandpaß mit der Mittenfrequenz f_0 dar. Gelangt an den Eingang des Störmeßempfängers ein Störimpuls, dessen Dauer (mittlere Breite δ) kurz ist verglichen mit $1/f_0$, erscheint am Ausgang des ZF-Verstärkers eine Cosinusschwingung mit ZF-Frequenz, deren Amplitude mit der Funktion sin x/x moduliert ist, Bild 7.24.

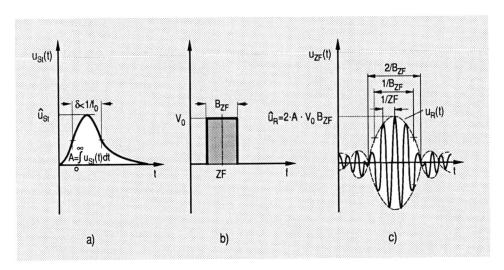

Bild 7.24: Zusammenhang zwischen der Spannungszeitfläche eines Störimpulses und der Anzeige eines Störmeßempfängers.
a) Zeitlicher Verlauf des Störimpulses, b) Idealisierter Übertragungsfaktor des ZF-Verstärkers, c) Ausgangsspannung des ZF-Verstärkers.
A: Spannungs-Zeitfläche des Impulses, V_0: ZF-Verstärkung, B_{ZF}: ZF-Bandbreite.

7.4 EMB - Meßgeräte

Unabhängig vom zeitlichen Verlauf des Eingangsimpulses wird die größte Amplitude der Einhüllenden $u_R(t)$

$$\hat{u}_R = 2AV_0B_{ZF} \quad , \tag{7-17}$$

worin A die Spannungszeitfläche des Störimpulses und V_0 die ZF-Verstärkung bedeutet. Die Spannung $\hat{u}_R$ steht also wohlgemerkt nicht in Beziehung zum Scheitelwert des Störimpulses sondern, da V_0 und B_{ZF} Konstanten sind, ausschließlich zu seiner Fläche (s. 1.6.3.1). Wie bei der Spitzenwertanzeige wird auch hier ein Speicherkondensator aufgeladen, diesmal jedoch über einen definierten Ladewiderstand R_L, Bild 7.25.

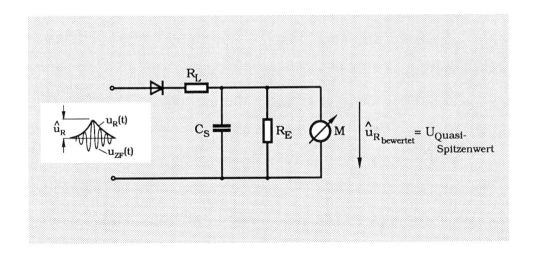

Bild 7.25: Quasi-Spitzenwertanzeige.

Aufladezeitkonstante R_LC_S und Entladezeitkonstante R_EC_S sind so gewählt, daß sich der Kondensator C_S zwischen aufeinanderfolgenden Impulsen teilweise entladen kann, so daß das Meßinstrument M einen von der Impulshäufigkeit abhängigen Mittelwert anzeigt, Bild 7.26a.

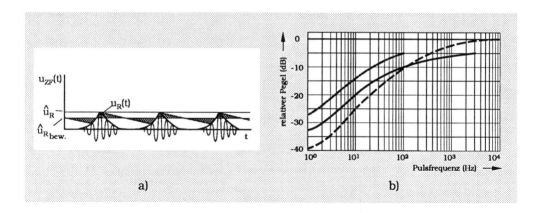

Bild 7.26: Zur Erläuterung der Quasi-Spitzenwertanzeige
a) Zustandekommen des Quasi-Spitzenwerts (Mittelwert)
b) Zusammenhang zwischen U_{max}, $U_{Anzeige}$ ($\hat{u}_{R_{bew}}$) und Impulshäufigkeit eines Störspannungsmeßgeräts nach CISPR bzw. VDE 0876 [7.1].

Neben den elektrischen Zeitkonstanten ist auch noch die mechanische Zeitkonstante des Anzeigeinstruments spezifiziert. Gemäß CISPR (*Comitè International Special de Perturbations Radioelectriques*, s. Kapitel 9) bzw. VDE 0876 [7.1] besitzen die Zeitkonstanten in den einzelnen Spektralbereichen die in Tabelle 7.2 aufgeführten Werte.

Spektralbereich	10kHz ... 150kHz	150kHz ... 30MHz	30MHz ... 1000MHz
ZF-Bandbreite	200 Hz	9 kHz	120 kHz
Aufladezeitkonstante $R_L C_S$	45 ms	1 ms	1 ms
Entladezeitkonstante $R_E C_S$	500 ms	160 ms	550 ms
Mechanische Zeitkonstante	160 ms	160 ms	100 ms

Tabelle 7.2: Zeitparameter der Quasi-Spitzenwertanzeige nach CISPR.

7.4 EMB - Meßgeräte

Obige Zeitparameter liegen dem Zusammenhang zwischen Anzeige und Impulshäufigkeit gemäß Bild 7.24b zu Grunde. Beispielsweise bewirkt ein Einzelimpuls im Spektralbereich 30 bis 1000MHz eine um etwa 40dB geringere Anzeige als eine mit 1000Hz repetierende Impulsfolge gleicher Amplitude. Da der Störmeßempfänger aus dem gesamten Spektrum eines Impulses nur einen seiner ZF-Bandbreite entsprechenden Anteil der Signalenergie herausfiltert und diesen bei der Quasi-Spitzenwertanzeige auch noch mit bis zu -40dB unterbewertet, unterscheiden sich bei Impulsbeaufschlagung der angezeigte Spannungswert und der tatsächliche Scheitelwert eines Impulses um bis zu sechs Größenordnungen ($1 : 10^6$). Dies erhellt, daß Störmeßempfänger über einen weiten Aussteuerbereich extrem linear aufgebaut sein müssen. Einen wesentlichen Beitrag zur Übersteuerungs- und Intermodulationsfestigkeit liefert die mitlaufende Vorselektion.

Mittelwertanzeige

Die Mittelwertanzeige zeigt den arithmetischen Mittelwert $\bar{u}_R$ der Einhüllenden $u_R(t)$ der ZF-Spannung $u_{ZF}(t)$ an, Bild 7.27.

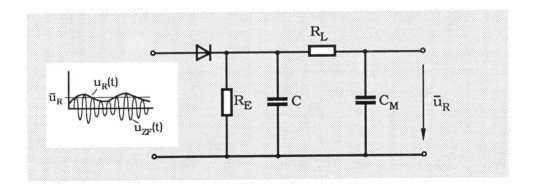

Bild 7.27: Mittelwertanzeige.

Die Diode richtet die ZF-Spannung gleich und lädt den Kondensator C zunächst auf den jeweiligen Momentanwert der Hüllkurve auf. Dank des vergleichsweise kleinen Entladewiderstands R_E kann die Spannung an C in jedem Augenblick der Hüllkurve (Richtspannung) folgen. Der Tiefpaß $R_M C_M$ glättet die monopolare Richtspannung, so daß sich an C_M ihr arithmetischer Mittelwert $\bar{u}_R$ einstellt. Die Mittelwertanzeige eignet sich besonders für die unbeeinflußte Messung der Störwirkung diskreter Frequenzen und modulierter Trägerfrequenzen, da einzelne höhere Störimpulse und Modulationsprodukte durch die Mittelung schwächer bewertet werden.

Effektivwertanzeige

Die Effektivwertanzeige zeigt mittels eines Meßgleichrichters mit quadratischer Kennlinie oder eines echten thermischen Effektivwertmessers (*Thermokreuz* etc.) den Effektivwert entweder der Einhüllenden [7.15] oder der ZF-Wechselspannung [7.1] eines Meßempfängers an. Sie ist hier nur der Vollständigkeit halber erwähnt und hat in der EMV-Technik keine große Bedeutung. Zusammenfassend zeigt Tabelle 7.3 nochmals die Anzeige eines Störmeßempfängers in den verschiedenen Anzeigearten bei unterschiedlichen Eingangsgrößen.

Anzeigeart Störgröße	Spitzenwert	Quasi-Spitzenwert	Arithmet. Mittelwert
$u(t) = \hat{u} \sin\omega t$	$\hat{u}/\sqrt{2}$	$\hat{u}/\sqrt{2}$	$\hat{u}/\sqrt{2}$
Amplitudendichte $U(f)$	$\dfrac{2}{\sqrt{2}} U(f) B_{Imp}$	$\dfrac{2}{\sqrt{2}} U(f) B_{Imp} \cdot g(f_{rep})$	$\dfrac{2}{\sqrt{2}} U(f) f_{rep}$

Tabelle 7.3: Anzeige von Störmeßempfängern in den verschiedenen Anzeigearten für diskrete Frequenzen f_v und für Amplitudendichten $U(f)$.
f_{rep}: Impulswiederholfrequenz; $g(f_{rep})$: Bewertungsfunktion; B_{Imp}: effektive ZF-Bandbreite für Impulse (s. nachstehende Erläuterung).

7.4 EMB - Meßgeräte

In obiger Darstellung bedeutet B_{Imp} die *Impulsbandbreite*. Hierunter versteht man die Bandbreite eines idealen Bandfilters (mit rechteckiger Durchlaßkurve) gleicher Sprungantwort. Bei der CISPR-Durchlaßkurve, deren Bandbreite jeweils bei ±6 dB Abfall definiert ist, beträgt der Unterschied nur ca. 5%, d.h. $B_{Imp} \approx 1.05 B_{\pm 6dB}$. Wird dagegen die Bandbreite der Durchlaßkurve zwischen ±3dB Abfall definiert, so beträgt für Filter mit Gaußschem Verlauf der Unterschied ca. 50%, d.h. $B_{Imp} \approx 1.5 B_{ZF}$.

Einfluß der Empfängerbandbreite auf die Anzeige von Schmal- und Breitbandstörungen

Für Schmal- und Breitbandemissionen existieren je nach Vorschrift unterschiedliche Grenzwerte, die eine eindeutige Identifikation einer Störung erfordern. Aus diesem Grund wird hier auf die Unterschiede zwischen beiden Störungsarten noch etwas ausführlicher eingegangen.

Alle Arten elektromagnetischer Störungen lassen sich grundsätzlich in *schmal-* und *breitbandige* Störungen unterteilen, wobei die Zuordnung zu der einen oder anderen Gruppe eine Frage der Empfängerbandbreite (ZF-Bandbreite) ist, Bild 7.28.

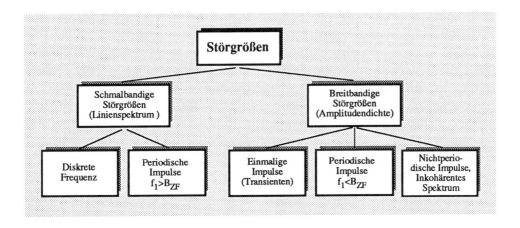

Bild 7.28: Einteilung von Störgrößen in schmal- und breitbandige Störungen.

Zu den schmalbandigen Störgrößen zählen alle sinusförmigen Wechselspannungen einer diskreten Frequenz sowie alle periodischen *nichtsinusförmigen* Spannungen (z.B. periodische Impulse, Rechteckspannungen), deren Grundfrequenz f_1 bzw. Spektrallinienabstand Δf groß ist gegen die ZF-Filterbandbreite, Bild 7.29.

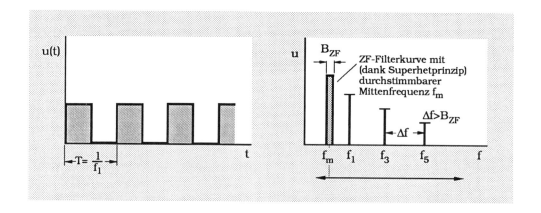

Bild 7.29: Zur Definition schmalbandiger Störungen.

Nach dieser Definition zählen auch AM und FM modulierte Trägerfrequenzen zu schmalbandigen Störungen, wenn die wichtigen Modulationsprodukte innerhalb der ZF-Bandbreite liegen. Genormte ZF-Bandbreiten (z.B. nach CISPR) sind 200 Hz (Spektralbereich 10 kHz bis 150 kHz), 9 kHz (Spektralbereich 150 kHz bis 30 MHz) und 120 kHz (Spektralbereich 30 MHz bis 1000 MHz). Fällt jeweils nur eine Spektrallinie in die ZF-Bandbreite, so zeigt der Meßempfänger unabhängig vom Zahlenwert der Bandbreite den durch $\sqrt{2}$ geteilten Scheitelwert der sinusförmigen ZF-Spannung an. Die Anzeige ist demnach in Effektivwerten geeicht und wird in V_{eff} angegeben.

Schmalbandige Störungen lassen sich als solche identifizieren, indem man die Mittenfrequenz des Empfängers um $\pm B_{ZF}$ verstimmt. Geht hierbei die Anzeige um mehr als 3 dB zurück, liegt eine Schmalbandstörung vor. Ein weiteres Kriterium ist eine konstante Anzeige beim Umschalten auf eine größere Bandbreite (Änderung < 3 dB zulässig). Schließlich rufen Schmalbandsignale sowohl bei der *Mittelwert-* als auch bei der *Spitzenwertmessung* die gleiche Anzeige her-

7.4 EMB - Meßgeräte

vor, während Breitbandsignale beim Umschalten von Spitzenwert- auf Mittelwertanzeige wesentlich geringere Spannungen anzeigen. (Bei pulsmodulierten Trägerfrequenzen erlaubt letzterer Teil keine eindeutige Aussage).

Im Gegensatz zu Schmalbandstörungen hängt bei Breitbandstörungen die Anzeige von der Empfängerbandbreite ab. Eine Spitzenwertanzeige mit relativer Verstärkung $V_0 = 1$ zeigt bei breitbandigen Störgrößen gemäß Gleichung (7-17) die Spannung

$$\hat{u}_R = 2AB_{ZF} \quad , \qquad (7\text{-}18)$$

bzw. gemäß Kapitel 1.6.1 die Spannung

$$\hat{u}_R = U(f) B_{ZF} = 2\hat{u}\tau B_{ZF} \qquad (7\text{-}19)$$

an, wobei U(f) die *physikalische Amplitudendichte* (Meßwert) darstellt. Der angezeigte Wert ist bei kohärenten Störungen (Spektralamplituden und zugehörige Phase sind einander deterministisch zugeordnet, z.B. periodische Impulse) der Bandbreite proportional, d.h. die Anzeige ändert sich beim Umschalten von einer Bandbreite B_1 auf eine Bandbreite B_2 um

$$\boxed{\Delta U = 20 \lg \frac{B_{ZF_1}}{B_{ZF_2}} \, dB} \quad . \qquad (7\text{-}20)$$

Bei inkohärenten Störungen (engl.: *random noise*, z.B. Korona, Rauschen etc.) ist der angezeigte Wert der Wurzel aus der Bandbreite proportional, d.h. die Anzeige ändert sich beim Umschalten nur um

$$\Delta U = 10 \lg \frac{B_{ZF_1}}{B_{ZF_2}} \, dB$$

(7-21)

Die unterschiedliche Änderung der Anzeige kann als Kriterium für die Unterscheidung kohärenter und inkohärenter Breitbandstörungen verwendet werden.

Gemäß Gleichung (7-19) zeigen Meßempfänger unterschiedlicher Bandbreite B_{ZF} in der Betriebsart Spitzenwertanzeige bei gleichem Signal am Eingang unterschiedliche Spannungswerte an. Um das Meßergebnis unabhängig von der Empfängerbandbreite zu machen, bezieht man die gemessene Spannung auf B_{ZF} und erhält somit die physikalische *Amplitudendichte* (s. 1.6.2),

$$U(f) = \frac{\hat{u}_R}{B_{ZF}} = 2 A V_0 = 2 \hat{u} \tau V_0$$

(7-22)

Als Bezugsbandbreite wird häufig 1 MHz gewählt. Die Einheit der gemessenen Amplitudendichte ist µV/Hz bzw. $dB_{\mu V/Hz}$. Die Umwandlung auf andere Bandbreiten erfolgt für kohärente Signale in Anlehnung an (7-17), für inkohärente Signale in Anlehnung an (7-21).

7.4.2 Spektrumanalysatoren

Spektrumanalysatoren erlauben die rasche graphische Darstellung des *Frequenzspektrums* von Störgrößen. Sie bestehen im wesentlichen aus einem Störmeßempfänger ohne Vorselektion und einem integrierten Oszilloskop. Ein Sägezahngenerator steuert den lokalen Oszillator des Störmeßempfängers über einen wählbaren Frequenzhub (*Wobbelhub*) aus und bewirkt gleichzeitig die Zeitablenkung des Oszilloskops. Die gleichgerichtete ZF-Spannung (*Hüllkurve, Richtspannung*) wird in einem Videoverstärker verstärkt und an die Vertikalplatten gelegt, Bild 7.30.

7.4 EMB - Meßgeräte

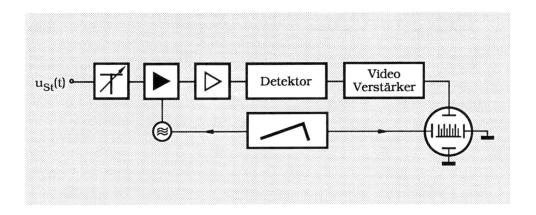

Bild 7.30: Prinzipschaltung eines Spektrumanalysators.

Je nach Detektionsart und Bandbreite des Video-Verstärkers lassen sich *Spitzenwert-* und *Mittelwertanzeige* (in Einzelfällen auch *Quasi-Spitzenwertanzeige*) darstellen. Da sich die gewobbelte Mittenfrequenz der Empfängerbandbreite während eines Sägezahns nicht gleichzeitig in Front und Rücken eines einmaligen Vorgangs befinden kann, liefert ein Spektrumanalysator eine befriedigende Bildschirmdarstellung nur bei repetierenden Vorgängen bzw. Dauerstörungen.

Spektrumanalysatoren eignen sich hervorragend zur Spektrumüberwachung, Aufnahme von Störhintergründen etc. Verglichen mit reinen Störmeßempfängern stehen ihren Vorzügen höhere Rauschzahl, geringerer intermodulationsfreier Dynamikbereich (mangels mitlaufender Vorselektion), geringere Genauigkeit etc. gegenüber. Bei EMV-Abnahmeprüfungen wird daher Störmeßempfängern meist der Vorzug gegeben. In einem gut ausgestatteten EMV-Labor sollten beide Empfängerarten vorhanden sein und sich gegenseitig ergänzen.

8 EMV - Suszeptibilitätsmeßtechnik

Suszeptibilitäts- bzw. *Störfestigkeitsmessungen* dienen der Ermittlung der Widerstandsfähigkeit elektronischer Geräte gegen die an ihrem Einsatzort zu erwartenden Störgrößen. Letztere kennt man entweder aus Betriebserfahrungen der Vergangenheit oder auf Grund speziell durchgeführter Emissionsmessungen am Einsatzort (s.a. Kapitel 2). Die Störpegel unterschiedlicher Umgebungen lassen sich grob verschiedenen *Umgebungsklassen* zuordnen, die ihrerseits eine bestimmte *Prüfschärfe* (engl.: *test severity*) nahelegen [8.1 - 8.3]. Eine bestandene *Störfestigkeitsprüfung* mit repräsentativen Störgrößen garantiert nicht, daß ein Gerät absolut störfest ist (z.B. auch im Extremfall eines direkten Blitzeinschlags). Sie erlaubt jedoch in vielen Fällen die Schlußfolgerung, daß das Gerät mit einer Wahrscheinlichkeit verfügbar sein wird, die komplementär ist zur Wahrscheinlichkeit des Auftretens beliebiger Störgrößen, die oberhalb der beim Test als repräsentativ eingestuften Prüfspannungen und -ströme bzw. der zugehörigen Felder liegen. Während für Emissionsmessungen bezüglich Durchführung und einzuhaltender Funkstörgrenzwerte seit langem umfangreiche und genaue Vorschriften zur Verfügung stehen, werden Suszeptibilitätsmessungen häufig nach internen Hersteller- oder Anwenderrichtlinien durchgeführt, was naturgemäß unterschiedlichen Bewertungen Raum läßt. Wesentlich ist, daß Hersteller und Anwender sich rechtzeitig auf die gleichen repräsentativen Störgrößen, insbesondere auch über den Innenwiderstand der sie erzeugenden Testgeneratoren einigen (falls diese nicht bereits durch Normen vorgegeben sind). Entspricht ein Gerät bezüglich seiner Störfestigkeit in Normen festgelegten Beanspruchungen und fällt das Gerät beim Anwender trotzdem aus, obliegt es dem Anwender, seinen Störpegel durch separate Maßnahmen unter den Pegel der Prüfstörgrößen abzusenken. Wegen der sehr unterschiedlichen Anforderungen an die Störfestigkeit von Automatisierungssystemen, KFZ-Elektronik etc. kann das vorliegende Kapitel verständlicherweise nur die essentiellen elektrotechnischen Grundlagen der verwendeten Verfahren und Geräte behandeln. Im konkreten Einzelfall sind die jeweils geltenden Vorschriften zu Rate zu ziehen (soweit existent).

Entsprechend der Vielfalt der im Kapitel 2 vorgestellten Störquellen und ihrer Emissionen existieren zahlreiche verschiedene EMB-Simulationsverfahren, Bild 8.1.

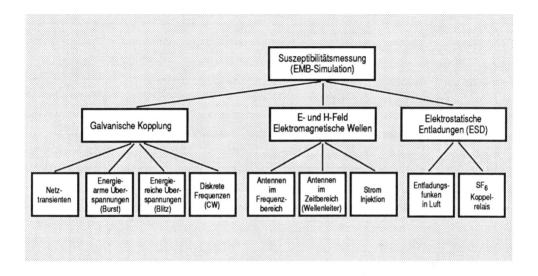

Bild 8.1: In der Suszeptibilitätsmeßtechnik verwendete EMB-Simulationsverfahren.

Die für die unterschiedlichen Aufgabenstellungen erforderlichen *Simulatoren* und ihre *Ankopplung* werden im folgenden näher erläutert.

8.1 Simulation leitungsgebundener Störgrößen

Zur Simulation leitungsgebundener Störgrößen benötigt man einen geeigneten *Störgrößensimulator* sowie eine *Ankoppeleinrichtung*. Letztere enthält sowohl *Ankoppelelemente* zum Prüfobjekt als auch

Entkoppelelemente zum Netz. Bei Suszeptibilitätsmessungen kommt der Ankoppeleinrichtung etwa die gleiche Aufgabe zu wie der Netznachbildung bei Emissionsmessungen, lediglich mit umgekehrter Wirkungsrichtung (s. 7.1.1). So ist auch nicht verwunderlich, daß sich manche Koppelfilter sowohl für Emissionsmessungen als auch für Suszeptibilitätsmessungen einsetzen lassen.

Störsimulatoren lassen sich sowohl kapazitiv als auch induktiv an ein Prüfobjekt ankoppeln. In beiden Fällen muß man zwischen der Einkopplung von Gegentakt- und Gleichtaktstörungen unterscheiden (s. 1.4). Die *kapazitive* Einkopplung von Gegentakt- und Gleichtaktsignalen zeigt schematisch Bild 8.2.

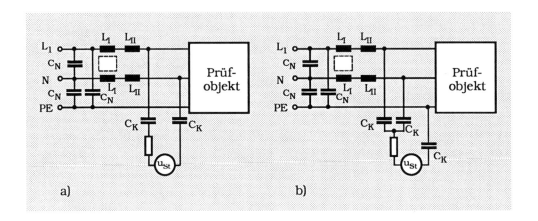

Bild 8.2: Simulation leitungsgebundener Störgrößen durch kapazitive Einkopplung
a) Einkopplung von Gegentaktstörungen,
b) Einkopplung von Gleichtaktstörungen.

Die Längsimpedanzen L_I und L_{II} verhindern einerseits das Eindringen der Prüfimpulse in das Netz, andererseits ist ihre Existenz unabdingbare Voraussetzung für die Erzeugung einer bestimmten Kurvenform am Prüfling. Ohne Längsdrosseln würde der vergleichsweise geringe Innenwiderstand des Netzes die meisten Störgrößensimulatoren praktisch kurzschließen. Da an den Drosseln bei 50 Hz höchstens 10% Spannungsabfall toleriert werden können, unterstützt man die Entkopplung zum Netz durch die Filterkondensatoren C_N. Alternativ schaltet man vor die Ankoppeleinrichtung einen Stelltransformator, mit dem die Netzspannung beispielsweise auf 240 V erhöht und damit ein großer Spannungsabfall an den Längsdrosseln kompensiert werden kann. Vielseitig einsetzbare Ankopplungseinrichtungen erhalten zusätzlich einen Trenntransformator, der auch den Einsatz einseitig geerdeter Störgrößengeneratoren erlaubt.

In gleicher Weise wie ein geringer Netzinnenwiderstand, vermag auch ein niederohmiges Prüfobjekt einen Störgrößensimulator derart zu belasten, daß die Aufrechterhaltung der geforderten Prüfgrößen Probleme bereitet. In jedem Fall ist daher die Einhaltung der geforderten Prüfschärfe unmittelbar an den Klemmen des Prüflings durch geeignete Spannungs- und Strommeßeinrichtungen [2.19] nachzuweisen. Bei komfortablen Ankoppeleinrichtungen und Störgrößengeneratoren sind derartige Sensoren bereits fest eingebaut.

Die *induktive* Einkopplung von Gegentakt- und Gleichtaktstörungen zeigt schematisch Bild 8.3.

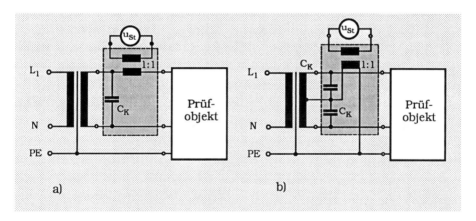

Bild 8.3: Simulation leitungsgebundener Störgrößen durch induktive Einkopplung
a) Einkopplung von Gegentaktstörungen
b) Einkopplung von Gleichtaktstörungen.

Die Entkopplung zum Netz bewirken hier überwiegend die Kopplungskapazitäten C_K, die für hohe Frequenzen einen Kurzschluß darstellen, so daß sowohl bei der Einkopplung von Gegentaktstörungen als auch von Gleichtaktstörungen die Störgrößen nicht transformatorisch ins Netz übertragen werden.

Da der Breitbandübertrager den Strom bzw. den Spannungsabfall im Betriebsstromkreis auf den Ausgang des Störgrößensimulators transformiert, kann bei manchen Störgrößensimulatoren eine Kompensation dieser Größen erforderlich werden [8.4].

Die induktive Einkopplung wird mangels marktgängiger breitbandiger Impulsübertrager hoher Leistung seltener angewandt als die kapazitive Einkopplung. Schließlich sei die Einkopplung in Signal- und Datenleitungen erwähnt, die zweckmäßig über Edelgasüberspannungsableiter vorgenommen wird [8.5].

Nach diesen grundsätzlichen Betrachtungen soll im folgenden die Simulation verschiedener typischer Störungen näher erläutert werden.

8.1.1 Simulation von Niederfrequenzstörungen in Niederspannungsnetzen (ms-Impulse)

Zum Nachweis der Störfestigkeit gegenüber Abschaltvorgängen von Überstromschutzorganen (Schutzschalter) müssen nach VDE 0160 [8.29] elektronische Betriebsmittel in Starkstromanlagen mit Überspannungen gemäß Bild 8.4 geprüft werden.

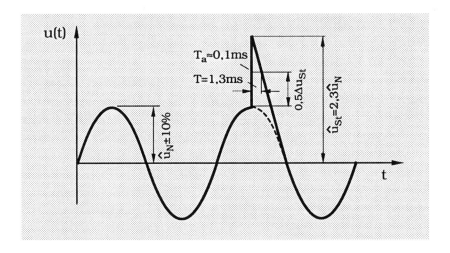

Bild 8.4: Spannungsimpuls zur Prüfung der Überspannungsfestigkeit elektronischer Betriebsmittel in Wechselspannungsnetzen (idealisiert).

8.1 Simulation leitungsgebundener Störgrößen

Die Überspannungserzeugung erfolgt durch Entladung eines Energiespeicherkondensators im Augenblick des Scheitelwerts, Bild 8.5.

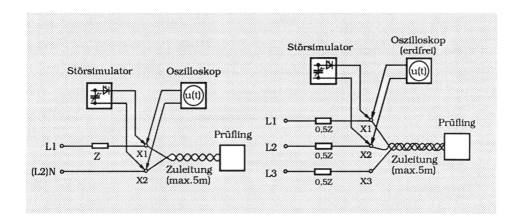

Bild 8.5: Überspannungsprüfung für ein- und dreiphasige Betriebsmittel. Z: Entkopplungsimpedanz (nach VDE 0160 [8.29]).

Während für einphasig betriebene Geräte einseitig geerdete Simulatoren zum Einsatz kommen, werden für zwei- und dreiphasig gespeiste Betriebsmittel Störsimulatoren mit erdfreiem, symmetrischem Ausgang benötigt. Die Potentialtrennung kann *nicht* durch einen nachträglich dem Störsimulator *vor*geschalteten Trenntransformator bewerkstelligt werden, da das Simulatorgehäuse dann unzulässig hohe Berührungsspannungen annehmen würde.

Die Größe des Energiespeicherkondensators richtet sich nach dem kapazitiven Eingangswiderstand des elektronischen Betriebsmittels und der Impedanz der Entkoppeldrosseln zum Netz. Die Kapazität ist fallweise so an den Prüfling anzupassen, daß die Zeitparameter gemäß Bild 8.4 auch erreicht werden (C_{max} = 250 µF). Alternativ zu Bild 8.5 läßt sich die Prüfspannung auch transformatorisch seriell einkoppeln (s. 8.1).

Neben Überspannungen müssen elektronische Betriebsmittel auch gelegentliche kurzzeitige *Absenkungen der Betriebsspannung* oder gar einen kurzzeitigen *Netzausfall* verkraften. Der Nachweis der Immunität gegen Spannungsabsenkungen kann beispielsweise mit der in Bild 8.6 gezeigten Schaltung erfolgen.

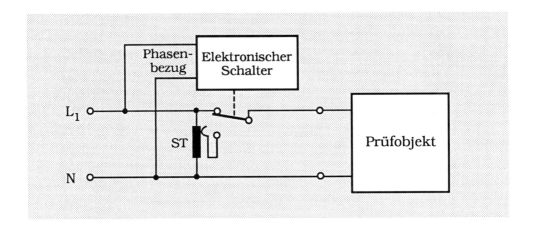

Bild 8.6: Simulation von Netzspannungsabsenkungen.
ST: Spartransformator.

Ein mit beliebiger Phasenverschiebung gegenüber Netzspannung triggerbarer elektronischer Schalter erlaubt die freizügige Simulation aller Arten von Netzstörungen. Typische Werte für die *Netzausfalldauer* sind 10ms (1 Halbschwingung), für eine *Spannungsabsenkung* (50%) ca. 20ms (1 Periode), s. z.B. VDE 0839 Teil 1 [B23]. Bei periodischer Ansteuerung des Schalters und geeignetem Aufbau lassen sich auch periodische Spannungsabsenkungen, wie sie während Kommutierungsvorgängen bei Stromrichtern auftreten, simulieren.

8.1.2 Simulation breitbandiger energiearmer Schaltspannungsstörungen (Burst)

Abschaltüberspannungen von Relais- und Schützspulen sowie anderer induktiver Lasten manifestieren sich meist als *Störimpulspakete* auf Netz-, Signal- und Datenleitungen (engl.: burst, s.a. 2.4.2). Für ihre Simulation wurde der in Bild 8.7 dargestellte zeitliche Störgrößenverlauf genormt (VDE 0843, Teil 4 [B23]).

8.1 Simulation leitungsgebundener Störgrößen

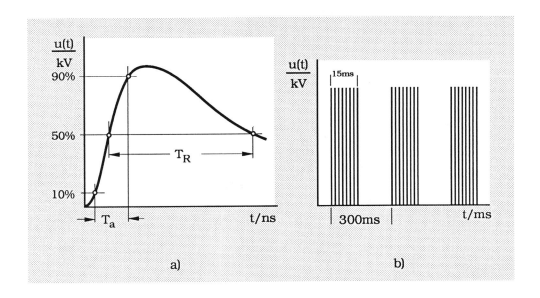

Bild 8.7: Zeitlicher Verlauf der Burst-Simulation
a) Einzelimpuls bei hoher Zeitablenkung
b) Störimpulspakete bei niedriger Zeitablenkung.

Die Einzelimpulse besitzen qualitativ den gleichen Verlauf wie die klassische *Blitzstoßspannung* der Hochspannungsprüftechnik (Doppelexponentialfunktion), quantitativ jedoch andere Zeitparameter:

— Anstiegszeit $\quad T_a \ = \ 5\text{ns} \pm 30\%$
— Rückenhalbwertszeit $\quad T_R \ = \ 50\text{ns} \pm 30\%$

Die Störimpulspakete sind durch folgende Eigenschaften gekennzeichnet:

— *Burstamplitude*
— *Burstperiode*
— *Burstlänge*.

Der Scheitelwert der Impulse richtet sich nach dem zu prüfenden Gerätetyp bzw. nach der Natur der zu- und abgehenden Leitungen (Netzleitung, E/A-Leitungen etc.), m.a.W. ihrer Nutzspannungspegel.

Die Burstperiode beträgt grundsätzlich 300ms ± 20%, die Burstlänge 15ms ± 20%. Die Einzelimpulsperiode hängt von der Prüfschärfe ab, siehe Tabelle 8.1.

Prüfschärfe	Prüfspannung ± 10 % (Stromversorgungsleitungen)	Prüfspannung ± 10 % (Signal-, Datenleitungen)	Impulswiederholfrequenz
1	0,5 kV	0,25 kV	5 kHz
2	1 kV	0,5 kV	5 kHz
3	2 kV	1 kV	5 kHz
4	4 kV	2 kV	2,5 kHz
x	n. Vereinbarung	n. Vereinbarung	n. Vereinbarung

Tabelle 8.1: Burstparameter für verschiedene Prüfschärfegrade (Beanspruchungsdauer 1 Minute).

Störimpulspakete gemäß Bild 8.7b lassen sich mit einer Schaltung nach Bild 8.8 erzeugen.

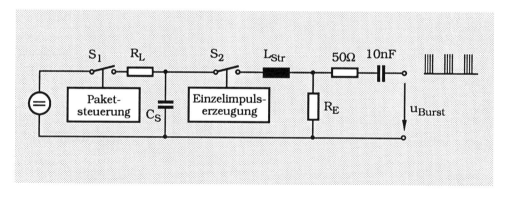

Bild 8.8: Prinzipschaltbild eines Burst-Simulators.

Der Schalter S_1 bestimmt die Paketbreite und -periode, der Schalter S_2 (freilaufende Funkenstrecke, gesteuerte Transistorkaskade) die Einzelimpulserzeugung und Einzelimpulsperiode. Die Impulsstirn

8.1 Simulation leitungsgebundener Störgrößen

wird in erster Linie durch die Zeitkonstante L_{Str}/R_E, der Impulsrücken durch die Entladezeit $C_S R_E$ bestimmt.

Bei der Einkopplung in Versorgungsleitungen (z.B. 220V-Netz) kommt eine Koppeleinrichtung mit konzentrierten Koppelkondensatoren (10µF bis 35µF) zum Einsatz, die gleichzeitig auch *Entkopplungsdrosseln* zum Netz beinhaltet (s. 7.1 u. VDE 0847 und VDE 0843 [B23]). Die Einkopplung in Signal-, Steuer- und Datenleitungen erfolgt über verteilte Koppelkapazitäten (*kapazitive Koppelstrecken*) mit einer Gesamtkapazität von ca. 50pF bis 200pF, Bild 8.9.

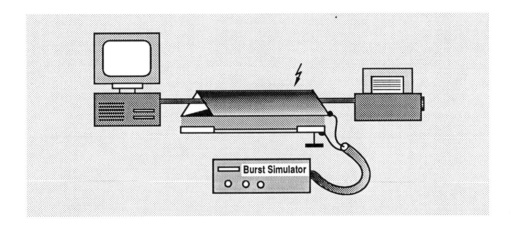

Bild 8.9: Einkopplung asymmetrischer Störspannungen mittels kapazitiver Koppelstrecke (s.a. VDE 0843, Teil 4 u. 0847, Teil 2).

Bei beschränkten Platzverhältnissen kann an Stelle der kapazitiven Koppelstrecke auch eine konzentrierte Koppelkapazität angeschaltet oder eine selbstklebende Metallfolie mit einer Kapazität von 100pF gegenüber dem Kabelmantel aufgebracht werden.

Die kapazitive Kopplung verleitet allzu häufig zu der Annahme, daß es sich um eine rein kapazitive Einkopplung handelt. Hier sollte jedoch nicht übersehen werden, daß der in die Koppelkapazitäten fließende Strom letztlich über Streukapazitäten oder galvanische Masseverbindungen zur Masseklemme des Burstgenerators zurückfließen muß (s.a. 1.5 und 10.6) und die hierzu erforderliche Stromschleife induktiv mit den anderen Leitungen bzw. Betriebsstromkreisen des

Prüfobjekts gekoppelt ist. Dies entspricht im übrigen auch genau der Realität, in der parallel verlaufende Leitungen von Relais- und Schützspulen nicht allein auf Grund ihrer sprunghaften Potentialänderungen zu kapazitiven Einkopplungen Anlaß geben, sondern gerade wegen der in ihnen fließenden Ströme bzw. deren sprunghaften Änderungen di/dt parallel verlaufende Stromkreise induktiv beeinflussen (s.a. 2.4.2 und 10.1). Wegen Einzelheiten der räumlichen Anordnung von Prüfobjekt, Simulator, Masse- und Erdleitungen sind die jeweils geltenden Vorschriften zu Rate zu ziehen.

8.1.3 Simulation breitbandiger energiereicher Überspannungen (Hybridgenerator)

Energiereiche Überspannungen entstehen infolge galvanischer oder induktiver Einkopplung atmosphärischer Entladungen, Schalthandlungen in Elektroenergiesystemen etc. Ihre Simulation erfolgt mit den klassischen Blitz- und Schaltstoßspannungen (Doppelexponentialfunktion) der Hochspannungsprüftechnik, Bild 8.10a.

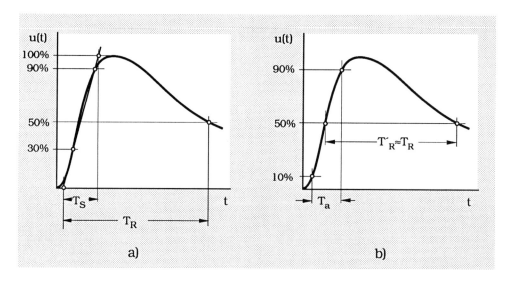

Bild 8.10: Definition der *Stirn-* und *Rückenzeit* sowie der *Anstiegszeit* von Überspannungen
    a) Stirnzeit T_S und Rückenzeit T_R nach VDE 0433 u. IEC 60-2
    b) Anstiegszeit T_a und Rückenzeit T_R nach IEC 469-1.

8.1 Simulation leitungsgebundener Störgrößen

Da die Bestimmung der Stirnzeit T_S und der Rückenzeit T_R gemäß VDE 0433 bzw. IEC 60-2 etwas umständlich ist, ermittelt man *in praxi* mit dem Cursor die Anstiegszeit T_a nach IEC 469-1 und multipliziert mit 1,67,

$$T_S = 1{,}67\, T_a \qquad (8\text{-}1)$$

Die Rückenzeit T_R wird zur Vereinfachung meist als T_R' gemäß Bild 8.10b ermittelt, was wegen $T_S \ll T_R$ und den großen Toleranzen meist zulässig ist.

Übliche Zeitparameter sind:

— Blitzstoßspannung 1,2/50: T_S = 1,2µs ± 30%, T_R = 50µs ± 30%

— Schaltspannung 10/700: T_S = 10µs ± 30%, T_R = 700µs ± 30%

Die Spannungsformen in Bild 8.10 sind stark idealisiert. Reale Blitzüberspannungen weisen häufig Stufen in der Stirn auf bzw. können sich aus mehreren aufeinanderfolgenden Überspannungen zusammensetzen (Multiple Blitze) und größere Steilheiten besitzen (s. 2.4.6).

Kurvenformparameter wie 1,2/50 oder 10/700 beruhen auf der Definition gemäß IEC 60-2. Zunehmend werden Impulsformen auch durch ihre Anstiegszeit gemäß IEC 469-1 charakterisiert. Unter Berücksichtigung der unterschiedlichen Definition ergeben sich hierbei unterschiedliche Zahlenwerte, es handelt sich in der Regel jedoch um die gleiche Kurvenform.

Generatoren zur Erzeugung von Spannungsformen gemäß Bild 8.10a wurden in der Vergangenheit als einstufige Stoßkreise mit vergleichsweise großem Innenwiderstand realisiert und in großer Zahl zur *Isolationsprüfung* eingesetzt, Bild 8.11.

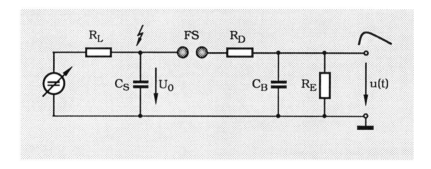

Bild 8.11: Einstufige Stoßschaltung zur Erzeugung von Blitz- und Schaltstoßspannungen.

Beim Ansprechen des Schalters S (Funkenstrecke, Vakuumrelais, Thyristor etc.) wird der Energiespeicherkondensator C_S über den Dämpfungswiderstand R_D auf die Belastungskapazität C_B umgeladen. Die Anstiegszeit bestimmt sich für $C_S \gg C_B$ zu

$$T_a = 2{,}2\ R_D C_B$$

(8-2)

Anschließend entlädt sich C_B über R_E mit der Zeitkonstante $T \approx R_E (C_B + C_S)$.

Obige Überlegungen gelten für kapazitätsarme, hochohmige Prüfobjekte. Bei Geräten mit Überspannungsschutzeinrichtungen (Edelgas- und ZnO-Ableitern, Schutzdioden, Filterkondensatoren etc.) ist eine reine Isolationsprüfung nicht sinnvoll, da die Schutzelemente die Prüfspannung auf niedrige Werte begrenzen und es überhaupt nicht zu einer Beanspruchung der Isolation kommt. Viel wichtiger ist dann die Frage, ob die Schutzelemente den Ableitstrom energiereicher Überspannungen (Überspannungen von Spannungsquellen mit niedrigen Quellwiderständen) verkraften können. Für diese Anwendungen wurde der *Hybridgenerator* (engl.: CWG, *Combination Wave Generator*) entwickelt, der an *hochohmigen* Prüfobjekten die geforderten Spannungsformen, an *niederohmigen* Prüfobjekten (z.B. nach Ansprechen des Überspannungsschutzes) einen praxisnahen

8.1 Simulation leitungsgebundener Störgrößen

Kurzschlußstrom $T_S/T_R = 8/20\mu s$ gemäß Bild 8.12 fließen läßt (s. VDE 0846 Teil 11 [B23] sowie [8.14]).

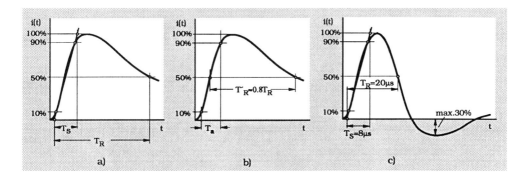

Bild 8.12: Definition der *Stirn-* und *Rückenzeit* sowie der *Anstiegszeit* von Stoßströmen
  a) Stirnzeit T_S und Rückenzeit T_R nach VDE 0433, Teil 3 bzw. IEC 60-2.
  b) Anstiegszeit nach IEC 469-1.
  c) Verlauf des Stromimpulses 8/20µs nach VDE 0846 Teil 11 (90).

Ähnlich wie bei Stoßspannungen bestimmt man auch hier zunächst die Anstiegszeit T_a und multipliziert mit 1,25,

$$T_S = 1{,}25\, T_a$$

. (8-3)

Der unterschiedliche Faktor rührt von der unterschiedlichen Definition der Stirnzeit her (Stirngerade durch 10% statt 30%).

Die Rückenzeiten unterscheiden sich um den Faktor 1,25, d.h.

$$T_R = 1{,}25\, T_R'$$

. (8-4)

Übliche Zeitparameter sind

$T_S = 8\mu s \pm 20\%$ und $T_R = 20\mu s \pm 20\%$

bzw. gemäß IEC 469-1

$T_a = 6{,}4\mu s \pm 20\%$ und $T_R' = 16\mu s \pm 20\%$.

Beim Stoßstrom 8/20 sei angemerkt, daß die Kurvenform nicht aperiodisch ist, sondern bis zu 30% unter die Nullinie durchschwingen kann [8.10].

Die Grundschaltung des Hybridgenerators zeigt Bild 8.13.

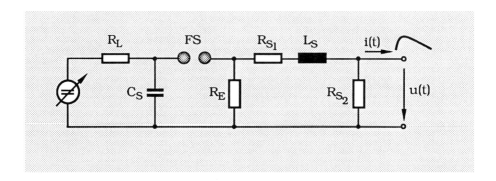

Bild 8.13: Hybridgenerator (Prinzipschaltung).

Im Gegensatz zu den herkömmlichen hochohmigen Stoßkreisen, bei denen die Pulsstirn durch das RC-Verhalten des Dämpfungswiderstands und der Belastungskapazität bewirkt wird, geschieht hier die Pulsformung mittels eines L/R-Glieds. Die Anstiegszeit des Leerlaufspannungsimpulses berechnet sich dann zu

$$\boxed{T_a = 2{,}2\ L_S/(R_{S_1} + R_{S_2})}$$, (8-5)

die Rückenzeitkonstante zu

8.1 Simulation leitungsgebundener Störgrößen

$$C_S \frac{R_E (R_{S_1} + R_{S_2})}{R_E + (R_{S_1} + R_{S_2})} \quad . \tag{8-6}$$

Arbeitet der Generator näherungsweise auf einen Kurzschluß (gezündeter Edelgasableiter o.ä.), so berechnet sich die Anstiegszeit des *Stoßstroms* näherungsweise zu

$$\boxed{T_a = 2{,}2\, L_S/(R_{S_1} + R_P)} \quad , \tag{8-7}$$

die Rückenzeitkonstante zu

$$C_S \frac{R_E (R_{S_1} + R_P)}{R_E + (R_{S_1} + R_P)} \quad . \tag{8-8}$$

In (8-7) und (8-8) steht R_P für den ohmschen Kurzschlußwiderstand des Prüfobjekts (z.B. Lichtbogenwiderstand), der in der Regel klein gegen R_{S_1} angenommen werden kann. Ausführliche Hinweise über die Dimensionierung von Stoßspannungs- und Stoßstromkreisen enthält das Schrifttum [8.8 bis 8.14].

Folgende Prüfschärfen stehen derzeit zur Diskussion

Prüfschärfe	Leerlaufspannung / kV ± 10 %
1	0,5
2	1,0
3	2,0
4	4,0
x	nach Vereinbarung

Tabelle 8.2: Prüfschärfen nach IEC 801-5 (Entwurf).

Abschließend sei erwähnt, daß neben den genannten Spannungsformen auch andere Prüfspannungen denkbar sind, z.B. schwingende Schaltstoßspannungen etc., auf die hier jedoch nicht weiter eingegangen werden soll.

8.1.4 Simulatoren für elektrostatische Entladungen (ESD)

Zur Simulation elektrostatischer Entladungen (s. 2.4.1) benötigt man im wesentlichen einen Energiespeicher *statischer Elektrizität* (Hochspannungskondensator), eine Gleich(hoch)spannungsquelle, einen definierten Entladewiderstand und eine Entladeelektrode, Bild 8.14.

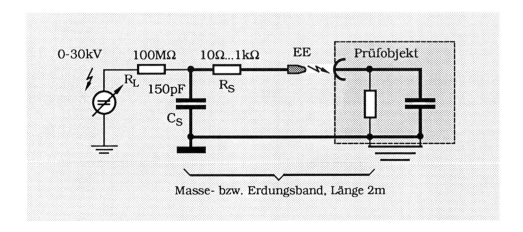

Bild 8.14: Prinzipschaltbild eines Simulators für elektrostatische Entladungen
C_S Energiespeicherkondensator, R_S Entladewiderstand
EE Entladeelektrode.

Der aus einer Gleichspannungsquelle variabler Polarität auf einen wählbaren Spannungswert aufgeladene Kondensator C_S wird über den Widerstand R_S und die Entladeelektrode EE auf das Prüfobjekt entladen. Die Entladeelektrode wird aus größerer Entfernung an das Prüfobjekt herangeführt bis die Durchschlagspannung der zunehmend kleiner werdenden Luftstrecke die Spannung an C_S unterschreitet und die Entladung über einen Funken ermöglicht. Für die Simulation von *Körperentladungen* sollte R_S ca. $\leq 1k\Omega$ betragen, für

8.1 Simulation leitungsgebundener Störgrößen

Kleinmöbelentladungen 10 ... 50 Ω. Zur Vereinfachung sieht VDE 0846 [B23] derzeit einheitlich 330 Ω, VDE 0843 [B23] einheitlich 150 Ω vor. Hierbei wird ohne große Not auf einen Teil Praxisnähe verzichtet, da ja der Entladewiderstand unschwer austauschbar vorgesehen werden könnte.

Es gibt noch weitere Komplikationen. Auf Grund der statistischen Natur von Gasentladungen besitzt der Entladungsfunke nicht immer den gleichen zeitlichen Verlauf, auch hängt die Durchschlagsspannung der Entladestrecke von dem gerade herrschenden Luftdruck und der Raumtemperatur ab (m.a.W. von der Luftdichte). Aus diesem Grunde koppelt man den ESD-Simulator häufig fest mit dem Prüfobjekt und schaltet die Hochspannung mittels eines reproduzierbar schaltenden *Hochspannungsrelais* zu, Bild 8.15.

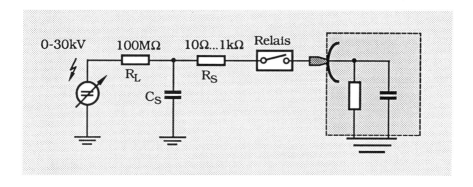

Bild 8.15: ESD-Simulator mit Hochspannungsrelais.

Als Schaltrelais eignen sich H_2- oder SF_6-gefüllte Druckgas-Relais. Weniger geeignet sind wegen ihres starken Kontaktprellens Vakuumrelais. Simulatoren mit Hochspannungsrelais zeichnen sich durch eine besser reproduzierbare Kurvenform aus, simulieren aber die Daten eines elektrostatischen Entladungsfunkens in vieler Hinsicht mit geringerer "pulse fidelity" als die einfache Schaltung gemäß Bild 8.14. Insbesondere entbehren sie des sehr schnellen Vorimpulses (engl.: *precursor*), der durch Ent- bzw. Umladung der in Bild 8.17 (s. unten) eingezeichneten Streukapazitäten entsteht (s.a. 2.4.1). Unter

Vernachlässigung des Vorimpulses wird derzeit folgender Normimpuls angestrebt, Bild 8.16.

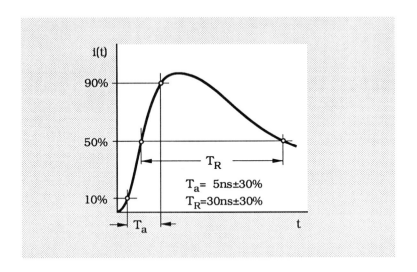

Bild 8.16: ESD-Normimpuls nach VDE 0846.

Dieser Normimpuls läßt sich nur in einer bestimmten, in VDE 0846 [B23] beschriebenen *Kalibrieranordnung* erzeugen und ist lediglich für den *Vergleich* von ESD-Simulatoren unterschiedlicher Hersteller brauchbar. *In praxi* stellen sich eine wesentlich größere Anstiegszeit und Stromsteilheit ein. Geht man vom einfachen Ersatzschaltbild gemäß Bild 8.14 aus und schätzt die Induktivität des Entladekreises wohlwollend auf 2µH, so kann bei einem Entladewiderstand von 150Ω der Strom im fett gezeichneten Entladekreis nicht schneller als mit der Zeitkonstante L/R ansteigen. Für die Anstiegszeit des Stromimpulses erhält man dann

$$T_a = 2{,}2 \, \frac{L}{R} = 2{,}2 \, \frac{2 \cdot 10^{-6} \, H}{150 \, \Omega} = 29 \, ns \quad . \tag{8-9}$$

Kürzere Anstiegszeiten sind nur bei geringerer Leitungsinduktivität und/oder höherem Entladewiderstand möglich.

Die Stromscheitelwerte in der Größenordnung von einigen zehn Ampere ergeben sich indirekt über die eingestellte Ladespannung des

8.1 Simulation leitungsgebundener Störgrößen

Energiespeicherkondensators. Nach VDE 0843 [B23] gelten folgende Prüfschärfen.

Prüfschärfe	Ladespannung U_0/kV ± 10%
1	2
2	4
3	8
4	12

Tabelle 8.3: Prüfschärfen für ESD-Simulation.

Bei gegebener Spannung berechnet sich der zugehörige Stromscheitelwert (unter Vernachlässigung parasitärer Streukapazitäten [8.10]) zu

$$\hat{i} = i(t_{max}) = \frac{U_0/L}{\sqrt{\frac{1}{LC} - \left(\frac{R}{2L}\right)^2}} e^{-\frac{R}{2L} t_{max}} \sin \omega_1 t_{max} \qquad (8\text{-}10)$$

mit
$$t_{max} = \frac{1}{\omega_1} \arctan \frac{\omega_1 \, 2L}{R} \qquad (8\text{-}11)$$

und
$$\omega_1 = \sqrt{\frac{1}{LC} - \frac{R^2}{4L^2}} \ . \qquad (8\text{-}12)$$

Der Energiespeicherkondensator C_S und der Entladewiderstand R_S sind gewöhnlich in einer *Prüfpistole* untergebracht, die einerseits eine Zuleitung zur Hochspannungsversorgung aufweist, deren 2m langer Bezugsleiter anderseits mit der Bezugsmasse bzw. dem PE des Prüfobjekts verbunden wird.

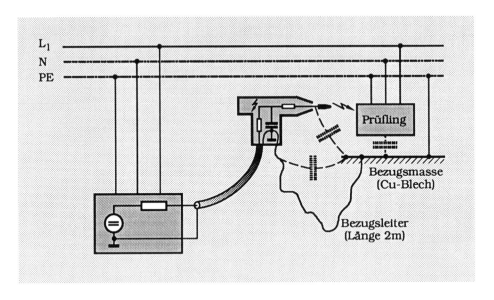

Bild 8.17: Ersatzschaltbild einer Prüfanordnung mit Prüfpistole.

Obiges Ersatzschaltbild zeigt auch die den Vorimpuls bewirkenden Streukapazitäten. Die Anstiegszeit des Vorimpulses kann wegen der geringeren Induktivität des Entladekreises wesentlich kürzer sein als gemäß Gleichung (8-9) errechnet. Da der zeitliche Verlauf des Funkenstromes und insbesondere die Stromsteilheit der Anstiegsflanke offensichtlich stark vom Prüfaufbau abhängen, müssen bei hohen Ansprüchen an die Vergleichbarkeit der Prüfergebnisse die räumliche Anordnung der verschiedenen Komponenten und die Leitungsführung genau in Einklang mit den jeweils geltenden Vorschriften vorgenommen werden. Um bei Prüfungen auf der sicheren Seite zu liegen, ist der Bezugsleiter durch Bündeln und gutes Kontaktieren auf die minimale Länge zu verkürzen (kleinere Kreisinduktivität, größere Stromsteilheit).

Man unterscheidet weiter zwischen ESD-Suszeptibilitätsmessungen im *Labor* und am *Betriebsort*. In ersterem Fall muß der Prüfling isoliert auf einer geerdeten Bezugsfläche aufgestellt werden (s. Bild 8.17), im zweiten Fall wird ohne leitende Bezugsfläche geprüft und die Masseleitung der Prüfpistole mit dem Schutzleiter der Netzzuleitung zum Simulator verbunden (an der Steckdose).

8.1 Simulation leitungsgebundener Störgrößen

Bei der Prüfung von Geräten mit hochwertigem Isolierstoffgehäuse wird wegen der Undurchführbarkeit obiger Messungen (es läßt sich kein geschlossener Stromkreis herbeiführen) die Entladung über einen Zusatzleiter zum Bezugsflächenleiter vorgenommen, Bild 8.18.

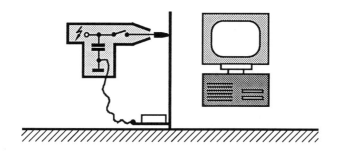

Bild 8.18: ESD-Prüfung vollisolierter Geräte mittels benachbarter Kurzschlußschleife.

In Fortführung dieses Gedankens gibt es für manche Prüfpistolen Rahmenantennen- und kopfbeschwerte Stabantennenvorsätze für H- und E-Feldeinkopplung, Bild 8.19.

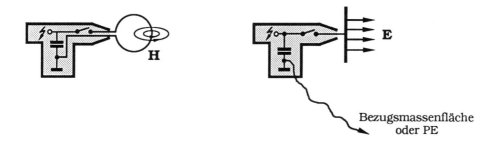

Bild 8.19: H- und E-Feld Antennen zur Erweiterung der Einsatzmöglichkeiten von ESD-Simulatoren.

8.1.5 Simulation schmalbandiger Störungen

Die Simulation schmalbandiger Störungen ermöglicht die Beurteilung der Störfestigkeit elektronischer Einrichtungen gegenüber *Oberschwingungen* und *Rundsteuersignalen* der Energieversorgungsnetze etc. (s. 2.2.4 und VDE 0847, Teil 2 [B23]). Als Störsimulatoren dienen Signalgeneratoren mit nachgeschalteten Leistungsverstärkern nach VDE 0846 [B23]. Die Störungen werden mittels spezieller Hochfrequenzübertrager induktiv in Netzversorgungs-, Steuer- und Signalleitungen eingekoppelt (s. VDE 0847, Teil 2 [B23]). Ein Bypass-Kondensator bewirkt, daß die transformatorisch eingekoppelte Spannung in voller Höhe am Prüfobjekt auftritt, Bild 8.20.

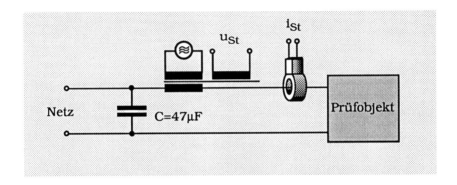

Bild 8.20: Simulation schmalbandiger Störungen.

Die eingekoppelte Prüfstörgröße wird mit einem HF-Spannungswandler und einem Oszilloskop oder einem Störmeßempfänger gemessen. Ein HF-Stromwandler erfaßt den simulierten Störstrom (s.a. 7.1).

8.1.6 Kommerzielle Geräte

Zum Abschluß des Kapitels über Störfestigkeitsmessungen seien nachstehend exemplarisch verschiedene kommerziell erhältliche Simulatoren für leitungsgeführte Störgrößen vorgestellt. Beispielsweise zeigt Bild 8.21 ein universelles, mikroprozessorgesteuertes Netzstörsimulatorsystem, bestehend aus einem Grundgerät und einer Reihe von Einschüben zur Simulation unterschiedlicher Störungen wie

8.1 Simulation leitungsgebundener Störgrößen

Netzspannungschwankungen und *-unterbrechungen*, schnelle (5ns) und mittelschnelle (35ns) *Impulse* etc.

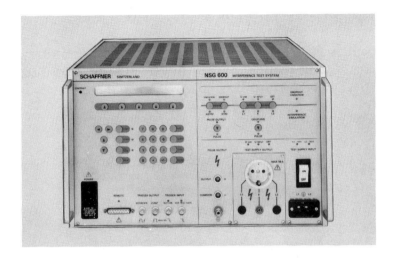

Bild 8.21: Netzstörsimulatorsystem (SCHAFFNER NSG 600).

Die Prüfstörgrößen sind von der Frontseite zugänglich, die verschiedenen Einschübe werden auf der Rückseite eingesetzt. Fernsteuerung und Datenübertragung erfolgen über eine RS 232-C Schnittstelle, im Bedarfsfall über eine Optostrecke.

Einen typischen Burst-Simulator zeigt Bild 8.22.

Bild 8.22: Burst-Simulator (EM-Test, Typ EFT 5).

Das Gerät erlaubt die Erzeugung von *Bursts* gemäß VDE 0843 und IEC 801-4. Die Impulserzeugung erfolgt mittels eines Transistorkaskadenschalters, eine Ankoppeleinrichtung für Stromversorgungsleitungen ist im Gerät integriert.

Einen typischen Hybridgenerator mit Ankoppeleinrichtung zur kombinierten Erzeugung von Stoßspannungen 1.2/50 und Stoßströmen 8/20 gemäß VDE 0846 und IEC 801-5 zeigt Bild 8.23.

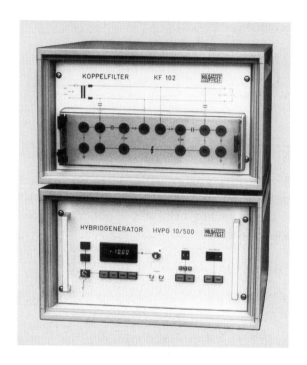

Bild 8.23: Hybridgenerator (HILO-Test).

Dank elektronisch geregeltem Hochspannungsladegerät und elektronischem Schalter liefert das Gerät exakt triggerbare und reproduzierbare Kurvenformen (Stoßspannungen bis 10 kV, Stoßströme bis 5 kA). Die Ankoppeleinrichtung besitzt einen Isoliertrenntransformator und wird durch Brücken auf der Frontseite konfiguriert.

Bild 8.24 zeigt einen ESD-Simulator mit Prüfpistole.

8.1 Simulation leitungsgebundener Störgrößen

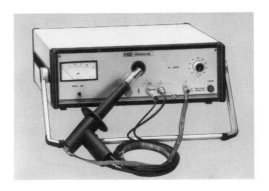

Bild 8.24: ESD-Generator bestehend aus Grundgerät und Prüfpistole (MWB EMV-Systeme).

Das Gerät ermöglicht eine stufenlose Prüfung mit Entladefunken in Luft bis 25 kV. Der Abstand der Prüfspitze zum Prüfling wird mit einer Distanzhülse eingestellt. Eine zusätzliche Prüfpistole mit SF_6-Relais erlaubt ESD-Prüfungen bis 8 kV gemäß IEC 801-2 (Entwurf 4).

Schließlich zeigt Bild 8.25 ein EMV-Prüfsystem zur Nachbildung indirekter Effekte von Blitzentladungen für Avioniksysteme gemäß AIRBUS-Norm.

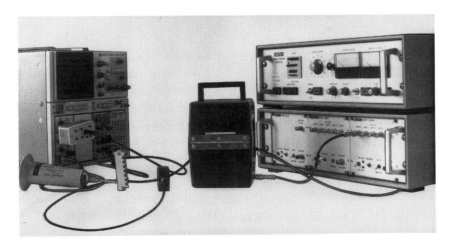

Bild 8.25: EMV-Prüfsystem für die Luftfahrtindustrie. (HAEFELY)

Die Geräte erzeugen gedämpft schwingende Entladungen sowie doppeltexponentielle Impulse, die mittels breitbandigen Impulsstromwandlern in die zu prüfenden Leitungen injiziert werden.

8.2 Simulation quasistatischer Felder und elektromagnetischer Wellen

Die Simulation quasistatischer elektrischer und magnetischer Felder sowie elektromagnetischer Wellen erfolgt mit Hilfe von Sendeantennen und sie speisender Spannungsquellen. Wie bei leitungsgebundenen Störungen ist auch hier wieder zwischen schmalbandigen Störungen (z.B. Rundfunksender, monochromatische elektromagnetische Wellen) und *breitbandigen* Störungen (transiente Felder und Wellen) zu unterscheiden (s.a. 2.1).

8.2.1 Simulation schmalbandiger Störfelder

Die Simulation schmalbandiger Störfelder muß mit Rücksicht auf den Schutz der Ressource *Elektromagnetisches Spektrum* (dank postalischer Vorschriften justitiabel) in mit Absorbern ausgekleideten geschirmten Räumen erfolgen (s. 5.6.5). Wegen der hohen Intensitäten darf sich während der Messungen kein Personal im Absorberraum aufhalten. Bei excessiven Leistungsdichten besteht Selbstentzündungsgefahr der Absorber. Die Inbetriebnahme von Leistungsmeßsendern und Leistungsverstärkern setzt eine Betriebsgenehmigung der Bundespost voraus. Bezüglich der für bestimmte Umgebungsklassen (s. 2.5) erforderlichen Prüfschärfen wird auf VDE 0843, Teil 3 [B23] verwiesen.

Als Sendeantennen kommen wegen des Reziprozitätsgesetzes grundsätzlich alle Antennen in Frage, die bereits im Rahmen der Emissionsmessungen (s. 7.2.1) ausführlich behandelt wurden. Der Unterschied zwischen Empfangs- und Sendeantennen besteht im wesentlichen darin, daß beispielsweise der Symmetrieübertrager am Übergang Koaxialkabel/Antenne *thermisch* und — bei Verwendung ferromagnetischen Materials — auch bezüglich seiner *Linearität* für die beträchtlich höhere Sendeleistung ausgelegt sein muß. Zur Speisung der Antennen kommen Spannungsquellen bestehend aus Funktionsgenerator und nachgeschaltetem Leistungsverstärker zum Einsatz. Je nach Breite des abzudeckenden Frequenzbereichs werden mehrere Funktionsgeneratoren und Leistungsverstärker erforderlich, die auf unterschiedlichen Oszillator- und Verstärkungsprinzipien beruhen.

Um an einem Prüfobjekt bei allen Meßfrequenzen eine konstante Feldstärke zu erreichen, müssen frequenzabhängige Verstärkungsschwankungen und Fehlanpassungen im *closed-loop* Betrieb mittels einer *automatischen Pegelregelung* kompensiert werden. Diese läßt sich im wesentlichen auf zwei Arten realisieren. Im ersten Fall mißt man die Feldstärke am Prüfling mit einer isotropen Antenne und überträgt den Pegel mittels einer Lichtleiterstrecke zu einem Regelverstärker (engl.: *levelling amplifier*), der nach einem Soll-/Istwertvergleich die Verstärkung nachregelt, Bild 8.26.

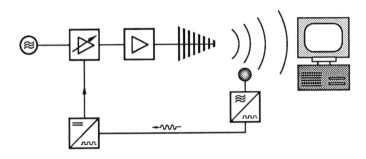

Bild 8.26: Feldsimulation mit Regelschleife; Istwerterfassung mit Feldsensor.

Sophistische Regelverstärker haben meist mehrere Eingänge für mehrere Feldsensoren (Integralmessung).

An Stelle des Feldsensors kann man zur Istwerterfassung auch einen *Richtkoppler* (engl.: *directional coupler*) einsetzen, dessen Ausgangsspannung dem Regelverstärker zugeführt wird, Bild 8.27.

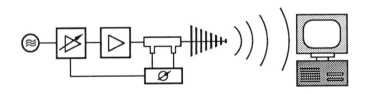

Bild 8.27: Feldsimulation mit Regelschleife; Istwerterfassung mit Richtkoppler.

Der Richtkoppler erlaubt die getrennte Messung der in Vorwärtsrichtung (zur Antenne) fließenden Leistung und der von der Antenne reflektierten, zum Sender zurückfließenden Leistung. Die Differenz beider Signale ist ein Maß für die von der Antenne abgestrahlten Leistung. Gegenüber dem Richtkoppler besitzt die Pegelregelung mit isotroper Antenne als Istwertgeber den Vorzug, den Einfluß nichtisotroper Antennenstrahlungsdiagramme der Sendeantennen zu berücksichtigen.

8.2.1.1 Spezialantennen, offene und geschlossene Wellenleiter

Neben den bereits im Kapitel 8.1 beschriebenen Antennen kommen speziell für Suszeptibilitätsmessungen mit quasistatischen, elektrischen und magnetischen Felder folgende Spezialantennen bzw. Feld-Koppeleinrichtungen zum Einsatz (VDE 0847, Teil 4 [8.4]).

H-Felder 30 Hz bis 3 MHz:

Zur Untersuchung der Störfestigkeit gegen konzentrierte magnetische Felder eignet sich ein Prüfaufbau gemäß Bild 8.28.

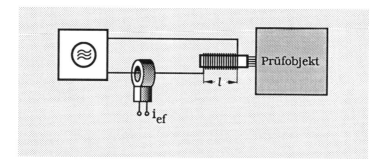

Bild 8.28: Zylinderspule zur Simulation konzentrierter quasistatischer magnetischer Felder.

Die axiale magnetische Feldstärke der Zylinderspule mit der Länge l und Windungen N berechnet sich näherungsweise zu

$$H_{ef} = \frac{i_{ef} N}{l}$$

(8-13)

8.2 Simulation quasistatischer Felder und elektromagnetischer Wellen

Soll das ganze Prüfobjekt einem räumlich ausgedehnten Magnetfeld ausgesetzt werden, eignet sich ein Prüfaufbau gemäß Bild 8.29 mit einer durch ein Holzgerüst fixierten Rahmenspule.

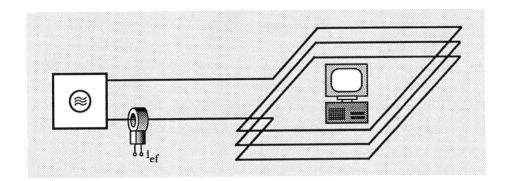

Bild 8.29: Rahmenspule zur Simulation räumlich ausgedehnter magnetischer Felder.

Hier ist der Zusammenhang zwischen H-Feldstärke und Speisestrom i_{ef} befriedigend nur durch Kalibrierung mit einer *Magnetfeldmeßsonde* herstellbar. Diesen Nachteil vermeidet die Prüfanordnung, gemäß Bild 8.30.

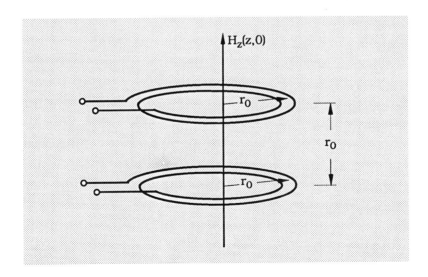

Bild 8.30: *Helmholtzspulenpaar* zur Ezeugung eines nur schwach inhomogenen, berechenbaren Magnetfelds.

Zwischen den beiden im Abstand r_0 angeordneten Ringspulen vom Radius r_0 herrscht ein nahezu homogenes Magnetfeld,

$$\boxed{H_{z_{ef}}(z,0) \approx H_z(z,r_0) = 0{,}75\,\frac{i_{ef}}{r_0}}$$

(8-14)

E-Felder 10 kHz bis 30 MHz bzw. 150 MHz:

Quasistatische E-Felder lassen sich mit den in Bild 8.31 und 8.32 gezeigten Anordnungen generieren.

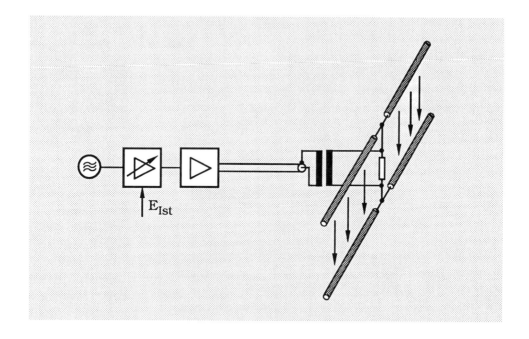

Bild 8.31: Unsymmetrisch eingespeiste E-Feld-Antenne.

8.2 Simulation quasistatischer Felder und elektromagnetischer Wellen

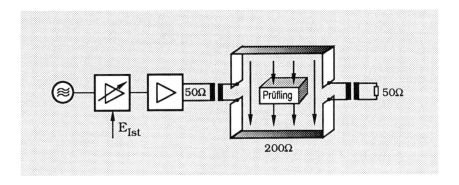

Bild 8.32: Symmetrisch eingespeiste E-Feldantenne mit externem Abschlußwiderstand.

Dank der Eingangsübertrager mit einem Windungsübersetzungsverhältnis von beispielsweise 1:2 läßt sich der 50Ω Innenwiderstand der Leistungsverstärker an 4-fach größere Antennenimpedanzen anpassen. Gleichzeitig erhält man eine Verdopplung der Antennenspannung bzw. der Antennenfeldstärke und damit eine effektive Umsetzung der HF-Verstärkerleistung. Die Abschlußwiderstände sind thermisch für Leistungen bis zu einigen kW auslegbar. In Bild 8.32 transformiert ein zusätzlicher Übertrager den Abschlußwiderstand wieder auf 50Ω, so daß handelsübliche, thermisch hoch belastbare koaxiale HF-Widerstände verwendet werden können.

Die mit obigen Anordnungen erzeugten elektrischen Felder sind sehr inhomogen und in ihrer räumlichen Verteilung nur unbefriedigend bekannt. Besser definierte Feldverhältnisse erhält man mit *offenen Wellenleitern*, Bild 8.33 (s.a. VDE 0843, Teil 3 [B23]).

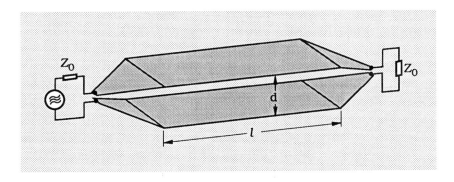

Bild 8.33: Offener Wellenleiter (Parallelplattenleitung, Streifenleitung).

Beide Platten bilden eine elektrisch lange Leitung. Die Dimensionierung der konischen Übergangsstücke und des Verhältnisses Plattenbreite zu Plattenabstand erfolgt derart, daß der Wellenwiderstand Z_0 von der Einspeisung bis zum Abschlußwiderstand konstant ist. Hierbei wird unter Wellenwiderstand immer der geometrieabhängige *Leitungswellenwiderstand*, d.h. das Verhältnis aus Spannung und Strom verstanden. Der *Feldwellenwiderstand*, d.h. das Verhältnis E/H im Volumen zwischen den Leitern beträgt bei TEM-Wellen unabhängig von der Geometrie immer $\sqrt{\mu_0/\varepsilon_0}$ = 377Ω (für $\mu_r=1$ und $\varepsilon_r=1$).

Bei Gleichspannung und niederen Frequenzen ($\lambda \gg l$) herrscht zwischen den Platten ein quasistatisches elektrisches Feld, dessen Feldstärke sich aus

$$\boxed{E = \frac{U}{d}}$$

(8-15)

berechnet. Die nutzbare Höhe liegt etwa bei einem Drittel des Plattenabstands.

Bei höheren Frequenzen ($\lambda \ll l$, $\lambda \gg d$) breiten sich von der Einspeisung zum Abschlußwiderstand zwischen den Leitern geführte elektromagnetische Wellen mit transversalen elektrischen und magnetischen Feldstärken aus. Wegen dieser Transversalität kann dann das E-Feld nach wie vor aus Gleichung (8-15) berechnet werden, die Beanspruchung des Prüfobjekts ist jedoch eine andere als im rein quasistatischen Fall (s. 5.4 und 6.1.4). Für sehr hohe Frequenzen, $\lambda \ll d$, geht auch die Transversalität verloren, es bilden sich merkliche höhere Moden aus und Gl. (8-15) verliert ihre Gültigkeit. Wird der parallele Teil der Plattenleitung sehr kurz gehalten, verhält sich der offene Wellenleiter wie eine Kegelleitung [8.17].

Eine weitere Möglichkeit der Erzeugung quasistatischer elektrischer Felder und gekoppelter transversaler E- und H-Felder bieten TEM-Meßzellen. Dies sind speziell für EMV-Suszeptibilitäts- und -Emissionsmessungen geschaffene Sonderbauformen geschirmter Räume [8.19 bis 8.23]. Sie stellen koaxiale Wellenleiter mit rechteckförmigem Querschnitt dar, die an beiden oder auch nur an einem Ende in koaxiale Kabelsysteme gleichen Wellenwiderstands (meist 50Ω) übergehen, Bild 8.34.

8.2 Simulation quasistatischer Felder und elektromagnetischer Wellen

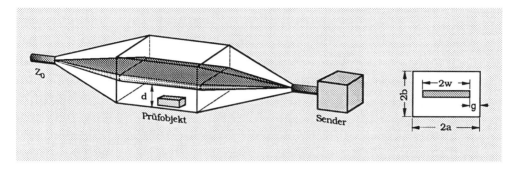

Bild 8.34: Klassische TEM-Meßzelle (Crawford-Zelle [8.19]).

Das Querschnittverhältnis von Außen- und Innenleiter längs der Ausbreitungsrichtung wird wie bei offenen Wellenleitern so gewählt, daß der Wellenwiderstand konstant bleibt. Unter der Voraussetzung g << w berechnet sich der Wellenwiderstand einer TEM-Meßzelle gemäß [8.23] näherungsweise zu

$$Z_0 \approx \frac{377}{4\left(\frac{a}{b} - \frac{2}{\pi} \ln\left(\sinh \frac{\pi g}{2b}\right)\right)} \Omega \quad . \tag{8-16}$$

Die optimale wellenwiderstandsgerechte Ausbildung der konischen Übergangsstücke und des Abschlußwiderstands ermittelt man mit Hilfe der Zeitbereichsreflektometrie (engl.: TDR, *Time-Domain Reflectometry*). Unterhalb der Grenzfrequenz für die Existenz des ersten TE-Modes (Transversal-Elektrische Welle mit $E_z = 0$ und $H_z \neq 0$, s.a. [7.21 u. 7.23]),

$$f_{TE_{10}} = c_0/4a, \quad (c_0: \text{Lichtgeschw.}) \quad , \tag{8-17}$$

läßt sich die elektrische Feldstärke im zentralen Innenbereich wie bei der Parallelplattenleitung näherungsweise aus

$$\boxed{E = \frac{U}{d}} \tag{8-18}$$

ermitteln, worin U die Ausgangsspannung des Senders und d der Abstand zwischen Außen- und Innenleiter (*Septum*) ist. Auch hier liegt die nutzbare Höhe etwa bei d/3.

Übliche Feldstärken liegen zwischen 100 ... 500V/m. Im TEM Frequenzbereich läßt sich auch die Feldverteilung mit einem elektrostatischen Feldberechnungsprogramm ermitteln, was jedoch wenig hilfreich ist, da sich bei Zutreffen der TEM Voraussetzung die Feldstärke bereits aus (8-18) berechnen läßt und bei Nichtzutreffen auch der elektrostatische Code falsche Ergebnisse liefert. Die räumliche E-Feldverteilung, insbesondere in Wandnähe, wird meßtechnisch mit E-Feld Sonden erfaßt.

Zur verbesserten räumlichen Ausnutzung des Prüfvolumens wird der Innenleiter auch außermittig angeordnet [8.21, 8.22].

Der Einsatzbereich einer TEM-Zelle kann an der oberen Frequenzgrenze durch teilweise Auskleidung mit Absorbern erweitert werden. Weiter begünstigen Absorber den wellenwiderstandsgerechten Abschluß kompakter, unsymmetrischer TEM-Zellen [8.20, 8.21].

8.2.1.2 Verstärker

Die Ausgangsleistung gewöhnlicher Meßsender bzw. Signal- oder Funktionsgeneratoren ist gewöhnlich zu klein, um wirklichkeitsnahe Suszeptibilitätsmessungen durchführen zu können. Man verwendet daher zur Speisung der Antennen spezielle Leistungsmeßsender bzw. nachgeschaltete Leistungsverstärker. Da bei Breitbandverstärkern hohe Bandbreite und Verstärkung einander ausschließen, benötigt man in der Regel mehrere, in unterschiedlichen Bandbreitenbereichen und mit unterschiedlichen aktiven Elementen arbeitende Verstärker.

Die wichtigsten Verstärkereigenschaften sind:

— Bandbreite
— Verstärkung
— Ausgangsleistung

— Stabilität

— Toleranz gegen Fehlanpassung am Ausgang.

Ein idealer Verstärker besitzt innerhalb seiner Bandbreite (Differenz zwischen oberer und unterer Grenzfrequenz, $B = f_{g_o} - f_{g_u}$) eine konstante Spannungsverstärkung (engl.: *gain*), und zwar unabhängig von seiner Belastung (zwischen Leerlauf und Nennbetrieb). Bei realen Verstärkern schwankt die Verstärkung sowohl abhängig von der Frequenz als auch von der Belastung, so daß der Frequenzgang alles andere als eben ist. Die Verstärkung muß jedoch stets so groß sein, daß bei Vollaussteuerung am Eingang (z.B. 1 mW) auch in den Minima des Verstärkungsfrequenzgangs an einer vorgesehenen Last die geforderte Ausgangsleistung erzeugt werden kann. Erfreulicherweise vermögen die heute üblichen Regelverstärker auch bei sehr welligem Frequenzgang hier einiges gut zu machen. Bei fehlangepaßter Belastung — z.B. durch eine stark frequenzabhängige Impedanz mit hohem Stehwellenverhältnis (engl.: VSWR - *Voltage Standing Wave Ratio*) muß der Verstärker die reflektierte Leistung verkraften können. Darüber hinaus darf der Verstärker in keinem Betriebszustand durch unvorhergesehene Mitkopplung zum Oszillator werden (Schutzschaltungen). Vieles wäre noch zu sagen, dennoch wird dem Leser das Sammeln eigener Erfahrungen im Umgang mit Leistungsverstärkern nicht erspart bleiben.

8.2.2 Simulation breitbandiger elektromagnetischer Wellenfelder

Breitbandige elektromagnetische Wellenfelder treten im *Fernfeld transienter* Spannungs- und Stromänderungen auf, z.B. beim NEMP (*Nuklearer Elektromagnetischer Impuls*, s. 2.4.7) und bei *Blitzentladungen*, in der *Pulse Power Technologie* oder in *Hochspannungsprüflaboratorien*. Für ihre wirklichkeitsnahe quantifizierbare Simulation benötigt man offene oder geschlossene Wellenleiter (s. 8.2.1.1), die von Impulsspannungsquellen gespeist werden (engl.: *radiation mode testing*). Beispielsweise erzeugen NEMP-Simulatoren räumlich ausgedehnte transiente elektromagnetische Felder mit doppelt exponentiellem zeitlichen Verlauf (s. Bild 2.11 im Kapitel 2.4).

Ein NEMP Simulator besteht im wesentlichen aus einem Stoßspannungsgenerator, der Spannungsimpulse im Multimegavoltbereich mit Anstiegszeiten von nur wenigen Nanosekunden erzeugt sowie einem Wellenleiter zur Feldkopplung an das Prüfobjekt (Parallelplattenleitung, Kegelleitung), Bild 8.35.

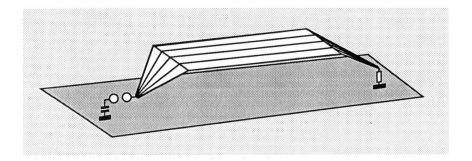

Bild 8.35: NEMP-Simulator.

Wegen der großen Abmessungen werden Platten durch einzelne Drähte ersetzt. Diese wirken gleichzeitig als Modenfilter, da im Gegensatz zu den Plattenleitern sich hier keine Ströme quer zur Ausbreitungsrichtung ausbilden können. Zahl und Abstand der Teilleiter bestimmen wesentlich die räumliche Feldverteilung [8.18].

Da die vergleichsweise große Induktivität gewöhnlicher Stoßspannungsgeneratoren im MV-Bereich die Erzeugung von Nanosekundenimpulsen nicht zuläßt, führt man in einem Nachkreis eine Energiekompression durch, Bild 8.36.

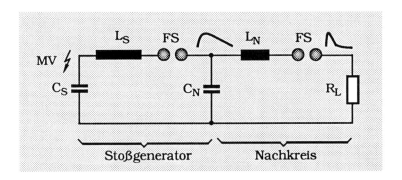

Bild 8.36: Stoßgenerator mit schnellem Nachkreis.

8.2 Simulation quasistatischer Felder und elektromagnetischer Wellen

Je nach Dimensionierung unterscheidet man zwei Betriebsarten.

Transferbetrieb:

Im Transferbetrieb lädt der Stoßgenerator (Marxgenerator) die Transferkapazität ($C_N \approx C_S$) in weniger als einer Mikrosekunde schwingend auf den gewünschten Scheitelwert auf, anschließend entlädt sich C_N über die Last R_L (ca. 50 ... 100 Ω). Dank der gepulsten Aufladung und damit nur kurzzeitigen Beanspruchung von C_N läßt sich die Transferkapazität extrem induktionsarm aufbauen (Kondensator mit Wasserdielektrikum oder Folienkondensator in SF_6 Preßgas). Die Anstiegszeit des NEMP-Impulses bestimmt dann die Zeitkonstante L_N/R_L, d.h.

$$\boxed{T_a = 2{,}2 \frac{L_N}{R_L}} \qquad (8\text{-}19)$$

die Rückenzeit die Zeitkonstante $C_N R_L$.

"Peaking" - Betrieb

Im "Peaking"-Betrieb wählt man C_N viel kleiner als C_S (ca. $C_S = 5 C_N$), so daß die Spannung an C_N sehr rasch ansteigt. Die Funkenstrecke zündet bereits im Spannungsanstieg, C_N kann dank seiner geringen Induktivität sofort viel Strom liefern und führt somit zu einem steilen Spannungsanstieg an der Last (*Aufsteilungsfunkenstrecke*). Der Spannungsanstieg an der Last breitet sich in Form einer Wanderwelle in das Leitungssystem konstanten Wellenwiderstands aus.

Aufwendige NEMP-Simulatoren erlauben schnellen Repetierbetrieb zur Simulation multipler Impulse. Wegen des großen Aufwands und der Natur der Störquelle kommt NEMP Simulatoren in der Regel nur im militärischen Bereich Bedeutung zu. Wegen weiterer Einzelheiten sei daher auf das Schrifttum verwiesen [B28, 8.24].

8.2.3 Simulation quasistatischer Felder und elektromagnetischer Wellen durch Strominjektion

Störende Beeinflussungen durch elektromagnetische Felder führen letztlich immer zu Strömen auf Kabelschirmen und Schirmgehäusen, die auf Grund des Durchgriffs und des Spannungsabfalls an Fugen wiederum zu Störfeldern im Innern Anlaß geben.

Ähnlich wie bei Emissionsmessungen die Messung von *Störfeldstärken* in bestimmten Fällen durch *Störleistungsmessungen* ersetzt werden kann (s. 7.3), läßt sich auch die aufwendige *Einkopplung* von Feldern in gewissem Umfang durch eine *Strominjektion* über Stromwandler bzw. Absorberzangen ersetzen [8.15, 8.16, 8.26, 2.156].

Diese Technik (engl.: *injection test mode*) wird zunehmend Bedeutung gewinnen, insbesondere wenn es gelingt, Breitbandverstärker mit für Impulsverstärkung optimierter Sprungantwort preiswert zu bauen und die theoretischen Zusammenhänge zwischen Kopplungsimpedanz und Schirmwirkung besser zu verstehen [8.27].

9 EMV - Entstörmittelmessungen

Entstörmittelmessungen quantifizieren die Wirksamkeit von EMV-Komponenten, beispielsweise die frequenzabhängige Dämpfung von Filtern, die Schirmdämpfung von Kabelmänteln, Gerätegehäusen und Meßkabinen, etc. Im folgenden werden die grundsätzlichen Verfahren kurz vorgestellt. Die praktische Durchführung von Entstörmittelmessungen verlangt im konkreten Einzelfall eine intensive Befassung mit den relevanten Vorschriften und dem jeweils angegebenen Schrifttum.

9.1 Schirmdämpfung von Kabelschirmen

9.1.1 Schirmdämpfung für quasistatische Magnetfelder (*Kopplungsimpedanz*)

Ein Maß für die Dämpfung quasistatischer magnetischer Wechselfelder durch Kabelschirme ist die *Kopplungsimpedanz* (engl.: *transfer impedance*). Sie ist definiert als Verhältnis der auf der Innenseite eines Kabelschirms auftretenden Spannung (*galvanisch* und *induktiv* eingekoppelt, s.a. 3.1.3) zu dem auf der Außenseite in den Kabelschirm eingespeisten Strom [3.8, 9.1-9.6]. Der Meßaufbau für die Ermittlung der Kopplungsimpedanz wird durch ihre Definition nahegelegt, Bild 9.1.

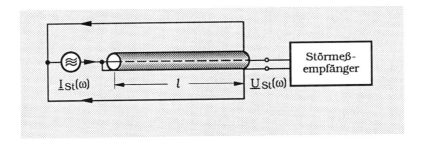

Bild 9.1: Messung der Kopplungsimpedanz (schematisch).

Ein Leistungsmeßsender speist bei diskreten Frequenzen sinusförmige Ströme konstanten Effektivwerts in den Kabelmantel ein, der Störmeßempfänger mißt den vom Störstrom auf der Innenseite des Schirms hervorgerufenen Spannungsabfall. Für Kabellängen $l \ll \lambda/4$ ergibt sich die auf die Länge bezogene Kopplungsimpedanz,

$$\boxed{\underline{Z}_K(\omega) = \frac{\underline{U}_{St}(\omega)}{\underline{I}_{St}(\omega) l}} \quad . \tag{9-1}$$

Je kleiner die Kopplungsimpedanz desto höher die Schirmwirkung.

Zwischen der analytischen Funktion für den Kopplungswiderstand $\underline{Z}_K(\omega)$ und dem Schirmfaktor

$$\underline{Q}(\omega) = \underline{H}_i(\omega)/\underline{H}_a(\omega) \tag{9-2}$$

eines Zylinders besteht bereichsweise eine enge Verwandschaft, so daß aus dem Kopplungswiderstand Näherungslösungen für den Schirmfaktor abgeleitet werden können [9.1, 9.32]. Numerisch läßt sich diese Verwandschaft für beliebige Geometrien aufzeigen.

Die Aussagekraft der Kopplungsimpedanz ist so hoch, daß häufig die Schirmwirkung bestimmter Schirmmaterialien über eine Kopplungsimpedanzmessung ermittelt wird. So kann man beispielsweise Maschendraht zu einem Rohr zusammenrollen, dessen Kopplungsimpedanz messen und damit Aussagen über die Eignung dieses Materials für die Auskleidung von Schirmräumen gewinnen. In die gleiche Richtung zielen Suszeptibilitätsmessungen an *Schirmgehäusen* von Meßgeräten, *Steckverbindungen* etc. [2.155, 2.156, 9.2-9.4].

Die enge Verwandschaft zwischen Kopplungsimpedanz und Schirmdämpfung kommt auch auf vielen anderen Gebieten der EMV-Technik zum Ausdruck, zum Beispiel immer dann, wenn die Wirkung elektromagnetischer Wellen durch die von ihnen induzierten Ströme

9.1 Schirmdämpfung von Kabelschirmen

durch Strominjektion bzw. durch Störleistungsmessungen simuliert wird (s.a. Kapitel 5, 7.3 u. 8.2.3). Die Kopplungsimpedanz ist eine der wichtigsten Größen in der EMV-Disziplin.

9.1.2 Schirmdämpfung für quasistatische elektrische Felder (*Transfer-Admittanz*)

Quasistatische elektrische Felder wirken über den kapazitiven Durchgriff eines *Geflechtschirms* auf das geschirmte System ein. Ein Maß für die Schirmdämpfung ist in diesem Fall der *Durchgriffsleitwert* bzw. die *Transfer-Admittanz* (engl.: *transfer admittance*).

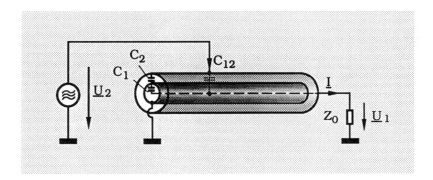

Bild 9.2: Messung der Transferadmittanz (schematisch).

Der Durchgriffsleitwert ist *dual* zur Kopplungsimpedanz und wird definiert zu

$$\underline{Y}_T(\omega) = \frac{\underline{I}(\omega)}{\underline{U}_2(\omega) l} = j\omega C_{12}$$

. (9-3)

Im Gegensatz zur Kopplungsimpedanz ist der Durchgriffsleitwert nicht allein eine Eigenschaft des Schirms, sondern auch eine Funktion der Kapazität C_2 der Meßanordnung. Deshalb rechnet man *in praxi* vorzugsweise mit dem *kapazitiven Durchgriff*, der allein eine Eigenschaft des Schirms ist,

$$K_{12} = \frac{C_{12}\, l}{C_1 \cdot C_2}$$

(9-4)

Der kapazitive Durchgriff hat die Dimension m/F und wird wahlweise durch Messung der Teilkapazitäten oder mittels Spannungsmessungen bestimmt [9.8].

Im Gegensatz zur Kopplungsimpedanz hat die Transfer-Admittanz nur geringe praktische Bedeutung, da die *induzierten* Störspannungen die *influenzierten* Störspannungen meist merklich überwiegen (Ausnahme: Kabelschirme mit geringer optischer Überdeckung).

9.1.3 Schirmdämpfung für elektromagnetische Wellen (*Schirmungsmaß*)

Wie bereits mehrfach erwähnt, können Kabelschirme als Empfangs- oder Sendeantennen für elektromagnetische Wellen interpretiert werden (s. 7.3. u. 8.2.3). Eine von außen auf einen Kabelschirm auftreffende elektromagnetische Welle führt zu Kabelmantelströmen, ein Strom im inneren System führt zur Abstrahlung elektromagnetischer Wellen in den Außenraum. Auf Grund der vorhandenen Reziprozität definiert man als *Schirmungsmaß* das mit 10 multiplizierte logarithmische Verhältnis der in das zu prüfende Kabel eingespeisten Leistung $P_1 = U_1^2 / Z$ zur außen von einer Absorberzange gemessenen Leistung $P_2 = I^2 Z'$ (Z': äquivalenter Impedanzfaktor),

$$a_S = 10 \log \frac{P_1}{P_2}$$

(9-5)

9.1 Schirmdämpfung von Kabelschirmen

Die Messung der äußeren Leistung erfolgt mit Hilfe von zwei Absorberzangen am sendernahen und -fernen Ende oder mit einem verschieblichen Stromwandler, Bild 9.3.

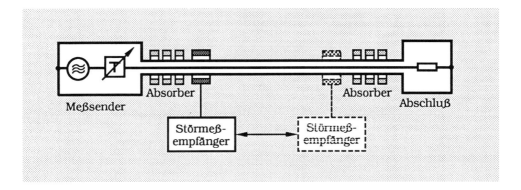

Bild 9.3: Messung des *Schirmdämpfungsmaßes* von Kabelschirmen mit Absorberzangen bzw. Absorbern und einem Stromwandler [9.5].

Die Messung besitzt starke Ähnlichkeit mit der Ermittlung des *Nah-* und *Fernnebensprechens* (s.a. [3.12.-3.16]). Abschließend sei erwähnt, daß es durchaus auch möglich ist, die Emissionen von Kabeln und Steckverbindern direkt mit Empfangsantennen zu erfassen und daraus Schlüsse auf deren Schirmwirkung abzuleiten [9.6].

9.2 Schirmdämpfung von Gerätegehäusen und Schirmräumen

Die *Intrinsic*-Dämpfung geschlossener Schirmhüllen — das heißt, die nur von der Geometrie, dem Schirmmaterial und dessen Wandstärke bestimmte Schirmdämpfung eines fugenlosen homogenen Schirms — ist meist sehr hoch (Ausnahme: Bedampfungen etc. s. Kapitel 5) und kann mit den im Kapitel 6 angegebenen Formeln abgeschätzt bzw. mit den im Kapitel 9.3 vorgestellten Anordnungen gemessen werden. Technische Schirme besitzen auf Grund herstellungsbedingter oder funktionell bedingter Fugen und Öffnungen meist eine deutlich geringere Schirmwirkung. Die letztlich verbleibende Schirmdämpfung muß meßtechnisch ermittelt werden.

Die Schirmdämpfung von Schirmräumen wird als *Einfügungsdämpfung* gemessen, Bild 9.4.

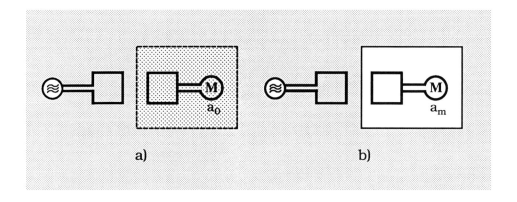

Bild 9.4: Messung der *Einfügungsdämpfung* von Schirmgehäusen
 a) Leermessung, b) Schirmmessung
 (Anzeige a_o) (Anzeige a_m).

Der Unterschied der Anzeigen ohne und mit Schirm ergibt die Schirmdämpfung,

$$a_S = a_o - a_m \qquad (9\text{-}6)$$

Je nach Frequenzbereich und Polarisationsrichtung kommen verschiedene Antennen in Frage (s.a. 7.2), Bild 9.5.

9.2 Schirmdämpfung von Gerätegehäusen und Schirmräumen

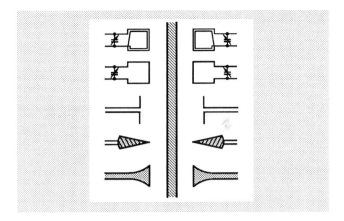

Bild 9.5: Antennen zur Messung der Einfügungsdämpfung von *Schirmräumen* in unterschiedlichen Frequenzbereichen.

Schirmdämpfungsmessungen an *Gerätegehäusen* und *Elektronikschränken* verlangen im Schirminnern eine möglichst kleine Antenne. Da eine Kalibrierung der Antenne nicht erforderlich ist, genügt hier eine beliebige Eigenbauversion (s.a. 7.2).

Bild 9.6 zeigt zwei Möglichkeiten der Messung der Schirmdämpfung an Gerätegehäusen für unterschiedliche Frequenzbereiche [9.8 - 9.11 und 9.15].

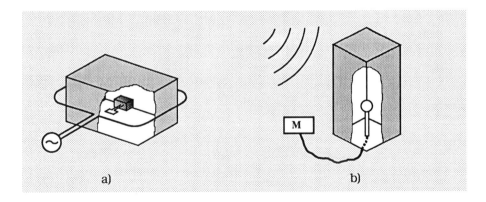

Bild 9.6: Messung der Schirmdämpfung von Gerätegehäusen
a) Magnetfelddämpfung, 30 Hz bis 3 MHz (Meßgerät im Schirmgehäuse),
b) Schirmdämpfung im elektromagnetischen Wellenfeld, 30 MHz bis 1 GHz. (Meßgerät außerhalb des Schirmgehäuses).

Je nach Positionierung der Antennen — vor homogenen Schirmwänden, vor Spalten und Öffnungen oder in Raummitte — ergeben sich sehr unterschiedliche Werte. Im Rahmen einer *"worst-case"-Betrachtung* sind die niedrigsten Werte festzuhalten. Der Nachteil der Ortsabhängigkeit läßt sich durchaus auch positiv interpretieren, indem auf diese Weise mit *Schnüffelantennen* leicht Leck- und Schwachstellen aufgespürt werden können [9.7].

Große Abschirmräume werden mangels Portabilität nach der *Raummittelpunktmethode* vermessen, Bild 9.7.

Bild 9.7: Messung der Schirmdämpfung nach der *Raummittelpunktmethode*.

Hierbei handelt es sich um eine modifizierte Messung der Einfügungsdämpfung, wobei grundsätzlich in Schirmraummitte gemessen wird.

Neben der Tatsache, daß bei obigen Verfahren weniger der eigentliche *Schirm* als seine *Unvollkommenheiten* (Fugen, Filter, Wabenkaminfenster etc.) beurteilt werden, weisen Messungen der Einfügungsdämpfung noch die Problematik auf, daß das Meßergebnis wesentlich von den *Antennenstrahlungsdiagrammen* abhängt und daß für andere Störquellen und -sender die Einfügungsdämpfung an der entsprechenden Schwachstelle durchaus andere Werte annehmen kann.

9.2 Schirmdämpfung von Gerätegehäusen und Schirmräumen

Wegen der mangelnden Eindeutigkeit von Schirmdämpfungsmessungen wird zunehmend eine Beurteilung der Schirmdämpfung an Hand von Strominjektionsmessungen diskutiert [9.20, 9.8]. Der Zusammenhang zwischen einer Gehäusekopplungsimpedanz und der *Schirmdämpfung* ist zwar auch nicht eindeutig, ihre Messung ist aber viel einfacher.

Die grundsätzliche Problematik der Schirmdämpfungsmessung liegt schlicht darin begründet, daß bei technischen Schirmen die Schirmdämpfung naturgemäß keine eindeutige Größe ist und daher grundsätzlich auch nicht eindeutig angegeben werden kann.

Schirmdämpfungsmessungen und ihre Interpretation sind sehr vielschichtig und nur in enger Anlehnung an Vorschriften sowie intimem Verständnis für die inhärenten Unzulänglichkeiten der Verfahren befriedigend durchführbar. Weitere Hinweise finden sich im umfangreichen Schrifttum [9.9-9.16].

9.3 Intrinsic - Schirmdämpfung von Schirmmaterialien

Die *Intrinsic*-Schirmdämpfung von Schirm*materialien* — d.h. ihre reine Materialeigenschaft, unabhängig von der Geometrie eines damit zu erstellenden Schirms — ermittelt man über die Messung ihrer Einfügungsdämpfung, Bild 9.8.

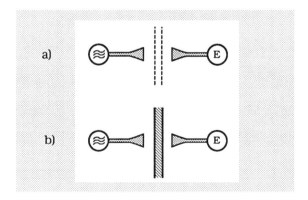

Bild 9.8.: Messung der Einfügungsdämpfung von Schirmmaterialien.
      a) Leermessung,   b) Materialmessung
        (Anzeige a_o)   (Anzeige a_m).

Der Unterschied der Anzeigen *ohne* und *mit* Schirm ergibt die Schirmdämpfung,

$$a_S = a_0 - a_m \qquad (9\text{-}7)$$

Wie bei anderen auf der Messung einer Einfügungsdämpfung beruhenden Methoden hängt auch hier das Meßergebnis nicht allein vom Prüfobjekt, sondern auch von der Meßanordnung ab (s.a. 9.2 u. 9.4). So erhält man mit unterschiedlichen Antennen, Antennenstrahlungsdiagrammen und Abständen zur Probe sowie unterschiedlichen Probenabmessungen in Querrichtung verschiedene Meßergebnisse für das gleiche Material. Es wurden daher mehrere Modifikationen obiger Grundidee entwickelt, die zwar auch nicht zwingend zu einheitlichen Ergebnissen führen, dennoch in ihrer Gesamtheit eine treffendere Beurteilung des Schirmmaterials erlauben [9.23, 9.25, 9.26].

Koaxiale TEM - Meßzelle mit durchgehendem Innenleiter

Bei der koaxialen TEM-Meßzelle mit durchgehendem Innenleiter (engl.: *Transmission-Line Holder*) wird die Materialprobe im Inneren einer aufgeweiteten Koaxialleitung konstanten Wellenwiderstands angeordnet, Bild 9.9.

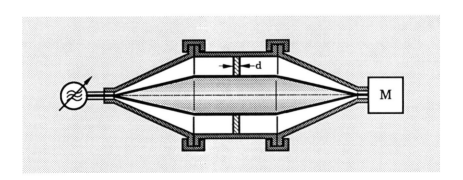

Bild 9.9: Koaxiale TEM-Meßzelle mit durchgehendem Innenleiter (ASTM, [9.21, 9.22]).

9.3 Intrinsic - Schirmdämpfung von Schirmmaterialien

Die Materialprobe besitzt die Form eines Kreisrings, der Innenleiter ist durchgehend. Damit entspricht die Meßanordnung dem von *Schelkunoff* vorgeschlagenen Impedanzkonzept für das *Fernfeld* (s. 6.2). Die E- und H-Feldvektoren sind parallel zum Schirmmaterial orientiert. Ein Teil der vom Meßsender ankommenden TEM-Welle wird reflektiert, ein Teil zum Empfänger transmittiert, der Rest in der Probe dissipiert, d.h. in Verlustwärme umgewandelt. Die Übereinstimmung mit rechnerisch ermittelten Werten für die Schirmdämpfung elektromagnetischer Wellen,

dünne Proben $\qquad$ dicke Proben

$$a_S = 20 \lg \left| 1 + \frac{377\Omega \sigma d}{2} \right|, \qquad a_S = 20 \lg \left| 1 + \frac{377\Omega \sinh\gamma d}{2\sqrt{\frac{\mu}{\varepsilon}}} \right|,$$

(9-8)

hängt insbesondere bei gut leitenden Proben wesentlich von der Kontaktierung der Probe zum Innen- und Außenleiter ab. Zur Umgehung dieser Problematik wurde die nachstehend beschriebene Koaxiale TEM-Meßzelle mit *stoßender* Ankopplung an die Probe entwickelt.

Koaxiale TEM-Meßzelle mit gestoßenem Innenleiter

Zur Verbesserung der Kontaktierung wird bei der TEM-Meßzelle mit gestoßenem Innenleiter (engl.: *Flanged Circular Coaxial Transmission-Line Holder*) die Materialprobe in Scheibenform zwischen die Stirnflächen zweier stumpf aufeinanderstoßenden Hälften einer aufgeweiteten Koaxialleitung eingebracht, Bild 9.10.

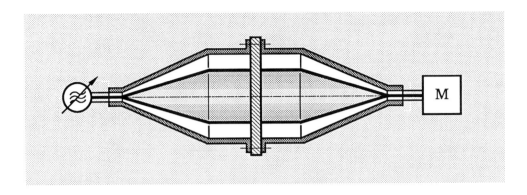

Bild 9.10: Koaxiale TEM-Meßzelle mit Stoßankopplung (NBS, [9.24, 9.25]).

Die Stoßstelle zwischen den Innen- und Außenleiterhälften wird kapazitiv überbrückt. Dies führt zu einer von der Probendicke abhängigen unteren Grenzfrequenz (ca. 1 ... 100MHz). Zur Aufrechterhaltung der kapazitiven Kopplung werden bei der Leermessung ein Kreisring mit den Abmessungen des Außenflansches und eine Kreisscheibe vom Durchmesser des Innenleiters aus Schirmmaterial eingelegt.

Im Vergleich zur Meßzelle mit durchgehendem Innenleiter liefert die Anordnung mit gestoßenem Innenleiter besser mit der Theorie übereinstimmende und besser reproduzierbare Meßergebnisse. Die obere Grenzfrequenz beider Zellen wird durch die Ausbildung höherer Moden bestimmt und liegt bei ca. 1,6 GHz.

Zur Ermittlung der Schirmdämpfung für quasistatische elektrische und magnetische Felder eignen sich die beiden nachstehend beschriebenen Anordnungen.

Doppel TEM - Meßzelle

Die Doppel TEM-Zelle besteht aus zwei gewöhnlichen TEM-Zellen mit rechteckförmigem Querschnitt, die, ähnlich einem Richtkopp-

9.3 Intrinsic - Schirmdämpfung von Schirmmaterialien

ler, über eine *Apertur* miteinander elektromagnetisch gekoppelt sind, Bild 9.11.

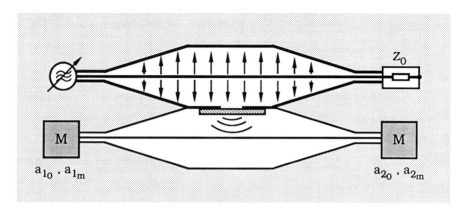

Bild 9.11: Doppel TEM-Meßzelle mit Aperturkopplung (NBS [9.26, 9.28, 9.29]).

Das zu prüfende Material wird über die Apertur gespannt, wobei die Kontaktierung wieder eine wesentliche Rolle spielt. Im Gegensatz zu den beiden oben beschriebenen TEM-Zellen greift hier die elektrische Feldstärke *normal*, die magnetische Feldstärke *tangential* an. Dank der beiden Ausgänge der unteren Zelle lassen sich die quasistatische magnetische und die quasistatische elektrische Schirmdämpfung getrennt bestimmen [9.27, 9.29]. So ergibt die *Addition* beider Ausgangssignale a_1 und a_2 jeweils einer Leer- und einer Materialmessung die Einfügungsdämpfung für das *elektrische* Feld

$$a_e = 20 \lg \frac{\Sigma a_o}{\Sigma a_m}$$

(9-9)

ihre *Differenzen* die Einfügungsdämpfung für das *magnetische* Feld,

$$a_m = 20 \lg \frac{\Delta a_o}{\Delta a_m}$$

(9-10)

Schließlich sei die "*Dual-Chamber*"-*Meßzelle* nach ASTM [9.22] erwähnt, bei der die Materialprobe unmittelbar zwischen wahlweise zwei *elektrische* oder *magnetische Dipole* gelegt werden kann, die von einem aufklappbaren, gemeinsamen Schirmgehäuse umgeben sind, Bild 9.12.

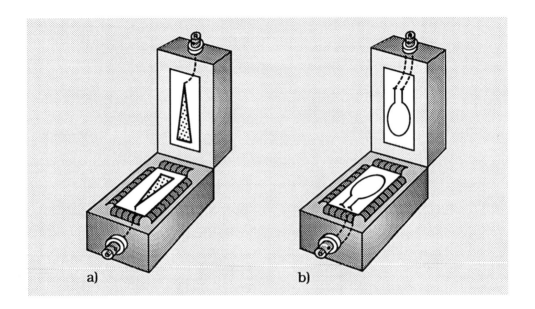

Bild 9.12: Dual-Chamber-Meßzelle nach ASTM [9.22].
a) elektrische Schirmdämpfung
b) magnetische Schirmdämpfung.

Elektrische und magnetische Feldstärke sind in dieser Anordnung normal zur Probe orientiert (*Nahfeldsimulation*).

Auf Grund der Eigenresonanzen und der stark inhomogenen Feldverteilung lassen sich die Ergebnisse nur schlecht mit anderen meßtechnisch oder rechnerisch erhaltenen Ergebnissen vergleichen.

Der Vollständigkeit halber sei auf die Ermittlung der Schirmdämpfung über *Kopplungsimpedanzmessungen* (s. 9.1.1 und [9.30, 9.32]) sowie auf *Zeitbereichsverfahren* hingewiesen [9.31].

9.4 Schirmdämpfung von Dichtungen

Wie in Kapitel 5 ausführlich dargelegt wurde, beruht die Wirkung elektromagnetischer Schirme im wesentlichen auf der ungehinderten Ausbildung von Schirmströmen. Gehäusefugen und Türspalte behindern die Stromausbreitung exzessiv und müssen daher durch leitfähige Dichtungen niederohmig überbrückt werden. Diese Aufgabe einer Schirmdichtung legt auch gleich die Meßanordnung nahe, Bild 9.13.

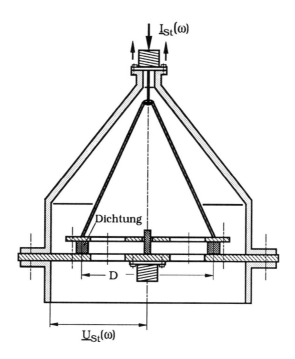

Bild 9.13: Meßzelle für Schirmdichtungen.

Die Anordnung entspricht praktisch einer Kopplungsimpedanzmeßeinrichtung,

$$\underline{Z}_D(\omega) = \frac{\underline{U}_{St}(\omega)\pi D}{\underline{I}_{St}(\omega)} \quad .$$

(9-11)

Je niedriger der Spannungsabfall (bei eingeprägtem Strom), desto besser die Schirmwirkung. Um das Meßergebnis von der Länge der Dichtung (Umfang πD) unabhängig zu machen, gibt man die Kopplungsimpedanz als bezogene Größe an. Die Kompression der Dichtung ist nach den empfohlenen Herstellerangaben zu wählen. Dichtkonstruktionen mit Dichtrillen müssen gegebenenfalls in der Grundplatte geeignet nachgebildet werden.

Zur Vermeidung einer kapazitiven Überkopplung bei hohen Frequenzen wird die untere Scheibe des Spannungsabgriffs mit hohem Lochanteil versehen. Da die Schirmwirkung im wesentlichen von der spezifischen Leitfähigkeit der komprimierten Dichtung abhängt, lassen sich überschlägige Messungen auch mit einer Gleichstromquelle (Starterbatterie) und einem Ohmmeter vornehmen.

9.5 Reflexionsdämpfung von Absorberwänden

Von einer Sendeantenne ausgestrahlte elektromagnetische Wellen erfahren an Hindernissen eine teilweise oder gar vollständige Reflexion. Bei monochromatischen Wellen führt die Überlagerung der hin- und rücklaufenden Wellen durch konstruktive und destruktive Interferenz zu einer stehenden Welle mit räumlich festen *Knoten* und *Bäuchen*. Beispielsweise zeigt Bild 9.14 das *Stehwellenmuster* vor einer leitenden Wand (z.B. Schirmwand).

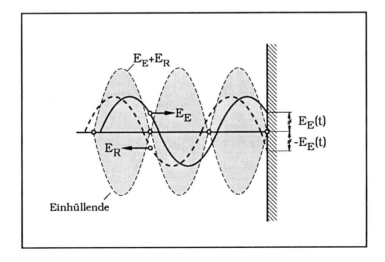

Bild 9.14: Stehwellenmuster vor einer leitenden Wand.

9.5 Reflexionsdämpfung von Absorberwänden

Die Randbedingung E = 0 in Leitern bewirkt, daß der Momentanwert der einfallenden Welle E_E an der Leiteroberfläche in jedem Augenblick durch einen gleich großen Momentanwert entgegengesetzter Polarität kompensiert wird (*reflektierte Welle*). Die Überlagerung erzwingt also an der leitenden Wand stets einen Knoten und weitere Knoten jeweils in Abständen $\lambda/2$ vor der Wand. Die von Null verschiedenen Momentanwerte der stehenden Welle liegen innerhalb des schattierten Bereichs. Der Maximalwert der *Einhüllenden* entspricht dem doppelten Scheitelwert der einfallenden Welle.

Besteht die Wand aus schlecht leitendem Material, muß E in der Wand nicht mehr exakt Null sein, es wird dann nur noch ein Teil der Welle reflektiert. Die Überlagerung der einfallenden Welle und der mit kleinerem Scheitelwert reflektierten Welle führt zu der im Bild 9.15 gezeigten Einhüllenden.

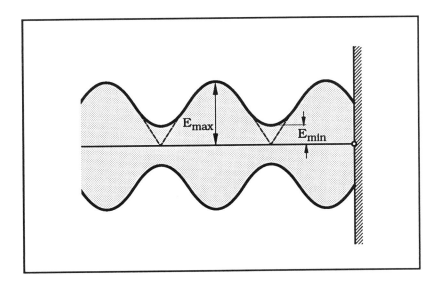

Bild 9.15: Stehwellenmuster vor einer schlecht leitenden Wand.

Da die hin- und zurücklaufenden Wellen nicht die gleichen Amplituden haben, ergibt ihre Überlagerungen eine *fortlaufende Welle*, deren veränderliche Amplituden innerhalb des schraffierten Bereichs liegen. Man beachte, daß die Einhüllende keine Sinusfunktion ist, die

Minima sind schärfer als die Maxima. Das Verhältnis des Maximal- und Minimalwerts der Einhüllenden nennt man *Stehwellenverhältnis* (engl.: SWR, *Standing Wave Ratio*),

$$\boxed{S = \frac{E_{max}}{E_{min}} = \frac{E_E + E_R}{E_E - E_R}}. \qquad (9\text{-}12)$$

Das Stehwellenverhältnis nimmt den Wert 1 an, wenn kein Hindernis existiert, d.h. keine reflektierte Welle auftritt; es wird unendlich groß bei vollständiger Reflexion an einer ideal leitenden Wand ($E_{min} = 0$).

Bei bekanntem Stehwellenverhältnis läßt sich leicht der *Reflexionsfaktor* berechnen,

$$\boxed{r = \frac{E_R}{E_E} = \frac{S-1}{S+1} = \frac{E_{max} - E_{min}}{E_{max} + E_{min}}}. \qquad (9\text{-}13)$$

Der Wert des Reflexionsfaktors schwankt zwischen 0 und 1 und kann sowohl positiv als auch negativ sein. Bei bekanntem Reflexionsfaktor erhält man für das Stehwellenverhältnis,

$$\boxed{S = \frac{1+r}{1-r}}. \qquad (9\text{-}14)$$

Schließlich ist zu erwähnen, daß bei einer Wand mit reaktiven Komponenten ($\mu_r \neq 1$, $\varepsilon_r \neq 1$) der Reflexionsfaktor komplex wird,

9.5 Reflexionsdämpfung von Absorberwänden

$$\underline{r} = \frac{\underline{E}_R}{\underline{E}_E}$$

(9-15)

In Gleichung (9-14) ist dann mit dem Betrag des Reflexionsfaktors zu rechnen,

$$S = \frac{1 + |\underline{r}|}{1 - |\underline{r}|}$$

(9-16)

Das Meßprinzip geht aus Bild 9.16 hevor.

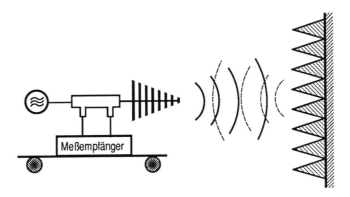

Bild 9.16: Meßaufbau zur Ermittlung des Stehwellenverhältnisses und der Reflexionsdämpfung von Absorberwänden (Prinzip).

Sämtliche Komponenten sind auf einem dielektrischen Wagen (trokkenes Holz) mechanisch fixiert. Durch horizontales Verfahren um Wege, die klein sind gegen den Abstand zwischen Antenne und Absorberwand, können mittels eines Richtkopplers und eines Meßempfängers die in Abständen von $\lambda/2$ auftretenden Maxima und Minima ausgemessen werden. Mit den Maximal- und Minimalwerten ergibt sich dann der Reflexionsfaktor aus Gl. (9-13) und die Reflexionsdämpfung aus dem 20fachen Logarithmus,

$$\boxed{a_{dB} = 20 \lg \frac{E_{max} - E_{min}}{E_{max} + E_{min}}} \quad . \tag{9-17}$$

Das Stehwellenverhältnis berechnet sich aus Gl.(9-12).

Die Meßergebnisse hängen nicht allein von der Geometrie und der Intrinsicdämpfung des Absorbermaterials ab, sondern auch vom Antennenstrahlungsdiagramm der verwendeten Antenne und dem Einfallswinkel [9.33 bis 9.35].

9.6 Filterdämpfung

Filterdämpfungen werden gewöhnlich als Einfügungsdämpfung in eingangs- und ausgangsseitig angepaßten Systemen gemessen (s. 4.1.1), wobei man zwischen der Filterdämpfung für *symmetrische*, *asymmetrische* und *unsymmetrische* Störspannungen unterscheidet, Bild 9.17.

Die so erhaltene Filterdämpfung ist in ihrer Aussagekraft beschränkt auf

— angepaßte Systeme mit definierter Systemimpedanz (z.B. $50\,\Omega$, $600\,\Omega$ etc.) und

— Kleinsignalaussteuerung,

das heißt auf Filterströme, für die ferromagnetisch beschwerte Drosseln sich linear verhalten. Beide Kriterien sind in der Regel bei Filtern in Hochfrequenzschaltungen oder Fernmeldesystemen etc. er-

9.6 Filterdämpfung

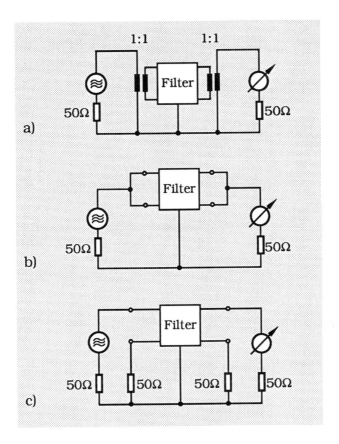

Bild 9.17: Messung der Einfügungsdämpfung von Filtern in einem angepaßten System (hier 50 Ω),
a) Filterdämpfung für *symmetrische* Störungen,
b) Filterdämpfung für *asymmetrische* Störungen,
c) Filterdämpfung für *unsymmetrische* Störungen.

füllt. Bei anderen Quell- und Lastwiderständen ergeben sich völlig andere Dämpfungsverläufe. Weichen insbesondere die Quellen- und die Lastimpedanz wesentlich von 50 Ω nach kleineren Werten hin ab (z.B. bei Netzfiltern), so fließt durch die Längsdrosseln des Filters auch wesentlich mehr Strom, der etwa vorhandene Eisenkerne je nach Auslegung unterschiedlich stark in die Sättigung treiben kann. Filter gleicher Einfügungsdämpfung können dann extrem unterschiedliche Großsignaldämpfungen aufweisen. Weitere Überraschungen ergeben sich bei Quell- und Lastimpedanzen mit stark reaktiver

Komponente (Resonanzerscheinungen). Mit anderen Worten, praxisnahe Ergebnisse lassen sich nur unter realistischen Einbau- bzw. Betriebsverhältnissen erhalten, die nicht nur die linearen Hochfrequenzeigenschaften, sondern auch das Großsignalverhalten bei Beschaltung mit Betriebsimpedanzen aufzeigen. Aussagen in dieser Richtung liefern Messungen mit *Gleich- oder Wechselstromvormagnetisierung*, gegebenenfalls auch Messungen mit *Leistungsverstärkern* [9.17 bis 9.20 und 9.36 bis 9.38].

Zur Prüfung der Spannungslinearität bei Überspannungsimpulsen (Spannungsfestigkeit) sind Stoßspannungsgeneratoren ausreichend kleinen Innenwiderstands, d.h. klassische Stoßspannungsgeneratoren *großer interner Belastungskapazität* oder *Hybridgeneratoren* zu verwenden (s. 8.1.3).

10 Repräsentative EMV-Probleme

Dem einführenden Charakter dieses Buches Rechnung tragend, werden nachstehend noch einige EMV-Probleme von allgemeinerem Interesse näher betrachtet. Leser, die ihr aktuelles Problem in dieser Auswahl vermissen, werden auf die grundsätzlichen Betrachtungen in den vorstehenden Kapiteln und das zugehörige umfangreiche Schrifttum im Anhang verwiesen.

10.1 Entstörung von Magnetspulen

Beim Öffnen induktiver Stromkreise, z.B. Abschalten von Relais- und Schützspulen, Magnetventilen, Hubmagneten etc. entsteht zwischen den Schaltkontakten ein Lichtbogen, der mit zunehmendem Kontaktabstand plötzlich abreißt und dem Stromkreis eine rasche Stromänderung di/dt einprägt. Die mit dieser Stromänderung verknüpfte Änderung des magnetischen Flusses dφ/dt induziert in der jeweiligen Arbeitsspule eine Selbstinduktionsspannung, die in einem Ersatzschaltbild als von der Lichtbogencharakteristik gesteuerte Quellenspannung in Reihe mit der Spule modelliert werden kann, Bild 10.1 (s.a. 2.4.2).

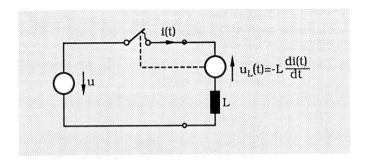

Bild 10.1: Entstehung von Abschaltüberspannungen beim Öffnen induktiver Stromkreise.

Die induzierte Spannung tritt als Umlaufspannung [B18] über die Impedanzen des Stromkreises verteilt auf. Bei gelöschtem Lichtbogen liegt sie voll über der Kontaktstrecke und bewirkt dort gegebenenfalls eine oder multiple Wiederzündungen. Sowohl die hohe Stromänderungsgeschwindigkeit als auch die hohe Selbstinduktionsspannung führen durch *induktive* und *kapazitive* Kopplung des *gesamten Stromkreises* zu elektromagnetischer Beeinflussung benachbarter Stromkreise. Der Lichtbogen selbst ist wegen seiner kleinen räumlichen Ausdehnung als Störstrahlungsquelle von untergeordneter Bedeutung.

In Wechselstromkreisen löscht der Lichtbogen kurz vor bzw. in einem Nulldurchgang, in Gleichstromkreisen mangels natürlicher Stromnulldurchgänge erst dann, wenn die Kontakte sich so weit von einander entfernt haben, daß die zur Aufrechterhaltung des Lichtbogens erforderliche Brennspannung die Betriebsspannung überschreitet.

In letzterem Fall gesellt sich daher zur Störaussendung noch das Phänomen eines *exzessiven Kontaktabbrands*. Beide Probleme lassen sich mit den im folgenden erläuterten Beschaltungsmaßnahmen zufriedenstellend lösen.

Beschaltung gleichstrombetriebener Magnetspulen:

Gleichstrombetriebene Magnetspulen werden wahlweise mit Dioden, Varistoren oder RC-Gliedern beschaltet, Bild 10.2.

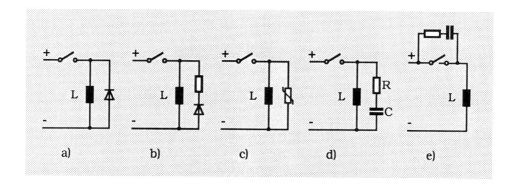

Bild 10.2:   Beschaltung von Gleichstromspulen.

10.1 Entstörung von Magnetspulen

In ersterem Fall wird parallel zur Spule eine in Sperrichtung gepolte Diode geschaltet ($I_F \geq 1{,}5 \cdot I_{Spule}$ und $U_R \geq 1{,}5 \cdot U_{Spule}$). Für die selbstinduzierte Spannung liegt die Diode in Durchlaßrichtung, stellt als einen nahezu perfekten Kurzschluß dar. Der bislang über den Schalter geflossene Spulenstrom wird in den Kurzschluß kommutiert und klingt in diesem Kreis mit der Zeitkonstanten L/R_F ab. Auf Grund des niedrigen Durchlaßwiderstands R_F der Diode nimmt die Zeitkonstante beträchtliche Werte an und führt beispielsweise bei Relais zu nicht tolerierbaren, extrem langen Abfallzeiten. Abhilfe schafft gegebenenfalls ein Widerstand in Reihe mit der Diode, Bild 10.2 b.

Bei gleichzeitiger Forderung nach minimaler Überspannung und kurzer Abschaltzeit kommen *Varistoren* und *RC-Glieder* (sog. *Funkenlöschglieder*) zum Einsatz. Die Dimensionierung ersterer erfolgt in Anlehnung an Kapitel 4.2.1, die RC-Kombination wird so gewählt, daß der auf Betriebsspannung aufgeladene Löschkondensator C beim Abschalten durch die in der Spule gespeicherte Energie nahezu aperiodisch gedämpft *entladen* wird, d.h.,

$$\boxed{(R + R_S) \approx 2\sqrt{\frac{L}{C}}}$$

(10-1)

(R_S: Spulenwiderstand).

Um ein Verschweißen der Kontakte beim Einschalten zu verhindern, gilt für R die Nebenbedingung $R \geq U/I_{E_{max}}$.

Sofern es nur um die Eliminierung der Abschaltüberspannung geht, hat man die Wahl, das RC-Glied sowohl über die Spule als auch über die Kontakte zu legen, Bild 10.2 e. In letzterem Fall wird der Spulenstrom beim Öffnen der Schalter in den parallel liegenden RC-Zweig kommutiert und zur *Aufladung* der Kapazität C verwendet. Dient die RC-Beschaltung ausschließlich der Funkenlöschung, beispielsweise in Gleichstromkreisen mit *ohmscher Last*, so *muß* die RC-Beschaltung *über die Kontakte* gelegt werden.

Beschaltung wechselstrombetriebener Magnetspulen:

Wegen der wechselnden Polarität der Betriebsspannung kommt hier die Beschaltung mit einer Diode nicht in Frage. Üblicherweise werden Varistoren und RC-Glieder eingesetzt, Bild 10.3.

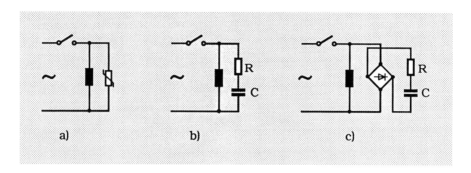

Bild 10.3: Beschaltung von Wechselstromspulen.

Die Dimensionierung von Varistoren erfolgt in Anlehnung an Kapitel 4.2.1, die des RC-Glieds wieder in Hinblick auf den aperiodischen Grenzfall. Zur Vermeidung eines Diodenwechselstroms durch das RC-Glied kann ein Gleichrichter zwischengeschaltet werden, Bild 10.3c. Bei drehstrombetriebenen Magneten werden die obigen Beschaltungen jeweils als *Stern-* oder *Dreieckschaltungen* realisiert.

Die in den Bildern 10.2 und 10.3 gezeigten Schaltungen stellen lediglich die am häufigsten ausgewählten Beschaltungen dar. In Spezialfällen kommen auch Zenerdioden (s.4.2.2) sowie Kombinationen mehrerer Bauelemente in Frage. Die gewählte Methode richtet sich vorrangig nach der Aufgabenstellung — Schutz der Spulenisolation, Schutz der Kontakte, Entstörung etc. — und wird, insbesondere bei Massenartikeln, wesentlich durch wirtschaftliche Gesichtspunkte mitbestimmt. Weitere Hinweise finden sich im umfangreichen Schrifttum [10.32, 10.33].

10.2 Funkentstörung von Universalmotoren

Kollektormotoren in Küchenmaschinen, Staubsaugern, Elektrowerkzeugen etc. sind notorische, weit verbreitete Verursacher von Gleich- und Gegentaktstörungen (s.a. 1.4 und 2.3.4). Die durch den Kommu-

10.2 Funkentstörung von Universalmotoren

tierungsvorgang am Kollektor erzwungenen Stromänderungen bzw. deren Flußänderungen induzieren in den Feldwicklungen Selbstinduktionsspannungen $e(t) = -d\phi/dt$ bzw. $\underline{E}(\omega) = -j\omega\underline{\phi}$, die sich in einem Ersatzschaltbild als Quellenspannungen modellieren lassen, Bild 10.4.

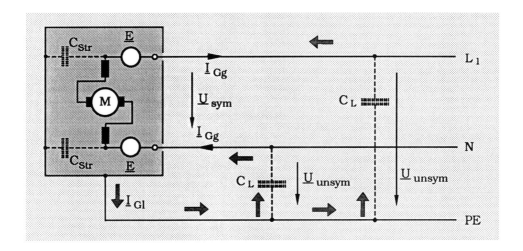

Bild 10.4: Entstehung von Funkstörungen an Kollektormotoren.

Die Reihenschaltung beider Quellen ergibt zunächst eine symmetrische Gegentaktstörung $\underline{U}_{sym}(\omega)$. Darüber hinaus treiben die Quellen über die Streukapazitäten der Wicklungen unsymmetrische Ströme, die sich über die Leitungskapazitäten C_L schließen. Die Höhe der unsymmetrischen Spannungen berechnet sich jeweils aus der Spannungsgleichung für kapazitive Spannungsteiler [B19] zu

$$\boxed{\frac{\underline{U}_{unsym}(\omega)}{\underline{E}(\omega)} = \frac{C_{Str}}{C_L + C_{Str}}} \quad . \tag{10-2}$$

Für $C_{Str} \ll C_L$ erhält man vergleichsweise kleine unsymmetrische Störspannungen, für $C_{Str} \gg C_L$ (Blechpaket und andere Masseteile geerdet) sehr große unsymmetrische Störspannungen. Am Rande sei vermerkt, daß die Streukapazitäten nicht zwingend an den in Bild

10.4 eingezeichneten Wicklungsenden angreifen. In einem aufwendigen Modell werden zweckmäßig an beiden Wicklungsenden Streukapazitäten vorgesehen.

Aus dem Ersatzschaltbild nach 10.4 läßt sich durch Quellenumwandlung ein kanonisches Ersatzschaltbild herleiten, in dem allen drei Störspannungen eine eigene Spannungsquelle zugeordnet ist, Bild 10.5.

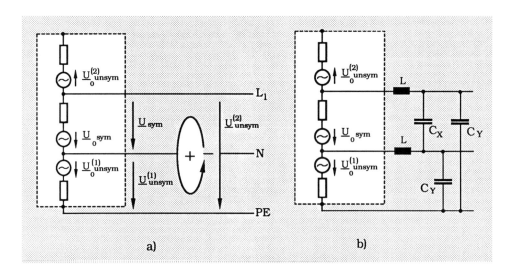

Bild 10.5: Ersatzschaltbild eines Kollektormotors a) mit Quellenspannungen für die symmetrische und die beiden asymmetrischen Störspannungen, b) mit Quellenspannungen, Entstörkondensatoren und Längsdrosseln.

Die Anwendung der Maschenregel auf die im Ersatzschaltbild Bild 10.5a eingezeichnete Schleife liefert

$$\underline{U}_{unsym}^{(1)} - \underline{U}_{unsym}^{(2)} + \underline{U}_{sym} = 0 \; , \tag{10-3}$$

bzw.

$$\boxed{\underline{U}_{sym} = \underline{U}_{unsym}^{(2)} - \underline{U}_{unsym}^{(1)}} \; . \tag{10-4}$$

10.2 Funkentstörung von Universalmotoren

Die Gegentaktstörung ergibt sich somit als Differenz der unsymmetrischen Spannungen (s.a. 1.4).

Bild 10.5a läßt auf Anhieb erkennen, wie die drei Störspannungsquellen durch Entstörkondensatoren zwischen den Leitern L_1, N und PE hochfrequenzmäßig kurzgeschlossen werden können und wie die Wirkung der Kondensatoren durch zusätzliche Längsdrosseln verstärkt werden kann, Bild 10.5b.

Im Gegensatz zu Bild 10.4 macht Bild 10.5 deutlich, daß eine rein symmetrische Beschaltung mit nur einem X-Kondensator (s.4.1.2) zwischen den beiden Anschlußleitungen keine Vollentstörung ermöglicht. Zunächst wird man daher zwei zusätzliche Y-Kondensatoren vorsehen. Diese Kondensatoren liegen zwischen den Anschlußleitungen und dem Schutzleiter und überbrücken somit die Isolation. Sie müssen daher als Berührungsschutzkondensatoren ausgebildet sein (s. 4.1.2).

Im Fall $C_X > 10\ C_Y$ läßt sich meist ein Y-Kondensator einsparen, Bild 10.6.

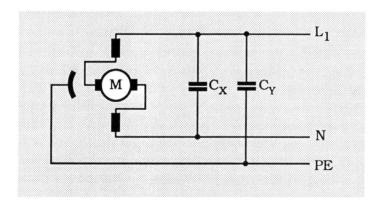

Bild 10.6: Vollentstörung eines Kollektormotors mit je einem X- und Y-Kondensator.

Der X-Kondensator schließt beide Anschlußleitungen hochfrequenzmäßig kurz, so daß unerheblich ist, welche Anschlußleitung über C_Y mit dem Schutzleiter verbunden wird. In einer wirtschaftlichen Lösung lassen sich beide Kondensatoren in einem Bauelement unterbringen (s. 4.1.5.1).

Leider entzieht sich die Bemessung der Kapazitätswerte für C_X und C_Y wegen der unbekannten Streukapazitäten und dem unbekannten Innenwiderstand der Gegentaktspannungsquelle einer einfachen rechnerischen Ermittlung. Eine Vorstellung von der Größenordnung liefern die Anhaltswerte C_Y = 2500pF, C_X = 0.022µF. Gewöhnlich werden die erforderlichen Mindestwerte experimentell ermittelt, was wegen des großen meßtechnischen Aufwands zweckmäßig in Kooperation mit einem EMV-Haus oder einem Entstörmittelhersteller geschieht.

10.3 Elektrostatische Entladungen

Elektrostatische Entladungen (engl.: ESD, *Electrostatic Discharge*) entstehen in der Regel beim Potentialausgleich durch Reibungselektrizität aufgeladener *Personen*, *Gegenstände* und *Komponenten* mit der geerdeten Umgebung über einen Luftfunken (s.a. 2.4.1).

Man unterscheidet

— *direkte Entladungen* (z.B. Entladung einer aufgeladenen Person beim Berühren einer Rechnertastatur, eines Telefons mit Nummernspeicher, eines Codekartenlesers) sowie

— *indirekte Entladungen* (z.B. Entladung einer aufgeladenen Person über einen Meßgerätewagen, eine leitende Tischplatte, eine Stehlampe [10.34]).

Während in ersterem Fall nichtgeerdete Teile (z.B. Halbleitereingänge) durch galvanische Kopplung Spannungen bis zu mehreren kV gegen Erde annehmen und dielektrisch zerstört werden können, induzieren und influenzieren in letzterem Fall die mit einer *indirekten* Entladung verknüpften magnetischen und elektrischen Felder in *benachbarten*, nicht geschirmten Geräten Störspannungen und -ströme, die ebenfalls zu irreversiblen Störungen führen können.

Abhilfemaßnahmen beim Auftreten von ESD-Problemen sind die

— *Vermeidung elektrostatischer Aufladungen* durch antistatische Fußböden, antistatische Kleidung (Baumwolle statt Kunstfaser und Tierhaar), Kontrolle der Luftfeuchte auf >50%,

10.3 Elektrostatische Entladungen

— *Härtung gefährdeter Geräte* durch metallische Schirmgehäuse, metallisch leitfähige oder leitfähig beschichtete Kunststoffgehäuse, gehärtete Komponenten mit integrierten Schutzdioden,

— *Gefahrlose Ableitung elektrostatischer Aufladungen* (z.B. beim unvermeidlichen Umgang mit elektrostatisch gefährdeten Bauelementen (EGB) in der Fertigung) durch leitfähige Verpackungen und Behälter [10.28, 10.29], leitfähige Arbeitsplatten (hochohmig geerdet!), hochohmige Potentialausgleichsleitungen zwischen Körperteilen und Arbeitsplatte, schwach leitende Fußböden und schwach leitendes Schuhwerk [10.27], bewußtes Berühren geerdeter Teile vor dem Anfassen elektrostatisch gefährdeter Komponenten und Flachbaugruppen.

Da ein Gerätehersteller kaum darauf Einfluß hat, in welcher Umgebung seine Erzeugnisse später betrieben werden, empfiehlt sich eine fabrikseitige weitgehende Härtung gegenüber üblicherweise auftretender ESD-Beanspruchungen (s. Prüfschärfen im Kapitel 8.1.4). Die Härtung gegen ESD-Phänomene ist ein weites Gebiet. Wegen weiterer Einzelheiten wird auf die Kapitel 2.4.1 und 8.1.4 sowie auf das Schrifttum [B17, B19, 2.91 bis 2.93] und die zahlreichen handelsüblichen Anti-ESD-Hilfen (leitfähiges Verpackungsmaterial, ESD-geschützte Arbeitsplätze etc.) verwiesen.

10.4 Netzrückwirkungen

Netzrückwirkungen durch Schaltnetzteile, Vorschaltgeräte, Stromrichter der Leistungselektronik etc. sind ein Paradebeispiel für die leitungsgebundene Ausbreitung und Einkopplung elektromagnetischer Beeinflussungen. Ein von einem einzigen *leistungsstarken* Verbraucher aufgenommener *nichtsinusförmiger* Strom kann das Spannungsprofil im gesamten ihn umgebenden Netz verzerren und dadurch zahllose mittlere und kleine Verbraucher beeinträchtigen (s.a. 2.2.4). Auch eine Vielzahl leistungsschwacher Verbraucher kann, wenn ihre Aktion synchronisiert erfolgt (Fernsehempfänger) merkliche Rückwirkungen verursachen [2.56]. Der Rückwirkungseffekt tritt deswegen so stark in Erscheinung, weil die in den nichtsinusförmigen Strömen enthaltenen Stromoberschwingungen I_ν jeweils eine frequenzproportionale Reaktanz $\omega_\nu L = \nu \omega_1 L$ vorfinden und daher auch eine kleine Stromoberschwingung hoher Frequenz noch eine merkliche Spannungsoberschwingung U_V verursachen kann.

Eine weitere Verstärkung des Rückwirkungseffekts tritt ein, wenn dem störenden Verbraucher Kapazitäten C_B zur Blindleistungskompensation parallelgeschaltet sind. Diese bilden zusammen mit der Netzreaktanz einen Sperrkreis, in dem im Resonanzfall nicht nur sehr starke Spannungsüberhöhungen auftreten, sondern auch sehr große Schwingkreisströme durch die Kapazität in das Netz fließen können, Bild 10.7.

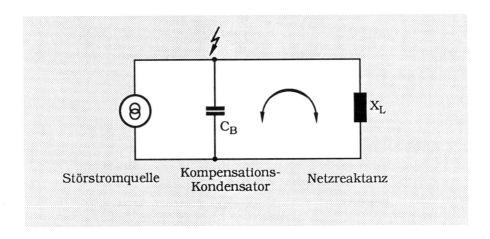

Bild 10.7: Erhöhte Netzrückwirkung bei kompensierten nichtlinearen Verbrauchern.

Gemäß gesetzlicher Verordnung ("Allgemeine Bedingungen für die Elektrizitätsversorgung von Tarifkunden", Bundesministerium für Wirtschaft [10.6]) sind einerseits Elektrizitätsversorgungsunternehmen verpflichtet, Spannung und Frequenz möglichst gleichbleibend zu halten, so daß allgemeine Verbrauchsgeräte einwandfrei betrieben werden können, andererseits verlangt die gleiche gesetzliche Verordnung, daß Anlagen und Verbrauchsgeräte so zu betreiben sind, daß Störungen weiterer Abnehmer und störende Rückwirkungen auf Einrichtungen des Elektrizitätsversorgungsunternehmens oder Dritte ausgeschlossen sind.

Vorrangig obliegt die Bereitstellung und Überwachung einer bestimmten Spannungsqualität den Betreibern von Netzen, die zumin-

10.4 Netzrückwirkungen

dest die Oberschwingungseinspeisungen ihrer zahllosen anonymen Kleinverbraucher beherrschen müssen. Bei notorischen leistungsstarken Oberschwingungserzeugern muß die Verträglichkeit unter Berücksichtigung der wirtschaftlichen und technischen Interessen aller Beteiligten angestrebt werden. Es bieten sich folgende technische Maßnahmen an [10.1-10.3, 2.18].

Im Netz:

— geringer Innenwiderstand des Netzes (begrenzt durch Kurzschlußleistung),
— von der Last gesteuerte Blindleistungskompensation (über Thyristorsteller),
— passive und aktive Saugkreise.

Beim Verbraucher:

— hohe Pulszahl bei Stromrichtern,
— Anlaufstrombegrenzungen,
— Fahrprogramme bzw. Verriegelungen bei mehreren Oberschwingungserzeugern,
— passive und aktive Saugkreise.

Alle Maßnahmen laufen im wesentlichen darauf hinaus, das Verhältnis Netzinnenwiderstand $\underline{Z}_i$ und Verbraucherimpedanz $\underline{Z}_V$ möglichst klein, bzw. das Verhältnis Netzkurzschlußleistung S_K und Gerätehöchstleistung S_{Amax} möglichst groß zu machen. Im Hinblick auf eine *worst-case* Betrachtung ist für S_K der kleinste, für S_{Amax} der größte denkbare Wert zu nehmen. Folgende Verhältnisse gelten beim Anschluß neuer Verbraucher als unbedenklich [10.5]:

Spannungsschwankungen
Oberschwingungen und $S_K/S_{Amax} > 1000,$
Zwischenharmonische

Spannungsunsymmetrien $S_K/S_{Amax} > 150.$

Diese Zahlen sind nur grobe Richtwerte und können abhängig von den tatsächlichen Gegebenheiten auch günstiger ausfallen.

Netzrückwirkungen stellen in ihrer Vielfalt eine sehr komplexe Materie dar, deren erschöpfende Behandlung weit über den Rahmen dieses Buches hinausgeht. Detaillierte Informationen können dem fachspezifischen Schrifttum entnommen werden [10.4, 10.5].

10.5 Innerer Blitzschutz

Man unterscheidet zwischen *äußerem* und *innerem* Blitzschutz. Ersterer dient dem Personen- und Gebäudeschutz und stellt bei direkten Blitzeinschlägen außerhalb des Gebäudes einen oder mehrere möglichst niederohmige und niederinduktive Strompfade nach Erde bereit (*Blitzschutzanlage* bestehend aus *Fangeinrichtungen, Ableitungen* und *Erdungssystem*); er ist eine Grundvoraussetzung für den inneren Blitzschutz. Letzterer schützt elektrische Anlagen und elektronische Geräte im Innern von Gebäuden gegen Blitzteilströme und Potentialanhebungen im Erdungssystem sowie gegen die mit Blitzeinschlägen verknüpften elektromagnetischen Felder (LEMP, engl.: *Lightning Electromagnetic Pulse*).

Der äußere Blitzschutz ist klassisch und wird in Einklang mit VDE 0185 [10.30, 10.31] erstellt; auf ihn soll hier nicht weiter eingegangen werden. Der innere Blitzschutz hat erst in den vergangenen Jahren mit der weiten Verbreitung der Mikroelektronik sprunghaft an Bedeutung gewonnen.

Unter innerem Blitzschutz versteht man eine Reihe von Maßnahmen, die einen Schutz gegen Überspannungen sowohl aus dem *Energienetz* (Schaltüberspannungen, Blitzüberspannungen) als auch durch *direkten Blitzeinschlag* bewirken. Die wichtigste Maßnahme ist zunächst der *Potentialausgleich* aller leitenden Teile (Heizungs-, Gas-, Wasserrohre etc.) mit der Blitzschutzanlage, dem Fundamenterder und dem geerdeten Neutralleiter (PEN) des Energienetzes. Weiter werden zwischen die aktiven Leiter L_1, L_2, L_3 und die Potentialausgleichsschiene *Ventilableiter* geschaltet, Bild 10.8.

10.5 Innerer Blitzschutz

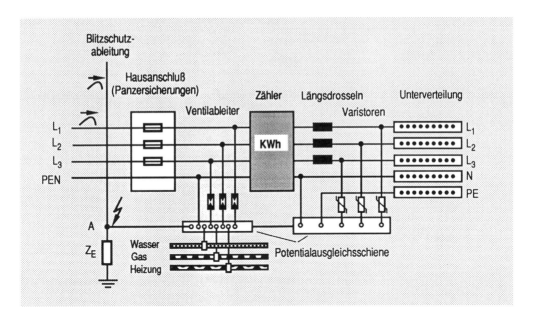

Bild 10.8: Potentialausgleich und Staffelschutz gegen atmosphärisch bedingte Überspannungen.

Die Ventilableiter sprechen sowohl bei Überspannungen aus dem Energienetz als auch bei Potentialanhebungen des Punktes A während eines direkten Blitzeinschlags an. In letzterem Fall erfährt der Punkt A gegenüber der fernen Erde, beispielsweise der Erde des versorgenden Verteiltransformators, theoretisch eine Potentialanhebung im MV-Bereich. Die Spannung zwischen der Potentialausgleichsschiene und dem passiven Leiter der Elektroinstallation wird jedoch nie größer als die Ansprechspannung der Ventilableiter. Mit anderen Worten, die gesamte Elektroinstallation erfährt die gleiche Potentialanhebung.

Unter der Annahme eines Impedanzverhältnisses von 1:10 (Erdimpedanz/Energieversorgungsnetz) fließen etwa 10% des Gesamtblitzstroms über die Energieversorgungsleitungen ab, wobei sich diese 10% nochmals auf die einzelnen Leiter verteilen. Damit bleiben nach dem Zähler atmosphärisch bedingte Überspannungen sicher unter 6 kV. Neben klassischen Ventilableitern kommen im inneren Blitzschutz spezielle Ventile mit einer Parallelschaltung von *Funkenstrecke* und *Varistor* zum Einsatz. Der Varistor begrenzt die relativ häufig auftretenden Überspannungen infolge ferner Blitzeinschläge, die Funkenstrecke spricht bei direktem Blitzeinschlag an, wenn infolge hoher Stromstärken am Varistor eine ausreichend hohe Restspannung verbleibt (s.a. 4.2.4). Bei Bedarf können verbleibende Überspannungen ≤6kV durch nachgeschaltete, über Leitungsinduktivitäten entkoppelte Varistoren weiter reduziert werden. Mit Hilfe eines zweckmäßig gestaffelten Schutzes läßt sich, ähnlich wie in Energieübertragungs- und -verteilungsnetzen eine perfekte *Isolationskoordination* erreichen. Nach VDE 0110 [10.36] sind in 230/400V-Netzen, je nach Entfernung vom Hausanschluß und der Bedeutung der Betriebsmittel, noch die Überspannungspegel 4kV, 2,5kV und 1,5kV festgelegt. Dieser Schutz deckt selbstverständlich auch induzierte Blitzüberspannungen sowie alle inneren, d.h. eigenerzeugten Überspannungen ab (z.B. Transienten im Niederspannungsnetz, s. 2.4.3). Ausführliche Hinweise zum inneren Blitzschutz finden sich im Schrifttum [B23, B22, 10.35].

10.6 Pulse Power Technik — Hochspannungslaboratorien

In der Fusionsforschung und der Hochspannungsprüftechnik stellt sich alltäglich die Aufgabe der Messung schnell veränderlicher hoher Spannungen und Ströme mit Scheitelwerten im MV- bzw. kA-Bereich und Anstiegszeiten im Mikro- oder gar Nanosekundenbereich. Bei der erstmaligen Inbetriebnahme der hierfür erforderlichen Meßeinrichtungen, bestehend aus Spannungsteiler oder Impulsstrommeßwiderstand, Verbindungskabel und Elektronenstrahloszilloskop, kann man auf dem Bildschirm eine Wiedergabe gemäß Bild 10.9 erhalten.

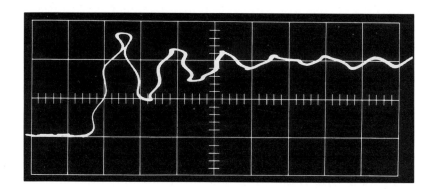

Bild 10.9: Oszillogramm des aperiodischen Stromverlaufs beim Entladen eines auf 100 kV aufgeladenen Kondensators eines Hochleistungsgaslasers.

In den allermeisten Fällen, insbesondere bei Elektronenstrahloszilloskopen mit Einschubtechnik, entspricht diese Wiedergabe nicht dem tatsächlichen zeitlichen Verlauf des zu erfassenden Vorgangs. Dem eigentlichen Meßsignal $u_M(t)$ sind Störspannungen überlagert, die auf verschiedenen Wegen das Ablenksystem erreichen. Im Zweifelsfall läßt sich durch Testmessungen leicht klären, ob die hochfrequenten Schwingungen eines Oszillogramms tatsächlich dem Meßsignal eigen sind oder echte Störspannungen darstellen (s. Kapitel 3.6).

Die Ursachen der Störspannungen liegen in *Potentialanhebungen* (engl.: *bounce*) und dem Vorhandensein der mit den schnell sich ändernden Spannungen und Strömen verknüpften *elektromagnetischen Felder*, insbesondere der beim Auf- beziehungsweise Entladen von Streukapazitäten entstehenden Streufeldänderungen [10.37 bis 10.39].

Für das Zustandekommen der verzerrten Darstellung in Bild 10.9 gibt es vier Möglichkeiten:

1. Die elektromagnetischen Felder durchdringen das unvollkommen abschirmende *Gehäuse des Elektronenstrahloszilloskops* und rufen direkt im Vertikalteil Störspannungen hervor. Diese Schwierigkeit kann beseitigt werden, indem man das Elektronenstrahloszilloskop in einem abgeschirmten Meßraum aufstellt (s. 5.6.4). Je nach Feldstärke und Frequenz genügt auch oft ein einseitig offener Blechkasten. Der Einfluß der Störfeldstärken wird weiter verringert, wenn die Entfernung zwischen Elektronenstrahloszilloskop und Stoßkreis vergrößert wird.

2. Quasistatische magnetische und elektrische Felder durchdringen die unvollkommene Abschirmung des *Meßkabels*. Elektrische Felder greifen bei geringer Geflechtdichte auf den Innenleiter durch und influenzieren unmittelbar auf ihm eine Störspannung. Ein Maß für diese Störspannung ist der Durchgriffsleitwert des Kabels (s. 3.2 u. 9.1.2). Magnetfelder erzeugen zu beiden Seiten des Innenleiters zwei gleichgroße, gegenphasige Spannungen, die sich gegenseitig aufheben. Aufgrund immer vorhandener leichter Exzentrizitäten des Innenleiters verbleibt eine Restspannung. Beide

Störspannungen können jedoch im allgemeinen gegen die durch Kabelmantelströme verursachten Störspannungen vernachlässigt werden (s. 3.1.3, 3.2 u. 9.1.2).

3. Das Elektronenstrahloszilloskop fängt die Störspannung als leitungsgebundene Störung ($\leq$ 30 MHz) über seine *Stromversorgung* ein. Dies wird zweckmäßigerweise dadurch verhindert, daß man die Netzleitung mit einem Durchführungsfilter für Funkentstörung verriegelt. Um eine breitbandige Kopplung hoher Güte zu erreichen, werden die Filter im allgemeinen in eine Abschirmwand eingesetzt, d.h. mit einer der oben genannten Abschirmmaßnahmen kombiniert. Manchmal genügt es, die Netzzuleitung um einen Ferritkern zu wickeln (s. 3.1.3), oder über die Netzzuleitung einen flexiblen Tombakschlauch zu schieben, der mit der Abschirmwand beziehungsweise mit dem Gehäuse des Elektronenstrahloszilloskops gut leitend verbunden wird.

4. Kabelmantel- und Gehäuseströme, bedingt durch Potentialdifferenzen in den Erdleitungen, verursachen Spannungsabfälle, die über die *Kopplungimpedanz* Störspannungen erzeugen (s. 3.1.3).

Im folgenden werden nun die elektromotorischen Kräfte für das Entstehen der Kabelmantelströme erläutert und daraus geeignete Gegenmaßnahmen abgeleitet.

a) Spannungsabfälle längs des Schutzleiters

Aus Gründen der Betriebssicherheit sind die Gehäuse elektrischer Geräte im allgemeinen mit dem Nulleiter des Mehrphasensystems oder auch einem gesonderten Schutzleiter verbunden. Über diese Leitungen fließen die Ableitströme aller anderen am gleichen Netz betriebenen Verbraucher, über den Nulleiter zusätzlich noch ein Teil der Betriebsströme dieser Geräte. Durch galvanische Verbindungen zwischen beiden Leitern kann der Schutzleiter ebenfalls einen Teil der Betriebsströme führen. Diese Ströme rufen längs der Null- und

Schutzleiter Spannungsabfälle hervor, so daß zwischen den Schutzleiterkontakten verschiedener Steckdosen und auch zwischen verschiedenen Erdklemmen einer Schalttafel beachtliche Spannungen vorhanden sein können.

Werden nun mehrere elektronische Geräte aus verschiedenen Steckdosen betrieben, so entstehen zusammen mit den Mänteln der koaxialen Signalkabel sogenannte "Ringerden" (engl.: *ground loop*, s. 3.1.2). Durch diese Erdschleifen fließen Ausgleichsströme, die den eigentlichen Signalen eine Störspannung mit einer Grundfrequenz von 50 Hz überlagern (50 Hz-Brumm). Um diese Störspannung zu vermeiden, werden die Erdschleifen unterbrochen, indem nur ein Gerät mit Schutzkontakt betrieben wird. (Die Betriebssicherheit des Versuchsaufbaus leidet darunter zunächst keinen Schaden, da zwischen dem einen geerdeten Gerät und den nicht über einen Schutzleiter geerdeten Geräten eine galvanische Verbindung über die Kabelmäntel der Signalleitungen besteht. Trotzdem empfiehlt sich die Anwendung zusätzlicher Schutzmaßnahmen wie *Schutztrennung*, *Standort-Isolierung* etc.).

Der gleiche Effekt tritt auch bei der Messung schnell veränderlicher hoher Spannungen auf, wenn der Hochspannungskreis direkt und das Elektronenstrahloszilloskop über seinen Schutzleiter geerdet wird. Während sich 50 Hz-Störspannungen sofort beseitigen lassen, indem meist das Oszilloskop ohne Schutzleiter betrieben wird, bleiben hochfrequente und transiente Störspannungen auch nach Auftrennen redundanter Schutzleiter bestehen, da das Oszilloskop und andere Geräte für hohe Frequenzen nach wie vor über ihre Erdstreukapazitäten mit Erde verbunden sind.

b) Induzierte und influenzierte Quellenspannungen

Die mit den schnellveränderlichen Vorgängen verknüpften quasistationären magnetischen und elektrischen Felder induzieren und influenzieren auf dem Kabelmantel (C_{Str} in Bild 10.10) bzw. in der Erdschleife (schraffierte Fläche in Bild 10.10) Quellenspannungen, die ebenfalls Kabelmantel- und Gehäuseströme verursachen.

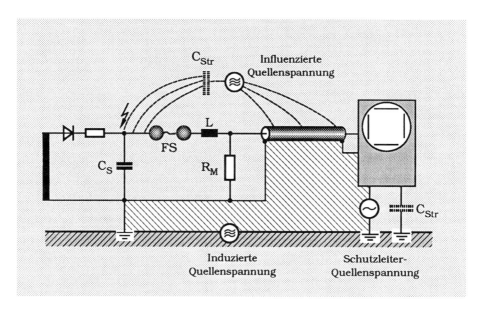

Bild 10.10: Schematische Darstellung eines Stoßstromentladekreises (FS Schaltfunkenstrecke, C_S Stoßkapazität, R_M Strommeßwiderstand, L Arbeitsspule). Entstehung von Kabelmantelströmen durch induzierte und influenzierte Quellenspannungen sowie durch unterschiedliche Schutzleiterpotentiale.

Die Wirkung beider Felder wird durch Verlegung der Meßleitungen in Stahlpanzerrohren, die an beiden Enden geerdet sind, verringert. Das Stahlpanzerrohr schirmt elektrische Felder nahezu ideal, da die elektrischen Feldlinien jetzt nicht mehr auf dem Kabelmantel, sondern auf dem geerdeten Stahlpanzerrohr enden. Bei sehr hohen Frequenzen verringert sich die elektrische Schirmdämpfung; sie besitzt jedoch für die meisten Anwendungen noch ausreichend hohe Werte [s. 5.4 u. 6.1.4]. Die Schirmwirkung gegen magnetische Wechselfelder beruht auf der Tatsache, daß in der Schleife, gebildet aus dem an beiden Seiten geerdeten Stahlpanzerrohr und Erde, ein Strom fließt, dessen Magnetfeld das einfallende Feld teilweise kompensiert.

c) Potentialanhebungen im Stoßentladekreis

Potentialanhebungen des Stoßgenerators sind neben induzierten und influenzierten elektromotorischen Kräften die wesentliche Ursache für das Entstehen von Störspannungen.

10.6 Pulse Power Technik - Hochspannungslaboratorien

Bild 10.11a,b zeigt einen Hochspannungskreis, bestehend aus dem Generator G und dem Prüfling P; Z_E stellt die unvermeidliche Erdimpedanz dar.

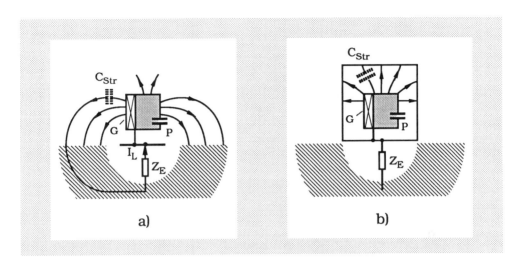

Bild 10.11: Anhebung des Erdpotentials in einem Hochspannungsentladekreis. a) zeigt den Verlauf der Streufeldlinien bei einem normalen Versuchsaufbau; b) den Verlauf, wenn sich die gesamte Anordnung innerhalb eines Faraday-Käfigs befindet [10.38].
G Stoßspannungsgenerator, P Prüfling, C_{Str} Streukapazitäten, Z_E Erdimpedanz, I_L Ladeströme der Streukapazitäten.

Von den auf Hochspannungspotential befindlichen Teilen der Anlage gehen elektrische Feldlinien zu der auf Erdpotential liegenden benachbarten Umgebung aus. Diesen Feldlinien ordnet man Streukapazitäten C_{Str} zu, die bei Stoßvorgängen in kurzer Zeit aufgeladen oder entladen werden. Wegen der großen Änderungsgeschwindigkeiten der Spannungen können die Ladeströme sehr hohe Werte annehmen. Die Ladeströme fließen über die Erdimpedanz zum Fuß des Generators zurück und erzeugen auch bei kleinen Werten von Z_E beträchtliche Potentialanhebungen, die Ausgleichsströme innerhalb des gesamten Erdnetzes verursachen. Befindet sich der Hochspannungskreis innerhalb eines Faraday-Käfigs, Bild 10.11b, so enden die Streufeldlinien alle auf der Abschirmung. Die Ladeströme fließen auf der *Innenseite* der Käfigwand und können keine Potentialanhebung an Z_E bewirken. Besondere Tiefenerder erübrigen sich in diesem Fall.

Bild 10.12 veranschaulicht die Entstehung von Potentialanhebungen längs der Rückleitung zum Fuß eines Stoßgenerators.

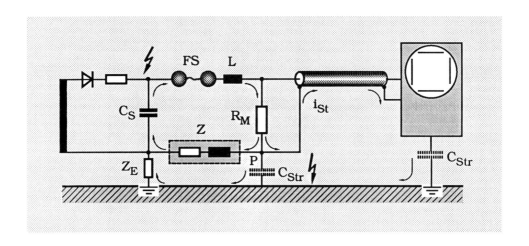

Bild 10.12: Schematische Darstellung eines Stoßstromentladekreises. Zur Erklärung des Entstehens von Störspannungen durch Potentialanhebungen an der Impedanz der Rückleitung des Arbeitskreises (Generator geerdet).

Nach dem Zünden der Funkenstrecke entlädt sich der Kondensator über die Arbeitsspule und den Meßwiderstand R_M. Am Verzweigungspunkt P — Anschluß des Kabelmantels des Signalkabels — teilt sich der Entladestrom auf. Der überwiegende Teil des Stroms fließt unmittelbar zum geerdeten Belag des Stoßkondensators zurück. Dabei ruft er einen Spannungsabfall über der Impedanz Z der Rückleitung hervor und hebt somit das Potential des Punktes P an. Diese Potentialanhebung ist die Quellenspannung für den Kabelmantelstrom. Um sie zu vernichten, wird allgemein empfohlen, nicht den Fuß des Stoßgenerators, sondern den Verzweigungspunkt P, die Erdklemme des Meßwiderstands, zu erden.

In diesem Fall liegt der Punkt P auf Erdpotential, dafür hebt sich aber jetzt das Potential des erdnahen Belags der Stoßkapazität um etwa den gleichen Betrag an. Aufgrund der Erdstreukapazität des Arbeitskreises wird auch diese Potentialanhebung wieder zur Quellenspannung für Kabelmantelströme, Bild 10.13.

10.6 Pulse Power Technik - Hochspannungslaboratorien

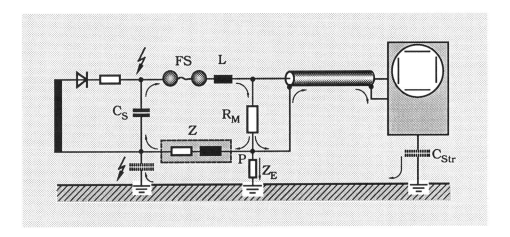

Bild 10.13: Schematische Darstellung eines Stoßstromentladekreises. Zur Erklärung des Entstehens von Störspannungen durch Potentialanhebungen an der Impedanz der Rückleitung des Arbeitskreises (Meßwiderstand geerdet).

Offensichtlich gibt es zwar bestimmte optimale Erdungsverhältnisse, bei denen die treibenden Quellenspannungen für die Kabelmantel- und Gehäuseströme vergleichsweise kleine Werte annehmen, ganz vermeiden lassen sie sich jedoch nicht. Der Ausweg aus dieser Situation liegt in der *Bypass-Technik*, die Kabelmantel- und Gehäuseströme, gleich welchen Ursprungs, eliminiert (s. 3.1.3 u. [2.155, 2.156 u. 10.42]).

Sehr zu empfehlen ist die Verlegung der Meßleitungen in außerhalb der Abschirmung bzw. unterhalb des Hallenerdnetzes liegenden Stahlpanzerrohren. Da die Ladeströme für die Streukapazitäten aufgrund der Stromverdrängung vorzugsweise auf der Innenseite der Abschirmung fließen (vgl. Erläuterung zu Bild 10.11b), bleiben die Meßleitungen frei von Kabelmantelströmen.

Stoßanlagen für Abnahmeprüfungen an Geräten der Energieversorgungstechnik besitzen nicht nur eine koaxiale Meßleitung vom Spannungsteiler zum Elektronenstrahloszilloskop, sondern eine Vielzahl von Steuer- und Meßleitungen zwischen der eigentlichen Stoßanlage und dem Kommandopult mit Meßeinrichtung. Hier ist die Gefahr des zufälligen und unbewußten Entstehens von Erdschleifen besonders groß, Bild 10.14.

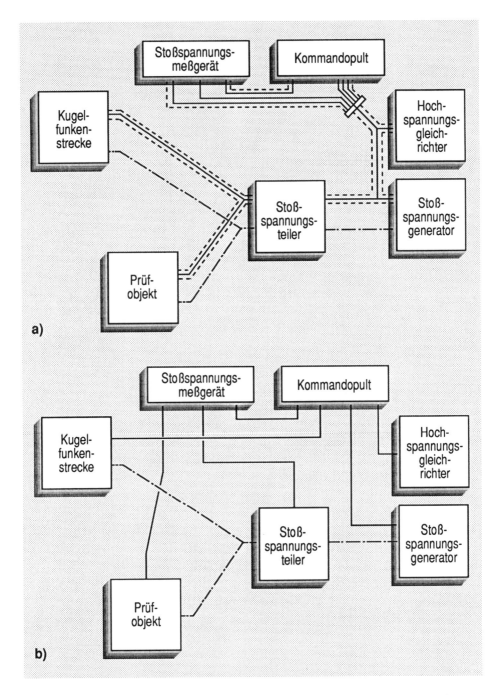

Bild 10.14: Schematische Darstellung einer Stoßspannungsprüfeinrichtung [10.40]. a) Zweckmäßige Verlegung der Steuer- und Meßleitungen (Zweige); b) falsche Verlegung der Steuer- und Meßleitungen (Maschenbildung).

Bild 10.14b zeigt den prinzipiellen Aufbau einer Stoßanlage, in der mit Sicherheit unkontrollierte Potentialanhebungen und unbefriedigende Meßergebnisse zu erwarten sind. Bild 10.14a zeigt dagegen den vorschriftsmäßigen Aufbau der gleichen Anlage. Alle Leitungen gehen als Stichleitungen von einem Kabelbaum ab. Die Verdrahtung enthält keine Maschen, sondern nur Zweige.

Sollten die äußeren Umstände einmal so ungünstig liegen, daß trotz aller beschriebenen Maßnahmen zur Störspannungsunterdrückung keine einwandfreien Messungen zu erreichen sind, so gibt es immer noch die Möglichkeit der völligen galvanischen Trennung des Arbeits- und Meßkreises durch Lichtleiter und Übertragung des Signals auf optoelektrischem Wege (s. Kapitel 3).

Abschließend sei erwähnt, daß leistungsfähige Hochspannungsprüflaboratorien meist voll geschirmt sind und bezüglich des geschirmten Volumens wohl zu den größten Faradaykäfigen in der Welt zählen. Die Schirmung hält einerseits die mit Stoßspannungsprüfungen verknüpften extremen transienten elektromagnetischen Felder von der Umgebung fern, andererseits erlaubt sie die Durchführung hochempfindlicher Teilentladungsmessungen an Hochspannungsapparaten ohne störende Beeinflussung durch Rundfunksender, Kraftfahrzeuge etc. [10.59 bis 10.61].

10.7 Messungen mit Differenzverstärkern

Bei Meßgeräten für Spannungsmessungen ist meist eine der beiden Eingangsklemmen ständig *fest geerdet*, z.B. der Massekragen der koaxialen Eingangsbuchse von Oszilloskopen und Störmeßempfängern. Diese Geräte können daher nur für Spannungsmessungen an einseitig geerdeten Quellen eingesetzt werden. Sollten beide Klemmen der unbekannten Spannungsquelle erdfrei sein, so erfolgt spätestens beim Anschließen des koaxialen Meßkabels zwangsweise eine Erdung derjenigen Klemme, die mit dem auf Erdpotential befindlichen Kabelmantel verbunden wird. Diese Vorgehensweise ist selbstverständlich nur dann zulässig, wenn nicht bereits andere Erdverbindungen im Betriebsstromkreis bestehen, da sonst unweigerlich Schaltelemente kurzgeschlossen würden. Zum Beispiel stellt sich bei

Stromrichterschaltungen der Leistungselektronik die Aufgabe, Steilheiten, Lösch- und Zündzeitpunkte von Thyristoren zu messen, deren Hauptanschlüsse nicht auf Erdpotential liegen, sondern sich um eine Gleichtaktspannung von einigen Kilovolt vom Erdpotential unterscheiden können. Die grundsätzliche Problematik offenbart sich am einfachsten bei der **Messung der Kurvenform der verketteten Spannung eines Drehstromsystems**, Bild 10.15.

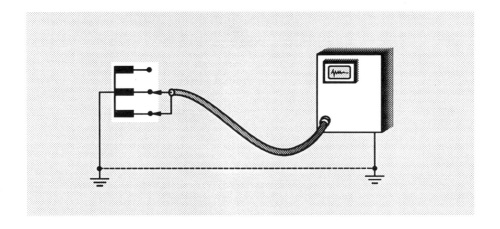

Bild 10.15: Messung der verketteten Spannung eines Drehstromsystems.

Keine der beiden Klemmen ist geerdet. Der Versuch, die Spannung mit einem gewöhnlichen Tastkopf zu messen, würde beim Anschluß seiner Masseklemme unweigerlich zu einem Kurzschluß führen. In diesem und ähnlich gelagerten Fällen muß ein Differenzverstärker eingesetzt werden, dessen beide Eingänge erdfrei sind.

Gelegentlich werden auch Meßgeräte ohne Differenzeingang über *Trenntransformatoren* erdfrei betrieben, so daß dann beispielsweise der Massekragen einer koaxialen Oszilloskop-Eingangsbuchse auch mit einer Phase verbunden werden kann. Das Oszilloskopgehäuse führt dann jedoch *lebensgefährliche* Spannung und muß daher aus Berührungsschutzgründen in ein Isolierstoffgehäuse gepackt und über isolierende Verlängerungen bedient werden.

10.7 Messungen mit Differenzverstärkern

Differenzverstärker verstärken nur die zwischen den beiden Leitern einer Meßleitung ankommenden Meßsignale. Gleichtaktsignale, die an beiden Leitern mit gleicher Phase und Amplitude auftreten, werden unterdrückt (s. 3.1.2). Das Meßsignal $u_M(t)$ wird entweder über zwei identisch abgeglichene Tastköpfe oder zwei gleichartige, am Ende mit ihrem Wellenwiderstand abgeschlossene Koaxialkabel zum Eingang des Verstärkers übertragen. Der Differenzverstärker besitzt zwei koaxiale Eingangsbuchsen zum Anschluß der beiden Meßleitungen, Bild 10.16.

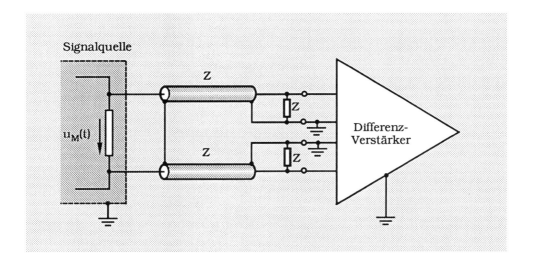

Bild 10.16: Erdungsverhältnisse beim Messen mit Differenzverstärkern [10.41].

Die Abschirmungen der Meßleitungen sind am Gehäuse des Elektronenstrahloszilloskops geerdet und an dem der Quelle zugewandten Ende miteinander verbunden. Die beiden Kabelschirme bilden eine Kurzschlußwindung, die verhindert, daß in der aus den beiden Innenleitern, der Quelle und dem Oszilloskop gebildeten Schleife Störspannungen induziert werden. Eine aus Sicherheitsgründen erforderliche Erdung der Arbeitskreise ist erlaubt und hat keinen Einfluß auf die Differenzmessung, eine zusätzliche Erdung am Eingang der Kabel muß unterbleiben.

Die Übertragung des Meßsignals mit angepaßten Koaxialkabeln empfiehlt sich bei allen Meßaufgaben, bei denen der Quellenwiderstand entweder sehr klein gegen den Wellenwiderstand der Meßleitungen ist oder den gleichen Wert wie deren Wellenwiderstand besitzt. Quellen mit hochohmigen Innenwiderständen und Hochspannungsmessungen erfordern die Verwendung gut abgeglichener spannungsfester Tastköpfe und Spannungsteiler. Bei unzureichender Gleichtaktunterdrückung bzw. extremem Gleichtaktsignal empfiehlt sich die Zwischenschaltung analoger oder digitaler Lichtleiterübertragungsstrecken (s. 3.1.2 und 4.3).

10.8 Wirkung elektromagnetischer Felder auf Bioorganismen

Das *elektromagnetische Spektrum* reicht von elektro- und magnetostatischen Feldern über elektrische und magnetische 50Hz-Felder, elektromagnetische Radiowellen und Licht bis hin zur ionisierenden γ-Strahlung, Bild 10.17.

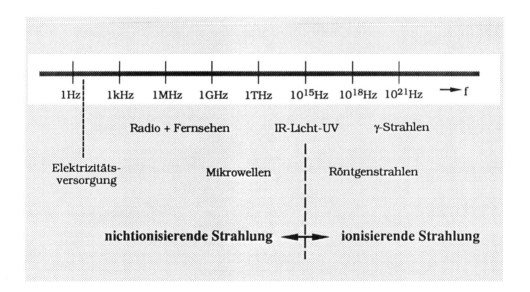

Bild 10.17: Elektromagnetisches Spektrum.

10.8 Wirkung elektromagnetischer Felder auf Bioorganismen

Je nach Intensität und Frequenz erweisen sich elektromagnetische Felder und Wellen für Bioorganismen als sehr *nützlich* oder auch als sehr *schädlich*.

Im Bereich des *ultravioletten Lichts* (UV-Licht) und darüber ist die Energie elektromagnetischer Wellen

$$\boxed{W = hf} \qquad (10\text{-}6)$$

(h: Plancksches Wirkungsquantum, f: Frequenz) hinreichend groß, um aus der Elektronenhülle von Atomen Elektronen auszulösen, d.h. die Atome zu ionisieren und damit chemische und andere Veränderungen zu bewirken. Beim Menschen erstrecken sich diese Veränderungen mit zunehmender Frequenz vom gewünschten *Bräunungseffekt* bis hin zu *Hautkrebs* und auch tiefer liegender Krebsarten. Die verschiedenen Erscheinungsformen elektromagnetischer Wellen in diesem Energiegebiet werden oberbegrifflich als *ionisierende Strahlung* bezeichnet.

Der Bereich des *sichtbaren Lichts*, ohne den unser Leben auf der Erde gar nicht möglich wäre, leitet über zum *Infrarotlicht* (IR-Licht) bzw. zur Wärmestrahlung und den Mikrowellen. Die Wirkung von *Mikrowellen* auf Bioorganismen beruht auf ihrer Kraftwirkung auf geladene Teilchen

$$\boxed{\mathbf{F}_e = Q(\mathbf{E} + \mathbf{v} \times \mathbf{B})} \qquad . \qquad (10\text{-}7)$$

Aufgrund dieser Kraftwirkung oszillieren Elektronen und Ionen (ionisierte Atome oder Moleküle) im Mikrowellenwechselfeld, schwingen Dipole um ihre Ruhelage. Die ihnen mitgeteilte kinetische

Schwingungsenergie geben die Teilchen durch Stöße an andere Teilchen ab und erhöhen deren *mittlere kinetische Energie*. Diese Energiezufuhr manifestiert sich makroskopisch in einer *Erwärmung* bzw. *Temperaturerhöhung* des bestrahlten Guts und hat in Mikrowellenherden breite Anwendung gefunden.

Neben der Kraftwirkung elektromagnetischer Felder und Wellen auf *elektrische* Ladungen und Dipole gemäß (10-7) existiert eine analoge Kraftwirkung auf *magnetische* Dipole und die an ihren Enden gedachten magnetischen Ladungen bzw. die sie verursachenden ampereschen Kreisströme (*Kernspintomographie*). Mangels magnetischer Dipole mit hohem Dipolmoment treten hierbei jedoch keine makroskopischen Wärmeeffekte auf. Nach etwaigen anderen Effekten wird derzeit geforscht.

Die im elektrischen Wechselfeld pro Volumeneinheit erzeugte spezifische Wärmeleistung ist der Frequenz proportional, nimmt also zu kleineren Frequenzen hin rapide ab. Auf Grund dieser Frequenzabhängigkeit und des Fehlens auffälliger Korrelationen hat man in der Vergangenheit geschlossen, daß die in der *Kommunikations-* und *Energieversorgungstechnik* üblicherweise anzutreffenden Feldstärken für die allgemeine Bevölkerung gefahrlos sind. Bei Kurzzeitversuchen im Labor konnten in diesem Bereich auch keine unmittelbaren Beeinflussungen festgestellt werden. Lediglich bei erheblich höheren Feldstärken ließen sich bestimmte Effekte wie *Hochfrequenzverbrennungen*, *Magnetophosphene* (Flimmern in den Augen) u.ä. nachweisen, die bereits seit langem bekannt sind. So sind derartige Untersuchungen im wesentlichen für Personen interessant, die von Berufs wegen höheren Feldstärken ausgesetzt sind, z.B. Wartungspersonal von Hochspannungsschaltanlagen, Rundfunk- und Fernsehsendeanlagen, Industrie HF-Anlagen etc.

Mangelnde Befunde aus Kurzzeituntersuchungen im Labor widerlegen nicht zwingend, daß eine *Langzeitexposition* mit kleineren Feldstärken nicht etwa doch bezüglich ihrer Ursache bislang unerklärte Effekte bewirken könnte. Da thermische Effekte bei kleinen Feldstärken und insbesondere niederen Frequenzen ausscheiden, denkt man hier insbesondere an *nichtthermische*, sog. *biologische* Effekte. So wurden einzelne Arbeiten veröffentlicht, in denen von Verhaltens-

10.8 Wirkung elektromagnetischer Felder auf Bioorganismen

störungen, Störungen des Immunsystems, Kopfschmerzen, Müdigkeit, bis hin zu erhöhter Krebshäufigkeit [10.56] etc. berichtet wird. Derartige Zusammenhänge sind, falls sie tatsächlich existieren, nur in versuchstechnisch einwandfrei durchgeführten *epidemiologischen Langzeitstudien* aufzuzeigen. Das derzeit vorliegende Material über angeblich schädigende Wirkungen konnte bisher in Kontrollversuchen meist nicht bestätigt werden, die Thematik wird daher noch kontrovers diskutiert. Angesichts der Erfahrungen über die Gefährdung beruflich über längere Zeit übernormal hohen Feldstärken ausgesetzter Personen sind große Überraschungen nicht sehr wahrscheinlich. Dennoch ist eine endgültige Klärung dieser Fragen in höchstem Maße wünschenswert.

Neben der Erforschung *schädlicher* Wirkungen besitzt die systematische Erforschung bisher nicht erkannter *nützlicher* Wirkungen vermutlich höheres Potential. Die medizinisch anerkannten positiven Wirkungen elektromagnetischer Felder, beispielsweise bei der Heilung von Knochenbrüchen, in der Elektrodiathermie usw. geben in dieser Richtung noch zu Hoffnungen Anlaß.

Schließlich sei kurz auf die Frage stark unterschiedlicher zulässiger Grenzwerte in verschiedenen Ländern eingegangen. Diesen Unterschieden liegen weniger unterschiedliche Erkenntnisse über die Gefährlichkeit elektromagnetischer Felder zugrunde, als unterschiedliche Definitionen dessen, was unter einem zulässigen Grenzwert zu verstehen ist. So beruhen die Grenzwerte der UdSSR und anderer osteuropäischer Länder häufig auf Feldstärkepegeln, denen unterstellt wird, daß sie keine wie auch immer gearteten, biologischen Effekte hervorrufen können, während in westlichen Ländern meist von Feldstärkewerten ausgegangen wird, bei deren Überschreitung nachweislich gefährliche Wirkungen auftreten und die dann, gegebenenfalls um einen Sicherheitsfaktor reduziert, als maximal zulässige Grenzwerte definiert werden.

Die Diskussion um die Festlegung dem tatsächlichen Gefährdungspotential angemessener Grenzwerte für die verschiedenen Feldarten und Frequenzen ist weltweit noch im Fluß. Praktikable Anhaltswerte geben die derzeit in der Bundesrepublik geltenden Grenzwerte nach VDE 0848. Beispielsweise zeigen die Bilder 10.18 und 10.19 Grenzwerte für den NF-Bereich von 0 Hz bis 30 kHz.

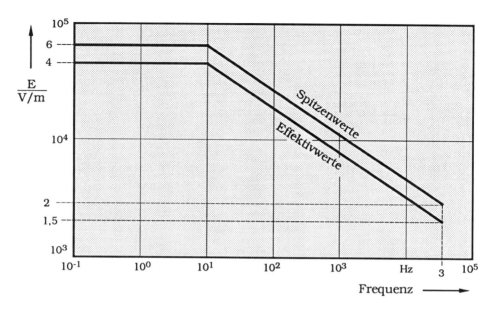

Bild 10.18: Effektiv- und Spitzenwerte *niederfrequenter elektrischer* Feldstärken zum Schutz von Personen bei unmittelbarer Einwirkung [10.43].

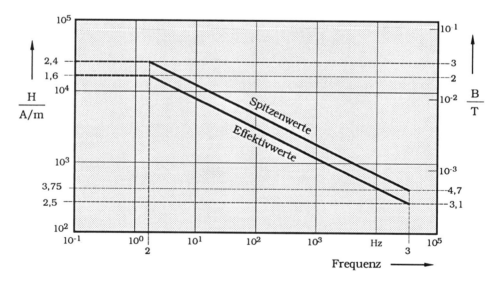

Bild 10.19: Effektiv- und Spitzenwerte *niederfrequenter magnetischer* Feldstärken zum Schutz von Personen bei unmittelbarer Einwirkung [10.43].

10.8 Wirkung elektromagnetischer Felder auf Bioorganismen

Unter unmittelbarer Einwirkung sind direkt auf den Menschen einwirkende Felder zu verstehen. Die Grenzwerte berücksichtigen nicht die Existenz von *Herzschrittmachern, Implantaten* etc., die eine erhöhte Empfindlichkeit für die betroffenen Personen mit sich bringen können und für die gegebenenfalls niedrigere Grenzwerte anzusetzen sind (in Vorbereitung).

Schließlich zeigen die Bilder 10.20, 10.21 und 10.22 Grenzwerte für elektrische, magnetische und elektromagnetische Felder im Frequenzbereich von 10kHz bis 3000GHz bei einer Einwirkdauer > 6 Min.

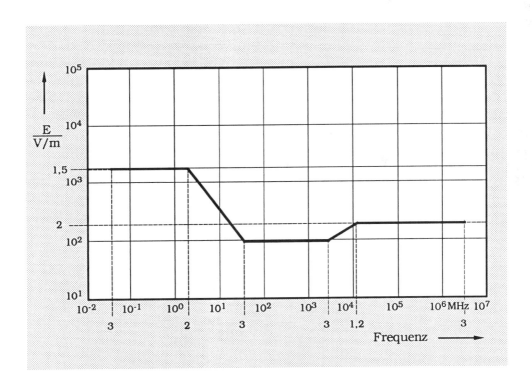

Bild 10.20: Grenzwerte der Effektivwerte *hochfrequenter elektrischer* Ersatzfeldstärken (VDE 0848 [10.44 u. B23]).

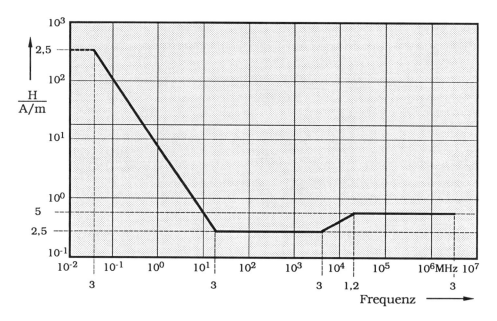

Bild 10.21: Grenzwerte der Effektivwerte *hochfrequenter magnetischer* Ersatzfeldstärken (VDE 0848 [10.44 u. B23]).

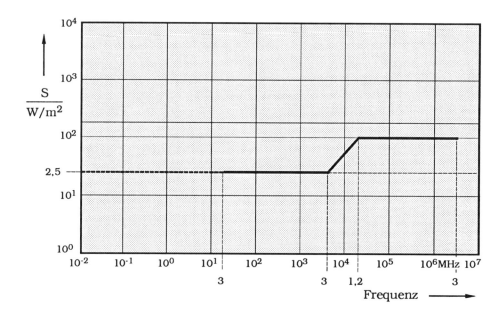

Bild 10.22: Grenzwerte der *hochfrequenten Leistungsflußdichte* (Poynting Vektor, s. [B18]) VDE 0848 [10.44 u. B23]).

10.8 Wirkung elektromagnetischer Felder auf Bioorganismen

Die *Ersatzfeldstärke* in obigen Bildern entspricht einem Feldstärkevektor, der aus 3 in x-, y- und z-Richtung gemessenen Komponentenvektoren ohne Berücksichtigung der Phasenlage zusammengesetzt ist. Für Einwirkzeiten ≤6 min sind auch höhere Grenzwerte zulässig, die unter der Voraussetzung eines maximal aufgenommenen konstanten Energiewerts berechnet werden können (s. VDE 0848 [10.44]).

Die obigen Erläuterungen und die angegebenen Grenzwerte dienen lediglich einer Einführung in die Problematik. Bei aktuellen Problemen und Fragen bezüglich der genauen Interpretation der angegebenen Grenzwerte sind in jedem Fall die vollständigen Vorschriften und das umfangreiche einschlägige Schrifttum zu Rate zu ziehen [10.45 bis 10.57].

11 EMV - Normung

11.1 Einführung in das EMV-Vorschriftenwesen

Aufgrund der ubiquitären Präsenz der EMV-Problematik in allen Gebieten der Elektrotechnik und ihren zahllosen Anwendungen in anderen Branchen haben sich in der Vergangenheit die verschiedensten Gremien mit EMV-Normungsaktivitäten befaßt. Diese Vielfalt, verbunden mit der generellen Komplexität der EMV-Thematik und den aktuellen europäischen Harmonisierungsbestrebungen, läßt das Vorschriftenwesen derzeit sehr heterogen erscheinen. Um den Einstieg in diesen Problemkreis zu erleichtern, werden im folgenden die Grundzüge und der heutige Stand der EMV-Normung näher erläutert.

Gemäß Kapitel 1 sind Kriterien für die elektromagnetische Verträglichkeit eines Geräts einerseits die Nichtüberschreitung bestimmter *Emissionsgrenzwerte*, andererseits die Tolerierung bestimmter *Immissionsgrenzwerte*. Beides wird durch gezielten Einsatz von Entstörmitteln bzw. -maßnahmen erreicht (s.a. 4).

Aus dieser Sicht lassen sich die EMV-Normen grob in drei bzw. sechs Klassen einteilen (s.a. 11.5)

Emissionsnormen	{ *Emissions* - Grenzwerte
	Emissions - Meßverfahren und -geräte
Suszeptibilitätsnormen	{ *Immissions* - Grenzwerte
	Störfestigkeits - Prüfverfahren und -geräte
Entstörmittelnormen	{ *Entstörmittel* - Eigenschaften
	Entstörmittel - Prüfverfahren und -geräte

Die Thematik *Emission* ist Gegenstand der bereits Jahrzehnte bestehenden klassischen *Funkentstörung* und ist gesetzlich geregelt. Die Thematik *Immission* ist noch Gegenstand aktueller Diskussionen um *Immunität* und *Störfestigkeit* und wird ab 1.1.1992 ebenfalls durch gesetzlich abgedeckte Standards geregelt sein (s. 11.3). *Entstörmittelnormen* betreffen nur das *Innenverhältnis* Hersteller/Kunde und berühren den Gesetzgeber im Regelfall nicht.

Die hier vorgenommene übersichtliche Einteilung läßt sich in praxi auf Grund branchen-, produkt- und umgebungsspezifisch unterschiedlicher Grenzwerte sowie angesichts der historischen Entwicklung der EMV-Normung derzeit nicht konsistent realisieren, so daß wahlweise aus übergeordneten Gesichtspunkten oder historischen Gründen andere Gliederungen praktiziert werden (s. 11.2 und 11.5). Zunächst betrachten wir jedoch die Normungsgremien und die rechtlichen Grundlagen der EMV-Normung. Ein Abschnitt über *Zertifizierung* sowie zwei nach unterschiedlichen Gesichtspunkten gefilterte Zusammenstellungen derzeit verfügbarer Normen schließen das Kapitel ab.

11.2 EMV - Normungsgremien

Auf *internationaler* Ebene obliegt der IEC (*International Electrical Comission*) die Normung der gesamten Elektrotechnik und in diesem großen Rahmen auch die EMV-Normung. Innerhalb der IEC befaßt sich mit EMV-Fragen vorrangig CISPR (*Comité International Special des Perturbations Radioelectriques*). Die von CISPR unter internationaler Beteiligung erarbeiteten Empfehlungen bzw. Bestimmungen schaffen die gemeinsame fachliche Grundlage für die *nationalen* Bestimmungen der Mitgliedsländer.

Mit dem Aufbau von Europa sind zusätzlich zu den *internationalen* und *nationalen* Gremien noch *regionale* (europäische) Gremien hinzugekommen, deren Aufgabe die Schaffung von *Europanormen* (EN) ist, z. B. CENELEC (Comité Européen de Normalisation Electrotechnique, *Brüssel*), Bild 11.1.

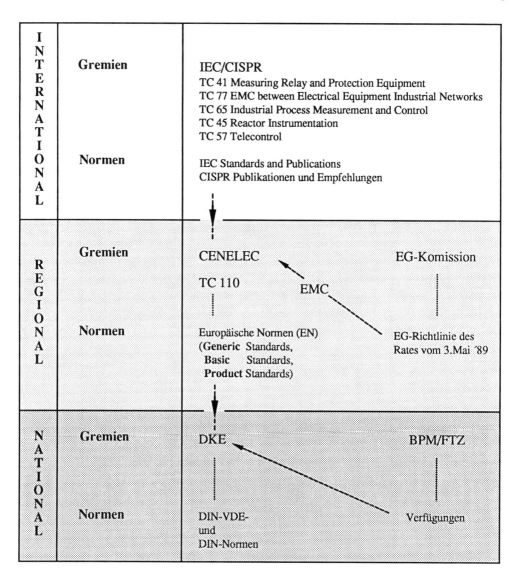

Bild 11.1: Hierarchische Struktur der EMV-Normungsgremien. Innerhalb der Gremien bearbeiten meist mehrere *Technical Committees* und innerhalb dieser sog. *Workings Groups* die zahlreichen Facetten der EMV.

11.2 EMV - Normungsgremien

Innerhalb von CENELEC befaßt sich mit EMV-Fragen das Technical Committee 110, wobei erstmalig auch die *Störfestigkeit* umfassend genormt werden wird. Die derzeit in Arbeit befindlichen Normen werden bis Ende 1991 veröffentlicht und inhaltlich in drei Klassen eingeteilt sein:

— **Generic Standards** beschreiben die Minimalanforderungen für Störaussendung und Störfestigkeit, gekoppelt an die Umgebungsart, z.B. Wohnbereich, Industrie, spezielle EMV-Umgebung.

— **Basic Standards** beschreiben phänomenbezogene Meß- und Prüfverfahren zum Nachweis der EMV sowie die geforderten Grenzwerte (Wichtig für Hersteller von EMV-Prüfeinrichtungen).

— **Product Standards** enthalten detaillierte Angaben über Prüf- und Meßaufbauten, Prüfschärfen etc. für bestimmte Produkt*familien*.

Ab 1.1.1992 sind die neuen Europanormen rechtlich verbindlich, ab 1.1.1993 müssen die Forderungen an den freien Warenverkehr innerhalb der EG erfüllt werden. Die CENELEC Normen bilden künftig die Grundlage für die Harmonisierung nationaler Normen innerhalb der EG-Mitgliedsländer.

Der Vollständigkeit halber sei noch die Thematik *Spektrum Management* erwähnt. Mit dem Aufkommen der ersten Funksender ergab sich sehr rasch die Notwendigkeit internationaler Absprachen über eine koordinierte Nutzung des Hochfrequenzspektrums. Seit diesen ersten Anfängen obliegt das *Spektrum-Management* weltweit der ITU (engl.: *International Telecommunication Union*, franz.: UIT).

Innerhalb der ITU

— koordiniert das IFRB (*International Frequency Regulation Board*) in Verbindung mit den *Radio Regulations* [2.3] weltweit die Sendefrequenzen (engl.: *frequency allocation*),

— befaßt sich das CCIR (*Comité Consultatif Internationale de Radiocommunication*) mit technischen und betrieblichen Fragen des Funkverkehrs (und arbeitet daher eng mit dem IFRB zusammen),

— befaßt sich das CCITT (*Comité Consultatif Télégraphique et Téléphonique*) mit technischen und betrieblichen Fragen des Telegraphie- und Telephonverkehrs.

Auch die mit der ITU getroffenen Vereinbarungen sind rechtlich verbindlich (s.a. 11.3). Auf die Thematik *Spektrum Management* wird hier jedoch nicht weiter eingegangen, da sie für die überwiegende Zahl der Leser dieses Buches wenig relevant ist. Zusätzliche Information findet man beispielsweise in [2.1].

Neben den genannten Normungsgremien, die in Zusammenarbeit mit dem Gesetzgeber oder in seinem Auftrag rechtlich verbindliche EMV-Normen erarbeiten, gibt es weitere, oft branchenspezifische nationale oder internationale Gremien, deren Normen zwar nicht *rechtlich verbindlich* sind, deren Befolgung aber im ureigensten Interesse eines Herstellers liegen, will er am Markt angemessen beteiligt sein. Typische Beispiele sind die NAMUR Störfestigkeitsnormen der chemischen Industrie, ISO-Normen in der Automobilindustrie, die ASTM-Norm für Meßzellen zur Bestimmung der Schirmdämpfung leitfähiger Kunststoffe usw. (s. 11.4).

Schließlich seien der Vollständigkeit halber die vom *Bundesamt für Wehrtechnik und Beschaffung* (BWB) herausgegebenen *Verteidigungsgeräte-Normen* erwähnt (VG-Normen), die umfassend besondere Aspekte von Verteidigungsgeräten berücksichtigen [B24 u. B25]. Sie entsprechen in weiten Teilen amerikanischen Mil-Standards.

11.3 Rechtliche Grundlagen der EMV-Normung

In der Bundesrepublik wird die elektromagnetische Verträglichkeit elektrischer und elektronischer Geräte durch DIN-VDE-Normen geregelt. Waren in der Vergangenheit lediglich maximal zulässige *Emissionen* gesetzlich begrenzt, werden heute zunehmend auch Mindestanforderungen an die *Störfestigkeit* per Gesetz festgeschrieben [11.3 - 11.7 u. 11.10].

11.3 Rechtliche Grundlagen der EMV-Normung

Die rechtlichen Grundlagen für die *klassische Funkentstörung* bilden das

— *Hochfrequenzgerätegesetz* "HfrGerG" (Betrifft alle nicht Kommunikationszwecken dienenden Geräte, die beabsichtigt oder unbeabsichtigt elektromagnetische Energie im Bereich 10 kHz bis 3000 GHz erzeugen [1.3]).

— *Fernmeldeanlagengesetz* "FAG" (Betrifft Rundfunk, Telefon, Telegraphie, Telex etc. [11.1]).

— *Funkstörgesetz* "FunkStörG" (Gesetz zur Umsetzung von EG-Richtlinien über die Vereinheitlichung der *Funkentstörung* in nationales Recht [11.2]).

Zuzüglich zu den genannten Rechtsgrundlagen wurde 1989 von der EG-Kommission die *Richtlinie des Rates vom 3. Mai 1989 zur Angleichung der Rechtsvorschriften der Mitgliedsstaaten über die EMV (89/336/EWG)* [11.10] verabschiedet, die derzeit in deutsches Recht umgesetzt wird. Diese Richtlinie erklärt insbesondere auch die *Störfestigkeit* zum Schutzziel und ist rechtliche Grundlage der derzeit von CENELEC erarbeiteten diesbezüglichen Normen.

Nichtbefolgung rechtlich abgedeckter EMV-Normen stellt eine Ordnungswidrigkeit dar, die durch Geldstrafen geahndet wird. Darüber hinaus können die betreffenden Geräte eingezogen werden (s. z.B. [11.2]). Schließlich sei zumindest erwähnt, daß auch die Zuweisung von Sendefrequenzen für Radio- und Fernsehrundfunksender durch ITU (s. 11.1) rechtlich abgedeckt ist [11.11].

11.4 Betriebsgenehmigungen - Zertifizierung - Funkschutzzeichen

Gemäß dem *Hochfrequenzgerätegesetz* [1.3] benötigen Betreiber von Geräten, die beabsichtigt oder unbeabsichtigt elektromagnetische Energie im Bereich 10 kHz bis 3000 GHz erzeugen (sog. *Hochfrequenz-Geräte*) eine *Genehmigung*. Voraussetzung für die Erteilung der Genehmigung ist u.a. die Nichtüberschreitung bestimmter Störgrenzpegel, die abhängig von der *Grenzwertklasse* — A,C oder B —

unterschiedlich hoch festgesetzt sind (s.a. 1.2.3). Ausgenommen sind die in Kapitel 2.2.2 aufgeführten ISM-Frequenzen, für die derzeit keine Grenzwerte existieren. Geräte der Grenzwertklassen A und C dürfen vergleichsweise hohe Störpegel aufweisen, weswegen für ihre Inbetriebnahme eine *Einzelgenehmigung* beantragt werden muß. Geräte der Klasse B unterliegen bezüglich ihrer Emissionen schärferen Anforderungen. Wegen ihres vergleichsweise geringen Störpegels bzw. ausreichend großen Störsicherheitsabstands bedürfen sie nur einer *Allgemeinen Genehmigung*, Bild 11.2.

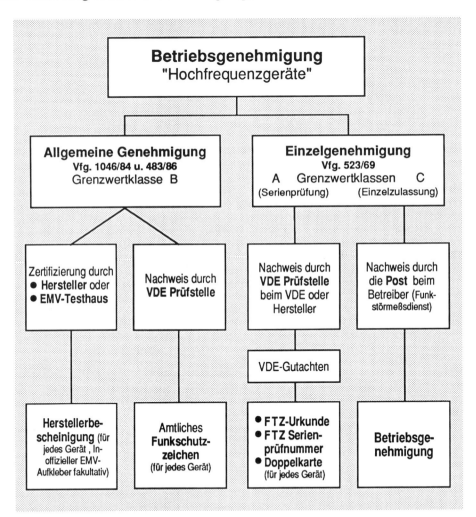

Bild 11.2: Möglichkeiten der *Zertifizierung* bzw. der Erlangung einer *Betriebsgenehmigung* für Hochfrequenzgeräte, Erläuterung siehe Text.

11.4 Betriebsgenehmigungen - Zertifizierung - Funkschutzzeichen

— Eine *Allgemeine Genehmigung* wird vom Hersteller bzw. Importeur beim ZZF (*Zentralamt für Zulassungen im Fernmeldewesen, Saarbrücken*, s. 11.6) beantragt. Die Störemissionen müssen unterhalb der Störgrenzpegel der zutreffenden Gerätevorschrift liegen, was durch eine Typprüfung beim Hersteller (engl.: *self certification*), bei einem neutralen Testinstitut oder bei der VDE-Prüfstelle *Offenbach* (s. 11.6) nachgewiesen werden kann. In den ersten beiden Fällen stellt der Hersteller bzw. Importeur in eigener Verantwortung eine *Hersteller-Bescheinigung* aus und zeigt das Inverkehrbringen des Geräts beim ZZF an. Zusätzlich kann er durch einen formlosen Aufkleber eine DIN-VDE gemäße Funkentstörung kenntlich machen. Bei einer Typprüfung durch die VDE-Prüfstelle *Offenbach* erhält ein Hersteller das Recht, jedes Gerät mit einem offiziellen *Funkschutzzeichen* zu versehen, Bild 11.3.

Bild 11.3: DIN-VDE-*Funkschutzzeichen*. Zusätzliche Zahlen oder Buchstaben lassen die jeweils geltende Vorschrift bzw. den zutreffenden Funkstörgrad erkennen. Das Funkschutzzeichen ohne Attribut bescheinigt die Konformität mit EG-Richtlinien.

Typische Geräte mit allgemeiner Genehmigung sind Serienfabrikate hoher Stückzahl wie Haushaltgeräte mit Universalmotoren, Waschautomaten und Geschirrspüler, elektrische Handbohrmaschinen etc.

— Eine *Einzelgenehmigung* für Geräte der Grenzwertklasse A wird ebenfalls vom Hersteller bzw. Importeur beim ZZF in die Wege geleitet. Nach erfolgreichem Nachweis der Einhaltung der zutreffenden VDE-Bestimmungen im Rahmen einer *Typprüfung* (*Serienprüfung*) durch die VDE-*Prüfstelle* in *Offenbach* wird das erworbene Prüfzeugnis beim ZZF eingereicht. Der Hersteller erhält eine *FTZ-Urkunde* sowie eine *FTZ-Serienprüfnummer* (künftig *ZZF-Zulassungsnummer*), mit der alle bau- und funktionsgleichen Geräte *einer Serie* sichtbar gekennzeichnet werden. Der Betriebsanleitung liegt eine *Doppelkarte* bei, mit der der Endbenutzer sein Gerät bei der zuständigen lokalen Oberpostdirektion registrieren lassen muß.

— Eine *Einzelgehmigung* für Geräte der Grenzwertklasse C (Unikate, z.B. HF-Linearbeschleuniger, Großrechner) wird am Aufstellungsort vom Betreiber bei seinem lokalen Fernmeldeamt beantragt. Nach Feststellung der Unbedenklichkeit durch den lokalen *Funkstörmeßdienst* erhält der Betreiber vom lokalen Fernmeldeamt eine *Betriebsgenehmigung* (*Einzelzulassung*).

Grundsätzlich obliegt es dem Hersteller, in welche Geräte- bzw. Grenzwertklasse er seine Produkte einstufen lassen, m.a.W., welchen Entstöraufwand er treiben will.

Ab 1.1.1993 muß für praktisch alle Geräte, die elektromagnetische Beeinflussungen verursachen können oder gegen diese anfällig sind, die Konformität mit den neuen *Europäischen Normen* bzw. mit der *EG-Richtlinie* (89/336/EWG) durch eine Konformitätserklärung des Herstellers bestätigt werden (mit Ausnahme von Geräten, für die bereits andere Richtlinien gelten oder für die eine externe Begutachtung bzw. amtliche Zulassung erforderlich ist — z.B. Telekommunikationseinrichtungen an öffentlichen Netzen (EG-Richtlinie 86/361/EWG) — sowie von Amateur-Rundfunksendern). Außerdem ist die Konformität mit dem CE-Zeichen zu kennzeichnen, Bild 11.4.

Bild 11.4: Kennzeichen zum Nachweis der Konformität eines Produkts mit den Europäischen Normen (EN) bzw. der EG-Richtlinie 89/336/EWG (s.a. 11.3). Dem Zeichen ist die Jahreszahl des Anbringens an ein Gerät hinzuzufügen (endgültige Direktive in Vorbereitung).

11.5 EMV - Normen

Nachstehend werden derzeit existierende DIN-VDE-Normen und in der Diskussion befindliche Entwürfe nach *Problemkreisen* bezie-

11.5 EMV - Normen

hungsweise historisch gewachsenen Begriffen (z.B. *Funkentstörung*) geordnet aufgelistet. Eine kompakte Darstellung des Inhalts dieser Normen findet sich im DIN-VDE-Taschenbuch "Elektromagnetische Verträglichkeit 1" [B23] sowie im DIN-VDE-Taschenbuch "Funkentstörung" [B26] (Anschriften zur Bestellung von Normen siehe Kapitel 11.6). Im allgemeinen stimmen die DIN-VDE-Vorschriften dank CISPR in wesentlichen Teilen mit den Vorschriften anderer Länder und den kommenden Europäischen Normen weitgehend überein.

Ergänzend werden am Ende einer jeden Gruppe auch einige von anderen Gremien herausgegebene branchenspezifische EMV-Richtlinien bzw. Empfehlungen aufgeführt.

Die Zuordnung der Normen zu den verschiedenen Problemkreisen ist nicht strikt und mag abhängig vom Standpunkt des Lesers sicher gelegentlich verhandlungsfähig sein. Die hier vorgenommene Strukturierung erlaubt jedoch einen schnellen Überblick und hat sich in der Vergangenheit gut bewährt.

Zum schnelleren Auffinden von Normen für bestimmte Produkte folgt im Abschnitt 11.5.2 noch eine nach Produkt*familien* geordnete Auflistung, die auch zahlreiche internationale Normen enthält, zu denen jedoch nicht immer ein nationales Äquivalent existiert (s.a. [11.12]).

Das EMV-Vorschriftenwesen befindet sich wegen der bereits eingangs erwähnten Harmonisierungsbestrebungen und insbesondere wegen der zur klassischen Funkentstörung hinzugekommenen zahlreichen neuen Themen derzeit sehr im Fluß, so daß beide Auflistungen keinen Anspruch auf Vollständigkeit erheben.

11.5.1 EMV - Normen nach Problemkreisen geordnet

I. Funkentstörung und Störschutzmaßnahmen:

DIN-VDE 0845 Teil 1: Schutz von Fernmeldeanlagen gegen Blitzeinwirkungen,
Ausgabe 10.87 statische Aufladungen und Überspannungen aus Starkstromanlagen; Maßnahmen gegen Überspannungen.

DIN-VDE 0871 Teil 1: Ausgabe 08.85 (Entwurf)	Funkentstörung von Hochfrequenzgeräten für industrielle, wissenschaftliche, medizinische und ähnliche Zwecke; ISM-Geräte (engl.: Industrial, Scientific, Medical).
DIN-VDE 0872 Teil 1: Ausgabe 02.83	Funkentstörung von Ton- und Fernseh-Rundfunkempfängern; Aktives Störvermögen.
DIN-VDE 0873 Teil 1: Ausgabe 05.82	Maßnahmen gegen Funkstörungen durch Anlagen der Elektrizitätsversorgung und elektrischer Bahnen; Funkstörungen durch Anlagen ab 10 kV Nennspannung.
DIN-VDE 0873 Teil 2: Ausgabe 06.83	Maßnahmen gegen Funkstörungen durch Anlagen der Elektrizitätsversorgung und elektrischer Bahnen; Funkstörungen durch Anlagen unter 10 kV Nennspannung und durch elektrische Bahnen.
DIN-VDE 0875 Teil 1: Ausgabe 11.84	Funkentstörung von elektrischen Betriebsmitteln und Anlagen; Funkentstörung von elektrischen Geräten für den Hausgebrauch und ähnliche Zwecke.
DIN-VDE 0875 Teil 2: Ausgabe 11.84	Funkentstörung von elektrischen Betriebsmitteln und Anlagen; Funkentstörung von Leuchten und Entladungslampen.
DIN-VDE 0875 Teil 3: Ausgabe 11.84 (Entwurf)	Funkentstörung von elektrischen Betriebsmitteln und Anlagen; Funkentstörung von besonderen elektrischen Betriebsmitteln und von elektrischen Anlagen.
DIN-VDE 0879 Teil 1: Ausgabe 06.79	Funkentstörung von Fahrzeugen, von Fahrzeugausrüstungen und von Verbrennungsmotoren; Fernentstörung von Fahrzeugen; Fernentstörung von Aggregaten mit Verbrennungsmotoren.
DIN-VDE 0879 Teil 2: Ausgabe 08.88	Eigenentstörung von Fahrzeugen.
DIN-VDE 0879 Teil 3: Ausgabe 04.81	Messungen an Fahrzeugausrüstungen.
EG 72/245 Annex 1:	Requirements to be met by vehicles.
EG 72/245 Annex 2:	Model Information Document for EEC type approval of a vehicle in respect of its Electromagnetic Compatibility.
EG 72/245 Annex 3:	EEC Type Approval Certificate in respect of a vehicle's Electromagnetic Compatibility.
JASO Ausgabe 03.87	General Rules of Enviromental Testing Method for Automotive Electronic Equipment. (Japanese Automobile Standard).

II. Netzrückwirkungen einschließlich Bordnetze:

DIN-VDE 0838 Teil 1:
Ausgabe 06.87

Rückwirkungen in Stromversorgungsnetzen, die durch Haushaltgeräte und durch ähnliche elektrische Einrichtungen verursacht werden; Teil 1: Begriffe: Deutsche Fassung EN 60 555.

DIN-VDE 0838 Teil 2:
Ausgabe 06.87

Rückwirkungen in Stromversorgungsnetzen, die durch Haushaltgeräte und durch ähnliche elektrische Einrichtungen verursacht werden; Teil 2: Oberschwingungen: Deutsche Fassung EN 60 555.

DIN-VDE 0838 Teil 3:
Ausgabe 06.87

Rückwirkungen in Stromversorgungsnetzen, die durch Haushaltgeräte und durch ähnliche elektrische Einrichtungen verursacht werden; Teil 3: Spannungsschwankungen: Deutsche Fassung EN 60 555.

DIN-VDE 0839 Teil 1:
Ausgabe 11.86 (Entwurf)

Elektromagnetische Verträglichkeit; Verträglichkeitspegel der Spannung in Wechselstromnetzen mit Nennspannungen bis 1000 V.

DIN 40 839 Teil 1:
Ausgabe 12.88

Elektromagnetische Verträglichkeit (EMV) in Kraftfahrzeugen. Leitungsgebundene Störgrößen, 12 V Bordnetze.

DIN 40 839 Teil 2:
Ausgabe 09.89 (Entwurf)

Elektromagnetische Verträglichkeit (EMV) in Kraftfahrzeugen. Leitungsgebundene Störgrößen, 24 V Bordnetze.

ISO 7637 Part 0:
Ausgabe 08.90

Road vehicles - Electrical disturbance by conduction and coupling. Definitions and General.

ISO 7637 Part 1:
Ausgabe 06.90

Road vehicles - Electrical disturbance by conduction and coupling. Passenger cars and light commercial vehicles with nominal 12 V supply voltage - Electrical transient conduction along supply lines only.

ISO 7637 Part 2:
Ausgabe 06.90

Road vehicles - Electrical disturbance by conduction and coupling. Commercial vehicles with nominal 24 V supply volltage - Electrical transient conduction along supply lines only.

III. Entstörmittel:

DIN-VDE 0550 Teil 6:
Ausgabe 04.66

Besondere Bestimmungen für Drosseln (Netzdrosseln, vormagnetisierte Drosseln und Funkentstördrosseln).

DIN-VDE 0565 Teil 1:
Ausgabe 12.79

Funkentstörmittel; Funkentstörkondensatoren.

DIN-VDE 0565 Teil 2:
Ausgabe 09.78

Funkentstördrosseln bis 16 A und Schutzleiterdrosseln 16 bis 36 A.

DIN-VDE 0565 Teil 3: Funkentstörfilter bis 16 A.
Ausgabe 09.81

DIN-VDE 0845 Teil 2: Schutz von Fernmeldeanlagen gegen Blitzeinwirkungen,
Ausgabe 11.90 (Entwurf) statische Aufladungen und Überspannungen aus Starkstromanlagen, u.a. Prüfung von Entladungsstrecken.

IV. Emissionsmeßtechnik:

DIN-VDE 0846 Teil 1: Messung der den Netzspannungen und -strömen überlagerten Anteile mit Frequenzen bis 2500 Hz (*Netzoberschwingungen*).
Ausgabe 08.85   u.   1a:

DIN-VDE 0846 Teil 2: Geräte zur Messung von Leuchtdichteschwankungen (*Flickermeter*).
Ausgabe 10.87 (Entwurf)

DIN-VDE 0846 Teil 13: Meßhilfsmittel (*Stromwandlerzangen, Handnachbildung, Masseplatte*).
Ausgabe 10.87 (Entwurf)

DIN-VDE 0847 Teil 1: Messen leitungsgeführter Störgrößen.
Ausgabe 11.81

DIN-VDE 0876 Teil 1: Funkstörmeßempfänger mit bewertender Anzeige und Zubehör (Meßgeräte).
Ausgabe 09.78   und
Ausgabe 06.80   Teil 1a:

DIN-VDE 0876 Teil 2: Analysator zur automatischen Erfassung von *Knackstörungen*.
Ausgabe 04.84

DIN-VDE 0876 Teil 3: Funkstörmeßempfänger mit Mittelwertanzeige.
Ausgabe 03.86 (Entwurf)

DIN-VDE 0877 Teil 1: Messen von Funkstörspannungen (*Leitungsgeführte Störgrößen*).
Ausgabe 11.81

DIN-VDE 0877 Teil 2: Messen von Funkstörfeldstärken.
Ausgabe 02.85

DIN-VDE 0877 Teil 3: Messen von Funkstörleistungen auf Leitungen.
Ausgabe 04.80

EG 72/245   Annex 5: Method of measurement of radiated narrowband electromagnetic emissions from motor vehicles.

EG 72/245   Annex 7: Method of measurement of radiated broadband electromagnetic emission from motor vehicle systems.

EG 72/245   Annex 8: Method of measurement of radiated narrowband electromagnetic emission from motor vehicle systems.

11.5 EMV - Normen

EG 72/245 Annex 10:	Method of checking statistically electromagnetic radiation from motor vehicles or their systems.
JASO Ausgabe 03.84	Methods of Measurements of Radio Noise Interference of Automobiles.

V. Suszeptibilitätsmeßtechnik (Störfestigkeit):

DIN-VDE 0160 Ausgabe 05.88	Ausrüstung von Starkstromanlagen mit elektronischen Betriebsmitteln (*Netztransienten und Netzausfall*).
DIN-VDE 0839 Teil 10: Ausgabe 10.87 (Entwurf)	Beurteilung der Störfestigkeit gegen leitungsgeführte und gestrahlte Störgrößen.
DIN-VDE 0843 Teil 1: Ausgabe 09.87	Elektromagnetische Verträglichkeit von Meß-, Steuer- und Regeleinrichtungen in der industriellen Prozeßtechnik; Allgemeine Einführung. Identisch mit IEC 801-1.
DIN-VDE 0843 Teil 2: Ausgabe 09.87	Störfestigkeit gegen die Entladung statischer Elektrizität (ESD). Identisch mit IEC 801-2.
DIN-VDE 0843 Teil 3: Ausgabe 02.88	Störfestigkeit gegen elektromagnetische Felder. Identisch mit IEC 801-3.
DIN-VDE 0843 Teil 4: Ausgabe 09.87 (Entwurf)	Störfestigkeit gegen schnelle transiente Störgrößen (Burst). Identisch mit IEC 65(CO)39.
DIN-VDE 0846 Teil 11: Ausgabe 10.87 (Entwurf)	Prüfgeneratoren (Meß- und Leitungssender, 1MHz-Schwingung, Mikrosekundenimpulse, Nanosekundenimpulse (Burst), Hybridgenerator, ESD-Simulatoren).
DIN-VDE 0846 Teil 12: Ausgabe 10.87 (Entwurf)	Kopplungseinrichtungen.
DIN-VDE 0846 Teil 13: Ausgabe 10.87 (Entwurf)	Meßhilfsmittel (*Stromwandlerzangen, Handnachbildung, Masseplatte*).
DIN-VDE 0846 Teil 14: Ausgabe 10.87 (Entwurf)	Leistungsverstärker (zur Simulation).
DIN-VDE 0847 Teil 2: Ausgabe 10.87 (Entwurf)	Messung der Störfestigkeit gegen leitungsgeführte Störgrößen (Prüfverfahren).
DIN-VDE 0847 Teil 4: Ausgabe 01.87 (Entwurf)	Störfestigkeit gegen gestrahlte Störgrößen (*Meßverfahren*).
DIN-VDE 0872 Teil 20: Ausgabe 08.89	Störfestigkeit von Rundfunkempfängern und angeschlossenen Geräten. Deutsche Fassung EN 55 020.

DIN 40 839 Teil 3: Ausgabe 01.90 (Entwurf)	Elektromagnetische Verträglichkeit (EMV) in Kraftfahrzeugen. Eingekoppelte Störgrößen auf Sensorleitungen.
DIN 40 839 Teil 4: Ausgabe 01.90 (Entwurf)	Elektromagnetische Verträglichkeit (EMV) in Kraftfahrzeugen. Eingestrahlte Störgrößen.
EG 72/245 Annex 6:	Method of testing of immunity of motor vehicles to electromagnetic radiation.
EG 72/245 Annex 9:	Method of Measurement of immunity of motor vehicle systems to electromagnetic radiation.
EG 72/245 Annex 11:	Method of checking statistically electromagnetic immunity of motor vehicles or their systems.
SAE J 1113 Ausgabe 08.87	Electromagnetic Susceptibility Measurement Procedures for Vehicle Components.

VI. Entstörmittelmeßtechnik:

ASTM ES 7-83 1983 (in Überarbeitung)	American Society für Testing and Materials. Test Methods for Electromagnetic Shielding Effectiveness of Planar Material.
MIL-STD-285 1956	Department of Defense USA. Attenuation Measurements for Enclosures, Electromagnetic Shielding, for Electronic Test Purposes.
VG 95 373 Teil 15: Ausgabe 12.78	Bundesamt für Wehrtechnik und Beschaffung Elektromagnetische Verträglichkeit von Geräten: Meßverfahren für Kopplungen und Schirmungen.
DIN 47 250 Ausgabe 01.71 (Entwurf)	Hochfrequenzkabel- und leitungen. Begriffe, Prüfverfahren (*Durchgriffsleitwertmessungen*), Blatt 12.
DIN 47 250 Teil 1: Ausgabe 02.1983	Hochfrequenzkabel und -leitungen. Begriffe, Allgemeine Grundlagen.
DIN 47 250 Teil 4: Ausgabe 10.81	Hochfrequenzkabel- und leitungen. Elektrische Prüfungen (*Kopplungswiderstandsmessung*).
DIN 47 250 Teil 6: Ausgabe 01.83	Hochfrequenzkabel- und leitungen. Begriffe, Messung des Schirmungsmaßes koaxialer Kabel zwischen 30 und 1000 MHz.
DIN 57 565 Teil 1: Ausgabe 12.79	Funkentstörmittel. Funkentstörkondensatoren.

11.5 EMV - Normen

DIN 57 565 Teil 2:
Ausgabe 09.78

Funkentstörmittel. Funkentstördrosseln bis 16 A und Schutzleiterdrosseln 16 bis 36 A.

DIN-VDE 0845 Teil 2:
Ausgabe 11.90 (Entwurf)

Schutz von Fernmeldeanlagen gegen Blitzeinwirkungen, statische Aufladungen und Überspannungen aus Starkstromanlagen, u.a. Prüfung von Entladungsstrecken.

IEC 46A (CO) 107
Ausgabe 06.82 (Entwurf)

Angepaßtes triaxiales Meßverfahren zur Ermittlung des induktiven Kopplungswiderstandes und des kapazitiven Kopplungswiderstandes im Frequenzbereich bis 1000 MHz.

VII. Sonstige:

DIN-VDE 0848 Teil 1:
Ausgabe 02.82

Gefährdung durch elektromagnetische Felder; Meß- und Berechnungsverfahren.

DIN-VDE 0848 Teil 2:
Ausgabe 08.86 (Entwurf)

Gefährdung durch elektromagnetische Felder; Schutz von Personen im Frequenzbereich von 0 Hz bis 3000 GHz.

DIN-VDE 0848 Teil 3:
Ausgabe 03.85 (Entwurf)

Gefährdung durch elektromagnetische Felder; Explosionsschutz.

DIN-VDE 0870 Teil 1:
Ausgabe 07.84 (Entwurf)

Elektromagnetische Beeinflussung (EMB); Begriffe.

11.5.2 EMV-Normen nach Produktfamilien geordnet

I. Geräte für Haushalt, Büro und Gebäudetechnik

Unterhaltungselektronik	**DIN-VDE 0872** **CISPR 13**
Haushaltgeräte	**DIN-VDE 0875** Teil 1 **DIN-VDE 0875** Teil 205 (Entwurf) **DIN-VDE 0838** **IEC SC 77A** **CISPR 14, 15, 16**
Beleuchtungseinrichtungen	**DIN-VDE 0875** Teil 2 **DIN-VDE 0875** Teil 204 (Entwurf)
Schalter	**IEC 898, 157, 439-1, 158**
Alarmanlagen	**IEC 839**

Leistungselektronik (kleine Leistung) EN 60 555	DIN-VDE 0838
Informationstechnische Einrichtungen	DIN-VDE 0871 Teil 2 DIN-VDE 0871 Teil 100 (Entwurf) CISPR 22

II. Industriegeräte

Industrieleittechnik, Automatisierungstechnik NAMUR-Empfehlung Teil 1	DIN-VDE 0160 DIN-VDE 0843 Teil 2 DIN-VDE 0871 Teil 1 DIN-VDE 0875 Teil 3 (Entwurf) IEC 801-2 IEC 801-3 Teil 3 IEC 801-4 Teil 4
Leistungselektronik (große Leistung)	IEC 50 (551) IEC 146 IEC 411-1 IEC 119
Industrieöfen	IEC 50 IEC 110 IEC 245-6 IEC 237 IEC 501 CISPR 23
Leistungskondensatoren, Filter und Kompensationsanlagen	IEC 70 IEC 143 IEC 358 IEC 549
Sicherungen	IEC 269

III. Informationstechnische Einrichtungen (ITE) und Fernmeldetechnik

Datenverarbeitungsanlagen	DIN-VDE 0871 Teil 100 (Entwurf) DIN-VDE 0871 Teil 2 CISPR 22

11.5 EMV - Normen

Fernmeldevermittlungsstellen, Fernmeldenetze, Fernmeldeendeinrichtungen (Telefone, Modem etc.)	DIN-VDE 0228 DIN-VDE 0800 DIN-VDE 0845 DIN-VDE 0871 Teil 2 DIN-VDE 0871 Teil 100 (Entwurf) CISPR 22

IV. Funkverkehr

Mobile Funkgeräte und Funktelefoneinrichtungen	IEC 489 IEC 489-3 IEC 489-5 IEC 106 CISPR 13
Rundfunk- und Fernsehsender	IEC 489 IEC 489-3 IEC 489-5 IEC 106 CISPR 13

V. Verkehrstechnik (incl. KFZ-Normen)

Elektrische Antriebs- und Signalisierungseinrichtungen für Bahnanlagen	DIN-VDE 0873	Teil 2
Funkentstörung von Fahrzeugen, Ausrüstungen von Verbrennungsmotoren	DIN 40 839 ISO 7637 SAE J 1113 JASO (Japanese Automobile Standard Org.) DIN-VDE 0879 Ausgabe 06.79 CISPR 12 CISPR 21 EG 72/245	Teil 1, Teil 2, Teil 3, Teil 4 Teil 0, Teil 1, Teil 2 Teil 1, Teil 2, Teil 3
Eigenentstörung von Fahrzeugen	DIN-VDE 0879 Ausgabe 08.88	Teil 2
Messungen an Fahrzeugausrüstungen	DIN-VDE 0879 Ausgabe 04.81	Teil 3
Schiffe	IEC 533	

VI. Energieerzeugung und -verteilung

Schaltanlagen	DIN-VDE 0435 Teil 303 IEC 56 IEC 267 IEC 427 IEC 517 IEC 255-4
Schutztechnik	DIN-VDE 0435 Teil 303 IEC 255-4
Fernwirkanlagen	IEC 50 (371) Teil 303 IEC 242 IEC 870
Rundsteueranlagen	DIN-VDE 0420

11.6 Wichtige Anschriften

Die in den vorstehenden Kapiteln gebrachte Einführung in die EMV-Normung kann naturgemäß nur als Leitfaden für das Zurechtfinden in dieser komplexen Materie dienen. Im konkreten Einzelfall müssen die vollständigen Vorschriften beschafft und Kontakte mit den zuständigen Stellen aufgenommen werden. Zu diesem Zweck seien abschließend noch einige wichtige Adressen aufgeführt.

Zentralamt für Zulassungen im Fernmeldewesen - ZZF
Talstr. 34 - 42, 6600 Saarbrücken
Tel.: (0681) 5861-0   Fax (0681) 681917

VDE-Prüfstelle
Merianstr. 28, 6050 Offenbach
Tel.: (069) 8306-1   Fax (069) 831081

Fernmeldetechnisches Zentralamt - FTZ
Am Kavalleriesand 3, 6100 Darmstadt
Tel.: (06151) 83-1   Fax (06151) 834791

Bundesministerium für das Post- und Fernmeldewesen
(*Amtsblatt, Verfügungen*)
Vertrieb amtlicher Blätter beim Postamt Köln 1
Postfach 10 90 01, 5000 Köln

11.6 Wichtige Anschriften

Beuth-Verlag (DIN-VDE-*Bestimmungen*)
Burggrafenstr. 4-10, 1000 Berlin 30
Tel.: (030) 2601-1   Fax: (030) 2601231

Bundesanzeiger - Verlag (EG-*Amtsblatt*)
Breite Straße, 5000 Köln 1
Tel.: (0221) 2029-0   Fax: (0221) 2029278

Society of Automotive Engineers (SAE)
Warrendale PA 15096-0001, 400 Commonwealth-Drive
Tel.: (001) 4127764970   Fax: (001) 4127765760

International Standard Organisation (ISO)
1, Rue de Varembé, Ca. postale 56, CH-1211 Genève 20
Tel.: (0041) 227341240   Fax: (0041) 227333430

International Electrical Comission / Comitee (IEC)
P.O.-Box 131, 3, Rue de Varembé, CH-1211 Genève 20
Tel.: (0041) 227340150   Fax: (0041) 227333843

International Telecommunication Union (ITU)
Place des Nations, CH-1211 Genève 20
Tel.: (0041) 227305111   Fax: (0041) 227337256

Normen Arbeitsgemeinschaft Meß- und Regeltechnik (NAMUR)
Hoechst AG, Abt. TLS - Herr Pelz, Postfach 800320, 6230 Frankfurt 80
Tel.: (069) 3056240   Fax: (069) 305

Schrifttum

Bücher über Elektromagnetische Verträglichkeit

B1	KADEN, H.: Wirbelströme und Abschirmungen in der Nachrichtentechnik. Springer-Verlag, Berlin 1959.
B2	TORNAU, F.: Handbuch elektr. Störbeeinflussung in Automatisierungs- und Datenverarbeitungsanlagen. VEB-Verlag Technik, Berlin 1973.
B3	STOLL, D.: EMC-Elektromagnetische Verträglichkeit. Elitera, Berlin 1976.
B4	OTT, H.W.: Noise Reduction Techniques in Electronic Systems. Wiley 1976.
B5	MORRISON, R.: Grounding and Shielding Techniques in Instrumentation. Wiley, New York 1977.
B6	VANCE, E.: Coupling to Shielded Cables. Wiley 1978.
B7	SMITH, A.: Coupling of External Magnetic Fields to Transmission Lines. Wiley 1978.
B8	WILHELM, J.: EMV. VDE-Verlag, Berlin 1981.
B9	FLECK, K.: Schutz elektron. Systeme. VDE-Verlag, Berlin 1981. EMV in der Praxis. VDE-Verlag, Berlin 1982.
B10	SCHLICKE, H.M.: Electromagnetic Compatibility. Basel, Dekker 1982.
B11	HÖLZEL, F.: EMV, Theoret. und Prakt. Hinweise. Hüthig-Verlag, Heidelberg 1983.
B12	KEISER, B.E.: Principles of EMC. Dedham, Mass. Artech 83.
B13	HABIGER, E.: EMV, Störbeeinflussung in Automatisierungsgeräten und -anlagen. VEB-Verlag Technik, Berlin 1984.
B14	VDI/VDE: Störfestigkeit von Automatsierungs-Systemen VDI-Bildungswerk, 1985.
B15	FGH: Beeinflussungsprobleme elektrischer Energieversorgungsnetze; Forschungsgemeinschaft für Hochspannungs- und Hochstromtechnik, Mannheim 1985.
B16	DON WHITE - CONSULTANTS: Technical Handbooks on EMC. DWCI-Holland, Hoogmade, ca. 30 Monographien!
B17	MARDIGIUAN, M.: Electrostatic Discharge. Interference Control Technologies, Inc. Gainesville, Va. (USA) 1986.
B18	SCHWAB, A.: Begriffswelt der Feldtheorie, 3. Auflage. Springer-Verlag Berlin, Heidelberg, New York 1989.
B19	SCHWAB, A.: Hochspannungsmeßtechnik, 2. Auflage. Springer-Verlag, Berlin, Heidelberg, New York 1981.
B20	PANZER, P.: Praxis des Überspannungs- und Störspannungsschutzes elektronischer Geräte und Anlagen. Vogel Buch-Verlag, Würzburg 1986.
B21	FEIST, K.H.: Starkstrom Beeinflussung. expert-Verlag, Sindelfingen 1986.

Schrifttum

B22 WIESINGER, J. u. P. HASSE: Handbuch für Blitzschutz und Erdung, 2. Auflage. VDE-Verlag, Berlin 1982.

B23 DIN: DIN-VDE-Taschenbuch 515. "Elektromagnetische Verträglichkeit 1 - DIN-VDE-Normen". Beuth-Verlag, Berlin 1989.

B24 DIN: DIN-VDE-Taschenbuch 516. "Elektromagnetische Verträglichkeit 2 - VG-Normen". Beuth-Verlag, Berlin 1989.

B25 DIN: DIN-VDE-Taschenbuch 517 "Elektromagnetische Verträglichkeit 3 - Harmonisierungsdokumente und VG-Normen in englischer Sprache". Beuth-Verlag, Berlin 1989.

B26 DIN: DIN-VDE-Taschenbuch 505. "Funkentstörung". Beuth-Verlag, Berlin 1989.

B27 WARNER, A.: Taschenbuch der Funk-Entstörung. VDE-Verlag, Berlin 1965.

B28 RICKETTS, L.W.: EMP Radiation and Protective Techniques. J. Wiley a. Sons, New York, London 1976.

B29 PEIER, D.: Elektromagnetische Verträglichkeit. Hüthig-Verlag, Heidelberg 1990.

B30 PIGLER, F.: EMV und Blitzschutz leittechnischer Anlagen. Siemens AG, Verlagsabteilung, Berlin, München 1990.

Schrifttum zum Kapitel 1

1.1 VDE 0870: Elektromagnetische Beeinflussung (EMB). Berlin, VDE-Verlag 1984.
1.2 HAFER, J.W.: TEMPEST—Selected Isolation of Signals which Generate Elektromagnetic Fields. Interference Technology Engineers` Master (ITEM) 1985, Plymouth Meeting, Pa. S. 144 bis 151.
1.3 BUNDES-POSTMINISTERIUM: Gesetz über den Betrieb von Hochfrequenzgeräten. Bundesgesetzblatt I S. 538, 1968.
1.4 GOLDBERG, G.: Electromagnetic Compatibility in Electrical Networks - Phenomena and Immunity Tests. CIRED-Ber., c. 02 a, 1987.
1.5 SCHWARZ, H.G.: Anforderungen an die Störfestigkeit von Betriebsmitteln in Haushalt, Gewerbe und Industrie. ETG Fachbericht 17, S. 190 bis197, Berlin, Offenbach, VDE-Verlag 1986.
1.6 SCHWAB, A.: Begriffswelt der Feldtheorie. 3. Auflage. Berlin, Heidelberg, New York, Springer 1989.
1.7 FÖLLINGER, O.: Laplace- und Fourier-Transformation. Berlin, Elitera 1977.
1.8 LANGE, D.: Methoden der Signal- und Systemanalyse. Braunschweig, Vieweg 1985.
1.9 NATHE, H.G.: Einführung in Theorie und Praxis der Zeitreihen- u. Modalanalyse. Braunschweig, Vieweg 1983.
1.10 BRACEWELL, R.L.: The Fourier Transform and its Applications. New York, McGraw-Hill Book Company 1978.
1.11 FRITSCHE, G.: Signale und Funktionaltransformationen. VEB Verlag, Berlin 1985.
1.12 HÖLZLER, E. u. H. HOLZWARTH: Pulstechnik Bd. I. Springer-Verlag, Berlin, Heidelberg, New York 1982.
1.13 REHKOPF, H.: Simplified Method of Analysing Transients in Interference Prediction. IEEE EMC-Symposium Vol. 8, 1966.
1.14 REHDER, H.: Störspannung in Niederspannungsnetzen. etz 1979 S. 216.
1.15 MEISSEN, W.: Transiente Netzüberspannungen. etz 1986 S. 50.
1.16 VDE 0847: Meßverfahren zur Beurteilung der EMV, Teil 1. Berlin, VDE-Verlag 1981.
1.17 VDE 0839: Elektromagnetische Verträglichkeit Teil 1, Verträglichkeitspegel der Spannung in Wechselstromnetzen mit Nennspannungen bis 1000 V. Berlin, VDE-Verlag (Entwurf).
1.18 MERZIO Di, A.W.: Graphical Solutions to Harmonic Analysis. IEEE Trans. Aerospace and Electronic Systems Vol. AES-4 (1968) S. 693 bis 707.
1.19 AUDONE, B.: Graphical Harmonics Analysis. IEEE Trans. on EMC-15 (1979) S. 72 bis 74.
1.20 PIERCE, CLAYTON, C.: Secret and Secure Privacy, Cryptography and Secure Communications. Ventura (USA) 1977.
1.21 VDE 0100: Schutzmaßnahmen; Schutz gegen gefährliche Körperströme. Teil 410. VDE-Verlag, Berlin 1983.
1.22 VOGT, D.: Potentialausgleich, Fundamenterder, Korrosionsgefährdung. VDE-Verlag, Berlin 1987.
1.23 KIEFER, K.: VDE 0100 und die Praxis. VDE Verlag, Berlin 1984.

1.24 HOTOPP, R. u. K.J. OEHMS: Schutzmaßnahmen gegen gefährliche Körperströme nach DIN 57100/VDE 0100, Teil 410 und 540. VDE-Verlag, Berlin 1983.
1.25 RUDOLPH, W.: Einführung in DIN 57100/VDE 0100. Errichten von Starkstromanlagen bis 1000V. VDE-Verlag, Berlin 1983.
1.26 TURBAN, K.A.: Das Wichtigste über Störungen am Arbeitsplatz. ATM (1973) Lieferung 445, S. R21 bis R27.

Schrifttum zum Kapitel 2

2.1 ROTKIEWICZ, W.: Electromagnetic Compatibility in Radio Engineering, Elsevier Amsterdam, Oxford, New York 1982.
2.2 LEIVE, D.M.: International Telecommunications and International Law. Leyden Oceana Publications Inc. Dobbs Ferry N.Y. 1970.
2.3 ITU - INT. TELECOMMUNICATIONS UNION: Radio Regulations, Genf 1976.
2.4 WITTBRODT, J.H.: Long Term Tendencies in Frequency Spectrum Utilization Rationalization, Development and Administration. Int. Telecommunications Union, Genf 1976.
2.5 SENNIT, A.G.: World Radio TV Handbook. Billboard Publ. New York, London 1988.
2.6 WARNER, A.: Taschenbuch der Funkentstörung, Berlin VDE-Verlag 1965.
2.7 KRESSE, H.: Kompendium Elektromedizin. Berlin, München Siemens AG 1978.
2.8 THOM, H.: Einführung in die Kurzwellen- und Mikrowellentherapie. München, Urban u. Schwarzenberg 1959.
2.9 WIEDON, E. u. O. RÖHNER: Ultraschall in der Medizin. Dresden u. Leipzig, Verlag Th. Steinkopf 1963.
2.10 SCHULTZ, W. u. M. SEYFFERT: Messung von Frequenzspektren in Energieversorgungsnetzen beim Einsatz nichtlinearer Betriebsmittel. etz-Archiv, Jan. 1980 S. 9-12.
2.11 KIND, R.: Die Störwirkung mehrerer Geräte mit Phasenanschnittsteuerung. Der Elektroniker, Nr. 3, 1975, S. EL1-EL6.
2.12 ZWICKY, R.: Beeinflussung in Netzen durch Objekte der Leistungselektronik. Der Elektroniker Nr. 1/1975 S. EL1-EL4.
2.13 KNAPP, P.: Oberschwingungserzeuger. Der Elektroniker, Nr. 2/1975 S. EL5 bis EL9.
2.14 BIEGER, F.: Oberschwingungen in Niederspannungsnetzen. Siemens Zeitschrift 49 (1975) S. 538 bis 541.
2.15 HARDELL, A.: Erfahrungen mit Oberschwingungen in Stromversorgungsnetzen. Elektrizitätswirtschaft 82 (1983) S. 917 bis 924.
2.16 GRÖTZBACH, M.: Netzoberschwingungen von stromgeregelten Drehstrombrückenschaltungen. etz 108 (1987) S. 930 bis 935.
2.17 GONEN, T. et al.: Bibliography of Power Systems Harmonics. IEEE Trans. PAS Vol. 103, S. 2460 bis 2479.
2.18 ADLER, Th.: Untersuchung der Oberschwingungen in Industrienetzen. BBC-Nachrichten, 66/1984 S. 386 bis 391.

2.19	SCHWAB, A.: Hochspannungsmeßtechnik, 2. Aufl., Berlin, Heidelberg, New York, Springer 1981.
2.20	NEVRIES, K.B. u. J. PESTKA: Neue Erkenntnisse bei der Behandlung von Flickerproblemen unter Einbeziehung des UIE/IEC Flickermeßverfahrens. Elektrizitätswirtschaft 85 (1986) S. 224 bis 228.
2.21	McGRANAGHAN, M.F. et al.: Measuring Voltage and Current Harmonics on Distribution Systems. IEEE Trans. PAS Vol. PAS Ia (1981) S. 3599 bis 3608.
2.22	FUCHS, E.F. et al.: Sensitivity of Electrical Appliances to Harmonics and Fractional Harmonics of the Power System's Voltage. IEEE Trans. Power Delivery Vol. PWRD2 (1987) S. 437 bis 451.
2.23	KAHNT, R.: Rückwirkungen aus dem Stromversorgungsnetz auf Datenverarbeitungs- und Fernmeldeanlagen. Elektrotechnik und Maschinenbau 101 (1984) S. 15 - 21.
2.24	SCHMUCKLI, B. u. R. ULMI: Oberschwingungsgehalt im lokalen Netz als Merkmal für Inselbetrieb. Bull. ASE 78 (1987) S. 1420 bis 1425.
2.25	WESCHTA, A.: Influence of Thyristor-Controlled Reactors on Harmonics and Resonance Effects in Power Supply Systems. Siemens Forschungs- u. Entwicklungsberichte Bd. 14 (1985) S. 62 bis 68.
2.26	HALL, K.S.: Calculation of rectifier-circuit performance. IEE Proceedings Vol. 127 (1980) S. 54 bis 60.
2.27	GRÖTZBACH, M.: Berechnung der Oberschwingungen im Netzstrom von Drehstrombrückenschaltungen bei unvollkommener Glättung des Gleichstroms. etz archiv Bd. 7 (1985) S. 59 bis 62.
2.28	MEYER, W. u. G. KIEßLING: Berechnung der Netzrückwirkungen von Stromrichterschaltungen mit Raumzeigern. Arch. f. Elektrotechnik 70 (1987) S. 291 bis 301.
2.29	KEGEL, U.: Die Praxis der induktiven Wärmebehandlung. Berlin, Heidelberg, New York, Springer 1961.
2.30	DAVIES, J. u. P. SIMPSON: Induction Heating Handbook. London, McGraw-Hill, 1979.
2.31	BRÜDERLIN, J.: Das Mikrowellengerät. Elektrotechnik, Aarau (1987) S. 49-51.
2.32	MAKMOUD, A.A.: Power System Harmonics: Overview IEEE Trans. PAS Vol. 102 (1983) s. 2455 bis 2460.
2.33	GRETSCH, R.: Spannungsschwankungen durch Schwingungspaketsteuerungen. etz archiv Bd. 98 (1977) S. 353 bis 358.
2.34	MORELL, J.E. et al.: The application of the UIE flickermeter to controlling the level of lightning flicker. CIRED Ber. c. 06 1987.
2.35	VDE 0846: UIE Flickermeter Funktions- und Auslegungsbeschreibung. VDE-Verlag, Berlin.
2.36	DOMMEL, H.W. et al.: Harmonics from Transformer Saturation. IEEE Trans. PAS Vol. PWRD (1986) S. 209 bis 215.
2.37	MARTZLOFF, F.D. u. P.F. WILSON: Fast Transient Tests - Trivial or Terminal Pursuit? Int. EMC Symposium Rec. Zürich 1987, S.283 bis 288.
2.38	FRAZIER, M.J. u. J. DUBROWSKI: Magnetic Coupled Longitudinal Field Measurements on Two Transmission Lines. IEEE Trans. PAS Vol. 104 (1985) S. 933 - 947.

2.39	KONTEYNIKOFF, P.: Results of an international survey of the rules limiting interference coupled into metallic pipelines by high-voltage power systems. Electra 110 (1987) S. 55 bis 66.
2.40	MEINUNG, L.: Auswirkung der elektrischen Beeinflussung auf die Qualität der Informationsprozesse bei der deutschen Reichsbahn. Elektrie 34 (1980) S. 544 bis 546.
2.41	BAUER, H. et al.: Zur Störbeeinflussung durch Magnetfelder bei Kurzschluß auf einer nahen Elektroenergieleitung. Elektrie 34 (1980) S. 534 bis 539.
2.42	PERSSON, P.v.: Beeinflussung von Fernmeldeanlagen durch Erdpotentiale bei einpoligen Fehlern in elektrischen Kraftanlagen. Elektrie 34 (1980) S. 531 bis 533.
2.43	HAUBRICH, H.J.: Das Magnetfeld im Nahbereich von Drehstromfreileitungen. Elektrizitätswirtschaft 73 (1974) S. 511 bis 517.
2.44	ORR, J.A. et al.: Determination of Harmonic Interference Voltages Induced in Paired Cable Communication Circuits by Harmonic Currents in Adjacent Power Lines. IEEE Trans. PAS 102 (1983) S. 2279 bis 2283.
2.45	EDWIN, K.W. et al.: Die betriebsfrequente Beeinflussung induktiv geerdeter Netze. etz A Bd. 95 (1974) S. 411 bis 414.
2.46	RODEWALD, A.: Eine Abschätzung der schnellen transienten Stromamplituden bei Schalthandlungen in Hochspannungsanlagen und Prüffeldern. Bull. SEV 69 (1978) S. 171 bis 176.
2.47	PAUL, H.U.: Beeinflussungsmöglichkeiten - kathodischer Korrosionsschutz von erdverlegten Rohrleitungen. Elektrizitätswirtschaft 86 (1987) S. 389 bis 392.
2.48	KENNA, McD.: Induced Voltages in Coaxial Cables and Telephone Lines. CIGRE Rep 36-01, Paris, 1970 Session.
2.49	KOSTENKO, M.V.: Resistive and Inductive Interference on Communication Lines Entering Large Power Plants. CIGRE Rep. 36-02, Paris 1970 Session.
2.50	JACZEWSKI, M.: Interference between Power and Telecommunication Lines, Field and Model Test. CIGRE Rep 36-03, Paris 1970 Session.
2.51	BOECKER, H.: Induktionsspannungen an Pipe Lines in Trassen von Hochspannungsleitungen. Bd. 55 (1966) S. 1 bis 13.
2.52	FEIST, K.H.: Einflußgrößen bei der Vermeidung unzulässiger elektromagnetischer Beeinflussung. etz Bd. 106 (1985) S. 434 bis 439.
2.53	KUMM, W.: Störeinflüsse elektrischer Maschinen auf benachbarte nachrichtentechnische Anlagen. etz B 22 (1970) S. 282-283.
2.54	SKOMAL, E.N.: Man Made Radio Noise. New York, Van Nostrand Reinhold 1978.
2.55	HERMAN, J.R.: Electromagnetic Ambients and Man-Made Noise. Gainesville, Va. Don White Consultants 1979.
2.56	GRIMM, G.: Die aktuelle Fernsehbeteiligung kommt aus der Steckdose. Elektrizitätswirtschaft 85 (1986) S. 776 bis 779.
2.57	SCHULZ, R.B. u. A. SOUTHWICK et al.: APD-Measurements of V 8 Ignition Emanations. IEEE Trans. EMC Vol. EMC 16 (1974) S. 63 bis 70.
2.58	HSU, P.H. et al.: Measured Amplitude Distributions of Automotive Ignition Noise. IEEE Trans. EMC Vol. EMC-16 (1974) S. 57 bis 63.
2.59	TAKETOSHI, N. u. Z.I. KAWASAKI: Automotive Noise from a Motorway. IEEE Trans. EMC Vol. EMC-26 (1984) S. 169 bis 182.

2.60 MOREAU, M.R. u. Cl. GARY: Predetermination of the Radio-Interference Level of High-Voltage Transmission Lines. Trans. IEEE PAS 1971, S. 284 bis 291.
2.61 RABINOWITZ, M.: Effect of the Fast Nuclear Electromagnetic Pulse on the Electric Grid Nationwide: A Different View. IEEE Trans. PWRD-2 (1987) S. 1199 bis 1221.
2.62 RICKETTS, L.W. et al: EMP Radiation and Protective Techniques. New York, London, Sydney, Toronto. John Wiley 1976.
2.63 URSI: Factual Statement on NEMP and Associated Effects. URSI Nuclear EMP Ad Hoc Committee General Assembly, Florence 1984.
2.64 GUT, J.: Die Tätigkeit des Forschungsinstituts für militärische Bautechnik im Bereich des EMP. Bull. SEV 76 (1985) S. 1402 bis 1407.
2.65 LEMER, E.J.: Electromagnetic Pulses, potential crippler. IEEE-Spectrum 1981, S. 41 bis 46.
2.66 LONGMIRE, C.D.: On the Electromagnetic Pulse by Nuclear explosions. IEEE Trans. on Antennas and Propagation, Vol. AP-26, 1978, S. 3 bis 13.
2.67 KLEIN, K.W. et al: Electromagnetic Pulse and the Power Network. Trans. PAS-104 (1985) S. 1571 bis 1577.
2.68 LEGRO, J.R. et al: A Methodeology to Assess the Effects of Magneto Hydrodynamic Electromagnetic Pulse on Power Systems. IEEE Trans. PWRD-1 (1986) S. 203 bis 210.
2.69 HAYS, J.B.: Protecting Communication Systems from EMP-Effekts of Nuclear Explosions. IEEE Spectrum 1964, S. 115 bis 122.
2.70 HANSEN, D.: EMP-Schutz in Geräten und Anlagen. Bull. SEV 76 (1985) S. 1408 bis 1415.
2.71 SOLIMAN, E.D. u. M. KHALIFA: Calculating the Corona Pulse Characteristics and its Radio Interference. IEEE Trans. PAS Vol. PAS-90 (1971) S. 165 bis 179.
2.72 PFALER, C.E.: Die Vorausberechnung der von Hochspannungsleitungen verursachten hochfrequenten Störungen. etz A (1964) S. 261 bis 266.
2.73 CHARTIER, V.L. et al.: Electromagnetic Interference Measurements of 900 MHz on 230 kV and 500 kV Transmission Lines. IEEE Trans PAS Vol. PWRD-1 (1986) S. 140 bis 149.
2.74 PERZ, M.C. et al.: Analysis of radio interference magnetic field lateral profiles of lossy AC and DC power lines. IEE Proc. Vol. 128 (1981) S. 140 bis 146.
2.75 PRIEST, K.W. et al.: Calculation of the Radio Interference Statistics of Transmission Lines. IEEE Trans. PAS 1971 S. 92 bis 98.
2.76 CIGRE/IEEE: Survey on Extra High Voltage Transmission Line Radio Noise. IEEE Trans. PAS 1972 S. 1019 bis 1082.
2.77 NATION, J.A.: High-Power Electron and Ion Beam Generation. Particle Accelerators (1979) S. 1 bis 30.
2.78 SKOMAL, E.N.: Distribution and Frequency Dependence of Unintentionally Generated Man-Made VHF/UHF Noise in Metropolitan Areas. IEEE Trans. EMC 1965 S. 263 bis 278 und S. 420 bis 426.
2.79 SKOMAL, E.N.: Distribution and Frequency Dependence of Incidental Man-Made HF/VHF Noise in Metropolitan Areas. IEEE Trans. EMC Vol. EMC-11 (1969) S. 66 bis 75.
2.80 NEUMANN, E.: Die physikalischen Grundlagen der Leuchtstofflampen und Leuchtröhren. VEB-Verlag Technik, Berlin 1954.
2.81 JANSEN, J.: Beleuchtungstechnik Bd. I, II, III. Philips Techn. Bibliothek Eindhoven 1954.

2.82 MOELLER, F. u. P. VASKE: Elektrische Maschinen und Umformer. Stuttgart Teubner 1976.
2.83 MEYERS, H.A.: Industrial Equipment Spectrum Signatures. IEEE Trans. RFI Vol. 5 (1963) S. 30 bis 41.
2.84 SKOMAL, E.N.: Comparative Radio Noise Levels of Transmission Lines, Automotive Traffic, and Stabilized Arc Welders. IEEE Trans. EMC Vol. EMC-9 (1967) S. 73 bis 77.
2.85 PUNDT, H.: Entwicklung der Drehstromübertragung unter besonderer Berücksichtigung der Probleme der Beeinflussung. Elektrie 42 (1988) S. 5 bis 9.
2.86 SCHMIDT, P.: Beeinflussung durch elektrische Bahnen. Elektrie 42 (1988) S. 11 bis 14.
2.87 WEIGT, W.: Geräuschstörungen in Fernsprechanlagen durch Straßenbahnen. Elektrie 42 (1988) S. 25 bis 28.
2.88 DAN, A.M.: Low-Power Harmonic Impedance Meter. International Conference on Harmonics in Power Systems, Oct. 1984, Symp. Rec., S. 189 bis 193.
2.89 ELLISON, R.W.: Electrostatic Hazards of Nonohmic Materials. IEEE Trans. EMC-11 1969 S. 112 bis 116.
2.90 PROBST, W.: Simulation elektrostatischer Entladungen. etz 100 (1979) S. 494 bis 497.
2.91 ZIMMERLI, T.: Störung elektronischer Geräte durch elektrostatische Entladungen. Bull. ASE 76 (1985) S. 20 bis 22.
2.92 MACEK, O.: Elektrostatische Aufladung, Gefahr für Halbleiter. Elektronik 1983, S. 65 bis 68.
2.93 ULRICH, F.: Funktionsstörungen von Geräten und Zerstörung von integrierten Schaltungen durch elektrostatisch aufgeladene Personen. NTZ 26 (1973) S. 454 bis 461.
2.94 HYATT, H. u. H. MELLBERG: Bringing ESD Testing into the 20th Century. IEEE/EMC-Symp. 1982, Santa Clara, Cal.
2.95 BYRONE, W.: Development of an ESD Model for Electronic Systems. IEEE/EMC 1982 Symposium Santa Clara, Cal.
2.96 TUCHER, T. J.: Spark Initiation Requirements. Annuals of the New York Academy of Sciences Vol. 152 (1968).
2.97 RYSER, H. u. B. DAOUT: Fast Discharge Mode in ESD. Int. EMC Symposium Zürich 1985.
2.98 JAUDT, J. u. S. BENNMAN: Schutz vor Gefährdungen durch elektrostatische Aufladungen. Elektrie 35 (1981) S. 417 bis 420.
2.99 MEISSEN, W.: Überspannungen in Niederspannungsnetzen. etz Bd. 104 (1983) S. 343 bis 346.
2.100 MEISSEN, W.: Transiente Netzüberspannungen. etz Bd. 107 (1986) S. 50 bis 55.
2.101 IEEE-Std 587: Guide for Surge Voltages in Low-Voltage AC Power Circuits IEEE-Standard, New York 1980.
2.102 REHDER, H.: Störspannungen in Niederspannungsnetzen. etz Bd. 100 (1979) S. 216 bis 220.
2.103 ODENBERG, R.: Measurements of Voltage and Current Surges on the AC Power Line in Computer and Industrial Environments. IEEE Trans. PAS, Vol. 104 S. 2681 bis 2691.
2.104 MARTZLOFF, F.D. und G.J. HAHN: Surge Voltages in Residential and Industrial Power Circuits. IEEE Trans. PAS, Vol. 89 (1970) S. 1049 bis 1055.

2.105 MARTZLOFF, F.D.: The Propagation and Attenuation of Surge Voltages and Surge Currents in Low-Voltage AC-Circuits. IEEE Trans. PAS, Vol. 102 (1983) S. 1163 bis 1170.

2.106 EBTNER, N. et al.: Netzrückwirkungen umrichtergespeister Drehstromantriebe. etz Bd. 109 (1988) S. 626 bis 629.

2.107 GRETSCH, R. und G. KROST: Transiente Harmonische durch Reversierantriebe mit Stromrichtern. Bull. SEV (1986) S. 243 bis 250.

2.108 MOMBAUER, W.: Flicker-Grundlagen, Simulation, Minimierung. Techn. Ber. 1-266 FGH-Mannheim 1988.

2.109 WARBURTON, F.: Power Line Radiations and Interference Above 15 MHz. IEEE Trans. PAS 88 (1969) S. 1492 bis 1501.

2.110 ARAI, K. et al: Micro-Gap Discharge Phenomena and Television Interference. IEEE Trans. PAS 104 (1985) S. 221 bis 232.

2.111 JUETTE, G.W.: Evaluation of Television Interference from High-Voltage Transmission Lines. IEEE Trans. PAS 91 (1972) S. 865 bis 873.

2.112 GERMAN, J.P.: Characteristics of Electromagnetic Radiation from Gap-Type Discharges on Electric Power Distribution Lines. IEEE Trans. EMC-11 (1969) S. 83 bis 89.

2.113 REICHMANN, J.: Comparison of Radio Noise Prediction Methods with CIGRE/IEEE Results. IEEE Trans. PAS (1972) S. 1029 bis 1038.

2.114 GOEDBLOED, J.J.: Transients in Low-Voltage Supply Networks. IEEE Trans. EMC-29 (1987) S. 104 bis 115.

2.115 VOGEL, O.: Überspannungen in Hilfsleitungen von Hochspannungsanlagen. Techn. Bericht Nr. 229. Forschungsgesellschaft für Hochspannungs- und Hochstromanlagen, Mannheim 1972.

2.116 REMDE, H.: Herabsetzung transienter Überspannungen auf Sekundärleitungen in Schaltanlagen. Elektrizitätswirtschaft (1975) S. 822 bis 826.

2.117 HOFFMANN, E. u. P. SCHWETZ: Ein Verfahren zur Messung der Kurzschlußimpedanz in Hochspannungsnetzen. CIGRE-Bericht 38-10, Paris (1988).

2.118 MOMBAUER, W.: Neuer digitaler Flickeralgorithmus. etz Archiv (1988) S. 289 bis 294.

2.119 BEYER, M. et al.: Hochspannungstechnik. Springer-Verlag Heidelberg, Berlin, New York 1986.

2.120 SMITH, I.D.: "Liquid dielectric pulse line technology," in Energy Storage, Compression, and Switching. New York, Plenum 1976.

2.121 HASSE, P.: Blitzschutzaktivitäten der IEC. etz (1984) S. 30 bis 31.

2.122 MITANI, H.: Magnitude and Frequency of Transient Induced Voltages in Low-Voltage Control Circuits of Power Stations and Substations. IEEE Trans. PAS (1980) S. 1871 bis 1878.

2.123 GONSCHOREK, K.H.: Numerische Berechnung der durch Steilstromimpulse induzierten Spannungen und Ströme. Siemens Entwicklungsberichte (1982) S. 235 bis 240.

2.124 PFEIFFER, G. u. D. BERNET: Zur Berechnung der durch Blitzströme verursachten Beeinflussungsspannungen in Gebäuden. Elektrie 32 (1978) S. 380 bis 383.

2.125 FISCHER, M. u. A. STRNAD: Bestimmung der bei Blitzeinschlägen zu erwartenden Überspannungen in Sekundärkreisen von Hochspannungsschaltanlagen. Elektrizitätswirtschaft (1983) S. 87 bis 91.

2.126 ARI, N.: Gefährdung der elektronischen Systeme durch Blitzschlag. Bull. SEV 71 (1980) S. 456 bis 459.
2.127 MÜLLER, E. et al.: Zur numerischen Berechnung von induzierten Schleifenspannungen in der Umgebung von Blitzableitern. Bull. SEV 63 (1972) S. 1025 bis 1031.
2.128 HEIDLER, F.: LEMP-Berechnung mit Modellen. etz 107 (1986) S. 14 bis 17.
2.129 WEIDMANN, C.D. u. E.P. KRIDER: Submikrosekundenstruktur elektromagnetischer Blitzfelder. etz 105 (1984) S. 18 bis 24.
2.130 PITTS, F.L. and B.D. FISHER: Aircraft Jolts from Ligthning Bolts. IEEE Spectrum Juli 1988 S. 34 bis 38.
2.131 RUSTAN, P.L.: The Lightning Threat to Aerospace Vehicles. J. Aircraft, Vol. 23 S. 62 bis 67.
2.132 HEIDLER, F.: LEMP-Gefährdung durch Erdblitze. etz a 109 (1988) S. 694 bis 696.
2.133 HASSE, P. u. J. WIESINGER: Neues aus der Blitzschutztechnik. etz 108 (1987) S. 612 bis 618.
2.134 GARBAGNATI, E. u. G.B. Lo PIPARO: Parameter von Blitzströmen. etz 103 (1982) S. 61 bis 65.
2.135 GOLDE, R.H.: Lightning Vol. 1 u. Vol. 2. London, Academic Press 1977.
2.136 World Metereol. Organisation: World Distribution of Thunderstorm Days OMM Nr. 21 1956.
2.137 RODEWALD, A.: Eine Abschätzung der maximalen di/dt-Werte beim Schalten von Sammelschienenverbindungen. etz a 99 (1978) S. 19 bis 23.
2.138 KÖNIG, D.: Vorgänge beim Schalten kleiner kapazitiver Ströme mit SF_6-isolierten metallgekapselten Trennschaltern im 110 kV-Netz und ihre Simulation im Hochspannungslaboratorium. Elektriziätswirtschaft 85 (1986) S. 131 bis 138.
2.139 RODEWALD, A.: Eine Abschätzung der schnellen transienten Stromamplituden bei Schalthandlungen in Hochspannungsanlagen und Prüffeldern. Bull. SEV 69 (1978) S. 171 bis 176.
2.140 NOACK, F.: Transiente Erdpotentialanhebungen und ihre Auswirkungen auf Sekundäreinrichtungen.
2.141 ARI, A. u. W. BLUMER: Transient Electromagnetic Fields due to Switching Operations in Electric Power Systems. IEEE Trans. EMC 29 (1987) S. 233 bis 236.
2.142 RUSSEL, D.B. et al.: Substation Electromagnetic Interference Part I + II. IEEE Trans. PAS 103 (1984) S. 1863 bis 1878.
2.143 VOGEL, O.: Entstehung und Ausbreitung der transienten Überspannungen. etz a 97 (1976) S. 2 bis 6.
2.144 MENGE, H.D.: Ergebnisse von Messungen transienter Überspannungen in Freiluft-Schaltanlagen. etz a 97 (1976) S. 15 bis 17.
2.145 HICKS, R.L. u. D.E. JONES: Transient Voltages on Power Station Wiring. IEEE Trans. PAS 90 (1971) S. 261 bis 269.
2.146 BORGVALL, T. et al: Voltages in Substation Control Cables During Switching Operations. CIGRE Conf. Paper 36-05, 1970.
2.147 REMDE, H. et al: Elektromagnetische Verträglichkeit in Hochspannungsschaltanlagen. Elektrotechnik und Informationstechnik (1988) S. 357 bis 370.

2.148   GILLIES, D.A. u. H.C. RAMBERG:: Methods for Reducing Induced Voltages in Secondary Circuits. Trans. PAS 86 (1967) S. 907 bis 912.

2.149   STRNAD, A. u. C. REYNAUD: Design Aims in HV-Substations to Reduce Electromagnetic Interference. Electra 100 (1985) S. 87 bis 107.

2.150   HARRINGTON, T.J. u. M.M. EL-FAHAN: Proposed Methods to Reduce Transient Sheath Voltage Rise in Gas-Insulated Substations. IEEE Trans. PAS 104 (1985) S. 1199 bis 1206.

2.151   REQUA, R.: Die Reduzierung transienter Überspannungen in Sekundärleitungen durch Maßnahmen im Schaltanlagenbau. etz 97 (1976) S. 9 bis 13.

2.152   DICK, E.P.: Transient Ground Potential Rise in Gas Insulated Substations. IEEE Trans. PAS 101 S. 3610 bis 3619.

2.153   ANDERS, R. et al: Problems with Interference Voltage in Control Equipment for Power Stations and Substations. CIGRE Conf. Paper 36-09, 1984.

2.154   STRNAD, A.: Beanspruchung von Sekundärgeräten und Sekundärsystemen in Hochspannungsanlagen durch elektromagnetische Störvorgänge. El. Wirtschaft 79 (1980) S. 232 bis 236.

2.155   SCHWAB, A. u. J. HEROLD: Electromagnetic Interference in Impulse Measuring Systems. IEEE Trans. PAS (1974) S. 333 bis 339.

2.156   SCHWAB, A. u. J. HEROLD: Elektromagnetische Interferenzerscheinungen während der Messung schnell veränderlicher Spannungen und Ströme. Arch. f. Techn. Messen. Blatt V 3362-5 (1973), S. 185 bis 188.

2.157   MEPPELINK, J. u. H. REMDE: Elektromagnetische Verträglichkeit bei SF_6 gasisolierten Schaltanlagen. Brown Boveri Technik 73 (1986) S. 498 bis 502.

2.158   PESTKA, J.: Rechnerische Behandlung von Flicker Problemen nach dem UIE/IEC-Meßverfahren. Elektrizitätswirtschaft (1988) S. 1156 bis 1158.

2.159   KÖSTER, H.J. et al.: Oberschwingungsgehalt und Netzimpedanzen elektrischer Nieder- und Mittelspannungsnetze. Technischer Bericht 1-268. Forschungsgemeinschaft für Hochspannungs- und Hochstromanlagen, Mannheim 1988.

2.160   FÄHNRICH, H.J. u. E. RASCH: Der Betrieb von Leuchtstofflampen an elektronischen Vorschaltgeräten. Techn. Wiss. Abhandlungen der *Osram*-Gesellschaft. Springer Verlag, Heidelberg, Berlin, New York 1986.

2.161   RASCH, E.: Zündung und Betrieb von Kompakt-Leuchtstofflampen bei hohen Frequenzen. Techn. Wiss. Abhandlungen der *Osram*-Gesellschaft. Springer-Verlag, Heidelberg, Berlin, New York 1986.

2.162   STATNIC, E.: Zum Hochfrequenzbetrieb von Halogen-Metalldampflampen kleiner Leistung. Techn. Wiss. Abhandlungen der *Osram*-Gesellschaft. Springer-Verlag, Heidelberg, Berlin, New York 1986.

2.163   OZAWA, J. et al.: Suppression of Fast Transient Overvoltage During Gas Disconnector Switching in GIS. IEEE Trans. PWRD (1986) S. 194 - 201.

2.164   OGAWA, S. et al.: Estimation of Restriking Transient Overvoltage on Disconnecting Switch for GIS. IEEE Trans. PWRD (1986) S. 95 bis 102.

2.165   KYNAST, E.E. u. H.M. LUEHRMANN: Switching of Disconnectors in GIS. IEEE Trans. PAS (1985) S. 3143 bis 3150.

2.166   MEISSEN, W.: Kurzzeit-Überspannungen in Niederspannungsnetzen. Elektromagnetische Verträglichkeit EMV 88, Hüthig-Verlag, Heidelberg 1988.

2.167   IEC 65-4: Electromagnetic Compatibility for Industrial-Process Measurement and Control Equipment - Part Four: Electrical Fast Transient Requirements. Bureau of IEC, Genf.

2.168　ITU: List of Radio Determination and Special Service Stations Part: Time Signals. Int. Telegraph Union, Genf 1982.
2.169　SIEBEL, W.: KW-Spezialfrequenzliste, 5. Auflage 1987. Siebel Verlag Meckenheim.
2.170　TESCHE, F.M. u. P.R. BARNES: The HEMP response of an overhead power distribution line. IEEE Transactions on Power Delivery, Vol. 4, No. 3 (1989) S. 1937 bis 1942.
2.171　TESCHE, F.M. u. P.R. BARNES: A multiconductor model for determining the response of power transmission and distribution lines to a high altitude elektromagnetic pulse (HEMP). IEEE Transactions on Power Delivery, Vol 4, No. 3 (1989) S. 1955 bis 1959.
2.172　STURM, R. u. J. NITSCH: Die Wirkungen des EXO-EMP auf Antennen und Leitungen. Wehrwissenschaftliche Dienststelle der Bundeswehr für ABC-Schutz, Munster. WWD Nr. 114 (1989).

Schrifttum zum Kapitel 3

3.1　TIETZE, u. Ch. SCHENK: Halbleiterschaltungstechnik. Springer-Verlag, Berlin, Heidelberg, New York 1978.
3.2　UTESCH, Chr.: Der Einfluß von Störspannungen in der elektrischen Meßtechnik und ihre Berücksichtigung bei der Konzipierung elektrischer Meßgeräte Teil I. Arch. Techn. Messen, V30-11 (1974) u. Teil II V30-12 (1974).
3.3　McDONALD, G.M.: Instrumentation Problems Caused by Common Mode Interference Conversion. IEEE Trans. EMC Vol. EMC-8 (1966) S. 17 bis 23.
3.4　GOTTWALD, A.: Zur Störspannungsunterdrückung durch Symmetrierung der Meßwertübertragung. Arch. Techn. Messen, V30-13 (1974).
3.5　ERK, van M.H.: Guarding Techniques, T. u. M. News No. 10 u. 13 Philips Gloeilampen Fabrieken, Test and Measuring Dept., Eindhoven, Holland 1972.
3.6　HEWLETT PACKARD: Floating Measurements and Guarding. Appl. Note 23 (1970).
3.7　HOFFMANN, O.: Wirkungsweise und Einsatz von digitalen Meßgeräten. BBC-Nachrichten (1972) S. 241 bis 252.
3.8　KADEN, H.: Wirbelströme und Schirmung in der Nachrichtentechnik 2. Aufl., Springer-Verlag, Berlin, Heidelberg, New York 1959.
3.9　PHILLIPOW, E.: Taschenbuch Elektrotechnik Bd. 1, Carl Hanser-Verlag, München, Wien 1976.
3.10　UNGER, H.-G.: Elektromagnetische Wellen auf Leitungen. Hüthig-Verlag, Heidelberg 1986.
3.11　ZINKE, O. u. A. VLCEK: Lehrbuch der Hochfrequenztechnik 3. Aufl. Bd. 1, Springer-Verlag, Berlin, Heidelberg, New York, Tokyo 1986.
3.12　KÜPFMÜLLER, K.: Über das Nebensprechen in mehrfachen Fernsprechkabeln und seine Verminderung. Arch. f. Elektrotechnik (1923) S. 160 bis 203.
3.13　WAGNER, K.W.: Grundsätzliches über elektromagnetische Kopplungen zwischen parallelen Leitungen. EFD (1934) S. 147 bis 156.
3.14　WUCHEL, W.: Neuere Entwicklung in der Herstellung von Fernsprechkabeln auf physikalischer Grundlage. EFD (1934) S. 147 bis 169.

3.15 WUCHEL, W.: Entstehung und Wesen der magnetischen Nebensprechkopplung in Fernsprechkabeln. EFD (1934) S. 18 bis 26.

3.16 DOEBKE, W.: Das Nebensprechen in Fernsprechkabeln. ENT (1931) S. 63 bis 76.

3.17 KAMI, Y. u. R. SATO: Circuit-Concept Approach to Externally Excited Transmission Lines. IEEE Trans. EMC-27 (1985) S. 177 bis 183.

3.18 SCHARFMAN, W.E. et al: EMP Coupling to Power Lines. IEEE Trans. EMC-20 (1978) S. 129 bis 135.

3.19 LEE, K.H.S.: Two Parallel Terminated Conductors in External Fields. IEEE Trans. EMC-20 (1979) S. 288 bis 296.

3.20 AGUET, M. et al: Transient Electromagnetic Field Coupling to Long Shielded Cables. IEEE Trans. EMC-22 (1980) S. 276 bis 282.

3.21 ARI, N. u. W. BLUMER: Analytic Formulation of the Response of a Two-Wire Transmission Line Excited by a Plane Wave. IEEE Trans. EMC-30 (1988) S. 437 bis 448.

3.22 KAMI, Y. u. R. SATO: Transient Response of a Transmission Line Excited by an Electromagnetic Pulse. IEEE Trans. EMC-30 (1988) S. 457 bis 462.

3.23 SMITH, A.: Coupling of External Fields to Transmission Lines. Interference Control Technologies 1987.

3.24 HEROLD, J.: Der Kopplungswiderstand elektrisch langer Leitungen im Zeit- und Frequenzbereich. Diss. Hochspannungsinstitut, Universität Karlsruhe 1978.

3.25 ANDRÄ, W. u. K.H. FEIST: Vermeidung unzulässiger Beeinflussungen bei Netzleitsystemen. etz (1983) S. 347 bis 351.

3.26 PAUL, H.U. u. R. REQUA: Behandlung von EMV-Problemen aus Sicht des Betreibers (EVU). Elektrizitätswirtschaft (1988) S. 475 bis 481.

3.27 VDEW: Ringbuch Schutztechnik. VDEW-Verlag, Frankfurt 1983.

3.28 BETHE, K.: Unterdrückung von Mantelströmen auf geschlossenen Hochfrequenzleitungen. Int. Elektron. Rundschau (1966) S. 137 bis 142.

Schrifttum zum Kapitel 4

4.1 VDE 0565: Funkentstörmittel Teil 1, Funkentstörkondensatoren. VDE-Verlag, Berlin 1979 und 1984.

4.2 SHABTAY SHIRAN: A Technique to Determine RFI-Filter Insertion Loss as a Function of Source and Load Resistance.

4.3 KÜBEL, V.: Der Ableitstrom in der Funkentstörtechnik. Siemens Bauteile Informationen 8 (1970) S. 32 bis 34.

4.4 TIHANYI, J.: Protection of Power MOSFETs from Transient Overvoltages. Siemens Forsch.- und. Entwickl.-Ber. (1985) S. 56 bis 61.

4.5 KAISERWERTH, H.P: Funkentstörung Teil 2, Entstörkondensatoren und -drosseln. Siemens Bauteile Informationen (1967) S. 4 bis 7.

4.6 SCHULTZ, H.W.: Funkentstörung mit stromkompensierten Drosseln. Siemens Bauteile Informationen 1 (1972) S. 34 bis 36.

4.7 KÜBEL, V.: Eigenschaften und Anwendung von Funkentstörfiltern mit stromkompensierten Drosseln. Siemens Bauteile Report (1975) S. 108 bis 111.

4.8	HOFFARTH, H.M.: Electromagnetic Interference Reduction Filters. IEEE Trans. EMC-10 (1968) S. 225 bis 232.
4.9	DENNY, H.W. u. W.B. WARREN: Long Transmission Line Filters. IEEE Trans. EMC (1968) S. 363 bis 370.
4.10	SIEMENS AG: EMV Funk-Entstörung, Bauelemente, Filter. Datenbank Bereich Bauelemente, München 1987/88.
4.11	ZINKE, O.: Widerstände, Kondensatoren, Spulen und ihre Werkstoffe. Springer Verlag, Berlin, Heidelberg, New York 1965.
4.12	MAYER, F.: Electronic Compatibility. Anti Interference Wires, Cables, Filters. IEEE Trans. EMC (1966) S. 153 bis 160.
4.13	KAISERWERTH, H.P. u. R. SCHALLER: Bedämpfte UKW-Drossel, ein neues Bauelement für die Funkentstörung.
4.14	MAYER, F.: Absorptive Lines as RFI Filters. IEEE Trans. EMC (1968) S. 224.
4.15	SREBRANIG, St.F.: Data Line Filtering. Interference Technology Engineers Master (ITEM) 1988, R. und B. Enterprises, Plymouth Meeting Pa. S. 130 bis 138.
4.16	SHAFF, D.H.: Filter Contact Connectors. Interference Technology Engineers Master (ITEM) 1977, R. und B. Enterprises, Plymouth Meeting, Pa. S. 166 bis 168.
4.17	WEIS, A.: Durchführungselemente mit Ferritkern. Siemens Zeitschrift (1956) S. 393 bis 402.
4.18	KAISERWERTH, H.P.: Ringkern Funk-Entstördrosseln für Thyristorgeräte. Siemens Bauteile Informationen 10 (1972) S. 25 bis 28.
4.19	ORTLOFF, M.: Schirmkonzentrische Durchführungselemente zum Verriegeln hochfrequenzführender Leitungen. Frequenz (1965) S. 115 bis 124.
4.20	SCHWARTZ, E.: Lossyline Flexible Filter Wire and Cable. Interference Technology Engineers Master (ITEM) 1981, R. und B. Enterprises, Plymouth Meeting, Pa. S. 174 bis 175.
4.21	SCHMID, O.P.: Edelgasgefüllte Überspannungsableiter. Siemens Bauteile Report 16 (1978) S. 31 bis 36.
4.22	HASSE, P.: Schutz von elektronischen Systemen vor Gewitterüberspannungen. etz (1979) S. 1376 bis 1381.
4.23	ORTLOFF, M.: Hochfrequenz-Netzverriegelungen für elektromagnetisch geschirmte Räume und Hochspannungshallen. etz B (1962) S. 630 bis 633.
4.24	WAGNER, H.: Neue Funk-Entstörgerätereihe für elektrische Anlagen. Siemens Bauteile Informationen 11 (1973), S. 24 bis 29.
4.25	ENGELAGE, D.: Lichtwellenleiter in Energie- und Automatisierungsanlagen. Hüthig-Verlag, Heidelberg 1986.
4.26	GÖTTLICHER, G. u. M. SELB et al.: Digitale Übertragung von Analogsignalen über LWL-Strecken. Elektronik 1/8 (1988) S. 64 bis 68.
4.27	LEUTHOLD, P. u. P. HEINZMANN: Digitale faseroptische Kommunikation. Bull. ASE (1987) S. 884 bis 890.
4.28	SPIESS, H.: Optische Nachrichtenübertragung in elektrischen Netzen. Bull. ASE (1985) S. 1156 bis 1160.
4.29	KELLER, F.: Lichtwellenleiter als isolierendes Übertragungsmedium. Bull. ASE (1985) S. 913 bis 915.
4.30	LUDOLF., W.S.: Grundlagen der optischen Übertragungtechnik. Technisches Messen (1982 u. 1983) Artikelserie.

4.31 MALEWSKI, R. u. G.R. NOURSE: Transient Measurement Techniques in EHV-Systems. IEEE Trans. PAS (1978) S. 893 bis 902.

4.32 GRAU, G.: Optische Nachrichtentechnik, 2. Aufl., Springer-Verlag, Berlin, Heidelberg, New York, Tokio 1986.

4.33 SCHUHMACHER, K. u. G. TAUBITZ: Optische Datenübertragung in der industriellen Anwendung. Elektronik 7 (1984) S. 94 bis 98.

4.34 LEMM, H.: Fertigmodule für die optische Datenübertragung. Elektronik 7 (1984) S. 101 bis 102.

4.35 GREUTER, F.: Der Metalloxid-Widerstand: Kernelement moderner Überspannungsableiter. ABB-Technik (1989) S. 35 bis 42.

4.36 BROGL, P.: Überspannungsschutz mit Metalloxidvaristoren. Elektronik (1982) S. 99 bis 102.

4.37 OTT, G. u. G. RIBITSCH: Impulsverhalten von ZnO-Varistoren. etz (1988) S. 702 bis 704.

4.38 WETZEL, P.: Metalloxid Varistoren - Dimensionierung, Einsatz und Anwendung. elektronik anzeiger 7 (1979) S. 15 bis 18 u. 23 bis 25.

4.39 TAMOWSKI, D.: Filter Selection and Performance. ITEM - Interference Technology Engineers' Master 1988, S. 154 bis 172, R. u. B. Enterprises, Plymouth Meeting, Pa.

4.40 SCHNEIDER, L.M.: New Techniques Made Power-Line Emissions Filter Selction Easy. ITEM - Interference Technology Engineers' Master 1987, S. 143 bis 152, R. u. B. Enterprises, Plymouth Meeting, Pa.

Schrifttum zum Kapitel 5

5.1 KÜPFMÜLLER, K.: Einführung in die theoretische Elektrotechnik, 11. Aufl., Springer Verlag, Berlin, Heidelberg, New York, Tokio 1984.

5.2 SCHELKUNOFF, S.A.: The Impedance Concept and its Application to Problems of Reflection, Shielding and Power Absorption. Bell System Technical J. 17 (1938), S. 17 bis 49.

5.3 SCHULZ, R.B. et al.: Shielding Theory and Practice. IEEE Trans. EMC (1988) S. 187 bis 201.

5.4 EATON, M.: Conductive Elastomeric EMI Gaskets, ITEM 1988 R. und B. Enterprises, Plymouth Meeting Pa. S. 198 bis 204.

5.5 CURTIN, G. et al.: Molded-in-Place Metal Conductive Elastomer Seals for Effective, Long Term EMI/EMP Attenuation. ITEM 1988 R. und B. Enterprises, Plymouth Meeting Pa. S. 192 bis 196.

5.6 KIDD, St. I. u. P.DECEUNINCK: Conductive Plastics for EMI Shields, A New Concept for Total Quality Assurance. ITEM 1987 R. und B. Enterprises, Plymouth Meeting Pa. S. 196 bis 198.

5.7 PERRY, D.A.: Achieving Electromagnetic Compatibility Utilizing Wire and Wire-Mesh Technology. ITEM 1987 R. und B. Enterprises, Plymouth Meeting Pa. S. 200 bis 206.

5.8 EATON, M.: Conductive Elastomer Gasketing. ITEM 1987 R. und B. Enterprises, Plymouth Meeting Pa. S. 214 bis 222.

5.9 CHOMERICS: EMI Shielding Engineering Handbook, Chomerics 1988, Marlow (Bucks.) GB.

5.10	MOELLER, F.: Magnetische Abschirmung durch ebene Bleche bei Tonfrequenzen. Elektrische Nachrichtentechnik (1939) S. 48 bis 52.
5.11	KAUER, R.B. u. A.G. McDIARMID: Elektrisch leitende Kunststoffe. Spektrum der Wissenschaft (1988) S. 54 bis 59.
5.12	MAURIELLO, A.J.: Selection and Evaluation of Conductive Plastics. EMC-Technology (Oct.-Dec. 1984). S. 59 bis 73.
5.13	MAIR, H.: Elektrisch leitende Kunststoffe. etz (1988) S. 946 bis 951).
5.14	SCHOCH, K.F.: Electrically Conductive Polymers and Their Applications. IEEE Electrical Insulation Magazine (1986) S. 20 bis 25.
5.15	KOWALKOWSKI, K.: Fortschritte in der Abschirmtechnik. Siemens-Bauteile Informationen (1970) S. 20 bis 25.
5.16	KOWALKOWSKI, K. u. F. SCHLECHT: Zeitnormal und Hochfrequenzabschirmung. Siemens-Bauteile Informationen (1970) S. 35 bis 37.
5.17	KOWALKOWSKI, K.: Elektromagnetische Abschirmung einer Hochspannungshalle. Siemens-Bauteile Informationen (1970) S. 38 bis 42.
5.18	BIER, M.: Elektromagnetische Schirmung von Räumen als Mittel der Funkentstörung. etz (1956) S. 322 bis 325.
5.19	BLANCHARD, J.P. et al.: Electromagnetic Shielding by Metallized Fabric Enclosure, Theory and Experiment. IEEE Trans. EMC (1988) S. 282 bis 288.
5.20	AMATO, T. et al.: Shielding Effectiveness Before and After the Effects of Environmental Stress on Metallized Plastics. IEEE Trans. EMC (1988) S. 312 bis 325.
5.21	WECK, R.A.: Thin-Film Shielding for Microcircuit Applications and a Useful Laboratory Tool for Plane-Wave Shielding Evaluations. IEEE Trans. EMC (1968) S. 105 bis 112.
5.22	LASITTER, H.A.: Low-Frequency Shielding Effectiveness of Conductive Glass. IEEE Trans. EMC (1964) S. 17 bis 19.
5.23	ECHERSLEY, A.: H-Field Shielding Effectiveness of Flame-Sprayed and Thin Solid Aluminum and Copper Sheets. IEEE Trans. EMC (1968) S. 101 bis 104.
5.24	METEX: Shielding Aids. ITEM - Interference Technology Engineers` Master (1975) S. 31 bis 39, R. u. B. Enterprises, Plymouth Meeting, Pa.
5.25	EATON, M.: Conductive Elastomeric EMI Gaskets. ITEM - Interference Technology Engineers` Master (1988) S. 198 bis 204, R. u. B. Enterprises, Plymouth Meeting, Pa.
5.26	CURTIN, G.: Molded-In-Place Metal/Conductive Elastomer Seals For Effective, Long-Term, EMI/EMP Attenuation. ITEM - Interference Technology Engineers` Master (1988) S. 192 bis 196, R. u. B. Enterprises, Plymouth Meeting, Pa.
5.27	CHOMERICS: EMI Shielding Engineering Handbook. Chomerics GmbH Düsseldorf 1988.

Schrifttum zum Kapitel 6

6.1	ARI, N.: Computerprogrammsystem zur Auslegung der Schirmung gegen elektromagnetische Störfelder. etz b (1985) S. 440 bis 443.
6.2	COWDELL, R.B.: New Dimensions in Shielding. IEEE Trans. EMC (1968) S. 158 bis 167.

6.3	SCHULZ, R.B.: RF Shielding Design. IEEE Trans. EMC (1968) S. 168 bis 177.
6.4	SCHULZ, R.B.: ELF and VLF Shielding Effectiveness of High Permeability Materials. IEEE Trans. EMC (1968) S. 95 bis 100.
6.5	BABCOCK, L.F.: Shielding Circuits from EMP. IEEE Trans. EMC (1967) S. 45 bis 48.
6.6	KENDALL, C.: Boundary Conditions: Valid Factors in Shielding Analysis. IEEE Int. EMC Symp. Rec 1976, S. 1104 bis 1109.
6.7	WHITE, D.R.I.: Electromagnetic Shielding Materials and Performance. Don White Consultants, Germantown Maryland (USA) 1975.
6.8	BUCHHOLZ, H.: Schirmwirkung und Wirbelstromverluste eines hohlen kreiszylindrischen Leiters im magnetischen Wechselfeld. Archiv für Elektrotechnik (1929) S. 360 bis 374.
6.9	KADEN, H.: Die Schirmwirkung metallischer Hüllen gegen magnetische Wechselfelder. Hochfrequenztechnik (1932) S. 92 bis 97.
6.10	KING, L.V.: Electromagnetic Shielding of Radio Frequencies. Phil. Magaz. a. J. of Science (1933) S. 301 bis 223.
6.11	MOELLER, F.: Magnetische Abschirmung durch Einfach- und Mehrfachzylinder begrenzter Länge bei Tonfrequenzen. Elektrische Nachrichtentechnik (1941) S. 1 bis 7.
6.12	MOELLER, F.: Die elektromagnetische Abschirmung. Archiv für Elektrotechnik (1948) S. 328 bis 333.
6.13	SOMMERFELD, A.: Partielle Differentialgleichungen der Physik. Akadem. Verlagsgesellschaft Geest u. Portig, Leipzig 1948.
6.14	KADEN, H.: Die magnetische Feldstärke in den Ecken geschirmter Räume. Archiv für Elektr. Übertragung (1956) S. 275 bis 282.
6.15	EIBEL, T.: Der magnetostatische Querschirmfaktor von ein- und mehrlagigen Zylinderschirmen. Elektrie (1973) S. 370 bis 372.
6.16	MOELLER, F.: Magnetische Abschirmung durch Einfach- und Mehrfachzylinder begrenzter Länge bei Tonfrequenzen. Elektrische Nachrichtentechnik (1941) S. 1 bis 7.
6.17	EL-MARKATI u. E.M. FREEMAN: Electromagnetic Shielding Effect of a Set of Concentric Spheres in an Alternating Magnetic Field. Proc. IEE (1979) S. 1338 bis 1343.
6.18	LINDELL, I.V.: Minimum Attenuation of Spherical Shields. IEEE Trans. EMC (1968) S. 369 bis 371.
6.19	KADEN, H.: Die Schirmwirkung metallischer Hüllen gegen magnetische Impulsfelder. Archiv Elektr. Übertragung (1971) S. 549 bis 556.
6.20	KADEN, H.: Die Schirmwirkung metallischer Kugelhüllen gegen sehr kurze elektromagnetische Wellen und Impulse. Archiv Elektr. Übertragung (1972) S. 281 bis 288.
6.21	KADEN, H.: Die Schirmwirkung magnetischer Zylinderhüllen mit periodisch verteilten Blochwänden. Siemens Forschungs- und Entwicklungs-Berichte (1972) S. 204 bis 210.
6.22	MEREWETHER, D.E.: Analysis of the Shielding Characteristics of Saturable Ferromagnetic Cable Shields. IEEE Trans. EMC (1970) S. 134 bis 141.
6.23	YOUNG, F.J. u. W.J. ENGLISH: Flux Distribution in a Linear Magnetic Shield. IEEE Trans. EMC (1970) S. 118 bis 133.

6.24	MEREWETHER, D.E.: Electromagnetic Pulse Transition Through a Thin Sheet of Saturable Ferromagnetic Material of Infinite Surface Area. IEEE Trans EMC (1969) S. 139 bis 143.
6.25	MILLER, D.A. u. BRIDGES J.E.: Review of Circuit Approach to Calculate Shielding Effectiveness. IEEE Trans. EMC (1968) S. 52 bis 62.
6.26	BRIDGES, J.E.: An Update on the Circuit Approach to Calculate Shielding Effectiveness. IEEE Trans. EMC (1988) S. 211 bis 221 (mit weiteren 30 Literaturstellen!)
6.27	ARI N. u. D. HANSEN: Durchdringung schnellveränderlicher elektromagnetischer Impulsfelder durch eine leitende Platte.
6.28	BANNISTER, P.R.: New Theoretical Expressions for Predicting Shielding Effectiveness for the Plane Shield Case. IEEE Trans. EMC (1968) S. 2 bis 7.
6.29	BANNISTER, P.R.: Further Notes for Predicting Shielding Effectiveness for the Plane Shield Case. IEEE Trans. EMC (1969) S. 50 bis 53.
6.30	SCHULZ, R.B.: ELF and VLF Shielding Effectiveness of High-Permeability Materials. IEEE Trans. EMC (1968) S. 95 bis 100.
6.31	BRUSH, D.R. et al.: Low-Frequency Electrical Characteristics of RF Shielding Materials. IEEE Trans. EMC (1968) S. 67 bis 72.
6.32	RYAN, C.M.: Computer Expressions for Predicting Shielding Effectiveness for the Low-Frequency Case. IEEE Trans. EMC (1967) S. 83 bis 94.

Schrifttum zum Kapitel 7

7.1	VDE 0876: Geräte zur Messung von Funkstörungen, Teil 1. VDE-Verlag, Berlin 1978.
7.2	BUNDESPOST: Elektromagnetische Verträglichkeit von Anschalteinrichtungen und Endstelleneinrichtungen und privaten Fernmeldeeinrichtungen. FTZ Richtlinie 12 TR 1, Darmstadt, Fernmeldetechnisches Zentralamt 1987.
7.3	VDE 0877: Messung von Funkstörungen, Teil 1. VDE- Verlag, Berlin 1981.
7.4	WEISSER, H.: Beseitigung von Störaussendungen in HF-Schaltungen mit EMV-Nahfeldsonden. Mikrowellenmagazin (1988) S. 527 bis 529.
7.5	MEINKE: Taschenbuch der Hochfrequenztechnik, 2. Auflage. Springer-Verlag, Berlin 1962.
7.6	DEUTSCH, J. u. P. THUST: Breitbandabsorber für elektromagnetische Wellen. Zeitschrift für angewandte Physik (1959) S. 453 bis 455.
7.7	VDE 0877: Messen von Funkstörungen, Teil 2. Messen von Funkstörfeldstärken. VDE-Verlag, Berlin 1985,.
7.8	IEEE 63.6: Guide for the Computation of Errors in Open-Area Test Sites Measurements (ANSI Standard) 1988.
7.9	CRAWFORD, M.L. U. G.H. KOEPKE: Comparing EM susceptibility measurements between reverberation and anechoic chambers. IEEE Int. Symp. EMC, Boston (1985) S.
7.10	RICHARDSON, R.E.: Mode-stirred chamber calibration factor, relaxation time, and scaling laws. IEEE Trans. Instr. a. Meas. (1985) S. 573 bis 580.
7.11	CRAWFORD, M.L. u. G.H. KOEPKE: Design, evaluation, and use of a reverberation chamber for performing electromagnetic susceptibility measurements. Nat. Bureau of Standards Techn. Note 1092 (1986).

7.12 HATFIELD, M.O.: Shielding Effectiveness Measurements Using Mode-Stirred Chambers: A Comparison of two Approaches. IEEE Trans. EMC (1988) S. 229 bis 238.

7.13 MEYER DE STADELHOFEN, J. u. R. BERSIER: Die absorbierende Meßzange - eine neue Methode zur Messung von Störungen im Meterwellenbereich. Techn. Mitteilungen PTT 47 (1969) S. 96 bis 104.

7.14 VDE 0877: Messung von Funkstörungen, Teil 2. Messung von Funkstörfeldstärken. VDE-Verlag, Berlin (1980). Meßverfahren zur Beurteilung der EMV, Teil 2.

7.15 GESELOWITZ, D.B.: Response of Ideal Radio Noise Meter to Continuous Sine Wave, Recurrent Pulses, and Random Noise. IRE Trans. on Radio Frequency Interference (1961) Mai, S. 2 bis 11.

7.16 AUDONE, B. u. G. FRANZINI-TIBALDEO: Broad-Band and Narrow-Band Measurements. IEEE Trans. EMC (1973) S. 66 bis 71.

7.17 HABER, F.: Response of Quasi-Peak Detectors to Periodic Impulses with Random Amplitudes. IEEE Trans. EMC (1967) S. 1 bis 6.

7.18 SMITH, A.A. et al.: Calculation of Site Attenuation from Antenna Factors. IEEE Trans. EMC (1982) S. 301 bis 316.

7.19 FUKUZAWA, K. et al.: A New Method of Calculating 3-Meter Site Attenuation. IEEE Trans. EMC (1982) S. 389 bis 397.

7.20 SMITH, A.A.: Standard Site Method for Determining. Antenna Factors (1982) S. 316 bis 322.

7.21 GRUNER, L.: High Order Modes in Rectangular Coaxial Wave Guides. IEEE Microwave Theory Tech. (1967) S. 483 bis 485.

7.22 HILL, D.A.: Bandwidth Limitations of TEM Cells Due to Resonances. I. Microwave Power (1983) S. 181 bis 195.

7.23 FRÄNZ, K.: Messung der Empfängerempfindlichkeit bei kurzen elektrischen Wellen. Z. Hochfrequenztechnik (1942) S. 105 bis 112.

7.24 FRIIS, H.T.: A note on a simple transmission formula, Proc. IRE (1946) S. 254 bis 256.

7.25 FCC: Characteristics of Open Field Test Sites. Bull. OST 55 (1985), Federal Communications Commission Office of Science and Technology, Washington, DC.

Schrifttum zum Kapitel 8

8.1 PELZ, L.: Anforderungen an die Störfestigkeit von Automatisierungseinrichtungen in der chemischen Industrie. Automatisierungstechnische Praxis atp (1989) S. 174 bis 181 und S. 217 bis 219.

8.2 VDE 0843: EMV von Meß-, Steuer- und Regeleinrichtungen in der industriellen Prozeßtechnik, Teil 2. Störfestigkeit gegen die Entladung statischer Elektrizität. VDE-Verlag, Berlin 1987.

8.3 PELZ, L.: EMV in der Prozeßleittechnik. Automatisierungstechnische Praxis atp (1988) S. 80 bis 83.

8.4 VDE 0847: Beurteilung der Störfestigkeit gegen leitungsgeführte Störgrößen. VDE-Verlag, Berlin (1986) Entwurf.

8.5	IEC 801-5: Industrial Process Measurement and Control Part 5, Surge Voltage Immunity requirements. Bureau of IEC, Genf 1988.
8.6	IEC 60-2: High Voltage Test Techniques, Part 2 - Test Procedures. Bureau of IEC, Genf (1973).
8.7	IEC 469-1: Pulse Techniques and Apparatus, Part 1. Bureau of IEC, Genf 1974.
8.8	HELMCHEN, G. u. O. ETZEL: Berechnung der Elemente des Stoßspannungskreises für die Stoßspannungen 1.2/50, 1.2/5 und 1.2/200. etz A (1964) S. 578 bis 582.
8.9	WOLF, J.: Ein einfaches Verfahren zur Berechnung der Stirnzeit von Blitzimpulsspannungen. Elektrie (1983) S. 200 bis 202.
8.10	SCHWAB, A. u. F. IMO: Berechnung von Stoßstromkreisen für Exponentialströme. Bull. ASE (1977) S. 1310 bis 1313.
8.11	ROBRA, J.: Ein Programm zur Berechnung der Elemente des Stoßkreises für beliebige Stoß- und Schaltspannungen. Bull. ASE (1972) S. 274 bis 277.
8.12	CREED, F.C. u. M.M.C. COLLINS: Shaping Circuits For High-Voltage-Pulses. IEEE Trans. PAS (1971) S. 2239 bis 2246.
8.13	Very Short Tailed Lightning Double Exponential Wave Generation Techniques Based on Marx Circuit Standard Configurations. IEEE Trans. PAS (1984) S. 782 bis 786.
8.14	WIESINGER, J.: Hybrid Generator für die Isolationskoordination. etz (1983) S. 1102 bis 1105.
8.15	CISPR: Measurement of the immunity of sound and television broadcast receivers and assocaited equipment in the frequency range 1,5 MHz to 30 MHz by the current-injection method. Publ. 20 (1985).
8.16	BERSIER, R.B.: Rationale and new experimental evidence on the adequacy of conducted instead of radiated susceptibility tests. 5th Symp. on EMC Zürich (1983) S. 257 bis 262.
8.17	SHEU, H.M., R.W. KING et al.: The Exciting Mechanism of the Parallel-Plate EMP Simulator. IEEE Trans. EMC (1987) S. 32 bis 39.
8.18	BARDET, C. et al.: Time Domain Analysis of a Large EMP Simutor. IEEE Trans. EMC (1987) S. 40 bis 48.
8.19	CRAWFORD, M.L.: Generation of Standard EM-Fields Using TEM Transmission Cells. IEEE Trans. EMC (1974) S. 189 bis 195.
8.20	POLLARD, N.: A Broadband Electomagnetic Environments Simulator. IEEE Int. Symp. EMC Seattle (1977) S. 73 bis 77.
8.21	KÖNIGSTEIN, D. u. D. HANSEN: A New Family of TEM-Cells with Enlarged Bandwidth and Optimized Working Volume. Int. Symp. EMC Zürich (1987) S. 127 bis 132.
8.22	WILSON, P.F. u. M.T. MA: Simple Approximate Expressions for Higher Order Mode Cutoff and Resonant Frequencies in TEM Cells. IEEE Trans. EMC (1986) S. 125 bis 130.
8.23	CRAWFORD, M.L. et al.: Expanding the Bandwidth of TEM-Cells for EMC-Measurements. IEEE Trans. EMC (1978) S. 368 bis 375.
8.24	SMITH, I. u. H. ASLIN: Pulsed Power for EMP Simulators. IEEE Trans. on Antennas a. Propagation (1978) S. 53 bis 59.
8.25	FESER, K.: Migus-EMP Simulator für die Überprüfung der EMV. etz (1987) S. 420 bis 423.
8.26	TEHORI, A.: EMP Inductive Injection System. EMC Symp. Zürich (1989) Symp. Rec. S. 233 bis 236.

8.27 EUMURIAN, G. et al.: A 320 kW arbitrary waveform injection System. EMC Symp. Zürich (1989) S. 377 bis 382.
8.28 CROUCH, K.E.: Recent Lightning Induced Voltage Test Techniques Investigation. 8th Int. Aerospace and Ground Conf. on Lightning (1983), Nat. Techn. Inf. Serv. Springfield, Va. USA.
8.29 VDE 0160: Ausrüstung von Starkstromanlagen mit elektronischen Betriebsmitteln. VDE-Verlag, Berlin 1988.

Schrifttum zum Kapitel 9

9.1 IMO, F.: Schirmfaktor und Kopplungswiderstand. Diss. Fak. Elektrotechnik, Universität Karlsruhe, 1981.
9.2 HOEFT, L.O. u. J.S. HOFSTRA: Measured Electromagnetic Shielding Performance of Commonly Used Cables and Connectors. IEEE Trans. EMC (1988) S. 260 bis 275.
9.3 KRÜGEL, L.: Abschirmwirkung von Außenleitern flexibler Koaxialkabel. Telefunken Zeitung (1956) S. 256 bis 266.
9.4 KNOWLES, E.D. u. L.W. OLSON: Cable Shielding Effectiveness Testing. IEEE Trans. EMC (1974) S. 16 bis 23.
9.5 MUND, B.: Hochgeschirmte HF-Kabel und Anschlußleitungen. Elektronik (1988) S. 111 bis 114.
9.6 ENDRES, H.W.: EMV/RFI-Tests an D-Subminiatursteckern. Elektronik-Industrie 11 (1988) S. 18 u. 25.
9.7 BAUM, C.E.: Monitor for Integrity of Seams in a Shield Enclosure. IEEE Trans. EMC (1988) S. 276 bis 281.
9.8 HOEFT, L.O. u. J.S. HOFSTRA: Experimental and Theoretical Analysis of the Magnetic Field Attenuation of Enclosures. IEEE Trans. EMC (1988) S. 326 bis 340.
9.9 VG-95373: Elektromagnetische Verträglichkeit von Geräten, Teil 15, Meßverfahren für Kopplungen und Schirmungen. Bundesamt für Wehrtechnik und Beschaffung, Bonn 1978.
9.10 MIL-STD 285: Attenuation Measurements for Enclosures Electromagnetic Shielding, for Electronic Test Purposes, Method of (1956).
9.11 IEEE-STD 299: Shielding Enclosures, Electromagnetic, for Electronic Purposes, Method of Measurement the Effectiveness of (1985).
9.12 GRAF, W. u. E.F. VANCE: Shielding Effectiveness and Electromagnetic Protection. IEEE Trans. EMC (1988) S. 289 bis 293.
9.13 MOSER, R.: Low-Frequency Low-Impedance Electromagnetic Shielding. IEEE Trans. EMC (1988) S. 202 bis 210.
9.14 BRIDGES, J.E.: Proposed Recommended Practices for the Measurement of Shielding Effectiveness. IEEE Trans. EMC (1968) S. 82 bis 94.
9.15 O'YOUNG, S. et al.: Survey of Techniques for Measuring RF Shielding Enclosures. IEEE Trans. EMC (1969) S. 72 bis 81.
9.16 HOEFT, L.O. u. HOFSTRA, J.S.: Experimental and Theoretical Analysis of the Magnetic Field Attenuation of Enclosures. IEEE Trans. EMC (1988) S. 326 bis 340.

9.17	TARNOWSKI, D.: Filter Selection and Performance. ITEM - Interference Technology Engineers' Master. (1988) S. 154 bis 220. R. u. B. Enterprises, Plymouth Meeting, Pa.
9.18	FERNALD, D.: Connector Types and Cable Shielding Techniques. ITEM - Interference Technology Engineers' Master (1988) S. 208 bis 211. R. u. B. Enterprises, Plymouth Meeting, Pa.
9.19	CLEVES, A.B.: RFI/EMC Shielding in Cable Connector Assemblies. ITEM - Interference Technology Engineers' Master (1988) S. 212 bis 219. R. u. B. Enterprises, Plymouth Meeting, Pa.
9.20	CARLSON, E.J.: Transfer Impedance: Can It Predict Shielding Effectiveness? ITEM - Interference Technology Engineers' Master (1988) S. 178 bis 185. R. B. Enterprises, Plymouth Meeting, Pa.
9.21	SIMON, R.M. u. D. STUTZ: Test Methods for Shielding materials. EMC Tech (1983) S. 39 bis 48.
9.22	OBERHOLTZER, L.C. et al.: A Treatise of the New ASTM-EMI. Shielding Standard. ITEM - Interference Technology Engineers' Master (1984) S. 174 bis 178). R. u. B. Enterprises, Plymouth Meeting, Pa./USA.
9.23	WILSON, P.F. et al.: Measurement of the Electromagnetic Shielding Capabilities of Materials. IEEE Proc. (1986) S. 112 bis 115.
9.24	WILSON, P.F. u. M.T. MA: Techniques for Measuring the Shielding Effectiveness of Materials. Int. EMC Symp. Zürich (1987) S. 547 bis 552.
9.25	WILSON, P.F. u. M.T. MA: Techniques for Measuring the Electromagnetic Shielding Effectiveness of Materials, Part I Far Field Source Simulation. IEEE Trans. EMC (1988) S. 239 bis 250.
9.26	SCHEPS, R.D.: Shielding Effectiveness Measurements Using a Dual TEM Cell Fixture. EMC-Technology July/Sept. (1983) S. 61 bis 65.
9.27	WILSON, P.F. u. M.T. MA: Techniques for Measuring the Electromagnetic Shielding Effectiveness of Materials, Part II Near Field Source Simulation. EMC Trans. EMC (1988) S. 251 bis 259.
9.28	FAUGHT, A.N. et al.: Shielding Material Insertion Loss Measurement Using a Dual TEM Cell System. IEEE EMC Symp. Rec. (1983) S. 286 bis 290.
9.29	WILSON, R.F. u. M.T. MA: Shielding Effectiveness Measurements with a Dual TEM Cell. IEEE Trans. EMC (1985) S. 137 bis 142.
9.30	DIKE, G. et al.: Electromagnetic Relationships between Shielding Effectiveness and Transfer Impedance. IEEE Int. EMC Symp. Rec. (1979) S. 133 bis 138.
9.31	ONDREJKA, A.R. u. J.W. ADAMS: Shielding Effectiveness Measurement Techniques. IEEE Int. EMC Symps. Rec. (1984) S. 249 bis 253.
9.32	BIRKIN, J.A. et al.: Advanced Composite Aircraft Electromagnetic Design and Synthesis. IEEE Int. EMC Symp. Rec. (1981) S. 562 bis 569.
9.33	BUCKLEY, E.F.: Design, Evaluation and Performance of Modern Microwave Anechoic Chambers for Antenna Measurements. Electronic Components (1965) S. 1119 bis 1126.
9.34	CORY, W.E. et al.: Standing Wave Reduction in an RFI Laboratory. IEEE Trans. EMC No 3 (1966) S. 64 bis 72.
9.35	GARBE, H. et al.: Das Verständnis von HF-Absorbern als ein Schlüssel zur Feldmeßtechnik in EMV-Kammern. EMV 88 - Karlsruhe (1988) Symp. Bd.
9.36	EISBRUCK, S. H. u. F.A. GIORDANO: A Survey of Power-Line Filter Measurement Techniques. IEEE Trans. EMC (1968) S. 238 bis 242.

9.37   CLARK, D.B. et al.: Power Filter Insertion Loss Evaluated in Operational Type Circuit. IEEE Trans. EM (1968) S. 243 bis 255.
9.38   WEIDMANN, H. et al.: Two Worst-Case Insertion Loss Test Methods for Passive Power-Line Interference Filters. IEEE Trans. EMC (1968) S. 257 bis 263.
9.39   SZENTKUTI, B.: Give Up Radiation Testing in Favour of Conduction Testing. Int. EMC Symp. Zürich 1989, Symp. Ber. S. 221 bis 226.

Schrifttum zum Kapitel 10

10.1   TUTTAS, Chr.: Anwendung aktiver Saugkreise in elektrischen Energieversorgungsnetzen. etz Archiv Bd. 9 (1987) S. 93 bis 100.
10.2   GARCHE, M.: Bei Oberschwingungen im Netz Blindstromkompensation. Energie und Automation Heft 3 (1987) S. 17 bis 19.
10.3   THOMAS, U.: Beseitigung von Oberschwingungen in Industrienetzen. Siemens Energietechnik Heft 4 (1984) S. 16 und 17.
10.4   MÜLLER, H.Ch.: ETG-Fachbericht 17 "Netzrückwirkungen". VDE-Verlag, Berlin, Offenbach 1986.
10.5   HARDT, W. u. J. PESTKA: Grundsätze für die Beurteilung von Netzrückwirkungen, 2. Aufl. VDEW-Verlag, Frankfurt 1987.
10.6   Bundes-Wirtschaftsministerium: Verordnung über Allgemeine Bedingungen für die Elektrizitätsversorgung von Tarifkunden. Bundesgesetzblatt 1979, Teil I, S. 684 bis 692.
10.7   MEPPELINK, J. u. H. REMDE: Elektromagnetische Verträglichkeit bei SF_6 isolierten Schaltanlagen Brown Boveri Technik 9 (1986) S. 598 bis 602.
10.8   MEPPELINK, J.: Elektromagnetische Verträglichkeit bei SF_6 gasisolierten Schaltanlagen. Bull. SEV 77 (1986) S. 1497 bis 1500.
10.9   STRNAD, A. u. C. REYNAUD: Design Aims in High-Voltage Substations to Reduce Electromagnetic Interference (EMI) in Secondary Systems. Electra 100, S. 88 bis 107.
10.10 JAEQUET, M.B. u. M.A.J. PERONEN: Protection Relays and Interference. Electra 83, S. 78 bis 89.
10.11 VOGEL, O.: Überspannungen in Hilfsleitungen von Hochspannungsanlagen. FGH-Bericht 229, Mannheim 1972.
10.12 GILLIES, D.A. u. H.C. RAMBERG: Methods for Reducing Induced Voltages in Secondary Circuits. IEEE Trans. PAS, PAS 86 (1967) S. 907 bis 913.
10.13 REMDE, H.E.: Herabsetzung transienter Überspannungen auf Sekundärleitungen in Schaltanlagen. El. Wirtschaft 74 (1975) S. 822 bis 826.
10.14 ROGERS, E.J.: Instrumentation Techniques in High-Voltage Substations. IEEE Summer Power Meeting 1972 S. 127 bis 138.
10.15 TSENG, F.K. et al: Instrumentation and Control in EHV Substations. IEEE Trans. PAS 94 (1975) S. 632 bis 641.
10.16 HICKS, R.L.: Transient Voltages on Power Station Wiring. IEEE Trans. PAS 90 (1971) S. 261 bis 269.
10.17 VOGEL, O.: Entstehung und Ausbreitung der transienten Überspannungen. etz a Bd. 97 (1976) S. 2 bis 6.

Schrifttum

10.18 HUBENSTEINER, H.: Auswirkungen der transienten Überspannungen und Koordinierung der Abhilfemöglichkeiten. etz a Bd. 97 (1976) S. 6 bis 8.

10.19 REQUA, R.: Die Reduzierung transienter Überspannungen in Sekundärleitungen durch Maßnahmen im Schaltanlagenbau. etz a Bd. 97 (1976) S. 9 bis 13.

10.20 MENGE, H.D.: Ergebnisse von Messungen transienter Überspannungen in Freiluftschaltanlagen. etz a Bd. 97 (1976) S. 15 bis 17.

10.21 DABINGHAUS, H.G.: Transiente Überspannungen an Kabelmänteln. El. Wirtschaft Bd. 82 (1983) S. 57 bis 60.

10.22 RODEWALD, A.: Eine Abschätzung der maximalen di/dt-Werte beim Schalten von Sammelschienenverbindungen oder Hochspannungsprüfkreisen. etz a Bd. 99 (1978) S. 19 bis 23.

10.23 RODEWALD, A.: Eine Abschätzung der schnellen transienten Stromamplituden bei Schalthandlungen in Hochspannungsanlagen und Prüffeldern. Bull. SEV 69 (1978) S. 171 bis 176.

10.24 RUSSEL, B.D. et al: Substation Electromagnetic Interference. IEEE Trans. PAS. 103 (1984) S. 1863 bis 1878.

10.25 DICK, E.P. et al.: Transient Ground Potential Rise in Gas-Insulated Substations. IEEE Trans. PAS 101 (1982) S. 3510 bis 3619.

10.26 ANDERS, R. et al.: Interference Problems on Electronic Control. Equipment, CIGRE Rep. 36-09. Paris 1984.

10.27 O'BRIEN, J.: Controlling Static Discharge: A New Approach ITEM-Interference Technology Engineers' Master 1989 S. 130, R. u. B. Enterprises, Plymouth Meeting, Pa.

10.28 HUNTSMAN, J.R.: Triboelectronic Charge: Its ESD ability and Measurement Method For Its Propensity on Packaging Materials. ITEM-Interference Technology Engineers' Master 1989, S. 131 bis 145. R. u. B. Enterprises, Plymouth Meeting, Pa.

10.29 CONDON, G.: A Simple Approach for Evaluating ESD Bags and Containers. ITEM-Interference Technology Engineers' Master 1987, S. 91 bis 101, R. u. B. Enterprises, Plymouth Meeting, Pa.

10.30 VDE 0185: Blitzschutzanlage. VDE-Verlag, Berlin 1982.

10.31 TWACHTMANN, W.: Errichten von Blitzschutzanlagen. etz 107 (1986) S. 702 bis 703.

10.32 SAUER, H.: Relais Lexikon. Alfred Hüthig Verlag, Heidelberg 1984.

10.33 HABIGER, E.: Störschutzbeschaltungen für elektromagnetisch betätigte Geräte - eine Literaturübersicht. Elektrie (1973), S. 266 bis 268.

10.34 NEELAKEANTOSWAMY, P.S.: Impulsive EMI Radiated By Electrostatic Discharges. ITEM-Interference Technology Engineers' Master 1987, S. 104 bis 110. R. u. B. Enterprises, Plymouth Meeting, Pa.

10.35 HASSE, P., J. WIESINGER u. W. ZISCHANK: Isolationskoordination in Niederspannungsanlagen auch bei Blitzeinschlägen. etz (1989) S. 64 bis 66.

10.36 VDE 0110: Isolationskoordination für elektrische Betriebsmittel in Niederspannungsanlagen Teil 2, Bemessung der Luft- und Kriechstrecken. VDE-Verlag, Berlin 1989.

10.37 KIND, D. u. T. SIRAIT: Über die Ermittlung der Erdströme von Stoßspannungsanlagen. etz A 85 (1964) S. 848 bis 849.

10.38 NIELSEN, M. u. R. ODERSHEDE: Hochspannungslaboratorium der Nordiske Kabel og Drahtfabriker. Ingeniøren 18 (1961).

10.39 DIETRICH, R.E. u. D.A. GIELIES: Shielding Measuring Circuits From Fast Rise Voltages and Currents. AIEE Conf. 1962.

10.40 HAEFELY u. Cie AG: Die Erdung von Stoßspannungsanlagen. Eigenverlag, Basel 1966.

10.41 NELSON, J.: Introduction to Oscilloscope Differential Amplifiers. Tektronix Service-Scope Nr. 33 und 34, 1965.

10.42 JAHN, D.: Doppelgeschirmter Aufbau einer Meßwertübertragungseinrichtung durch Modifizierung des EGS-Systems. Elektrie (1985) Seite 104 bis 107.

10.43 KRAUSE, N.: Grenzwerte für elektrische und magnetische Felder im Bereich von 0 Hz bis 30 kHz. etz (1989) S. 280 bis 286.

10.44 VDE 0848: Gefährdung durch elektromagnetische Felder, Teil 2, Schutz von Personen im Frequenzbereich von 10 kHz bis 3000 GHz. VDE-Verlag, Berlin 1984.

10.45 SILNY, J.: Der Mensch in energietechnischen Feldern. Elektrizitätswirtschaft (1985) S. 245 bis 252.

10.46 MEIER, D.: Aktuelle Probleme der Einwirkung elektromagnetischer Felder auf den Menschen. Bulletin SEV (1987) S. 507 bis 508.

10.47 HOMMEL, H.: Schaden die elektromagnetischen Wellen? Umwelt und Technik (1986) S. 36 bis 40 und (1987) S. 56 bis 58.

10.48 HAUBRICH, H.J.: Biologische Wirkung elektromagnetischer 50 Hz-Felder auf den Menschen. Elektrizitätswirtschaft (1987) S. 697 bis 705.

10.49 HAUT, R.: Die Wirkung elektromagnetischer Felder auf den Menschen aus medizinischer Sicht. Bulletin SEV (1988) S. 1382 bis 1389.

10.50 ROLLIER, Y.: Die Auswirkungen elektromagnetischer Felder in der Nähe von Hochspannungsleitungen und -schaltanlagen. Bulletin SEV (1988) S. 1372 bis 1379.

10.51 LEUTHOLD, P.E.: Die Beeinflussung der Umwelt durch hochfrequente elektromagnetische Felder. Bulletin SEV (1988) S. 1380 bis 1381.

10.52 SHEPARD, M.: EMV-The Debate on Health Effects. EPRI Journal (1987) S. 3 bis 14.

10.53 CHARTIER, V.L. et al.: BPA-Study of Occupational Exposure to 60 Hz Electric Fields. IEEE Trans. PAS (1985) S. 733 bis 744.

10.54 FLORIG, H.K.: Electric Field Exposure from Electric Blankets. IEEE Trans. PWRD (1987) S. 527 bis 535.

10.55 BULAWKA, A.O.: The U.S. Dept. of Energy 60 Hz Electric Field Bioeffects Research. IEEE Trans. PAS (1982) S. 4432 bis 4440.

10.56 WERTHEIMER, N. u. E. LEEPER: Adult Cancer Related to Electrical Wires Near the Home. Int. Journ. Epid. (1982) S. 345 bis 355.

10.57 FRUCHT, A.H.: Die Wirkung hochfrequenter elektromagnetischer Felder auf den Menschen (1 kHz bis 1000 GHz). Med. Techn. Bericht 1984 (mit 330 weiteren Literaturstellen!). Inst. z. Erf. elektrischer Unfälle, Berufungsgenossenschaft Feinmechanik u. Optik Köln, 1984.

10.58 LERNER, E.J.: The drive to regulate electromagnetic fields. IEEE Spectrum, März 1984, S. 63 bis 70.

10.59 LAU, H.: "Das neue Hochspannungsinstitut der Universität Karlsruhe". Eigenverlag Hochspannungsinstitut, Karlsruhe 1973.

10.60 KARADY, G. u. N. HYLTEN CAVALLIUS: Electromagnetic Shielding of HighVoltage Laboratories. IEEE Trans. PAS (1971) S. 1400 bis 1406.

10.61 RIZK, F. et al.: Performance of Electromagnetic Shields in High-Voltage Laboratories. IEEE Trans. PAS (1975) S. 2077 bis 2083.

Schrifttum zum Kapitel 11

11.1 BUNDES-POSTMINISTERIUM: Gesetz über Fernmeldeanlagen vom 14.1.1928 (Reichsgesetzblatt I S. 8). Neufassung § 20 1968, Bundesgesetzblatt I S. 503.

11.2 BUNDES-POSTMINISTERIUM: Durchführungsgesetz EG-Richtlinien Funkstörungen - FunkStörG. Bundesgesetzblatt I (1978) S. 1180 u. Bundesgesetzblatt I (1984) S. 1078.

11.3 SCHANNE, E.: Rechtsgrundlagen für internationale europäische und deutsche Funk-Entstörbestimmungen. etz B (1971) S. M87 bis M100.

11.4 KOHLING, A.: Grundlagen der Funk-Entstörung in der Bundesrepublik Deutschland. etz Bd 108 (1987) S. 424 bis 427.

11.5 CHUN, E.: Elektromagnetische Verträglichkeit — weiter nichts als Disziplin? etz 1987, S. 428 bis 434.

11.6 CHUN, E.: Beeinflussung und Verträglichkeit im Spiegel der Normung. FGH-Bericht 1-262 "Beeinflussungsprobleme elektrischer Energieversorgungsnetze", Kapitel II, Mannheim 1987.

11.7 WEBER, J.: Sachaufgaben der EMV-Normung. etz 1979, S. 226 bis 228.

11.8 BUNDES-POSTMINISTERIUM: Amtsblatt Nr. 163 (1984), Verfügungen 1044, 1045, 1046.

11.9 MÜLLER, K.O.: Procedures for Granting Licenses for the Operation of RF Devices, Radio- and TV-Receivers in Western Germany. Rohde und Schwarz, München 1987.

11.10 EWG 89/336: Richtlinie des Rates vom 3.5.89 zur Angleichung der Rechtsvorschriften der Mitgliedsstaaten über die EMV. Amtsblatt der EG Nr. L 139/19 vom 23.5.89.

11.11 Gesetz zum Internationalen Fernmeldevertrag vom 12.11.65, BGBL II (1968) S. 931.

11.12 CHUN, E.: "EMV-Zentrum" (mit Normenauflistung). Firmendruckschrift der ASEA Brown Boveri AG, Mannheim 1990.

Index

Abhören 5
Ableiter
 harte 176
 weiche 177
Ableitstrom 154
Ableitungen 374
Abschaltüberspannung 308; 363
Abschattungsblech 213
Abschattungseffekt 201
Absorber 215
Absorberkammer 282
Absorberräume 214
Absorberzangen 340; 345
Absorptionsdämpfung 259
Allgemeine Genehmigung 14; 403
Amplituden-Linienspektrum 43
Amplitudendichte 49; 60; 65; 300
 physikalische 299
 rechnerische 299
Analogsignale 12
Anechoic Chamber 215
Ankoppeleinrichtung 262; 303; 326
Anoden- und Kathodenfall 176
Ansprechspannung 176
Anstiegszeit 313
Antenne 270
 bikonische 275
 konisch logarithmische 275
 logarithmisch periodische 275
 virtuelle 288
Antennenfaktor 272
Antennengewinn 275
Antennenhöhe 272
Antennenlänge 272
Antennenstrahlungsdiagramm 348
Antennen-Symmetrierübertrager 280
Arbeitsplatzrechner 14
Automatisierungssysteme 1; 24 ; 68; 113; 302
Avioniksysteme 327

BALUN 111; 266; 280
Bandbreite 66; 336
Baugruppenträger 125

Baustahlgewebe 206
Beeinflussung
 durch Starkstromleitung 74
 elektromagnetische 2
 reversible 3
Beeinflussungsmodell 3
Berührungsschutz 35
Betrags/Phasen-Form 42
Bezugsgröße 8
Bezugsleiter 33; 36
Bezugsmasse 27
Bildschirmgeräte 71
Bioorganismen 2
Blitze 91
Blitzeinwirkung 87
Blitzschutz
 innerer 92; 127
Blitzschutzanlage 91; 374
Blitzstoßspannung 309; 313
Blitzstromparameter 91
Blitzüberspannung 374
Bordnetze 266
Breitbandantenne 274
Breitbanddipol 275
Breitbandstörung 66
Breitband-Störquellen 75
Breitbandübertrager 281
Breitbandverstärker 336
Burst 85; 308
Burst-Simulator 310; 325
Bürstenfeuer 78
Bypass 119
 -Schirm 110
 -Technik 119; 124; 144; 383

CCIR 400
CCITT 400
CISPR 294; 397
Click 17; 65
Combination Wave Generator 314
Comité Consultatif Internationale de Radiocommunication 400
Comité Consultatif Télégraphique et Téléphonique 400

Index

Comité International Special des Perturbations Radioelectriques 397
Common mode gain 105
Common Mode Rejection 29; 114
Common mode 31
Compton-Elektronen 93
Conical Log Spiral 276
Crawford-Zelle 335
Cross talk 130

Datenverarbeitungsanlagen 1
Dehnungsmeßstreifen 117
Dezibel 8
Dichtungen 208
Dielektrika
    dissipative 157
Differential mode 31
Differenzverstärker 114; 267; 385
Dioden 364
Dipol
    Fitzgerald'scher 194
    magnetischer 390
Dipolantenne 271
Drahtgeflecht 206
Drahtgewebe 207
Drehstromleitung 74
Drehtisch 287
Drossel 162
    stromkompensierte 163
Dual-Chamber-Meßzelle 354
Durchführungskondensator 162
Durchgriff
    kapazitiver 130; 344
Durchgriffskapazität 130
Durchgriffsleitwert 343

E-Feld-Antenne 271; 278
E-Felder 289
Earth 32
Effekte
    biologische 390
Effektivwert 290
Effektivwertanzeige 296
Eigeninduktivität 160
Eindringtiefe 206; 257
Einfügungsdämpfung 150; 284; 346; 360
Einfügungsgewinn 155; 168
Einhüllende 291
Einzelgenehmigung 14; 402
Eisenpulverkerne 163
Elektrizitätsversorgungsunternehmen 372
Elektrizität
    statische 318
Elektrodiathermie 391
Elektroinstallation 375

Elektronenstrahloszilloskop 377
Elektrowerkzeuge 366
EMB-Simulationsverfahren 303
Emissionsmeßtechnik 262
Empfänger 1
Empfängerbandbreite 297
EMV
    -Plan 6
    -Tafel 52; 57
    -Vorschriftenwesen 396; 405
Entkoppeldrossel 307
Entkopplungsdrossel 311
Entladezeitkonstante 291
Entladung
    atmosphärische 1
    elektrostatische 79; 370
Entladungsfunke 83
Entstörfilter 148
Entstörkombination 162
Entstörkomponenten 148
Entstörkondensator 153
Entstörmittelmessung 341
Entstörung von Magnetspulen 363
Erde 32
    ferne 127
Erdleiter 33
Erdpotential 126
Erdschleifen 30; 104; 121; 136; 184
Erdschleifenkopplung 98
Erdstreukapazität 379
Erdung 32; 212
Erdung von Kabelschirmen 142
Erdungssystem 374
Ersatzfeldstärke 395
ESD 370
    -Simulation. 321
    -Simulator 326
Even mode 31
EXO-EMP 94

Fangeinrichtungen 374
Faraday-Käfig 198; 248
Fast Transients 89
Fehlfunktion 3; 101
Feld
    elektrostatisches 197
    hochohmiges 194
    magnetostatisches 199
    niederohmiges 195
    quasistatisches 189; 221
Feldstärkepegel 8
Feldwellenimpedanz 255
Feldwellenwiderstand 273
Fernfeld 190; 192
Fernmeldeanlagengesetz 401
Fernmeldenetze 178
Fernnebensprechen 345

Fernsehrundfunksender 68
Ferritantenne 279
Ferritkerne 112; 125
Ferritperlen 111; 164; 168
Ferritplatten 215
Filter 14; 148
   dissipative 151; 168
   für Daten- und Telefonleitung 167
Filterdämpfung 17; 148; 360
Filterketten 167
Filterkondensator 314
Flachbaugruppen 37; 100; 102
Flankensteilheit 59; 60
Flexwellkabel 122
Flicker 72
Flickermeßverfahren 73
Floating instrument 118
Floating input 118
Forschungslaboratorien 126
Fourier-Integral 40; 47
Fourier-Reihe 40
Fourier-Transformierte 49
Freifeld 282
Freileitungsdurchführung 89
Frequenzbereich 39; 52
Fundamenterder 35
Funkenentladung 79
Funkenlöschkombination 169
Funkenstrecke 176; 375
Funkentstörgerät 167
Funkentstörung 2
Funkschutzzeichen 401
Funkstörfeldstärken 14
Funkstörgrade 13; 16
Funkstörleistung 14
Funkstörmeßtechnik 262
Funkstörspannung 14
Funkstörung
   leitungsgebundene 270
Funktionsminderung 3

Garagentoröffner 63
Gasentladungslampen 76
Geflechtschirm 122; 343
Gegengewicht 271
Gegeninduktivität 132
Gegenmaßnahmen 101; 109
Gegentaktsignale 17
Gegentaktstörspannung 99; 105
Gegentaktstörung 25; 304
Gehäuse-Kopplungsimpedanz 124
Gehäuseerde 33
Gehäusestromprobleme 20
Gewitter 13
Gleichtakt/Gegentakt
   -Dämpfung 17; 29; 105
   -Konversions-Faktor 28; 105; 115

   -Konversion 25; 28
Gleichtaktaussteuerbarkeit 115
Gleichtaktspannung 26; 105
Gleichtaktstörung 25, 304
Gleichtaktströme 27
Gleichtaktunterdrückung 29; 113; 114; 115; 118; 183
Gleichtaktverstärkung 105; 115
Glimmstarter 76
Grenzlastintegral 92
Grenzstörpegel 7; 13
Grenzwerte 391
Grenzwertklassen 14
Grob- und Feinschutz 177
Ground 32; 36
Ground loop 104
Grundfrequenz 46
Grundstörpegel 74
Guarding 117

H-Feld Antenne 278
H-Felder 289
Hand
   künstliche 267
Handnachbildung 267
Hard limiter 176
Haushaltgeräte 14; 74
Helmholtzspulenpaar 331
HEMP 94
Hertz-Dipol 190
Herzschrittmacher 2; 393
HF-Generatoren 14
HF-Stromwandler 269
Hilfsdipole 276
Hochdruckgasentladungslampen 78
Hochfrequenzgerätegesetz 401
Hochspannungs-Differenztastköpfe 267
Hochspannungsfreileitung 79
Hochspannungslaboratorien 376
Hochspannungsprüflaboratorien 213; 385
Hochspannungsprüftechnik 186
Hochspannungsrelais 319
Hochspannungsschaltanlage 87; 89; 96
Hochspannungstechnik 91
Höchstspannungsfreileitung 79
Hohlraumresonator 204
Hornantenne 275
Hornstrahler 277
Hubmagneten 363
Hüllkurve 300
Hybrid-Ableiterschaltung 178
Hybridgenerator 316; 326; 362

Identifikation
   von Kopplungsmechanismen 145

Index

IEC 397
IFRB 399
Impedanzkonzept 218; 252
Impedanzmethode 197
Implantate 393
Impulsamplitude 47; 58
Impulsbandbreite 297
Impulsdauer 59
Impulsfläche 47; 58
Induktion 145
Induktionseffekt 132
Induktivität
    geschaltete 84
Industrienetze 266
Industriestörpegel 96
Influenz 145
Injection test mode 340
Intermodulationsprodukte 274
International Electrical Comission 397
International Frequency Regulation Board 399
International Telecommunication Union 399
Intersystem-Beeinflussung 4
Intrasystem-Beeinflussung 4
Intrinsic-Dämpfung 345
Isolation Transformer 110; 183
Isolationsfehler 35
Isolationskoordination 169
Isolationsprüfung 313
Isolationsspannung 183
ITU 399

Kabelmantelströme 289
Kabelmantelstromprobleme 146
Kamindurchführung 209
Kammerwicklung 163
Kernspintomographie 390
KFZ
    -Elektronik 302
    -Mikroelektronik 1
    -Zündanlage 1; 63; 74; 75
    -Zündspule 85
Kleinmöbelentladung 319
Knackstörung 3; 17; 65; 77
Kohärenz 65
Kollektormotor 99; 366
Kommunikationsnetze 266
Kommunikationssender 66; 68
Kommutatormotor 78
Kontaktabbrand 364
Kontaktfederleisten 209
Kontaktkapazität 311
Kontaktmechanismen 98
Koppelstrecke
    kapazitive 311
Kopplung 19
    elektrische 21

galvanische 18; 20; 98
induktive 22
kapazitive 21; 127
magnetische 22; 131
metallische 20
Kopplungsimpedanz 31; 99; 120; 130; 341; 378
Kopplungsmechanismen 145
Kopplungswiderstand 121
Koronaentladung 63; 79
Körper 34
Körperentladung 318
Küchenmaschine 366
Kugelschirm
    im elektromagnetischen Wellenfeld 249
Kunststoff
    leitender 206
Kurzschlußschleife 134
Kurzwellenbereich 68

Ladung 92
Längsdrossel 369
Längsspannung 31
Langwellenbereich 68
Langzeitstudien
    epidemiologische 391
Layout 102
LC - Filter 165
Leakage current 154
Leckströme 172
Leerlaufkernimpedanz 99
Leistungselektronik 1
Leistungspegel 8
Leistungsverhältnis 8
Leistungsverstärker 336; 362
Leitfähigkeit
    relative 258
LEMP 3; 91; 374
Leuchtröhren 78
Leuchtstofflampe 1; 63; 77; 95
Levelling amplifier 329
Lichtbogenöfen 72
Lichtleiterstrecke 113; 181
Lightning Electromagnetic Pulse 3; 91
Line Impedance Stabilization Network 263
Linienspektrum 41; 65
Lochkopplung 211
Lossy lines 156

Magnetophosphene 390
Magnetventilantrieb 84
Magnetventile 363
Maschinenwicklung 84
Masse 32; 126

Mehrfacherdung 104
Messung
   der Kopplungsimpedanz 341
   von Störfeldstärken 270
   von Störleistungen 288
Meß-, Steuer- und Regelgeräte 1
Meßempfänger 262
Meßentfernung 287
Meßerde 33
Meßgelände 282
Meßgeländedämpfung 283
Meßgeländeüberprüfung 282
Meßplätze 282
Meßzelle
   für Schirmdichtungen 355
Mikrowellenherde 14; 63
Mithören 5
Mittelwellenbereich 68
Mittelwert
   arithmetischer 290
Mittelwertanzeige 295
Monopolantenne 271
Multi-Contact Federkontakt 210

Näherungsformel 102
Nahfeld 190; 193
Nahnebensprechen 345
NAMUR 400
Nebensprechen 130
NEMP 93; 337
NEMP-Simulatoren 337
Ncpcr 9
Netzausfall 307
Netzfilter 212
Netzflicker 73
Netzleitungsfilter 166
Netznachbildungen 263
Netzrückwirkung 65; 72; 99; 371
Netzstörsimulatorsystem 325
Netzteile 102
Netzverriegelung 212
Neutralisierungstransformator 111
Neutralleiter 33
Niederspannungsleitung 87
Niederspannungsleuchtstofflampen 76
Niederspannungsnetze 266
Normal mode 31
Normung 396
Nutzpegel 11
Nutzsignalverhältnis 30

Oberschwingungen 46; 324; 373
Odd mode 31
Operationsverstärker 115
Optokoppler 113; 181
Oszillator

   lokaler 71
Oszilloskop 91; 124; 262; 289

Parallel mode 31
Parallelplattenleitung 333
Pegel 7; 8
   absolute 10
   isokeraunische 92
   relative 11
Pegelregelung
   automatische 329
Perforationsgrad 211
Peripheriegeräte 72
Permeabilität
   komplexe 159
Permittivität
   komplexe 157
Personal Computer 14
Phasen-Linienspektrum 43
Phasenanschnittsteuerung 169
Potentialanhebung 127; 377; 380
Potentialausgleich 374
Potentialausgleichsschiene 35
Power Technologie 126
Prozeßleitsysteme 181
Prüfpistole 321; 326
Prüfschärfegrade 97; 310
Prüfschärfen 97; 302; 317; 321; 328
Prüfvorschriften 405
Puls
   nuklearer elektromagnetischer 93
Pulse Power Technik 376
Pulse Power Technologie 85; 91; 126; 186

Quasi-Spitzenwertanzeige 292; 293
Quellen
   funktionale 62
Querspannung 31

Rahmenantenne 190; 195, 278
Raum
   echofreier 215
Raummittelpunktmethode 348
Rauschen 66
   kosmisches 65
Rauschstörer 65
RC-Funkenlöschkombination 169
RC-Glieder 364
Rechnerräume 95
Reduktionsfaktor 135
Reduktionsleiter 134
Reduktionsschleife 135
Reflexionen 89
Reflexionsdämpfung 254;
   von Absorberwänden 356

Reflexionsfaktor 358
Reibungselektrizität 370
Relais 95
Resonanzeffekte 155
Resonanzkatastrophe 247
Resonanzen 155
Reverberation Chamber 216
Richtkoppler 329
Richtspannung 291; 300
Ringerden 104
Rückenzeit 313
Rückzündung 85

Schalthandlung 74; 90
Schaltkontakte 1
Schaltlichtbogen 84
Schaltnetzteile 99; 371
Schaltspannung 313
Schaltüberspannung 374
Schaltvorgänge 65
Schaltungsmasse 33; 108; 123
Schaumstoffabsorber 216
Schelkunoff 252
Schelkunoff Methode 197
Schirmanschluß 144
Schirmberechnung
   analytische 218
Schirmdämpfung 189; 218; 345
   von Dichtungen 355
   von Kabelschirmen 341
Schirmdämpfungsmessung 347
Schirme
   Theorie elektromagnetischer 218
Schirmfaktor 189; 218
Schirmfugen 209; 279
Schirmkabine 125
Schirmmaterialien 205; 349
Schirmung 129
Schirmungsmaß 344
Schirmwirkung 188
Schirmzubehör 207
Schnüffelantenne 279
Schnüffelsonden 147
Schreibmaschinen 80
Schütze 95
Schützspulen 84; 363
Schutzdiode 314
Schutzerdung 33
Schutzkaskade 181
Schutzkontakt 106
Schutzleiter 33; 378
Schutzpegel 174
Schutzschirm 119
Schutzschirmtechnik 117
Schutztrennung 379
Schwarzsender 67
Schweißeinrichtungen 63

Schweißmaschinen 72
Schwingungspaketsteuerung 72
Sekundäreinrichtung 87; 90
Selbstinduktionsspannung 84; 363
Sender 1
Serial mode 31
Sferics 13
Signalmasse 33
Signalreferenz 33
Signalübertragung
   symmetrische 116
Silizium-Lawinendiode 175
Siliziumkarbid 175
Simulation
   breitbandiger elektromagnetischer
      Wellenfelder 337
   elektromagnetischer Wellen 328
   leitungsgebundener Störgrößen 303
   quasistatischer Felder 328
   schmalbandiger Störfelder 328
   schmalbandiger Störungen 324
   von Niederfrequenzstörungen 306
Simulatoren
   für elektrostatische Entladungen 318
Slideback peak detector 291
SMD 156
Sniffer probes 279
Soft limiters 177
Spannung
   asymetrische 26
   gleichlaufende 31
   symmetrische 25
   unsymmetrische 25
Spannungspegel 8
Spannungsoberschwingungen 72
Spannungsschwankungen 72
Spannungszeitfläche 292
Spektralamplitude 43; 46
Spektraldichte 49
Spektralfunktion 49
Spektrum
   elektromagnetisches 262; 328; 388
Spektrum-Management 399
Spektrumanalysator 262; 289; 300
Spezialantenne 330
Spiralantenne
   logarithmische 276
Spitzenwert 290
   bewerteter 290
   quasi 290
Spitzenwertanzeige 291
Spitzenwertdetektor 291
Sprechfunkgerät 68; 96
SREMP 94
Stabantenne 190; 194, 274
Stabkerndrossel 163
Staffelschutz 181; 375
Stahlpanzerrohr 380

Standardumgebung 95
Standing Wave Ratio 358
Stationserde 33
Staubsauger 366
Steckverbinder 168; 175
Steckverbindung 123; 342
Stehwellenverhältnis 337; 358
Steuerung
    speicherprogrammierbare 24; 113
Stirred Mode Chamber 216
Stirnzeit 313
Störabstand 7; 11
Stördämpfung 7
Störer 1
    transiente 65
Störfeldstärke 262
Störfeldstärkemessung 288
Störfestigkeit 2
Störfestigkeitsmessung 302
Störgrößen
    bewertete 16
Störgrößensimulator 303
Störleistung 262; 289
Störleistungsmessung 340
Störmeßempfänger 289
Störnutzsignalverhältnis 30
Störspannung 262; 289
    asymmetrische 360
    symmetrische 360
    unsymmetrische 360
Störpegel 7; 10
Störquelle 3; 62
    breitbandige 65
    schmalbandige 64
Störschwellenpegel 10
Störsenke 3
Störsicherheit
    dynamische 12
    statische 12
Störsicherheitsabstand 11
Störsimulator 304
Störstrahlung 20; 96
Störströme 120; 289
Störstrommessung 268
Störumgebungen 63
Störumgebungsklasse 63
Störung
    intermittierende 66
    irreversible 3
    leitungsgebundene 19; 95
Stoßimpedanz 120
Stoßkennlinie 177
Stoßstrom 317
Stoßstromentladekreis 383
Strahlung 19
Strahlungskopplung 23; 136; 139
Streuinduktivitäten 18
Streukapazitäten 18; 127; 367

Strominjektion über Stromwandler 340
Strominjektionsmessung 349
Strompegel 8
Stromrichter 63; 371
Stromscheitelwert 91
Stromsensoren 269
Stromsteilheit 91
Stromtragfähigkeit 144; 178
Stromverdrängung 125; 383
Stromverdrängungserscheinung 172
Stromverdrängungsgleichung 220
Stromversorgung 378
Stromwandler 269; 340; 345
Strom/Spannungs-Charakteristik 170
Stützkondensator 101
Superheterodynempfänger 71
Superheterodynprinzip 289
Suppressant tubing 168
Suppressor Diode 175
Surge arrester 169
Suszeptibilitätsmeßtechnik 262; 302; 409
Symmetriertransformator 111
Symmetrieübertrager 117
Systemanalyse 145

T-Nachbildung 265
Telefonapparate 80
Telegraphengleichung 141
TEM-Meßzelle 334
    doppel 352
    koaxiale 350
TEMPEST 5
Testmessung 377
Thermoelemente 117
Thyristorsteller 65
Tiefpaßfilter 166
Time-Domain Reflectometry 335
Tonrundfunksender 68
Totkapazität 272
Transfer impedance 99; 120; 341
Transfer-Admittanz 343
Transformatorwicklung 84
Transientenrekorder 91
Transzorb 175
Trapezimpuls 53
Trennerkontakte 88
Trenntransformator 110; 183; 307; 386
Türkontaktfederleisten 212

Überlagerungsprinzip 289
Überschlag
    rückwärtiger 27; 126

Index

Überspannungen 84
   atmosphärische 87
   in Hochspannungsnetzen 91
   transiente 86
Überspannungsschutzkoordination 169
Überspannungsableiter 169; 181
   edelgasgefüllte 178
Überspannungsschutz 180
Übertragungsfaktor 289
Übertragungsmaße 7; 273; 289
Ultrakurzwellenbereich 68
Umgebungsklassen 94; 95; 302
Umwandlungsmaß 273
Universalmotoren 1; 78

V-Netznachbildung 264
Varistoren 170; 364
VDE
   -Funkschutzzeichen 403
   -Prüfstelle 403; 414
Ventilableiter 179; 374
Verlustfaktor 158
Verstärker 336
Verstärkung 336
Verteidigungsgeräte-Normen 400
Verträglichkeit
   ektromagnetische 2
Verträglichkeitspegel 12
Voltage Standing Wave Ratio 337
Voltage-Time-Curve 177
Vorschaltgeräte 77; 371
   elektronische 77
Vorschriftenwesen 396; 405

Wabenkaminfenster 209; 210; 212
Wanderwellen 89
Wechselfeld
   elektrisches 200
   magnetisches 202
Wechselstromvormagnetisierung 362
Wellen
   elektromagnetische 189
   stehende 214
Wellengleichung 220
Wellenleiter 330
Wiederzündung 85; 87
Wire-wrap
   Verbindung 146
   Verdrahtung 129
Wirkung elektromagnetischer Felder
   auf Bioorganismen 388

X-Kondensator 369

Y-Kondensator 154; 369

Zeitbereich 40; 52
Zeitkonstante 294
Zener Dioden 171
ZF-Filterbandbreite 298
ZnO 170
ZnO-Ableiter 175; 314
Zwischenfrequenz 71
Zylinderschirm
   im elektromagnetischen Wellenfeld 238
   im longitudinalen Feld 222
   im transversalen Feld 230

A. J. Schwab

Begriffswelt der Feldtheorie

Elektromagnetische Felder
Maxwellsche Gleichungen
***grad, rot, div* etc.**
Finite Elemente
Differenzenverfahren
Ersatzladungsverfahren
Monte Carlo Methode

3., überarb. u. erw. Aufl. 1990. XII, 225 S. 50 Abb. Brosch. DM 48,– ISBN 3-540-52726-5

Das bereits in 3. Auflage erschienene Buch erklärt in überaus anschaulicher Weise Begriffe wie *elektrische Verschiebungsdichte* **D**, *magnetische Flußdichte* **B**, das *Induktionsgesetz* in Integral- und Differentialform (Maxwellgleichungen), die Operatoren *rot, div, grad* usw. Seine Lektüre erlaubt dem Praktiker einen schnellen Einstieg in die weiterführende Fachliteratur über *Feldtheorie,* die Berechnung *induzierter Spannungen* sowie die Wirkungsweise *elektromagnetischer Schirme* einschließlich ihrer Berechnung.

Springer-Verlag
Berlin
Heidelberg
New York
London
Paris
Tokyo
Hong Kong
Barcelona
Budapest

A. J. Schwab

Hochspannungs-meßtechnik

Meßgeräte und Meßverfahren

2., überarb. u. erw. Aufl. 1981. IX, 278 S.
256 Abb. Geb. DM 184,– ISBN 3-540-10545-X

Wenn EMV-Probleme im Zeitbereich liegen – *Transienten, Burst,* ESD, EMP, LEMP, *Abschaltüberspannungen, Load Dump,* etc. – begegnet man dem Problem der Messung nichtsinusförmiger schnell veränderlicher hoher Spannungen und Ströme. Das seit vielen Jahren bewährte Standardwerk „*Hochspannungsmeßtechnik*" gibt Antwort auf alle Fragen über breitbandige Impulsspannungsteiler, Impulsstrommeßwiderstände, Rogowskispulen, Digital- und Analog-Speicheroszilloskope sowie die zur Transienten-Meßtechnik gehörende Systemtheorie.

Springer-Verlag
Berlin
Heidelberg
New York
London
Paris
Tokyo
Hong Kong
Barcelona
Budapest